教育部文科计算机基础教学指导委员会立项教材

21世纪高等学校计算机公共课程“十二五”规划教材

网页制作三合一

（第二版）

主　编　刘铁英

参　编　高立敏　胡雅颖　肖胜刚

刘红娜　张全芬　梁国营

中国铁道出版社

CHINA RAILWAY PUBLISHING HOUSE

内 容 简 介

本书主要讲解了Adobe公司出品的网页制作软件Dreamweaver CS4、Flash CS4与Fireworks CS4,的相关内容，并且改变了以往此类教材的内容顺序，按照实际设计、制作网站的流程安排内容的结构。

本书首先介绍了网页设计的基本知识，然后依次介绍了 Fireworks CS4、Flash CS4 与 Dreamweaver CS4 的使用方法；设计了一个覆盖网站开发各个环节的综合实例，并将其分散在各部分内容之后，而不是放在全书的最后，这样便于学生及时练习所学内容；各章的后面附有大量的练习题，包括填空题、选择题、思考题以及上机操作题，供学生课后复习和实验时使用。

本书适合作为高等学校的学生学习网页制作的教材，也可作为自学者学习网页制作的参考或培训班的教材。

图书在版编目（CIP）数据

网页制作三合一/刘铁英主编. —2版.--北京：中国铁道出版社，2011.1(2015.8重印)

21世纪高等学校计算机公共课程“十二五”规划教材

ISBN 978-7-113-12083-2

Ⅰ.①网… Ⅱ.①刘… Ⅲ.①主页制作—应用软件—高等学校—教材 Ⅳ.①TP393.092

中国版本图书馆CIP数据核字（2010）第200389号

书　　名：网页制作三合一（第二版）

作　　者：刘铁英　主编

策划编辑：辛　杰

责任编辑：杜　鹃　　　　读者热线电话：400-668-0820

编辑助理：苏　博

封面设计：付　巍　　　　封面制作：白　雪

责任印制：李　佳

出版发行：中国铁道出版社（北京市西城区右安门西街8号　邮政编码：100054）

印　　刷：三河市宏盛印务有限公司

版　　次：2007年1月第1版　2011年1月第2版　2015年8月第7次印刷

开　　本：787mm×1092mm　1/16　印张：19.25　字数：456千

书　　号：ISBN 978-7-113-12083-2

定　　价：37.00元

高等学校计算机基础课程规划教材

大学生应用计算机的能力已成为他们毕业后择业的必备条件。能够满足社会与专业本身需求的计算机应用能力已成为合格大学毕业生的必备素质。因此，对大学各专业学生开设具有专业倾向或与专业相结合的计算机课程是十分必要、不可或缺的。

为了满足大学生在计算机教学方面的不同需要，教育部高等教育司组织高等学校文科计算机基础教学指导委员会编写了《高等学校文科类专业大学计算机教学基本要求》(下面简称《基本要求》)。

《基本要求》把大文科各门类的计算机教学，按专业门类分为文史哲法教类、经济管理类与艺术类等三个系列。其计算机教学的知识体系由计算机软硬件基础、办公信息处理、多媒体技术、计算机网络、数据库技术、程序设计，以及艺术类计算机应用 7 个知识领域组成。知识领域下分若干知识单元，知识单元下分若干知识点。

文科类专业大学生所需要的计算机的知识点是相对稳定、相对有限的。由属于一个或多个知识领域的知识点构成的课程则是不稳定、相对活跃、难以穷尽的。课程若按教学层次可分为计算机大公共课程、计算机小公共课程和计算机背景专业课程三个层次。

第一层次的教学内容是文科各专业学生应知应会的。这些内容可为文科学生在与专业紧密结合的信息技术应用方向上进一步深入学习打下基础。这一层次的教学内容是对文科生信息素质培养的基本保证，起着基础性与先导性的作用。

第二层次是在第一层次之上，为满足同一系列某些专业的共同需要(包括与专业相结合而不是某个专业所特有的)而开设的计算机课程。这部分教学在更大程度上决定了学生在其专业中应用计算机解决问题的能力与水平。

第三层次，也就是使用计算机工具，以计算机软硬件为依托而开设的为某一专业所特有的课程，其教学内容就是专业课。如果没有计算机为工具的支撑，这门课就开不起来。这部分教学在更大程度上显现了学校开设的特色专业的能力与水平。

为了落实《基本要求》，教指委还启动了“教育部高等学校文科计算机基础教学指导委员会计算机教材立项项目”工程。中国铁道出版社出版的“教育部高等学校文科计算机基础教学指导委员会计算机教材立项项目系列教材”，就是根据《基本要求》编写的由教指委认同的教材立项项目的集成。它可以满足文科类专业计算机各层次教学的基本需要。

由于计算机、信息科学和信息技术的发展日新月异，加上编者水平毕竟有限，因此本系列教材难免有不足之处，敬请同行和读者批评指正。

卢湘鸿

于北京中关村科技园

卢湘鸿　北京语言大学信息科学学院计算机科学与技术系教授，原教育部高等学校文科计算机基础教学指导委员会副主任、现教育部高等学校文科计算机基础教学指导委员会秘书长，全国高等院校计算机基础教育研究会常务理事，原全国高等院校计算机基础教育研究会文科专业委员会主任、现全国高等院校计算机基础教育研究会文科专业委员会常务副主任兼秘书长

FOREWORD

第二版前言

本书主要讲解了Adobe公司出品的网页制作软件Dreamweaver CS4、Flash CS4与Fireworks CS4的相关内容，它是在2006年出版的《网页制作三合一》的基础上，通过3年多的使用，收集了学生和教师的反馈意见重新编写的，主要做了三点改进：首先，调整了教学顺序，在讲解了网页设计的基本知识后，依次讲解了Fireworks CS4、Flash CS4与Dreamweaver CS4的使用方法，使得教学内容更符合网站开发的实际需求；其次，设计了一个覆盖网站开发各个环节的网站开发综合实例，并将它们分解后，在讲解完每个软件之后呈现，便于学生及时巩固、提高；第三，在各章（第18章除外）后面设计了大量的练习题，包括填空题、选择题、思考题以及上机操作题，供学生课后复习和实验时使用。

全书共分18章，具体内容如下：

第1章主要介绍了网站和网页的基本概念、网站的开发流程，然后是网站开发综合实例的第一部分，详细讲解了网站开发的各个主要环节的具体应用，特别是对网站的栏目规划、目录结构设计和素材的搜集、整理做了详细的讲解。第2～第6章讲解了Fireworks CS4的使用方法，第7章是网站开发综合实例的第二部分，详细介绍了使用Fireworks CS4制作和编辑网页中的图片、制作网页模板、批量处理图片素材以及使用批量命名工具对素材文件重新命名的方法。第8～第11章讲解了Flash CS4的使用方法，第12章是网站开发综合实例的第三部分，具体讲解了制作网站所用Flash影片文件的制作方法。第13～17章讲解了Dreamweaver CS4的使用方法，第18章是网站开发综合实例的第四部分，该部分首先将前三部分实例所收集、整理、制作的素材及创建的网站目录结构进行介绍；其次，建立包括远程服务器、测试服务器和本地文件夹的网站；最后，使用前面制作的素材和模板在Dreamweaver CS4中完成网页的制作和上传。

在“实例”的第一部分 “网站的规划与设计”中详细讲解了网站栏目、目录结构的设计以及素材的收集、整理的具体方法，使得这部分内容不再流于形式，使学生真正有所收获，这对他们独立设计、制作网站非常重要。

本书在内容讲解上力求简单、明了，注重细节；内容讲解所选实例美观、实用；网站开发综合实例内容丰富、全面、详细，特别强调了网页制作的前期工作，这些在以往的教学和各类教材中都比较欠缺。

本书由具有丰富网页制作课程教学经验的教师编写，Fireworks CS4部分和网站开发实例由刘铁英、高立敏、张全芬编写；网页的基本概念和Dreamweaver CS4部分由胡雅颖、刘红娜编写；Flash CS4部分由肖胜刚、梁国营编写。

本书建议学时为64学时，具体安排如下：

章	课　程　内　容	学　时	
		上　课	实　验
1	网页设计概述	2	2
2	Fireworks 基础	1	1
3	Fireworks 基本操作	2	2
4	绘制与编辑图像	2	2
5	滤镜和蒙版	1	1
6	制作网页元素	1	1
7	网站开发实例之 Fireworks 篇	3	3
8	Flash 概述	1	1
9	创建和编辑动画角色	1	1
10	创建动画	3	3
11	元件与交互动画	1	1
12	网站开发实例之 Flash 篇	1	1
13	Dreamweaver CS4 入门	1	1
14	使用常用对象制作网页	2	2
15	CSS 样式表	3	3
16	网页布局	2	2
17	使用行为制作网页特效	1	1
18	网站开发实例之 Dreamweaver 篇	4	4
合　计		32	32

本书网站开发综合实例所用素材主要来自“中国菜谱网”（http://www.chinacaipu.com/），在此表示衷心的感谢。

由于网页制作技术更新换代速度较快，加之作者水平有限，书中难免有疏漏和不足之处，敬请读者批评指正。

编　者

2010年10月

第一版前言

FOREWORD

万维网的出现使得因特网集成了文字、图像、音频、视频等多种媒体，把一个五彩缤纷的网络世界展现给人们。在信息社会中，每个上网的人都想在网上展现自己的风采，每个企业都想通过最方便、最快捷的手段宣传自己的产品和形象，而这些愿望都可以依靠自己的网站来实现。

随着计算机软件技术的发展，Macromedia 公司推出了一套易学易用且功能强大的网页制作软件——Dreamweaver、Fireworks 和 Flash（常称三剑客），使得网页制作不再是专业制作人员的专利，即使对程序设计语言不太精通的人也可以制作出精美的网页，这大大降低了网页制作的难度。

“三剑客”中， Dreamweaver 是一款“所见即所得”的网页编辑软件，适合不同层次的人使用，主要用于网页版式设计、网页编辑制作。该软件可以导入和编辑 Fireworks 制作的 HTML 源代码和图像，以及导入 Flash 动画、按钮和文字，编辑动态网页等。

Fireworks 为用户提供了一个专业化的环境来创建和编辑网页图形、对图形进行动画处理、添加高级交互功能以及优化图像。

Flash 在网页动画制作领域一直备受青睐，而新版本 Flash 更有着让动画设计者梦寐以求的强大功能，Flash 在网页动画制作领域的领头地位已经不可动摇。

本书是 Macromedia 公司推出的面对网页设计初学者的 Dreamweaver 8、Fireworks 8 和 Flash 8 简体中文版的学习用书。

本书编写人员分工如下：全书共 21 章，刘铁英任主编。第 1 章网页设计概述由齐耀龙编写，第 2～10 章 Dreamweaver 8 由肖胜刚、高立敏、王蕴珠编写，第 11～16 章 Fireworks 8 由安海宁、程子彧编写，第 17～21 章 Flash 8 由李博、刘铁英编写，全书由刘铁英统稿。

由于编者水平有限，时间紧迫，书中难免有疏漏之处，恳请各位读者批评指正。

编 者

2006 年 10 月

目录

CONTENTS

第1章 网页设计概述

在动手制作网页之前，首先需要对网页设计的基本常识有一个大致的了解。网页是什么？网页是由什么组成的？它们是怎样工作的？用什么方法能够将多个网页组织成一个完整的网站？网站制作的工作流程是怎样的？本章将介绍学习网页设计所需具备的基本常识。

1.1 网页、网站和主页

一般来说，组成网页的元素有文字、图形、图像、声音、动画、影像、超链接以及交互式处理等。其中，最基本的组成元素是文字、图形和超链接。各个独立的网页通过超链接组成一个整体，即为网站。本节将介绍一些关于网页的基本概念。

1.1.1 网页

网页（WebPage）就是以 HTML 为基础的，能够通过网络传输，并被浏览器翻译成可以显示出来的包含文本、图片、声音、动画等媒体形式的页面文件。

网页分为静态网页和动态网页两种类型。

1. 静态网页

静态网页是指没有后台数据库、不含程序和不可交互的网页，用户编的是什么它显示的就是什么，不会有任何改变。静态网页更新起来相对比较麻烦，一般适用于更新较少的展示型网站。静态网页通过 HTML 编写，以.htm、.html、.shtml、.xml 等为扩展名。在静态网页中，也可以出现各种动态的效果，如 GIF 格式的动画、Flash 动画、滚动字幕等，这些“动态效果”只是视觉上的，不能与动态网页混为一谈。

静态网页的一般特点：

① 每个网页都有一个固定的 URL，且以.htm、.html、.shtml 等常见形式为后缀。

② 网页内容一经发布到网站服务器上，无论是否有用户访问，每个静态网页的内容都是保存在网站服务器上的。也就是说，静态网页是实实在在保存在服务器上的文件，每个网页都是一个独立的文件。

③ 静态网页的内容相对稳定，因此容易被搜索引擎检索。

④ 静态网页没有数据库的支持，在网站制作和维护方面工作量较大。因此，当网站信息量很大时完全依靠静态网页制作方式比较困难。

⑤ 静态网页的交互性较差，在功能方面有较大的限制。

2. 动态网页

动态网页是采用动态网站技术动态生成的网页。动态网站技术包括 ASP、PHP、JSP、ASP.NET、CGI 等。是否在服务器端运行，是区别静态网页与动态网页的重要标志。在服务器端运行的网页、程序、组件属于动态网页，它们会因不同浏览者、不同时间、不同条件返回不同的网页内容。

动态网页的一般特点：

① 动态网页以数据库技术为基础，可以大大降低维护网站的工作量。

② 采用动态网页技术的网站可以实现更多的功能，如用户注册、用户登录、在线调查、用户管理、订单管理等。

③ 动态网页实际上并不是独立存在于服务器上的网页文件，只有当用户提交请求时服务器才返回一个完整的网页。

静态网页是网站建设的基础。本书只讨论和静态网页有关的问题，对动态网页技术感兴趣的读者可以参考相关的书籍。

1.1.2 网站和主页

1. 网站

网站（Website）就是若干网页通过超链接的形式组织在一起的一个逻辑上的整体。网页包含于网站中，网页在网站中的数量是没有上限的，但是一个网站至少有一个网页。如果将因特网视为一个大型图书馆，那么“网站”就像图书馆中的一本本书，而“网页”则是书中的某一页，多个网页合在一起便组成了一个网站。

2. 主页

主页（Homepage）是一个网站的起始点，它就像一本书的目录，起到引导的作用。在主页上有超链接，浏览者通过单击超链接可以查看其他网页。一般来说，主页的名字必须为 index.htm 或 default.htm。

1.2 HTML 基础

HTML 是 HyperText Mark-up Language 的缩写，即超文本置标语言。所谓超文本，就是它可以加入图片、声音、动画、影视等内容，可以从一个文件跳转到另一个文件，与世界各地网站主机的文件相链接。静态网页就是利用 HTML 编写的，扩展名为.htm 或. html，能独立运行于各种操作系统平台的网页文件。HTML 的编码形式是解释型的，当用户浏览网页时，浏览器会按照文本中的标记对其中的内容重新进行解释，并按照解释后的内容显示在浏览器的窗口中，使网页成为一种便于阅读的表现形式。

使用可视化网页制作工具可以使网页设计变得非常简单，只需要按照步骤操作就可以了，而不必掌握每一个 HTML 标记的用法，但要了解 HTML 的一些基本特征，设计者才能看懂代码，从而便于对代码进行操作。本节将介绍主要的 HTML 标记。

1.2.1 基本标记

每一个 HTML 文件都由两大部分构成，即头部与主体两部分，头部主要含有网页标题、解码方式等信息；主体部分含有网页中的各种元素，如段落文字、表格、图像、颜色等信息。HTML 代码不区分大小写，而且是成对出现的，比如<html>和</html>、<head>和</head>、<body>和</body>等。

下面我们利用 HTML 代码编写一个简单的网页，在记事本中输入以下代码：

```
<html>
  <head>
  <metahttp-equiv="content-type" content="text/html;charset=GB2312">
```

```
    <title>用 HTML 编写网页</title>
    </head>
    <body bgcolor="#FFFFFF" text="#000000">
    <h1 align="center">网页设计三剑客</h1>
    <font color="#00FF00">Dreamweaver、Fireworks 和 Flash</font>
    </body>
  </html>
```

以“page1.html”为名保存这个文本文件。双击“page1.html”文件图标在 IE 浏览器中打开这个文件。文件打开后将显示如图 1-1 所示的结果，IE 浏览器把上面的 HTML 代码解释成了网页。

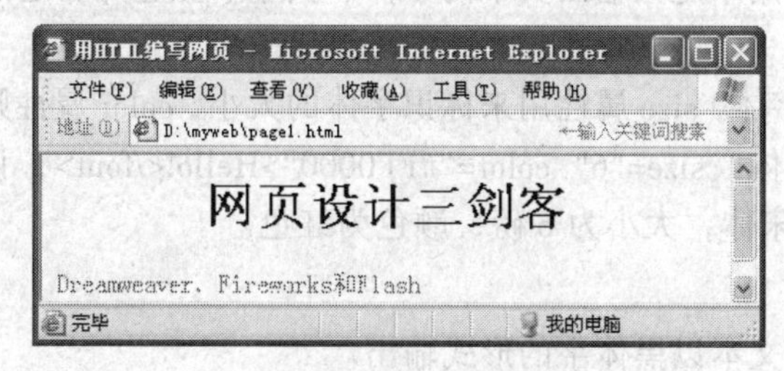

图 1-1　用 HTML 编写的网页

从上例可以看出，必需的 HTML 标记有<html>和</html>、<head>和</head>、<body>和</body>，另外还有一些其他的 HTML 标记。

1. 文档标记

文档标记为<html>和</html>标记对。该标记是 HTML 文档的开始与结束标记，用于指明 HTML 文档中包含的编码信息、文件扩展名和网页内容等。另外，它还表明了该文件是一个网页文件。网页文档中的所有内容都应该在这对标记之间。

2. 文件头标记

文件头标记为<head>和</head>标记对。该标记位于文档的头部，用于定义 HTML 文档的头部信息，如标题、关键字、解码方式等。一般来说，位于头部的内容不会直接显示在网页中，而是通过其他的方式起作用。

3. 文件主体标记

文件主体标记为<body>和</body>标记对。该标记定义了 HTML 文档的正文部分，是网页的主要内容，所有出现在网页中的内容都应该位于这对标记之间。<body></body>标记中还有如表 1-1 所示的属性。

表 1-1　<body>标记属性

属　　性	用　　途
<body bgcolor="#RRGGBB">	设置背景颜色
<body text="#RRGGBB">	设置文本颜色
<body link="#RRGGBB">	设置超链接颜色
<body vlink="#RRGGBB">	设置已使用的超链接的颜色

说明： 以上各个属性可以结合使用，如<body bgcolor="#FFFFFF" text="#000000">。引号内的“RRGGBB”是用 6 个十六进制数表示的 RGB（即红、绿、蓝三色的组合）颜色，如“#FF0000”对应的是红色。

4. 文件标题标记

文件标题标记为<title>和</title>标记对。该标记位于网页的头部，即位于<head>和</head>之间，用于定义网页标题。标题显示在浏览器窗口的标题栏上。

1.2.2 格式化标记

在文字处理中，一般把对文字的大小、外观的处理叫格式化。在 HTML 中，也有起到格式化作用的标记。

1. 文字字体、大小和颜色标记

<font></font>标记对用来定义输出文本的字体、大小、颜色等，通过对 face、size 和 color 三个属性的设置来实现。

face 属性用来标识字体，size 属性用来标识字体的大小，color 属性则用来标识文本的颜色。

如：<font face="宋体" size="6" color="#FF0000">Hello!</font>，该标记的作用是将内容"Hello!"的字体设置为宋体，大小为 6 磅，颜色为红色。

2. 文字字型标记

- <b></b>用来定义文本以黑体字的形式输出。
- <i></i>用来定义文本以斜体字的形式输出。
- <u></u>用来定义文本以加下画线的形式输出。
- <tt></tt>用来输出打字机风格字体的文本。
- <cite></cite>用来输出引用的文本，通常是斜体。
- <em></em>用来输出需要强调的文本，通常是斜体加黑体。
- <strong></strong>用来输出加重文本，通常是粗体加黑体。

3. 段落标记

段落标记为<p></p>标记对，作用是创建一个段落，在此标记对之间加入的文本将按照段落的格式显示在浏览器上，段落之间的行距将会增加。

该标记还可以使用 align 属性来说明文本的对齐方式，align 的取值可以是 left（左对齐）、center（居中）和 right（右对齐）。

如：<p align="left"></p>，表示段落中的文本使用左对齐方式。

4. 换行标记

换行标记是
，没有结束标记，可以换行，但不增加行距，在网页编辑工具中按住【Shift】键，再按【Enter】键会生成此标记。

5. 文字标题标记

HTML 提供了 6 对文字标题标记对<h1></h1>…<h6></h6>。其中，<h1></h1>是最高一级的标题，<h6></h6>则是最低一级的标题，每一级标题字体都有特定的外观。

1.2.3 表格标记

表格是网页中使用最为广泛的一种元素，不但可以固定文本或图像的输出位置，而且还可以任意地设置背景和前景颜色。下面介绍一下表格标记的基本属性，如表 1-2 所示。

表 1-2　<table></table>标记属性

属　性	用　途
<table bgcolor="">	设置表格的背景色
<table border="">	设置边框的宽度，若不设置此属性，则边框宽度默认为 0
<table bordercolor="">	设置边框的颜色
<table bordercolorlight="">	设置边框明亮部分的颜色（当 border 的值大于等于 1 时才有用）
<table bordercolordark="">	设置边框昏暗部分的颜色（当 border 的值大于等于 1 时才有用）
<table cellspacing="">	设置表格的单元格之间的空间大小，即单元格间距
<table cellpadding="">	设置表格的单元格边框与其内容之间的空间大小，即单元格边距
<table height="">	设置表格的高度
<table width="">	设置表格的宽度，单位使用绝对像素值或总宽度的百分比表示

1．创建表格标记

标记对<table></table>用来创建一个表格。

2．行标记和单元格标记

标记对<tr></tr>表示表格中一行的开始和结束，此标记对只能放在<table></table>标记对之间使用。

3．单元格标记

标记对<td></td>则表示表格中一列的开始和结束，也就是每行中的单元格，此标记对只能放在<tr></tr>标记对之间才有效，表格中的文本也只有放在<td></td>标记对之间才能够被显示出来。图 1-2 所示为一个宽度为 200 像素，边框粗细为 1 的 2 行、2 列表格的代码。

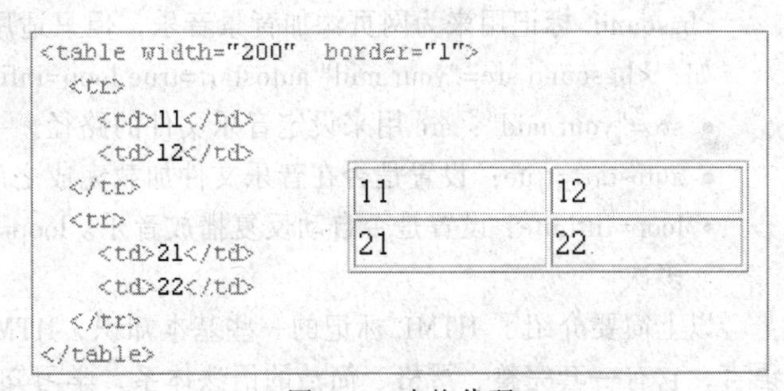

图 1-2　表格代码

1.2.4　常用对象标记

1．超链接标记

超链接是 HTML 的一大特色，它可以实现页面之间相互链接等许多功能，单击超链接对象时，能跳转到其他页面或窗口，便于对内容的浏览。

超链接标记对为<a href=""></a>。""中为要链接的目标，它可以是 URL 形式，即网址或相对路径，也可以是“mailto:”形式，即发送 E-mail 形式。例如：

<a href="http://www.sina.com.cn ">新浪主页</a>，创建了一个文本超链接。

<a href="mailto：hbdx@163.com">联系我</a>，创建了一个邮件超链接。

超链接标记的一个重要属性是 target 属性，用来指明所链接的页面在浏览器窗口中的打开方式。若 target 的值是“_blank”时，单击超链接对象后将会打开一个新的浏览器窗口来浏览新的 HTML 文档。缺省该属性（空白）则表示在原来的浏览器窗口中浏览新的 HTML 文档。

2．图像标记

图像标记<img>并不是真正地将图像加入到 HTML 文档中，而是对标记的 src 属性赋值。它的值是图形文件的文件名和路径。路径可以是相对路径，也可以是网址。图像标记的写法通常有以下 3 种情况：

① 若 HTML 文件与图形文件 logo.gif 在同一个文件夹下，则可写成<img src="logo.gif">；

② 若图形文件放在当前的 HTML 文档所在目录的一个子目录 images 下，则代码应为<img src="images/logo.gif">；

③ 若图形文件放在当前的 HTML 文档所在目录的上层目录中的 images 下，则代码应为<img src="../images/logo.gif">，用“../”表示返回上层目录，后面紧跟文件在上层目录中的位置。

在<img>标记中除了必须对 src 属性赋值外，还可以设置以下属性：

- align 属性：图像的对齐方式。
- border 属性：图像的边框，可以取大于或者等于 0 的整数，默认单位是像素。
- width 和 height 属性：图像的宽和高，默认单位是像素。
- alt 属性：当鼠标移动到图像上时显示的文本。
- hspace 属性：图像与左边对象的水平间距。
- vspace 属性：图像与上边对象的垂直间距。

3．背景音乐标记

<bgsound>标记用来为网页添加背景音乐，但只适用于 IE，其属性设置不多。

如：<bgsound src="your.mid" autostart=true loop=infinite>

- src="your.mid"：src 用来设定音乐文件的路径。
- autostart=true：设置是否在音乐文件加载完成之后，就自动播放音乐。
- loop=infinite：设置是否自动反复播放音乐。loop=2 表示重复两次，loop=infinite 表示重复多次。

以上简要介绍了 HTML 标记的一些基本知识，HTML 标记是因特网上用于编写网页的主要语言，它有一套完整、严格、简洁的语法体系，学习知识起来比较容易，但是各种标记、属性比较多。对 HTML 感兴趣的读者可以查阅相关的 HTML 学习手册。

1.3 网站开发的工作流程

如果想让自己的网页布局井井有条、风格一致，一开始就应该熟悉网站开发的基本流程，精心规划整个站点结构，定义好本地站点并管理好站点资源等。一般情况下，网站开发的工作流程大体可以分为网站的定义与规划、网站的制作与测试、网站的发布与维护三大阶段。下面分别介绍各个阶段的主要工作及设计原则。

1.3.1 网站的定义与规划

1．确定网站主题

网站的主题是一个网站的核心，创建网站前要先确定站点的主题，只有主题确定之后才能有目的地去寻找相关的资料。所以，确定网站主题非常重要， 一般应遵循以下原则：

（1）主题要鲜明

任何网站要给浏览者留下深刻的印象，必须要有一个鲜明的主题，突出自己的个性和特色，在内容的深和精上下功夫。大杂烩式的网站，恐怕很少会给人留下印象，因为许多大型门户网站已经做得很好了，个人网站无法与之比拟。所以个人网站要有特色，需要选中一个主题，做深做透。

（2）主题要小而精

定位要小，内容要精。如果想制作一个包罗万象的站点，把所有认为精彩的内容都加进去，那么往往会事与愿违，使站点没有主题、没有特色，样样有却样样都很肤浅，因为不可能有那么多的精力去维护它。网站的最大特点就是新和快，目前最热门的网站都是天天更新甚至几小时更新一次。网络上的"主题网站"比"万全网站"更受人们喜爱。

（3）主题要新颖

不要做随处可见的题材，否则，如果不能超越已有的网站，那将很难获得网友的青睐。

（4）题材最好是自己擅长或者喜爱的内容

喜欢收藏，就可以建立一个收藏爱好者网站；对篮球感兴趣，可以制作网站来报道最新的球赛战况、球星动态等。这样在制作时，才不会觉得无聊或者力不从心。兴趣是制作网站的动力，没有热情，很难设计并制作出优秀的网站。

2．定位网站风格

风格（style）是抽象的，是指站点的整体形象给浏览者的综合感受。这个"整体形象"包括站点的CI、版面布局、浏览方式、交互性、文字、语气、内容价值、存在意义、站点荣誉等诸多因素。

风格是一个站点不同于其他网站的地方。通过网站的外表、内容、文字交流、色彩、技术、交互方式等，可以概括出一个站点的个性和情绪，能够让浏览者明确一个网站的独特之处。树立网站风格可以参照以下几个步骤。

（1）设计网站的标志（logo）

如同商标一样，标志是一个站点特色和内涵的集中体现，看见标志就联想起这个站点。标志的设计创意来自于网站的名称和内容。

- 网站有代表性的人物、动物、花草等，可以用它们作为设计的蓝本，经过卡通化或艺术化而形成网站品牌标志，例如迪斯尼的米老鼠、搜狐的卡通狐狸等。
- 专业性的网站，可使用本专业有代表性的物品作为标志。比如中国银行的铜板标志、奔驰汽车的方向盘标志等。
- 最常用和最简单的方式是使用自己网站的英文名称做标志。采用不同的字体、字母的变形、字母的组合可以很容易地制作自己网站的标志。

（2）设计网站的标准色彩

色彩是艺术表现的要素之一。网站给人的第一印象来自视觉冲击，确定网站的标准色彩是相当重要的一步。不同的色彩搭配会产生不同的效果，并可能影响到访问者的情绪。例如，IBM的深蓝色，肯德基的红色条型，Windows 视窗标志上的红、蓝、黄、绿色块，都使我们觉得很贴切、很和谐。标准色彩是指能体现网站形象和延伸内涵的色彩。一般来说，一个网站的标准色彩不要超过3种，太多则让人眼花缭乱。标准色彩要用于网站的标志、标题、主菜单和主色块，给人以整体统一的感觉。其他色彩也可以使用，但只是作为点缀和衬托，绝不能喧宾夺主。

（3）设计网站的标准字体

和标准色彩一样，标准字体是指用于标志、标题、主菜单的特有字体。一般来说，网页默认的字体是宋体。为了体现站点的"与众不同"和特有风格，可以根据需要选择一些特殊字体。例如，为了体现专业可以使用粗仿宋体；体现设计精美可以使用广告体；体现亲切随意可以使用手写体等。需要说明的是，使用特殊字体时只能用图片的形式，因为如果浏览者的计算机里没有安装这种特殊字体，将无法正常显示。

（4）设计网站的宣传标语

宣传标语也可以说是网站的精神、网站的目标。用一句话甚至一个词可以高度概括，类似实际生活中的广告语。例如，飞利浦的"让我们做得更好"；雀巢的"味道好极了"；麦斯威尔的"好东西和好朋友一起分享"；Intel的"给你一颗奔腾的心"等。

（5）确信风格是建立在有价值内容之上

一个网站有风格而没有内容，就好比"绣花枕头一包草"，好比一个性格傲慢但却目不识丁的人。首先必须保证内容的质量和价值，这是最基本的要求。

3. 网站栏目的设计

栏目的实质是一个网站的大纲索引，索引应该将网站的主体明确显示出来。在制定栏目的时候，要仔细考虑，合理安排。一般的网站栏目安排要注意以下几方面：

① 一定记住要紧扣主题：一般的做法是将主题按一定的方法分类并将它们作为网站的主栏目。主题栏目个数在总栏目中要占绝对优势，这样的网站才显得专业、主题突出，容易给人留下深刻印象。

② 设置一个"最近更新"或"网站指南"栏目：如果网站的首页没有安排版面放置"最近更新"的内容信息，就有必要设立一个"最近更新"的栏目。这样做是为了照顾常来的访客，让网站主页更显人性化。如果主页内容庞大，层次较多，而又没有站内的搜索引擎，建议为网站设置"本站指南"栏目，这样可以帮助初访者快速找到他们想要的内容。

③ 设定一个可以双向交流的栏目：不需要很多，但一定要有。比如论坛、留言本、邮件列表等，可以让浏览者留下他们的信息。

④ 设置一个"下载"或"常见问题回答"栏目：网络的特点是信息共享。如果浏览者看到一个站点有大量优秀的有价值的资料，肯定希望能一次性下载，而不是一页一页浏览存盘。另外，如果一个站点经常收到网友关于某方面的问题来信，就需要设立一个"常见问题回答"的栏目，既方便了网友，也可以节约网站管理人员的时间。

4. 网站目录结构设计

网站的目录是指建立网站时创建的目录（文件夹）。目录结构的好坏虽然对浏览者来说并没有什么太大的关系，但是对于站点本身的开发、维护有着重要的影响。下面是建立目录结构的一些建议：

① 不要将所有文件都存放在根目录下，否则会造成文件混乱，找不到要更新或删除的文件，这样非常影响工作效率；另外，还会造成网页上传速度减慢的问题。所以，应尽可能减少根目录的文件存放数目。

② 按栏目内容建立子目录，首先按主要栏目建立子目录，其他内容较多或经常需要更新的次要栏目也可以建立独立的子目录，所有需要下载的内容最好放在一个目录下，以便于网站维护和管理。

③ 在每个主栏目目录下都建立独立的 Images 目录，存放本栏目网页中需要的图片，这会为网站管理带来极大的方便。而根目录下建立的 Images 目录只是用来存放首页和一些次要栏目的图片。

④ 目录的层次不要太复杂。目录的层次建议不要超过 3 层，以便于维护管理。

⑤ 不要使用中文目录名。

⑥ 不要使用过长的目录名，最好在 8 个字符之内。

5．网站素材的准备

在初步确定了网站的主题和栏目后，还需要有丰富的内容去充实。只有好的创意，而内容“空洞”的网站是没有任何吸引力的。网站的素材准备包括：搜集、整理加工、制作和存储等环节。

（1）搜集素材

要想使自己的网站有血有肉、吸引用户，就必须尽可能多地搜集素材，不要试图一次到位，在制作时再优中选精，否则，在制作时就会“捉襟见肘”。

素材可以从图书、报纸、光盘上获得，但最方便、快捷的方法是通过搜索引擎在互联网进行搜集。

搜集到的素材，按栏目建立一套素材文件夹（不是上一步设计的站点目录）分类保存，保存时要按照素材内容进行命名，方便以后使用时通过文件名就可以知道其中的内容，此时，可以使用汉字进行命名。

（2）加工素材

在加工素材（图片、动画、文字等）时要注意保存好原始资料，一旦加工不满意或失败后，可以重新再来。

（3）保存素材

在保存加工好的素材时，分两种情况：直接可以用于网页中的素材，如图片、动画等素材，可以存在前面设计好的站点目录的相应栏目的文件夹中，文件名不要使用汉字、不要过长；对于文字内容使用文本文件（TXT 格式）保存在素材文件夹中。

6．设计网站导航方案

网站的导航方案，即网站的链接结构，是指页面之间相互链接而形成的拓扑结构。它建立在网站目录结构的基础之上，但可以跨越目录。建立网站的链接结构有两种基本方式。

（1）树状链接结构

这种链接结构类似 Windows 文件的目录结构，首页中的超链接指向一级页面，一级页面中的超链接指向二级页面。浏览这样的链接结构时，一级级进入，一级级退出。优点是条理清晰，访问者能够明确知道自己在什么位置，不会“迷路”；缺点是浏览效率低，一个栏目下的子页面到另一个栏目下的子页面，必须绕经站点首页。

（2）星状链接结构

这种链接结构类似网络服务器的链接，每个页面相互之间都建立有链接。这种链接结构的优点是浏览方便，随时可以到达自己喜欢的页面。缺点是链接太多，容易使浏览者迷航，搞不清自己在什么位置以及看了多少内容。

这两种基本结构都只是理想方式，在实际的网站设计中，总是将这两种结构混合起来使用，以达到比较理想的效果。比较好的方案是首页和一级页面之间用星状链接结构，一级和以下各级页面之间用树状链接结构。

7. 确定网页版面布局

网页版面是指通过浏览器显示的完整的页面。因为计算机显示器的分辨率不同，所以同一个页面的大小可能出现 800×600 像素、1 024×768 像素、1 440×900 像素等不同尺寸。布局，就是以最适合浏览的方式将图片和文字排放在页面的不同位置。西方的出版界流传着这样一句话：Cover sells book，意思是“封面卖书”，在网站设计上也是如此，网站首页就好比是书的封面，首页设计的好坏是一个网站能不能吸引人的关键。所以，网页版面布局主要针对网站主页的版面设计，其他网页的版面在与主页风格统一的前提下应有所变化。

设计版面的最好方法是先用笔在白纸上将构思的草图勾勒下来，画页面结构草图不要太详细，不必考虑版面细节，只需要画出页面的大体结构即可，可以多画几张，选定一个最满意的作为继续创作的样本。图 1-3 所示的是一个设计中的页面结构草图。

接着进行版面布局细化和调整，即把一些主要的内容放到网页中。例如网站的标志、广告栏、菜单等，要注意突出重点，把网站标志、广告栏、菜单放在最突出、最醒目的位置，然后再考虑其他元素的放置。在将各主要元素确定好之后，就可以考虑文字、图片、表格等页面元素的排版布局了。可以利用网页编辑工具把草案做成一个简略的网页，以观察总体效果和感觉，然后对不协调或不美观的地方进行调整。图 1-4 所示的是一个根据页面结构草图制作出来的网页效果。

图 1-3 一个设计中的页面结构草图

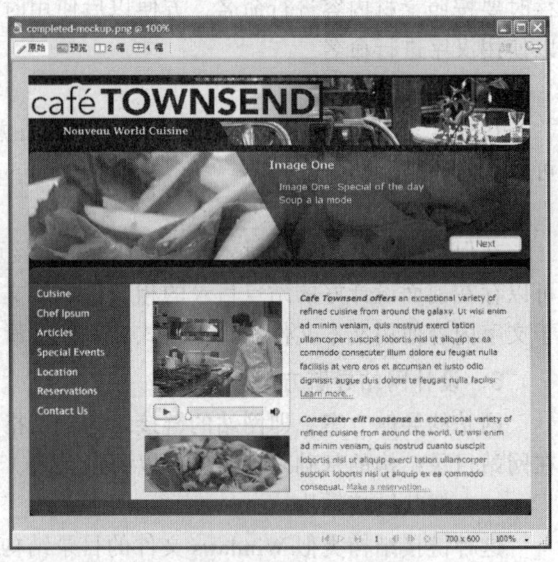

图 1-4 根据页面结构草图制作出来的网页效果

最后确定最终页面版式方案。在布局反复细化和调整的基础上，选择一个比较完美的布局方案，作为最后的页面版式。

熟悉常见的网页版面样式，对自己的版面设计很有帮助。常见的网页版面布局大致可以分为“同”字型、“厂”字型、标题正文型、分栏型、封面型和 Flash 型等。

1.3.2 网站的制作与测试

1. 制作网页

网页版面布局确定之后，接下来的工作就是将站标、按钮、宣传语、广告栏、文本、图片、动画、声音、视频等页面元素通过专业的网页制作软件进行整合，最终形成网页。这一过程将在后面的章节中详细讲解。

2. 添加网页特效

网页特效是指对网页进行美化，从而强化网页的视觉、听觉冲击力，使之更具有艺术效果。一般来说，给网页添加特效就是利用 JavaScript 代码，编写出各种网页效果，比如图像翻转、弹出式窗口、鼠标滚动、浮动广告等。JavaScript 是一种客户端脚本语言，可以为网页添加交互性，以及让设计者控制浏览器的各个方面。

需要说明的是，网页特效是为网页信息内容服务的，添加网页特效要适度，要符合网站主题和内容，否则过多的动感和色彩效果会喧宾夺主，影响访问者浏览网页的内容信息。

3. 网站的测试

站点制作完成以后，在将站点上传到服务器供访问者浏览之前，一定要先在本地计算机上对整个站点进行测试，因为在站点或者网页中可能会存在许多问题。例如，可能会出现某个文件丢失或者某个超链接失效的情况。测试应该涉及站点的各个方面，包括内容、外观、功能和目标等。

① 外观可接受度测试：外观可接受度测试可以保证网站的外观与设想的一致。浏览站点的每个网页，确信它们在样式、颜色和风格上一致。使用不同的浏览器和分辨率或与真实访问者一致的浏览环境来浏览网页。

② 功能测试：既然大多数网页的基本功能就是在屏幕上显示内容，功能测试和外观测试在某种意义上经常重叠。

③ 内容验证：站点的内容细节很重要。确信所有的内容都是合适的，并且词语的用法保持一致。检查诸如产品名、版权日期和商标等细节，一定要检查错别字。客户和用户会仅仅因为一个小错误而认为整个站点很糟糕，这种问题的重要性不言而喻。

④ 系统和浏览器兼容性测试：在开发时可能就考虑到了系统和浏览器的限制，但测试时一定要验证。在浏览站点的时候，一定要使用与用户会使用的系统和浏览器相同的环境进行测试。

⑤ 速度和压力测试：速度测试一般是指测试网页的显示速度。检查一下站点在不同网络条件下的浏览效率，尽量在用户的真实条件下浏览站点。压力测试是指测试网站最大能够承受的用户数量以及响应速度能否达到预期的要求。

1.3.3　网站的发布与维护

1. 申请主页空间和域名

网页（网站）制作好之后，需要将其存放到 Web 服务器上，让全世界的网络浏览者都有机会浏览该网页（网站）。

对于企业、公司或者政府而言，为了使他们的网站能够全天为网络用户服务，往往会租用甚至购买昂贵的网络服务器空间来存放站点网页文件，甚至申请专有的域名（如国内著名的网络搜索引擎百度的域名 www.baidu.com）。

但是对于个人来讲，往往难以承受这些高额的费用。幸运的是，网络上有大量的免费 Web 服务器空间可以申请，这是互联网中大多数个人网页或站点的存放场所。

用户可以通过搜索引擎找到提供免费 Web 服务器空间的网址，进入该网址提供的站点后，往往需要注册成为会员才可以享受对方提供的免费 Web 服务器空间的服务。具体注册方法各个网站不尽相同，但一般在其网站上都会有详细的说明，用于引导用户完成注册，注册完成后，网站将会通过电子邮件等方式，告诉用户使用免费服务器空间的用户名、密码、访问地址等信息。

虽然网上提供免费服务器空间的网站很多，但是各站点的服务质量和内容却各不相同，一般来讲，申请免费服务空间时，应该考虑以下几个方面：

- 免费服务器空间的容量，越大越好。
- 使用何种方式上传网页文件，建议选择支持 FTP 的网站。
- 网络空间访问速度，以及是否有访问流量限制。
- 是否支持 ASP、数据库等服务器技术，对于普通静态网页，此点可以不考虑。

另外，由于是免费空间，所以该网站有权随时中止对用户提供的服务，删除用户的各种数据。

假设申请了一下个人空间和用户名、密码：

- 已经申请个人空间的上传文件地址为：ftp://cc.hbu.edu.cn:2020。
- 用户名为：webuser，密码为：Webuser。
- 个人空间的域名：http://cc.hbu.edu.cn/Webuser。

2. 网站的上传与发布

网站测试完成后，接下来就可以将网站上传到服务器供访问者浏览了，这个过程叫作网站的发布。

向服务器传输文件可以使用多种方法：使用 FTP 客户端工具，如 LeapFTP、FlashFXP 等；设置 Dreamweaver 的远程服务器后，直接上传、下载；使用浏览器 Internet Explorer 直接访问 FTP 空间，完成上传或下载文件的任务。

使用浏览器 Internet Explorer（IE）的具体步骤如下：

① 在资源管理器中选择需要上传到服务器的文件和文件夹，并执行“复制”命令。

② 打开浏览器 IE，在地址栏中输入 FTP 地址：ftp://cc.hbu.edu.cn:2020。然后按【Enter】键，弹出“登录身份”对话框，在“用户名”后的文本框中输入访问该服务器的用户名，此处为“webuser”，在“密码”后的文本框中输入密码，此处为“Webuser”，如图 1-5 所示，然后单击下面的“登录”按钮登录到该 FTP 空间。

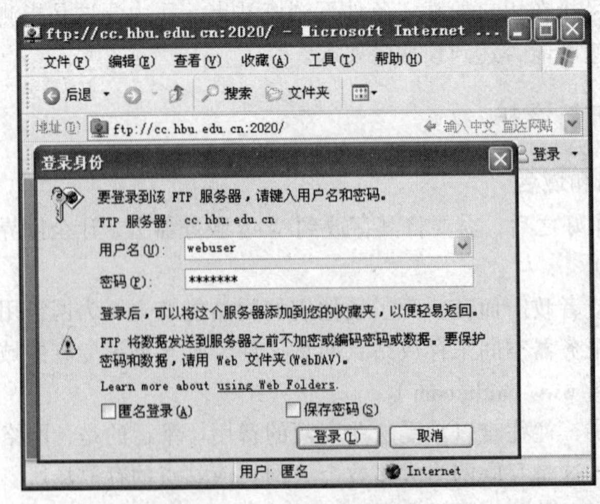

图 1-5 访问 FTP 空间

③ 在该 FTP 空间页面的空白区域右击，在弹出的快捷菜单中选择“粘贴”命令。

3．访问网页

使用网站提供的 WWW 地址就可以访问该网页。打开 IE 浏览器，在地址栏输入网址，然后按【Enter】键就可以从网络上浏览制作好的网页。

4．网站的维护

一个网站的整个建设流程告一段落之后，日常的维护和阶段性的内容更新等重要工作才刚刚开始。

1.4　网站开发实例之规划与设计

为了使学生更好地理解和掌握网站开发的全过程，锻炼学生运用所学知识独立开发网站的能力，本书设计了一个覆盖网站开发各个环节的综合实例供学生练习使用，以下简称"实例"。

"实例"的内容分为 4 部分，第 1 部分为"网站的规划与设计"，第 2 部分为"使用 Fireworks 布局网页、处理网页中的图像"，第 3 部分为"使用 Flash 制作网页动画"，第 4 部分为"使用 Dreamweaver 制作、发布网站"，通过这 4 部分最终完成一个完整的网站。本节为第 1 部分，其余 3 部分独立成章，分别放在各个软件之后。

1.4.1　确定网站主题与风格

创建网站的第一步就是确定网站的主题，只有主题确定之后才能有目的地去寻找相关的素材。网站的风格是其不同于其他网站的地方。它通过网站的外表、内容、文字交流、色彩、技术、交互方式等表现出来。

1．确定网站主题

本实例完全采用静态网页制作技术，使网站的选题有一定的局限性，它不能制作带有交互功能的综合网站，适合制作展示型的网站。本实例选择"家常菜谱"作为网站的主题，主题明确、小巧，适合初学者使用。

2．确定网站风格

本实例在选题上没有什么新奇之处，这就需要在整体形象上下功夫，给浏览者耳目一新的感觉。

① 网站的标志（logo）：使用家常菜谱几个字制作"标志"，使用盘子作为文字的背景，并且在色彩、大小、排列方式上进行变化。

② 网站的宣传标语：使用 Flash 制作一个诙谐的横幅，"人是铁、饭是钢。一顿不吃饿的慌！"，效果为：该行文字随着一只拿笔的手逐步显示出来。

③ 网页的色彩：网页整体框架色彩以浅绿色为主，加上适当的深浅变化和线条，主体部分配以五光十色的各种菜肴图片，使得整个页面既活泼漂亮，又雅致大方。

1.4.2　网站栏目与文件夹结构设计

确定了网站的主题后，就可以根据网站的主题和规模设计合适的栏目了，然后，再根据栏目设计网站的文件夹结构。

1．网站栏目的设计

（1）网站的层次结构

在确定网站的栏目前，先确定一下网站的层次结构，本网站的网页共分三个级别，分别是主页、栏目的导航页、内容页。

（2）网站的栏目设计

本网站的栏目可以有两种划分方法：一是按照菜系分类，如：川菜、粤菜、鲁菜等；二是按照所用原料及制作方法分类，如：海鲜类、肉类、凉菜类、汤煲类等。

考虑本网站以家常菜为主题，没必要按照专业菜系去划分，所以采用第二种分类方法，设计了 7 个栏目，名称分别为水产类食谱、汤煲类食谱、肉食类食谱、素食类食谱、凉拌类食谱、禽类食谱、蛋类食谱，它们将被制作为主导航栏。

2．网站文件夹结构的设计

网站文件夹结构和命名规则的设计，对于网站制作非常重要，如果网站文件夹结构和命名规则混乱，对于网站的制作和后期的维护是非常不利的，尤其是初学者一定要养成良好的习惯。本网站的文件夹建立在 D 盘，其结构如图 1-6 所示。下面说明其设计原则。

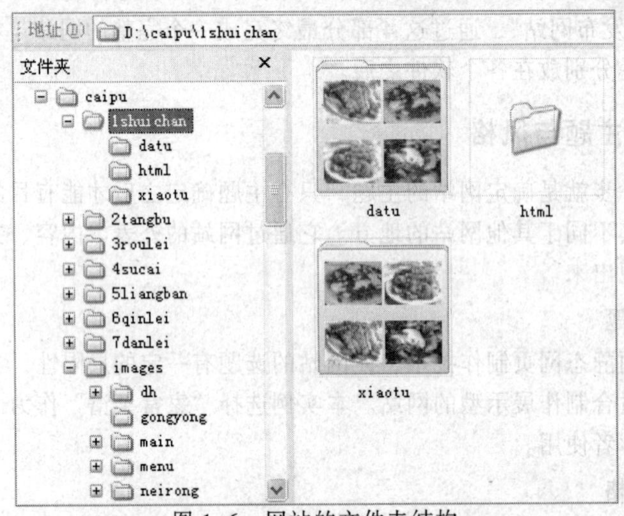

图 1-6 网站的文件夹结构

（1）一级文件夹的设计

在网站根文件夹（caipu）下创建 8 个一级文件夹，其中 1 个公共文件夹（images），7 个栏目文件夹。栏目文件夹的命名规则是：在栏目名称中提取有代表性文字，可以使用它的拼音，也可以使用英文，前面加的数字与栏目的排列顺序相同，主要是为了方便制作网页。

（2）二级文件夹的设计

- 公共文件夹（images）下面建立 5 个二级文件夹，它们是用来存放 Fireworks 制作的导航栏和三个级别网页的模板：
  - ➢ dh：导航栏。
  - ➢ main：主页模板。
  - ➢ menu：导航页模板。
  - ➢ neirong：内容页模板。
  - ➢ gongyong：公用。

- 栏目文件夹：每个栏目文件夹下建立3个文件夹：
  - ➢ xiaotu：用来存放制作二级网页（栏目导航页）的各种菜肴的小图。
  - ➢ datu：用来存放制作三级网页（内容页）的各种菜肴的大图。
  - ➢ html：用来存放三级网页（内容页），每一种菜肴制作一个网页。

注意：在网站中的文件夹名、文件名一定不要使用汉字，文件较多时不便逐一使用拼音或英文命名时，可以使用“前缀+序号”的方式，这在后面的制作过程中会使用到。

1.4.3　网站素材的准备

网站素材也是网站能否成功的重要因素，素材的质量与数量直接影响到网站制作的效果，另外，网站素材整理得是否规范对后面网站制作的效率也有很大的影响。

1．建立素材文件夹

前面设计了网站的文件夹结构，在搜集素材前同样要先建立一套素材文件夹，各种素材分门别类、有条不紊地存放，这样会大大方便后面对素材的使用。

不要将素材直接存放在网站文件夹中，以免有用的、没用的素材混在一起，一是会造成混乱、二是会增加网站占用的空间。

网站中不能使用汉字作文件名和文件夹名，但在搜集素材时为了更加清楚和一目了然，可以使用汉字命名。本网站的素材文件夹建立在D盘，如图1-7所示。

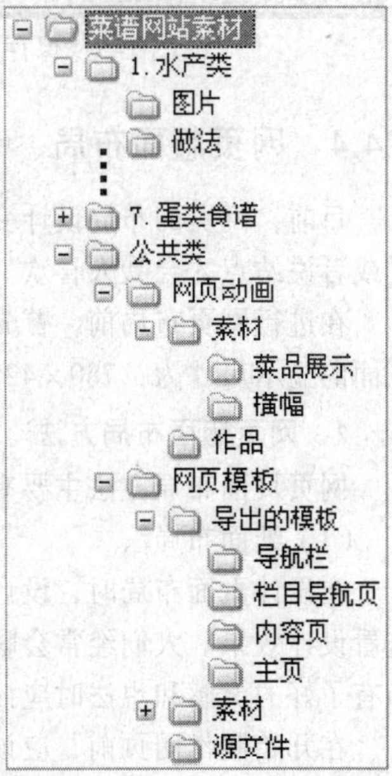

- 每个栏目建立一个素材文件夹，下面建立“图片”、“做法”文件夹，其中：
  - ➢ 图片文件夹用于存放每个菜肴的图片（存大图，不要存缩略图）。
  - ➢ 做法文件夹用于存放各种菜肴做法的文本文件。
- 建立公共文件夹，在其下建立“网页动画”、“网页模板”文件夹，其中：
  - ➢ 网页动画文件夹用于存放制作Flash动画的素材、源文件和影片文件。
  - ➢ 网页模板文件夹用于存放制作网页模板的素材、源文件及导出的网页模板等。

菜谱网站素材
1. 水产类
图片
做法
7. 蛋类食谱
公共类
网页动画
素材
菜品展示
横幅
作品
网页模板
导出的模板
导航栏
栏目导航页
内容页
主页
素材
源文件

图1-7　素材的文件夹结构

2．素材的搜集与命名

网上菜谱类网站素材非常丰富，可以使用“百度”以“菜谱”为关键字进行搜索。本网站所用素材主要来自“中国菜谱网”（http://www.chinacaipu.com/）。

（1）收集素材的方法

按照栏目分别收集各类菜谱中菜肴的图片和制作方法。在网上找到某种菜肴的制作方法后，右击菜肴的图片（要存大图），在弹出的快捷菜单上选择“图片另存为”命令，按照它在此类菜谱中的顺序，在菜名前加上序号（如“04.土豆烧牛肉”），保存在相应栏目的“图片”文件夹中，如图1-8所示。

在网页上选择关于菜肴的制作方法的文字进行复制，然后，打开“记事本”程序，将其粘贴到记事本中，再以与图片相同的主文件名（扩展名不同）保存在“做法”文件夹中。

（2）注意事项

保存图片时一定要重新命名，并且同一菜肴的图片文件和制作方法的文本文件要使用相同的主文件名，以免在制作网页时“张冠李戴”。

文件名前面的“序号”长度要相同，不足的前面补“0”，如图 1-9 界面中左方所示，否则在后面对文件“批量”换名或在制作网页时文件的顺序会改变，如图 1-9 界面中右方所示。

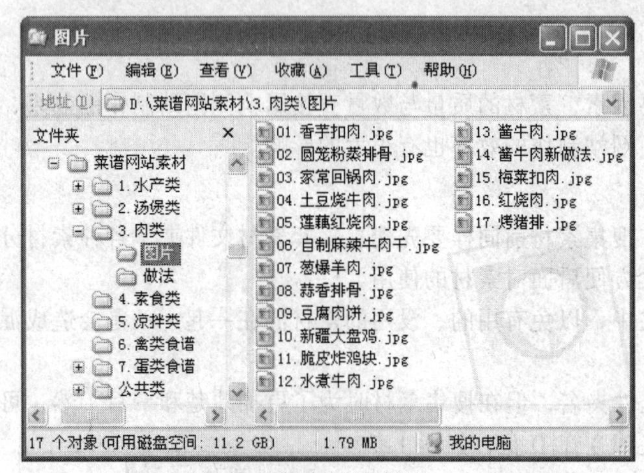

图 1-8 保存图片素材

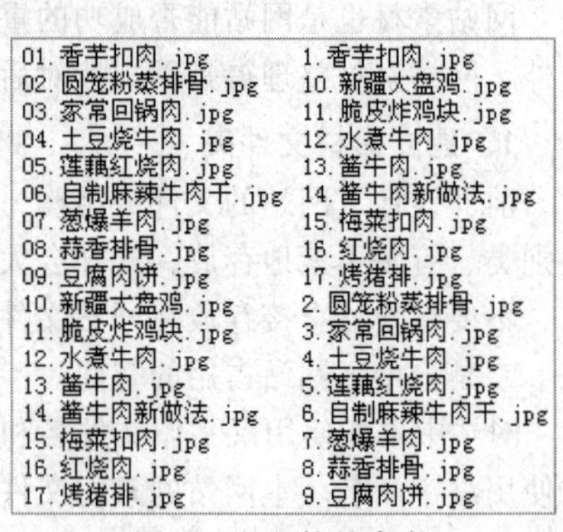

图 1-9 文件的命名

1.4.4 网页版面布局

目前，网页的布局设计变得越来越重要。只有当网页布局和网页内容完美结合时，这种网页或者说站点才会受人喜欢。

在进行网页布局前，首先要确定页面尺寸，本实例网站以 800×600 像素的分辨率为基准，页面的显示尺寸为：780×428 像素，只有确定了页面尺寸才能合理地布局网页元素。

1. 网页版面布局方法

网页页面布局方法主要有两种：纸面布局法和软件布局法。

（1）纸面布局法

在设计页面布局时，设计人员需要在纸面上画出页面布局的草图，将设想落实到纸面上，查看设计效果。人们经常会瞬间产生一个好的灵感和想法，但很快又会在头脑中消失，因此，当有了好的灵感和想法时应该立即用纸记录下来，以备以后使用到页面设计当中去。

在开始制作网页前，应该首先在纸上画出页面布局草图，一旦确定就不要轻易修改，在页面设计中要自始至终贯彻已确定好的页面布局。这种方法需要有一定的绘画功底，否则，很难将自己的想法落实到纸面上。

（2）软件布局法

另外一种页面布局方法是使用图形软件工具设计页面布局草图，可以使用比较熟悉的图形软件，如 Photoshop、Fireworks 等。使用这些图形工具可以方便地设计页面布局和颜色，比纸面布局法更能体现页面布局的整体和真实效果，使用图形工具和层更容易修改和查看各种无法用纸张实现的效果。

2．实例网站的布局效果图

本网站三个级别的网页：主页的布局效果图如图 1-10 所示，栏目的导航页的布局效果图如图 1-11 所示，内容页的布局效果图如图 1-12 所示，它们是使用 Fireworks 制作的。

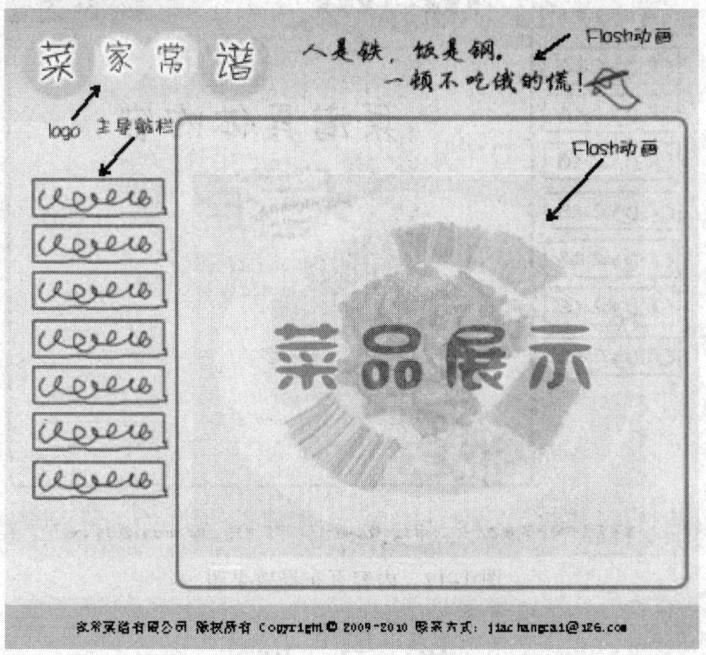

图 1-10　主页布局效果图

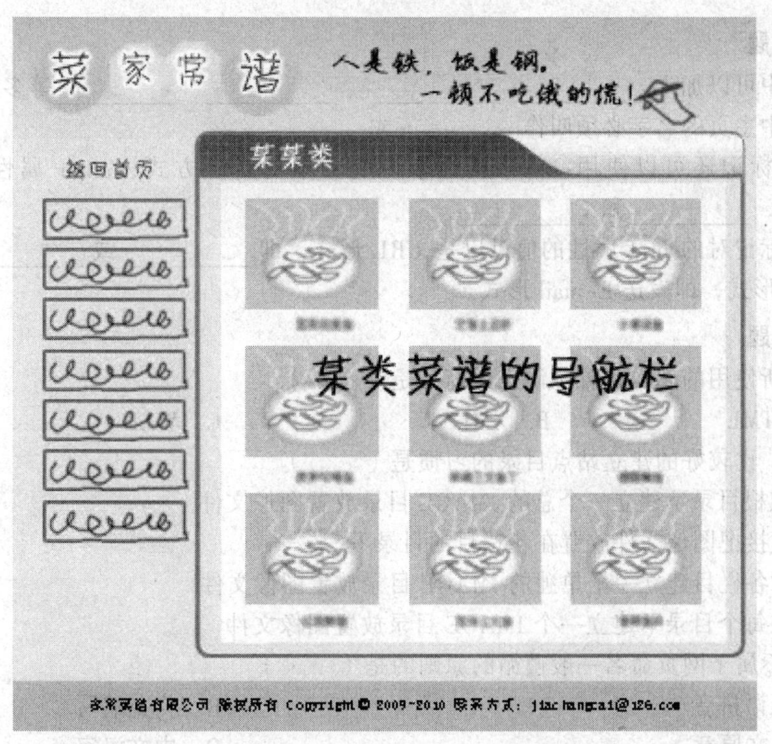

图 1-11　栏目导航页布局效果图

图 1-12　内容页布局效果图

练　习　题

一、填空题

1. 网页中可以加入________、________、________、________等多种媒体内容。
2. 网站中主页的名字必须叫作________或________。
3. 段落标记还可以使用 align 属性来说明文本的对齐方式，align 属性的取值可以是________、________和________。
4. 链接标记对的 href 属性的值可以是 URL 形式，即________或________，也可以是________形式，即发送 E-mail 形式。

二、选择题

1. 网页所使用的超文本置标语言的简写是（　　）。

A. HTML　　B. XML　　C. WAP　　D. SGML

2. 通常，比较好的建立站点目录的习惯是（　　）。

A. 在根目录下建立一个总的 IMAGE 目录放置图像文件
B. 直接把图像文件放置在各栏目的目录下
C. 为各栏目建立一个单独的 IMAGE 目录放置图像文件
D. 在每个目录下建立一个 IMAGE 目录放置图像文件

3. 以下不属于网页命名一般遵循的原则的是（　　）。

A. 汉语拼音　　B. 英文缩写
C. 英文原意　　D. 中文汉字

4. <img>标记具有 alt、align、border、width、height、src 属性，其中（　　）属性是必须赋值的。

A. src　　　　B. width 和 height

C. border　　　　D. alt、align

三、思考题

1. HTML 中的标记都是成对出现的吗？都有标记头和标记尾吗？
2. 静态网页与动态网页的区别是什么？
3. 网页制作中，文件和文件夹的命名规则是什么？
4. 简述开发网站的流程。

四、上机操作题

1. 使用搜索引擎（百度），搜集建站素材，如动物、花草、建筑等。
2. 参照本章 1.4 节的内容，设计网站并搜集素材。

第2章 Fireworks 基础

本章主要介绍图像处理的基础知识、Fireworks CS4 的工作环境以及 Fireworks CS4 的文档操作等，它们是学好后续内容的基础，特别是图像处理的基础知识尤其重要。

2.1 图像处理基础

本节主要介绍图形图像处理的基础知识和常用术语，它对理解、掌握后续的学习内容具有重要意义。

2.1.1 像素与分辨率

像素和分辨率是图像处理中最常用的两个基本概念，它们决定了图像文件的大小和输出时的质量。

1. 像素

Pixel（像素）是由 Picture（图像）和 Element（元素）这两个单词所组成的，是图像的最小单元。一个图像文件的像素越多，包含的图像信息就越多，就越能表现更多的细节，图像的质量自然就越高，同时保存它们所需要的磁盘空间就越大，编辑和处理的速度则会越慢。

2. 分辨率

分辨率是指在单位长度内包含的像素的多少，它是衡量图像细节的重要参数。其单位为像素/英寸（Pixels/inch）或像素/厘米（Pixels/cm）。

（1）图像分辨率

图像分辨率指图像中每英寸所包含的像素数（ppi），在新建图像或修改图像大小时需要根据图像的用途指定。图像分辨率和图像尺寸一起决定图像的输出质量和文件的体积，图像的分辨率越高，图像的输出质量越好，但占用的内存和磁盘空间也会越多，一般设置为与输出设备同样的分辨率即可。如果制作网页（屏幕显示）中的图片，可按显示器的分辨率设置为 72 ppi 或 96 ppi。

（2）设备分辨率

设备分辨率又称输出分辨率，是指各类输出设备每英寸上可产生的点数，如显示器、喷墨打印机、激光打印机、绘图仪的分辨率。这种分辨率通过 dpi（点/英寸）来衡量，目前，PC 显示器的设备分辨率在 60dpi～120dpi 之间。打印设备的分辨率在 360dpi～1 440dpi 之间。

2.1.2 常见的图像文件格式

图像格式是指计算机表示、存储图像信息的格式，目前已有上百种，像 BMP、PCX、JPEG、EPX、PSD、GIF、TIFF 等，下面仅介绍网页中的常用格式。

1. JPEG（*.jpg）

JPEG 格式是目前网络上使用最多的图像格式。JPEG 是一种有损压缩格式，它把某些人眼不易分辨的细节忽略。允许以不同的压缩比例（选择不同的品质）对这种文件进行压缩，当对图像的精度要求不高而存储空间又有限时，JPEG 是一种理想的压缩方式。

该格式的优点是文件小巧（压缩比大），可以支持百万种（24 位）颜色，适合存储照片等颜色非常丰富的图像。

2. GIF（*.gif）

GIF 格式也是目前网络上经常使用的图像格式，它采用了一种经过改进的 LZW 压缩算法，这是一种无损的压缩算法，压缩效率也比较高。

它支持动画、透明背景和间隔渐进显示，不足的是 GIF 最多只支持 256 色，压缩比小于 JPEG；GIF 适合保存手工绘制的卡通、徽标、包含透明区域的图形以及动画。

3. PNG（*.png）

PNG 格式称为“可移植网络图形”，是一种通用的网页图形格式，也是 Fireworks 本身默认的文件格式，它可以完整地记录用户设计的所有内容，包括层、文本属性、矢量元素等，以备将来修改。PNG 格式最多可以支持 32 位的颜色，包含透明度和 Alpha 通道，使用 PNG32 格式可以保存半透明的图像。

2.1.3 矢量图和位图

计算机能处理的图像主要分为两类：位图图像和矢量图形。在 Fireworks 中可以处理这两种类型的图像。

1. 位图图像

位图（Bitmap）也叫做点阵图、栅格图像、像素图，就是最小单位由像素构成的图像。像素是正方形的小颜色块，每个像素都有自己特定的位置和颜色值。在处理位图图像时，用户所编辑的是像素，而不是对象或形状。

位图图像是保存连续色调图像（如照片）最好的图像类型，因为它们可以表现阴影和颜色的细微层次。位图图像与分辨率有关，也就是说，它们包含固定数量的像素。如果将小图片进行放大将会失真。

如图 2-1 所示，如果将 160 × 160 =25 600 像素的图像大小改为 640 × 640 =409 600 像素时，图像的像素数量增加了 15 倍，这些由计算机增加的像素必然会产生一定程度的失真。所以我们在网上下载位图图像（jpg、gif 格式）素材时一定要下载源图，而不要下载缩略图。

2. 矢量图形

矢量图（Vector）也叫做向量图，由被称为矢量的数学对象定义的线条和曲线组成。矢量根据图像的几何特性描绘图像。矢量图形与分辨率无关，也就是说，可以将它们缩放到任意尺寸，可以按任意分辨率打印，而不会丢失细节或降低清晰度。如图 2-2 所示，是将宽度、高度分别放大 4 倍的矢量图效果。

因此，矢量图形在标志设计、工程绘图、插画设计上占有很大的优势。但是，它也存在一些缺点，那就是所绘制的图形通常色彩简单，不能达到位图文件色彩丰富、逼真的效果，也不方便与其他软件相互转换使用。

图 2-1　位图放大前后对比

图 2-2　矢量图放大前后对比

2.1.4　颜色模式

颜色模式是将某种颜色表现为数字形式的模型，或者说是一种记录图像颜色的方式。分为 RGB 模式、CMYK 模式、HSB 模式、Lab 颜色模式、位图模式、灰度模式、索引颜色模式、双色调模式和多通道模式。常见的颜色模式有 RGB、CMYK、HSB 和索引色模式。

1. RGB 模式

RGB 模式被称为加光模式，一般自身发光的设备使用此模式显示颜色，例如电视机、显示器等。RGB 模式中的任何颜色都是由红（Red）、绿（Green）、蓝（Blue）3 种基色叠加而成。这 3 种基色中的每一种都有一个 0～255（转换为十六进制就是 0～FF）的取值范围，0 表示颜色强度最弱，255 表示颜色强度最强，通过对红、绿、蓝的各种取值进行组合可以构成大约 16.7 万（2^{24}）种颜色。

由于 Fireworks 重在制作网页中的图像，网页内容主要通过计算机显示器来显示，所以 RGB 颜色模式是 Fireworks 中最主要的颜色模式。如图 2-3 所示的“颜色样本”面板就是基于 RGB 颜色模式的。例如，当前选取的一种浅蓝色的颜色值是“#3366FF”，“#”号后面的数值分为 3 组，从左到右分别表示构成这种颜色的红、绿、蓝 3 种基色的强度。

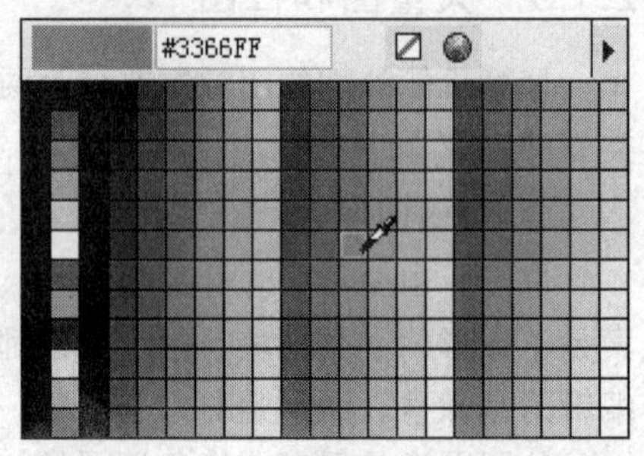

图 2-3　颜色样本

2. CMYK 模式

CMYK 被称为减光模式，一般用于打印或印刷，印刷品通过吸收与反射光线的原理再现色彩。其中四个字母分别指青（Cyan）、洋红（Magenta）、黄（Yellow）、黑（Black），在印刷中代表四种颜色的油墨。在 CMYK 模式中由于光线照到有不同比例 C、M、Y、K 油墨的纸上，部分光谱被吸收后，反射到人眼的光产生颜色。随着 C、M、Y、K 四种成分的增多，反射到人眼的光会越来越少，光线的亮度会越来越低，所以 CMYK 模式产生颜色的方法又称色光减色法。

3. HSB 模式

HSB 模式以人类对颜色的感觉为基础，描述了颜色的 3 种基本特性，如图 2-4 所示，HSB 模式在调整图像色彩的时候特别有用。

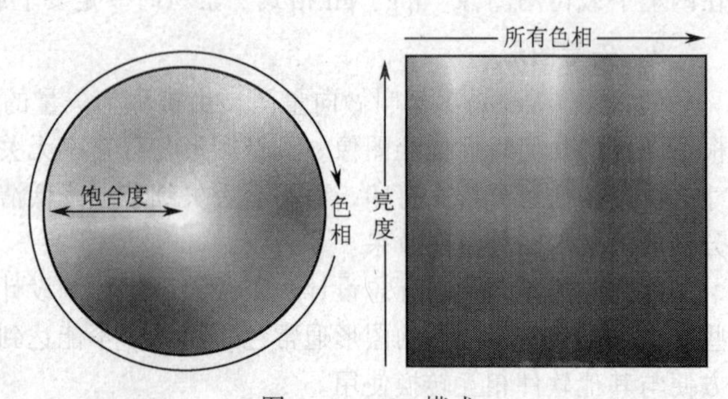

图 2-4　HSB 模式

- 色相：是从物体反射或透过物体传播的颜色。在-180°～+180°的标准色轮上，按位置度量色相。在平常的使用中，色相由颜色名称标识，如红色、橙色或绿色。改变色相就是改变颜色。
- 饱和度：是指颜色的强度或纯度。饱和度表示色相中灰色分量所占的比例，它使用从 0%（由亮度决定是：白色、灰色、黑色）至 100%（色彩完全饱和）来度量。在标准色轮上，饱和度从中心到边缘递增。
- 亮度：是颜色的相对明暗程度，通常使用从 0%（黑色）至 100%（白色）来度量。

4．索引色模式

索引色模式最多使用 256 种颜色。当转换为索引颜色时，Fireworks 将构建一个颜色查找表，用以存放并索引图像中的颜色。如果原图像中的某种颜色没有出现在该表中，则程序将选取现有颜色中最接近的一种，或使用现有颜色模拟该颜色。它无法表现细腻的颜色变化，多用于手工绘制的图像或动画中。用索引色模式保存色彩丰富的照片，会有缺色现象。

2.2　Fireworks CS4 的工作环境

启动 Fireworks CS4，然后选择“文件”→“打开”命令，打开一幅图像。Fireworks CS4 的工作环境如图 2-5 所示。

图 2-5　Fireworks CS4 工作环境

Fireworks CS4 的桌面环境中除了大家熟悉的标题栏、菜单栏外，还包括文档窗口、工具箱、“属性”面板和其他面板（组）等，下面将分别介绍。

2.2.1　文档窗口

每一个打开的图像文档或新建文档都会显示在如图 2-6 所示的文档窗口中。下面介绍文档窗口的使用方法。

1. 图像窗口标题栏

图像窗口标题栏用于显示已经打开图像文档的文件名，可以通过在该标题栏的文件名上单击，切换文档。

图 2-6　图像窗口

2. 视图模式选择栏

视图模式选择性分为“原始”、“预览”、“2 幅”、“4 幅”四种视图模式。图像的编辑处理都在“原始”视图中完成。“预览”视图，可以按优化后的图像格式显示图像；在制作导航按钮时可以预览效果。“2 幅”和“4 幅”视图，每幅图可以在“优化”面板设置不同的格式或参数，用于对比以不同的格式、参数保存图像的不同显示效果，如图 2-7 所示。

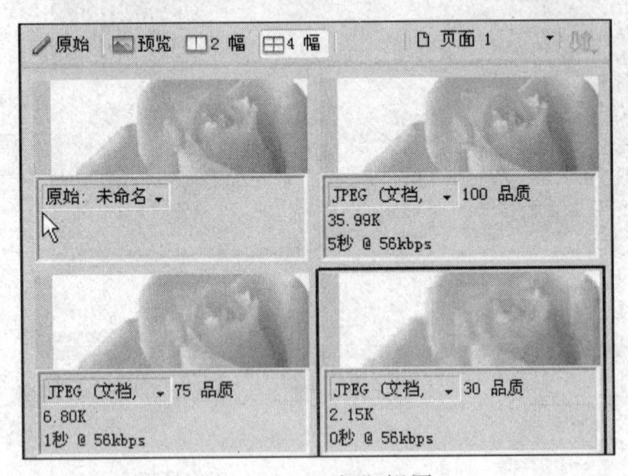

图 2-7　“4 幅”视图

注意：在“预览”模式下不能对图像进行编辑。

3. 帧播放工具栏

帧播放工具栏用于对动画文件的测试，可以使用第一帧 ⏮、播放 ▷、停止 ■、最后一帧 ⏭、前一帧 ◀|、下一帧 |▶ 控制动画的播放。

4. 页面预览

在“页面预览”窗口中单击可以显示图像的宽度、高度、分辨率等信息。

5. 显示比例菜单

单击后，显示缩放比例菜单，缩放范围在 6%～6400%之间。图像窗口内的图像的显示尺寸会随着显示比例的不同而变化，但对图像的实际大小并没有影响。

在 100%时显示的效果最好，当要编辑图像细节时最大可以放大显示比例至 64 倍(6400%)，实现单像素编辑。

6. 图像窗口的排列

Fireworks CS4 的文档窗口与之前的版本有所不同，文档窗口没有“还原”状态，始终处于“最大化”状态，使得文档之间的操作很不方便。可以选择“窗口”→“平铺”命令，已经打开的文档窗口铺满工作区，如果此时再打开新文档，它会出现在当前文档窗口，单击当前文档窗口标题栏上的文件名可以切换文档到原来的文档。也可通过拖拽标题栏上的文件名，使文档窗口处于还原状态。

2.2.2 工具箱

图像编辑时的常用工具几乎都收录在工具箱中。理解每种工具的功能、掌握每种工具的使用方法是制作高质量图像的关键。

1. 显示或隐藏工具箱

选择“窗口”→“工具”命令，即可显示或隐藏工具箱。

2. 选择工具的方法

在工具箱中，既有单个工具，也有工具组（右下角有黑色的三角符号，如 ），使用方法如下：

- 单个工具的使用：单击该工具按钮即可。
- 工具组的使用：在工具按钮上按住左键不放，稍候便会弹出选择菜单供用户选择所需工具，前面有对钩（✔ “缩放”工具 (Q)）的表示是当前工具，如图 2-8 所示。

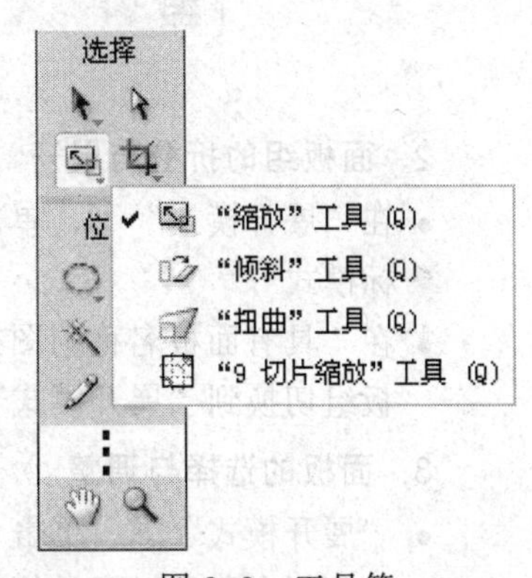

图 2-8 工具箱

2.2.3 “属性”面板

“属性”面板一般位于 Fireworks 工作环境下方，用于显示和设置选中对象或工具的属性，如图 2-9 所示。属性面板分上、下两部分，可以按需要进行显示、折叠、隐藏操作，方法如下：

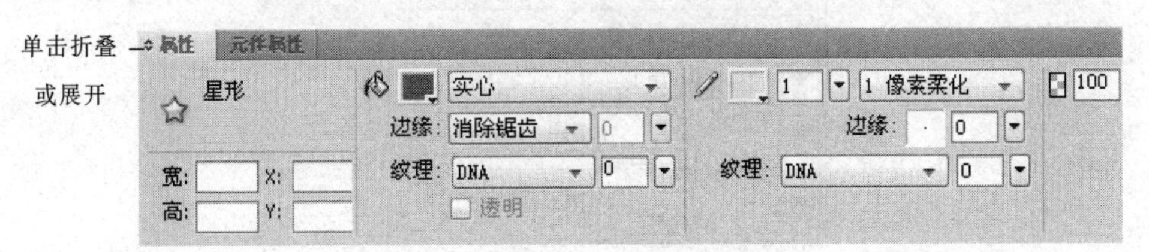

图 2-9 “属性”面板

- 单击“标题栏”，可以显示或隐藏“属性”面板。
- 单击“标题栏”左边的按钮，可以设置其折叠、隐藏、显示等状态。
- 拖动“标题栏”，可以改变“属性”面板的位置。

2.2.4 面板组

Fireworks CS4 面板组的操作与以前的版本有很大的区别，这里主要介绍一下面板组的操作和几个常用面板的使用方法，其他面板在以后的学习中会逐步介绍。

1．面板组的模式选择

面板组有 3 种模式，它们是：具有面板名称的图标模式、图标模式、展开模式，如图 2-10 所示。单击“菜单栏”右边的 展开模式 ▾ 按钮，可以选择所需模式。

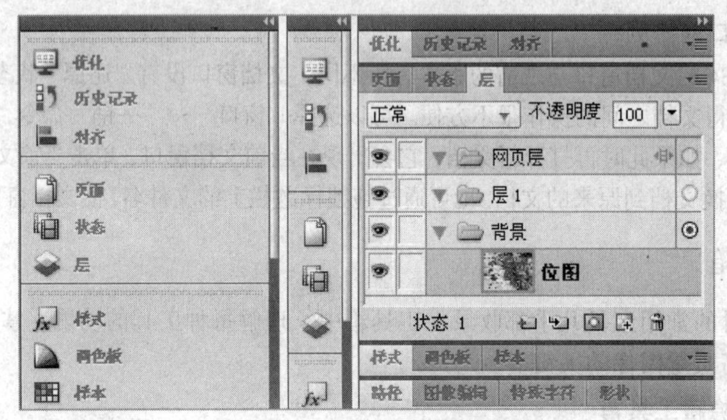

图 2-10 面板组的三种模式

2．面板组的折叠与展开

- 在“展开模式”下，单击面板组顶端的▶▶按钮可以将面板组折叠为“具有面板名称的图标模式”。
- 在“具有面板名称的图标模式”或“图标模式”下，单击面板组顶端的◀◀按钮可以将面板组切换到“展开模式”。

3．面板的选择与调整

- “展开模式”下，单击“标题栏”的空白处可以显示或隐藏面板组；单击“标题栏”上的面板名称可以显示相应面板；拖拽面板底部边框可以改变面板大小（也适用于其他模式），如图 2-11 所示。

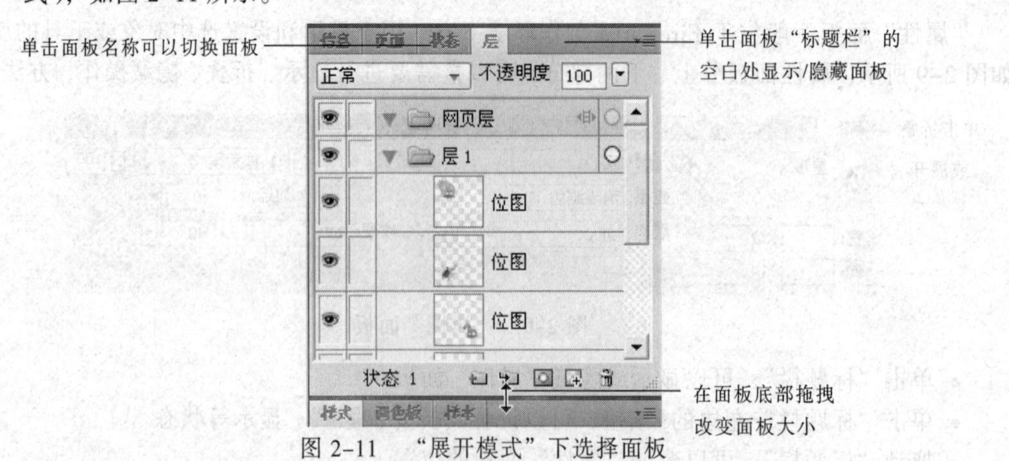

图 2-11 “展开模式”下选择面板

- 在“具有面板名称的图标模式”或“图表模式”下，单击面板上的“图标”可以显示/隐藏面板，单击面板“标题栏”上的▶▶按钮可以隐藏面板，如图2-12所示。

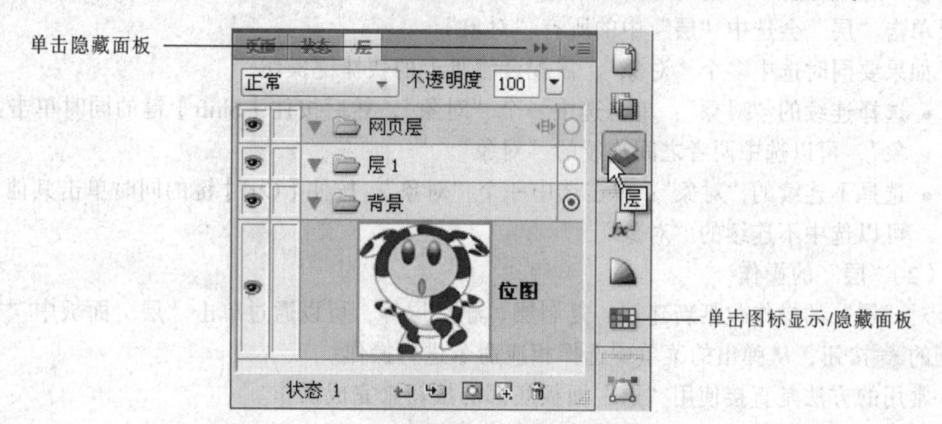

图2-12 “图标模式”下显示/隐藏面板

2.2.5 常用面板

1. “层”面板

可以说“层”是数码图像处理的灵魂。“层”允许在不影响图像中其他图像元素的情况下处理某一图像元素。可以将“层”想象成是一张张叠起来的透明纸上绘制的图像，可以透过上面“层”的透明区域看到下面的“层”，如图2-13所示。通过更改“层”的顺序和属性，可以改变图像的合成效果。

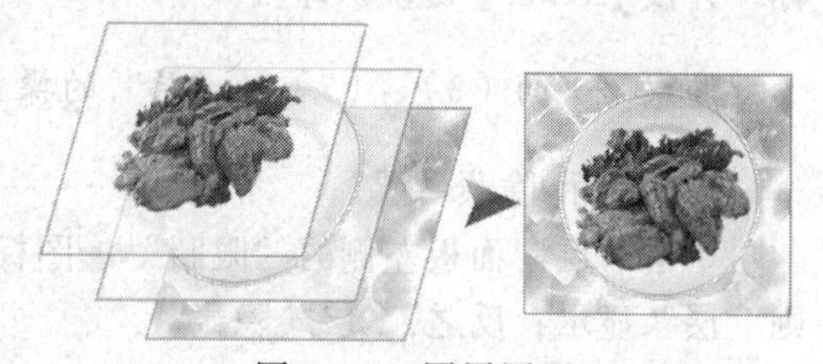

图2-13 图层原理

在Fireworks中有关“层”的操作，都可以使用层面板中的按钮或菜单命令完成，如图2-14所示。

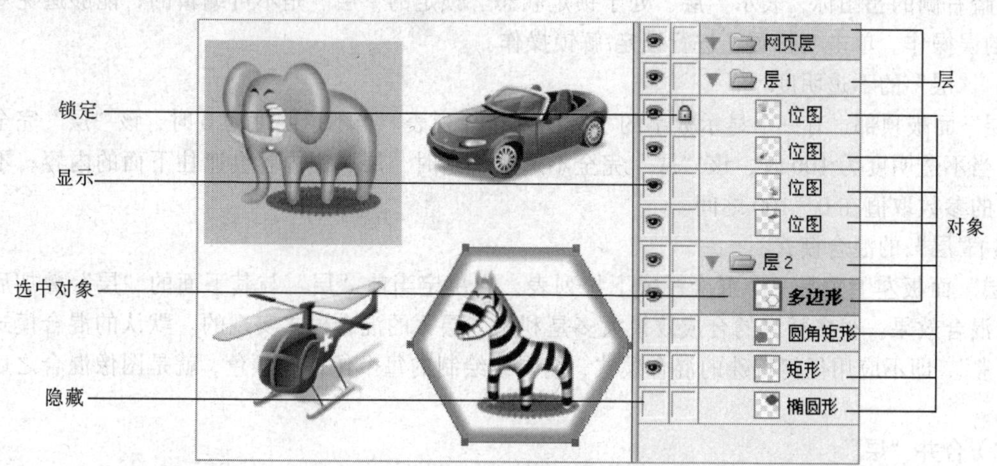

图2-14 “层”的操作

注意：所有对“层”的操作都会影响“层”中的“对象”，如：隐藏“层”、锁定“层”后，“层”中的所有“对象”也被隐藏、锁定。

（1）选定“层”或“对象”

在“层”面板中，直接单击“对象”，即可将其选中，选定的“对象”会以浅蓝底色表示。如果单击“层”会选中“层”中的所有“对象”。

如果要同时选中多个“对象”，需配合键盘上的快捷键操作。

- 选择连续的“对象”：单击选中一个“对象”，然后按住【Shift】键的同时单击其他“对象”，可以选中两者之间连续的“对象”。
- 选择不连续的“对象”：单击选中一个“对象”，按住【Ctrl】键的同时单击其他“对象”，可以选中不连续的“对象”。

（2）“层”的操作

对“层”的操作包括新建层、复制层、删除层等，可以通过单击“层”面板中“标题栏”右侧的按钮，从弹出的菜单中选择相应命令进行操作。

常用的方法是直接使用“层”面板底部的按钮来完成操作。

- 新建层：直接单击“新建/复制层”按钮。
- 复制层：拖动需要复制的层到“新建/复制层”按钮上。
- 删除层：拖动需要删除的层到“删除所选”按钮上。

“对象”的操作与“层”的操作类似，新建、复制使用“新建位图图像”按钮。

“层”和“对象”可以换名，换名的方法是在原名上双击，出现换名的文本框时输入新名称，并按【Enter】键确认即可。

注意：下面（3）~（7）对“层”的操作同样适合对“对象”的操作。

（3）显示/隐藏“层”

单击“层”面板左侧的“眼睛”图标，可以设置“层”的显示/隐藏状态。有“眼睛”，则“层”显示；反之，“层”隐藏。

（4）锁定“层”

眼睛右侧的图标，表示“层”处于锁定状态。锁定的“层”是不可编辑的，能够避免对“层”的误操作。单击位置，进行锁定/解锁操作。

（5）“层”的不透明度

“层”面板顶部，有一个显示数字的不透明度选择列表。当不透明度为0时，该“层”完全透明；当不透明度为100时，该“层”完全不透明，这时“层”中内容会遮住下面的内容；不透明度的参数取值在0～100之间。

（6）“层”的混合模式

“层”面板左上角是一个混合模式下拉列表，它决定当前“层”与其下面的“层”叠加后的图像混合效果。很多精湛的合成效果大多是利用“层”的混合模式实现的。默认的混合模式为“正常”，即不应用任何特殊的混合模式，编辑或绘制的每个像素的颜色，就是图像混合之后的颜色。

（7）合并“层”

- 向下合并：选中“层”，单击“层”面板右侧的按钮，从弹出的菜单中选择“向下合并”命令。
- 平面化所选：选中多个“层”，单击“层”面板右侧的按钮，从弹出的菜单中选择“平面化所选”命令，可以将选中的多个“层”合并成一个位图对象。

2．“历史记录”面板

“历史记录”面板，主要用来记录用户对图像所做的改动，使用户可以恢复图像到原始状态或恢复到某一指定的操作，如图2-15所示。

记录状态的时候是从顶部向下添加的，也就是说，最新的状态位于列表的底部。使用鼠标拖动“历史记录”面板左侧的游标，可以使图像状态恢复到游标指向的那一步的操作状态，同时所有处于游标下面的记录变成灰色，提示用户这些操作即将被放弃，如果用户此时执行了新的操作，则这些灰色的操作记录将被彻底抹去，而被新的操作所代替。

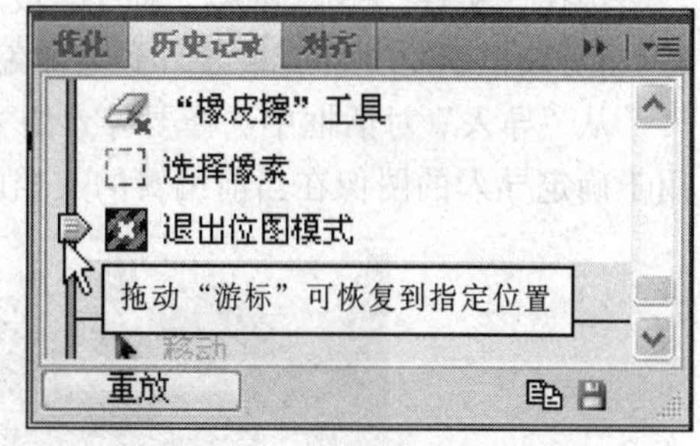

图2-15 “历史记录”面板

“历史记录”面板默认记录20步操作。如需修改默认设置，可以选择“编辑”→“首选参数”命令，在弹出的“首选参数”对话框中的“撤销步骤”项中输入具体的步骤数量。

2.3 Fireworks CS4的文档操作

文档的保存是本节的重点，通过学习本章内容，要掌握常用的三种图像文件（JPG、GIF、PNG）所适用的情况和场合。

2.3.1 新建文档

选择“文件”→“新建”命令或单击工具栏上的“新建”按钮，在弹出的“新建文档”对话框中进行下列设置。

1．宽度/高度

按照需要设定宽度、高度的尺寸。由于Fireworks主要用于网页图像设计，所以其默认单位为像素。如果图像的用途是打印或印刷，可以在后面的单位下拉列表中选择英寸或厘米作为单位。

2．分辨率

依据图像用途和输出设备设置分辨率。如果是网页中需要的图像，主要是通过计算机显示器显示，分辨率按默认的96像素/英寸设置即可；如果用于打印，分辨率要求较高，一般按照打印机的设备分辨率进行设置。

3．画布颜色

画布颜色用于设置在何种颜色的背景上进行图像创作。可以选择白色、透明色或单击“自定义”下方的颜色框，从弹出的“颜色样本”面板中选取颜色。

2.3.2 打开文档

选择“文件”→“打开”命令，或单击工具栏上的“打开”按钮，在弹出的“打开”对话框中选中需要打开的文件，单击“打开”按钮即可。

此外，“文件”菜单中还有一个“打开最近的文件”命令，里面记录着最近打开过的10个文件，通过单击相应的文档名称可以快速打开最近编辑过的文档。

2.3.3 导入素材

选择“文件”→“导入”命令，或单击工具栏上的“导入”按钮，“导入”不同于“打开”，可以把素材文件直接导入到当前编辑的文档中。

从“导入”对话框中选择要导入的文件，并单击“打开”按钮后，鼠标指针会变为厂形状，用于确定导入的图像在当前编辑的文档的位置和大小，如图 2-16 所示。

图 2-16 “导入”图片

2.3.4 保存文档

制作好的图像需要进行保存，保存的文件格式主要有 JPG、GIF、PNG 三种格式，前面已经介绍过，这里再强调一下。

- 如果要保留图层信息以备将来修改，一定要保存为 PNG 格式。
- 保存普通图像的最终结果一般用 JPG 格式。
- 保存透明背景图像或动画要使用 GIF 或 GIF 动画。

保存文档的命令有两个，分别是保存和另存为，下面介绍其使用方法。

（1）保存新建文档

选择“文件”→“保存”命令（或单击“保存”按钮），在弹出的“另存为”对话框中，指定文档的名称、保存类型和保存的位置等，然后单击“保存”按钮。

（2）保存已存在的文档

选择“文件”→“保存”命令（或单击“保存”按钮），如果对源文件已做过修改，根据源文件的不同格式，分下面三种情况：

- 对于 PNG 格式的源文件，没有任何提示直接保存。
- 对于 JPG 格式的源文件，会出现如图 2-17 所示的“提示”框，单击保存 JPEG按钮将直接保存；单击保存 Fireworks PNG按钮，会出现“另存为”对话框。

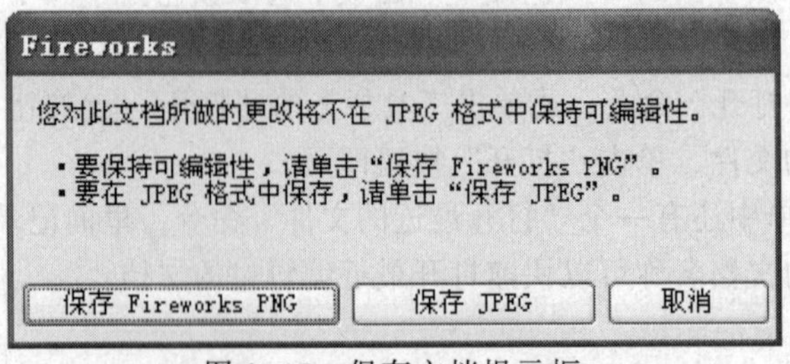

图 2-17 保存文档提示框

- 对于 GIF 或 GIF 动画格式的源文件情况与 JPG 格式相同，只是对话框中的 保存 JPEG 按钮变为 保存 GIF 。

（3）另存已存在的文档

选择“文件”→“另存为”命令，在弹出的“另存为”对话框中，重新指定文档的存盘名称、保存类型和保存位置，然后单击“保存”按钮即可。

练 习 题

一、填空题

1. JPEG 格式是目前网络上使用最多的图像格式之一，JPEG 是一种________压缩格式，它把某些人眼不易分辨的细节忽略。

2. GIF 格式的优点是支持________的图像背景和________效果。

3. PNG 格式最多可以支持 32 位的颜色，包含透明度和 Alpha 通道，使用 PNG32 可以保存________的图像。

4. 位图（Bitmap）也叫做点阵图、栅格图像、像素图，就是最小单位由________构成的图像。

5. 矢量图（Vector）也叫做向量图，由被称为矢量的数学对象定义的________和________组成。

二、选择题

1. JPEG 格式文件的优点是文件小巧，可以支持（　　）位颜色，适合存储照片等颜色非常丰富的图像。

　A. 8　　B. 16

　C. 24　　D. 32

2. CMYK 模式被称为减光模式，一般用于打印或印刷，印刷品通过吸收与反射光线的原理再现色彩。其中四个字母分别指（　　）。

　A. 青、洋红、黄、黑　　B. 红、绿、蓝、黑

　C. 青、洋红、黄、白　　D. 红、绿、蓝、白

3. 在 Fireworks CS4 中，编辑好的用于网页上的风景图片，应该保存（　　）格式。

　A. JPG　　B. GIF

　C. BMP　　D. PNG

4. 在 Fireworks CS4 中，建立新文档时，默认的分辨率是（　　）像素/英寸。

　A. 72　　B. 96

　C. 128　　D. 256

三、思考题

1. 矢量图和位图有什么区别？

2. 网页制作中常见的图像格式有哪几种？并说出各自的特点。

3. Fireworks 最主要的颜色模式是什么？

4. 使用 Fireworks 制作的半成品（未完成）应存为哪种格式？

四、上机操作题

1. 熟悉 Fireworks CS4 的工作环境，面板组的模式选择，面板组的折叠和展开。

2. 熟悉 Fireworks CS4“属性”面板、“层”面板显示/隐藏的操作方法以及“工具箱”中工具的选择方法。

3. 从网上下载一张图片，在 Fireworks CS4 中打开，使用“工具箱”中的“文字工具” T 在该图片中添加自己的学号、姓名。然后将其分别保存为 tu.png、tu.gif、tu.jpg（品质 85）3 种格式，查看保存的 3 个文件的大小，再分别使用 Fireworks CS4 打开并查看它们有何不同。

第3章 Fireworks 基本操作

本章主要介绍查看图像和处理图像的基本操作方法，主要包括查看图像，调整图像和画布，选择、编辑、变换对象，选择和编辑选区等操作方法。

3.1 显示文档

Fireworks CS4 在“工具箱”中提供了“手形”工具、“缩放”工具，而且在“菜单栏”上也提供了“手形”工具、“缩放”工具，并且还可以使用缩放命令和快捷方式方便地按照不同的放大倍数查看图像的不同区域。

3.1.1 “缩放”工具

如果需要对图像的某些细节进行精细的修饰或调整，可以增大图像的显示比率，使图像局部放大，当图像太大而又需要查看整体效果时，又需要缩小图像的显示比率，具体操作方法如下：

① 在“工具箱”中单击“缩放”工具，将鼠标指针移动到图像窗口中（此时鼠标指针变为放大镜的形状，中心有一个加号），单击需要放大的区域。每单击一次，图像都以“单击的位置”为中心放大一定的比率，最大放大比率为 6400%。

② 按下键盘上的【Alt】键，放大镜状的鼠标指针中心会变为减号，此时单击可缩小图像，图像缩小的最小比率为 6%。

③ 如果需要放大图像的某个指定区域，可以选择“缩放”工具，在图像窗口中按住鼠标左键，拖动出一个矩形方框，方框区域内的图像将充满文档窗口，如图 3-1 所示。

图 3-1　使用“缩放”工具

④ 双击工具箱中的“缩放”工具，图像可以恢复以 100% 的比率显示。

放大(Z)	Ctrl+=
缩小(O)	Ctrl+-
缩放比率(M)	
选区符合窗口大小(S)	Ctrl+Alt+0
符合全部(F)	Ctrl+0

图 3-2　缩放命令

3.1.2 缩放命令

除“缩放”工具外，使用“视图”菜单中的命令也可以对图像进行缩放，如图 3-2 所示。

3.1.3 “手形”工具

当图像无法在窗口中完整显示时，这时可以使用“手形”工具来移动图像的显示区域；双击工具箱中的“手形”工具，还可以使图像自动符合窗口大小显示。使用“手形”工具比使用滚动条更加方便、快捷。

3.2 画布与文档的属性

图像是构成网页的主要元素之一，其重要性不言而喻。但很多时候，我们找到的图像素材，在尺寸或内容上，或多或少的与网页的整体设计不一致，这就需要对图像进行基本的修改或调整。

3.2.1 修改图像大小

当图像的原始尺寸与网页中为图像预留的空间不一致时，就可以通过“修改图像大小”命令对图像进行调整。

执行“修改”→“画布”→“图像大小”命令，会弹出“图像大小”对话框，如图 3-3 所示，具体操作方法如下：

① 像素尺寸：用于设置屏幕显示的图像的尺寸，直接在文本框中输入宽和高的像素值，或将右侧的下拉列表框的单位改为“百分比”，设定图像相对于原图像宽、高的百分比。

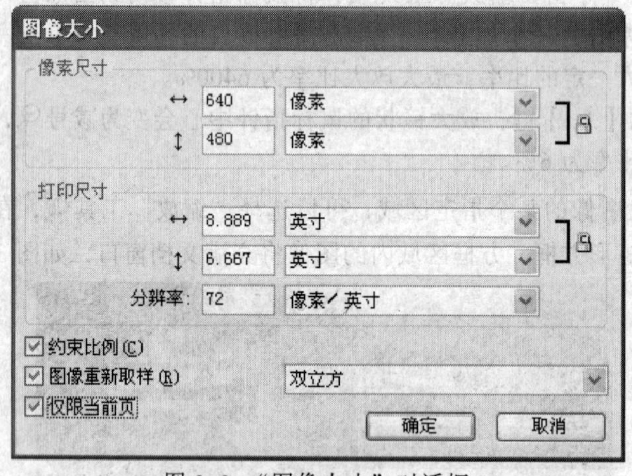

图 3-3 “图像大小”对话框

② 打印尺寸：用于对需要打印输出的图像进行设置，按照需要打印的图像的尺寸设置宽和高，再按照打印设备的分辨率来设置“分辨率”，以获得最佳的打印效果。

③ 约束比例：用于约束图像的高、宽比例，若选中，改变图像的高或宽时，另一项会随之变化，以保持图像的长、宽比例不变。

④ 图像重新取样：共有 4 种取样方式，“双立方”方式速度慢但精度高，可得到最平滑的色调层次，效果最好，是 Fireworks 中默认的重新取样方式。

一般情况下，当将大图改为小图时效果较好，而将小图改为大图时会产生失真；但对于含有文字情况下，无论改大还是改小，文字质量都会变差。

3.2.2　修改画布大小

修改画布大小主要是增大画布和裁剪画布。执行“修改”→“画布”→“画布大小”命令，会弹出“画布大小”对话框，具体操作方法如下：

① 在“宽”、“高”文本框中设置调整后图像的新尺寸的宽和高。

② 单击“锚定”按钮，以指定 Fireworks 将在画布的哪一边添加或裁剪。

③ 单击“确定”按钮，完成画布大小的调整。

注意：修改画布大小不同于改变图像大小，当增加画布时会出现空白画布，当减小画布时会对图像进行裁切，如图 3-4 所示，此图像的画布颜色是透明的。

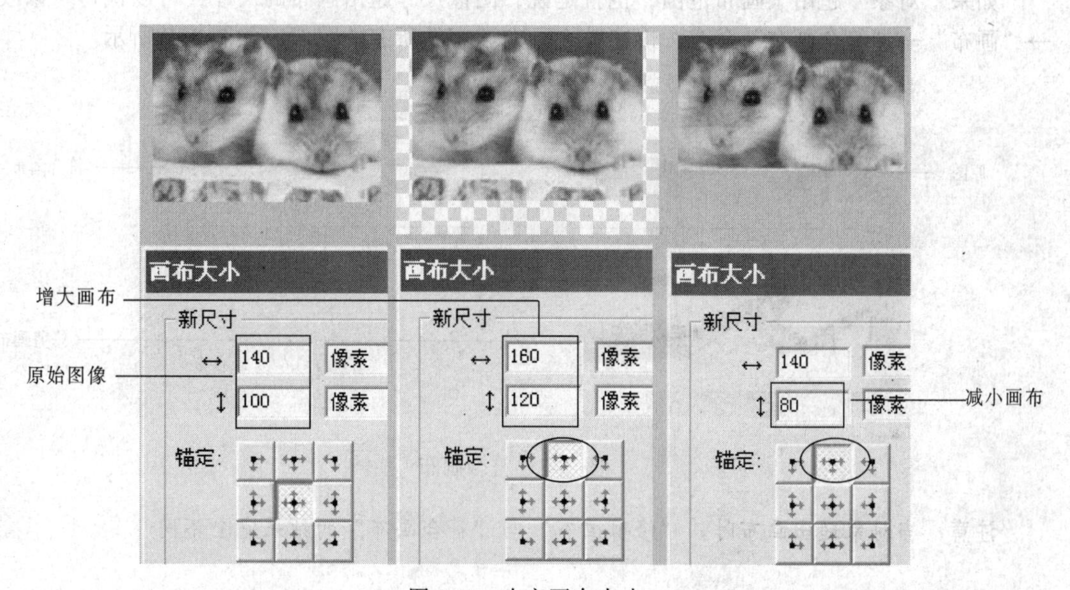

图 3-4　改变画布大小

3.2.3　修改画布颜色

在新建画布的时候，可以设定画布的颜色。如果要在处理图像时改变已有的画布颜色，可以从“修改”菜单中执行“画布”→“画布颜色”命令，会出现如图 3-5 所示的“画布颜色”对话框，在其中可对画布进行修改。

打开一幅 JPG 格式或 GIF 格式的图像文件，可以看到它们的画布颜色都是透明的。

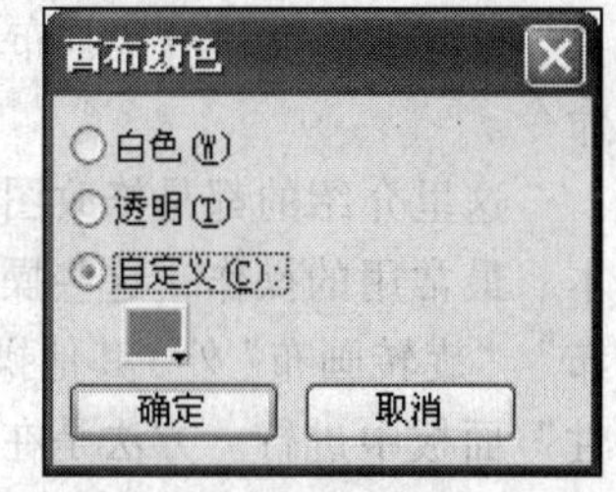

图 3-5　“画布颜色”对话框

3.2.4　修剪画布与符合画布

如果“对象”在画布周围有多余的空间，也就是说，“画布”尺寸大于“对象”的尺寸，则可以修剪画布，快速去除四周多余的空间，方法是执行“修改”→“画布”→“修剪画布”命令（此时，使用“符合画布”命令也会得到相同结果），如图 3-6 所示。

原图
当对象小于画布时
“修剪画布”与“符
合画布”结果相同，
将裁去多余画布

图 3-6 修剪画布

如果“对象”超出了画布范围，也就是说，图像尺寸超出画布的尺寸，可以执行“修改”→“画布”→“符合画布”命令，快速扩大画布以容纳所有的图像，如图 3-7 所示。

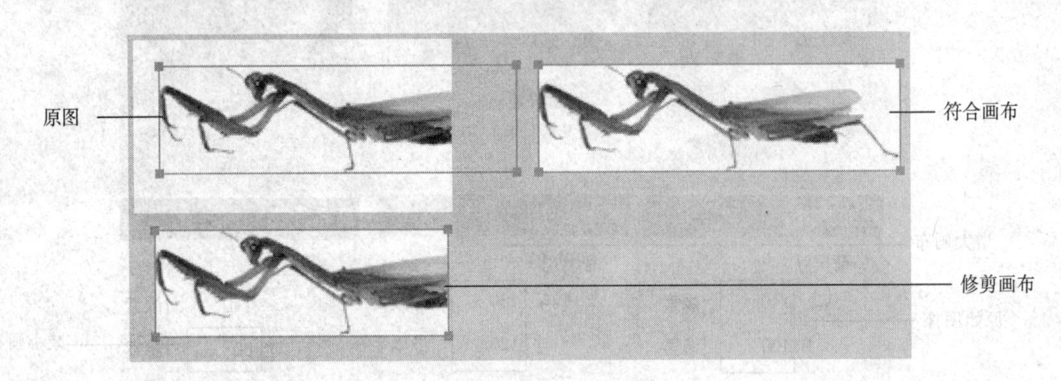
原图
符合画布
修剪画布

图 3-7 符合画布

注意：当对象超出画布时，“修剪画布”与“符合画布”的结果完全不同

3.2.5 旋转画布

有时打开的图像可能侧放或倒置，这种情况时常出现于数码相机拍摄的图像中，一般是由于拍摄照片时手持照相机的角度不同造成的。遇到这种情况时，“旋转画布”命令非常有效，方法是：

执行“修改”→“画布”→“旋转 180°”/“旋转 90° 顺时针”/“旋转 90° 逆时针”等命令。

这里介绍的都是修改图像或画布的最基本、最常用的操作，这些操作除了“修剪画布”、“旋转画布”外，其他操作都可以在“属性”面板中进行。方法是在图像中没有“选区”的前提下，使用“指针”工具通过单击画布以外的区域，使属性面板中显示出“文档属性”，从中可以进行“图像大小”、“画布大小”、“画布颜色”、“符合画布”等操作，如图 3-8 所示。

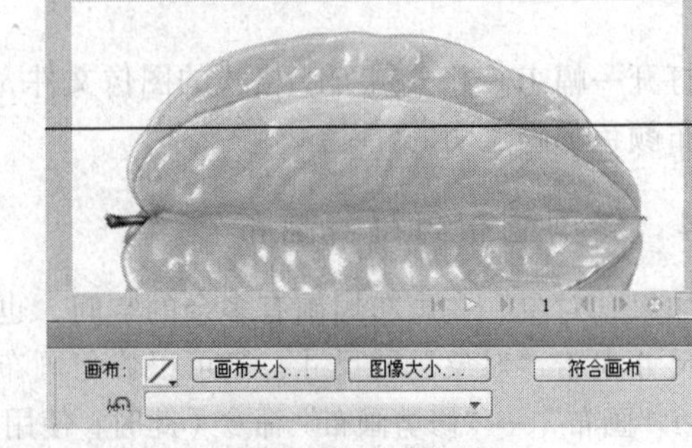
单击画布以外的区域，属性面板中显示出“文档属性”
画布：
画布大小...
图像大小...
符合画布

图 3-8 文档属性

3.3　使用辅助工具

Fireworks 提供了很多辅助用户处理图像的工具，包括标尺、网格、辅助线等。这些工具对图像不作任何修改，在完成后的作品中也不会显示，但可以帮助用户在处理图像时测量和定位图像。

3.3.1　标尺

标尺用来显示鼠标指针当前所在位置的坐标。使用标尺可以让用户更准确地组织和计划作品的布局。因为 Fireworks 处理的图像主要用于网页，而网页中的图像以像素为单位进行度量，所以不管创建文档时所用的度量单位是什么，Fireworks 中的标尺总是以像素为单位。

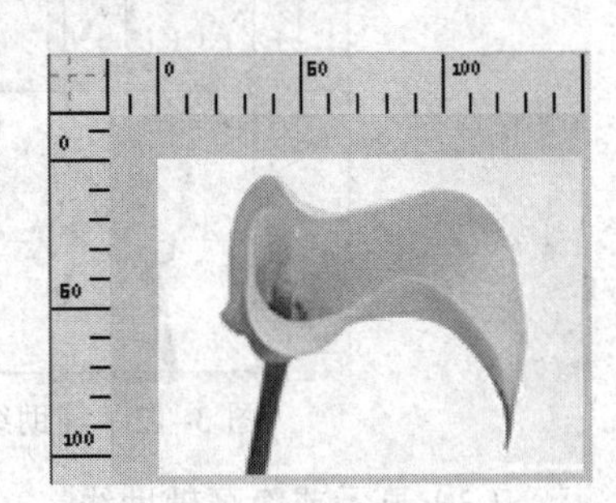

图 3-9　标尺

执行“视图”→“标尺”命令(或使用快捷键【Ctrl+Alt+R】)，可以打开或关闭标尺，打开的标尺如图 3-9 所示。

3.3.2　网格

网格是在画布上显示的一个由横线和竖线构成的体系，如图 3-10 所示。网格对于精确放置对象很有帮助。执行“视图”→“网格”→“显示网格”命令，即可在画布上显示网格。

执行“编辑”→“首选参数”命令，弹出如图 3-11 所示的“首选参数”对话框，在“类别”中选择“辅助线与网格”，可以编辑网格线的属性，如颜色、网格间距、对齐距离等。

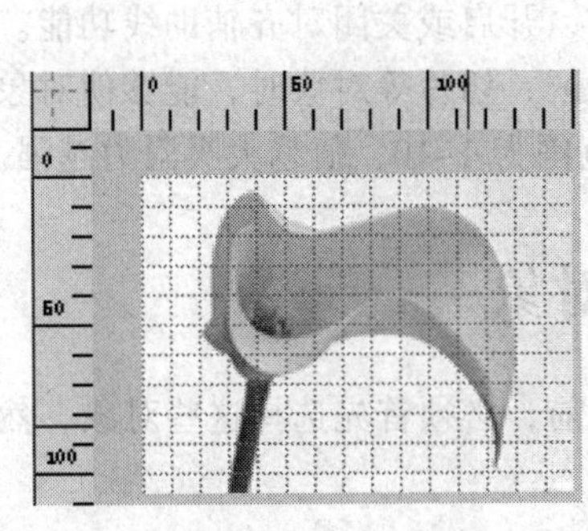

图 3-10　网格

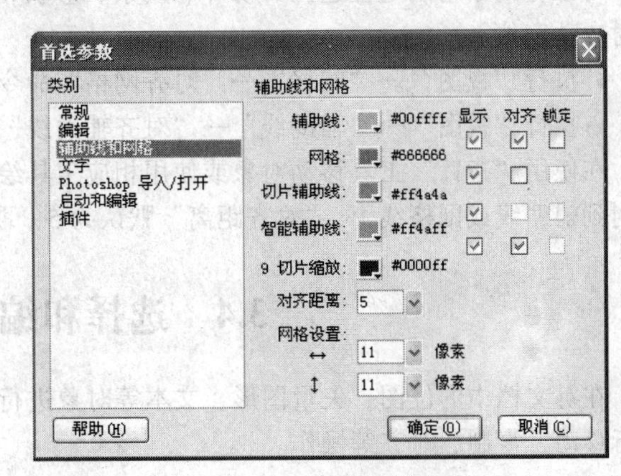

图 3-11　编辑网格属性

3.3.3　辅助线

可以使用辅助线来标记文档的重要部分，如文档中心点或需要精确进行定位的区域，使用起来比网格更方便、灵活，使用辅助线的具体操作方法如下：

(1) 创建辅助线

先显示标尺，然后在标尺上按住左键拖动，即可产生一条水平方向或垂直方向的辅助线，如图 3-12 所示。

（2）移动辅助线

选择“指针”工具，将鼠标指针移动到辅助线上，当鼠标指针变成或时，即可拖动辅助线到其他位置。也可以选择“指针”工具后，双击辅助线，在弹出的“移动辅助线”对话框中精确设置辅助线的新位置，如图 3-13 所示。

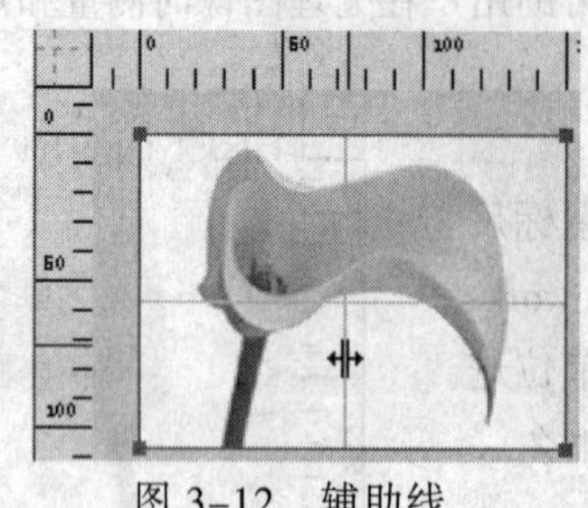
图 3-12 辅助线

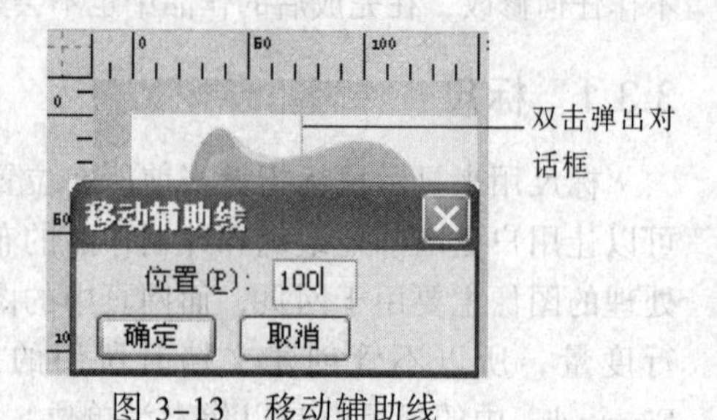

图 3-13 移动辅助线

（3）显示或隐藏辅助线

执行“视图”→“辅助线”→“显示辅助线”命令，可以显示或隐藏辅助线。

（4）删除辅助线

执行“视图”→“辅助线”→“清除辅助线”命令，或选择“指针”工具，将辅助线从画布中拖走，即可删除辅助线。

3.3.4 对齐

对齐有助于精确定位选区、切片、线条、形状和路径的绘制位置，并可以在移动对象或选区时自动定位。

- 执行“视图”→“网格”→“对齐网格”命令，开启或关闭对齐网格功能。
- 执行“视图”→“辅助线”→“对齐辅助线”命令，开启或关闭对齐辅助线功能。

在使用“指针”工具移动对象或使用相应工具绘制选区、切片等对象时，能够使对象自动吸附到辅助线或网格线上，“对齐距离”默认为 5，取值范围为 1~10，值越大吸附力越强。

3.4 选择和编辑对象

在对文档中的位图、矢量图形、文本等对象进行操作前，必须首先选择这些对象，然后再进行移动、复制、对齐等操作。

3.4.1 选择对象

可以使用“层”面板、“指针”工具和“部分选定”工具来选择要编辑的对象，方法如下：

1. 使用“层”面板

使用“层”面板选择“层”中所有对象、单个对象、连续对象和不连续对象的方法如下：

- 选择“层”中所有对象：在“层”面板中单击某个“层”可以选中该层中所有对象，如图 3-14 所示。
- 选择单个“对象”：在“层”面板中单击某个“对象”可以选中该“对象”。
- 选择多个连续“对象”：在“层”面板中单击要选择的第一个“对象”，再按住【Shift】键并单击要选择的最后一个“对象”，可以选择连续“对象”。

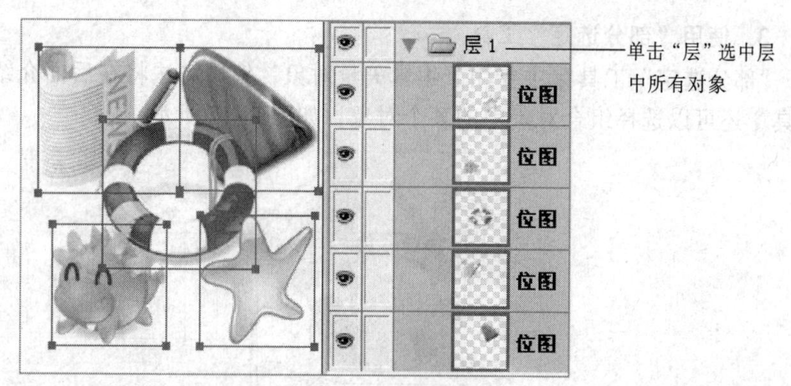

图 3-14　选择“层”中所有对象

- 选择多个不连续“对象”：在“层”面板中，按住【Ctrl】键并单击要选择的“对象”，可以选择不连续的“对象”，如图 3-15 所示。

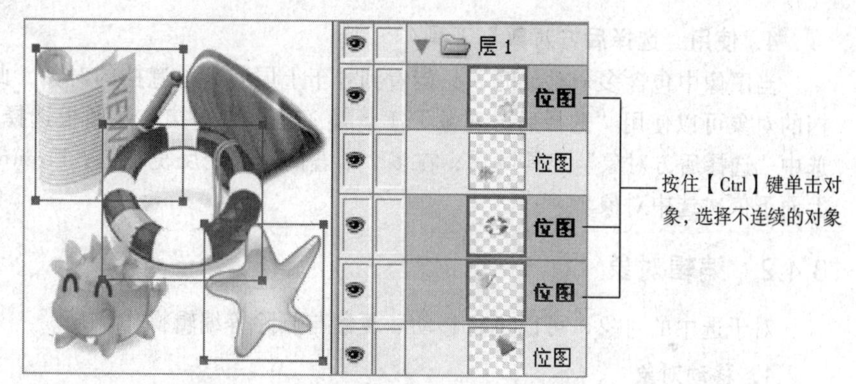

图 3-15　选择不连续对象

2. 使用“指针”工具

使用“指针”工具选择单个对象、连续对象的方法如下：

- 选取单个对象：使用“指针”工具，单击要选择的对象即可。
- 选取多个对象：在选中一个对象后，按住【Shift】键，依次单击其他对象。或者在画布中直接拖动鼠标，会出现一个黑色的矩形框，如图 3-16 所示，所有矩形框里面的对象都将被选中。

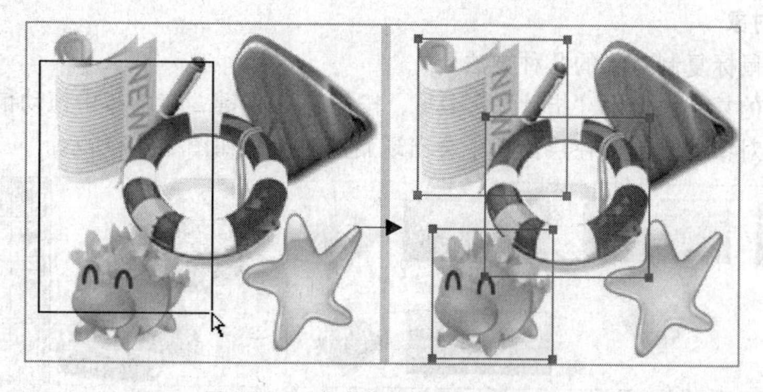

图 3-16　拖动鼠标选择多个对象

3．使用“部分选定”工具

“部分选定”工具主要用于编辑矢量对象，使用方法将在后面介绍；另外，“部分选定”工具还可以选择组合对象中的某个对象，如图 3-17 所示。

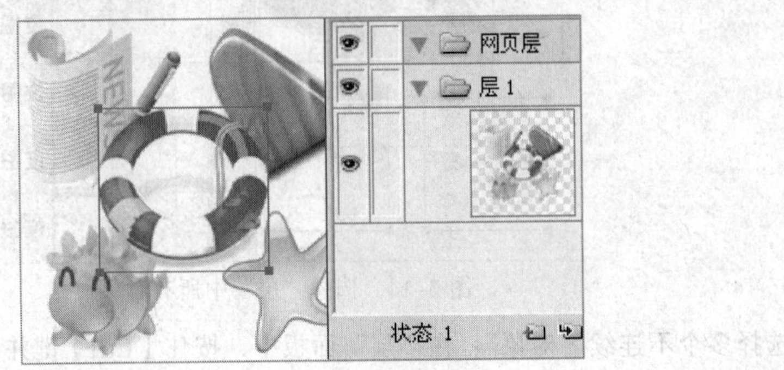

图 3-17 “部分选定”工具的使用

4．使用“选择后方对象”工具

当图像中包含多个对象时，只能看到处于上层或未被遮挡的对象，此时如需选中下层被遮挡的对象可以使用“选择后方对象”工具（也可以直接在层面板选择）。方法是在工具箱中选中“选择后方对象”工具后，在多个堆叠的对象上反复单击，Fireworks 会按照叠放次序自上而下依次选中对象。

3.4.2 编辑对象

对于选中的对象，可以进行移动、复制与删除等编辑操作。

1．移动对象

使用前面介绍的“指针”工具、“部分选定”工具和“选择后方对象”工具将对象选中后，拖动鼠标即可移动对象的位置。

如需精确移动对象位置，可以在选中对象后，直接按键盘上的 4 个方向键，每按一次移动 1 个像素。如果觉得移动速度太慢，可以在按住【Shift】键的同时，按方向键，每按一次移动 10个像素。

在使用“指针”工具移动对象时，如果想与现有对象对齐，在移动过程中会出现“虚线”指示是否对齐，如图 3-18 所示。

2．复制对象

（1）使用鼠标复制对象的几种方法

- 文档内的复制：使用“指针”工具，按住【Alt】键，在画布中拖动鼠标就可以实现对文档内对象的复制，在层面板中会出现新的对象，如图 3-19 所示。

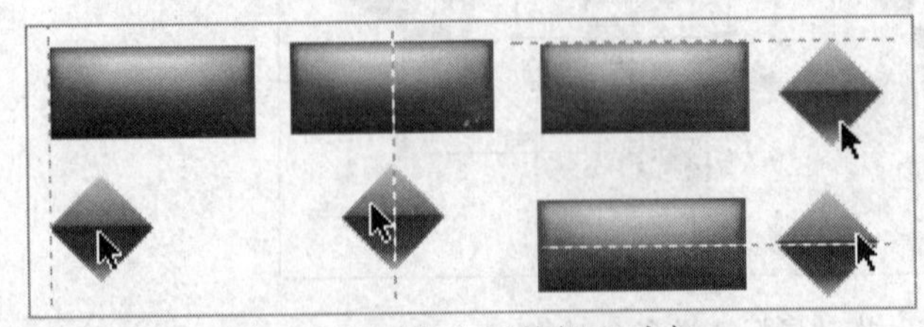

图 3-18 对象之间的相互对齐

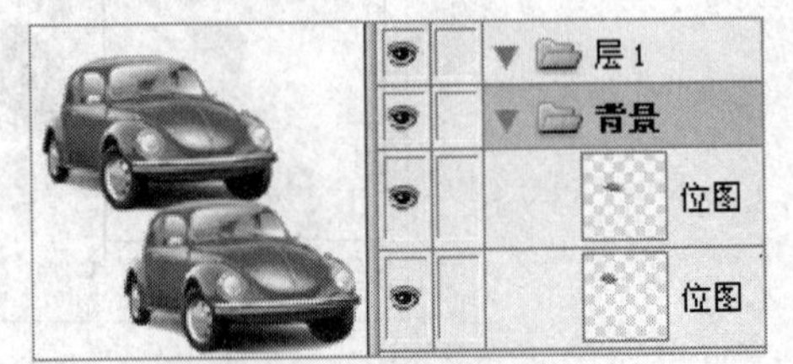

图 3-19 文档内复制对象

- 文档之间的复制：使用“指针”工具，拖动对象到另一个文档，可以实现对象在文档之间的复制。
- 对象内的复制：使用“指针”工具，按住【Alt】键（或直接使用“部分选定”工具），拖动选区，复制的结果都在一个对象中，如图3-20所示。

图3-20 对象内复制

（2）使用菜单命令

选中对象后，执行“编辑”→“重制”或“克隆”命令，也可以快速复制对象。

“重制”是复制后再向右、向下各移动10像素；而“克隆”是在对象的原位置（重叠）进行复制，如图3-21所示。

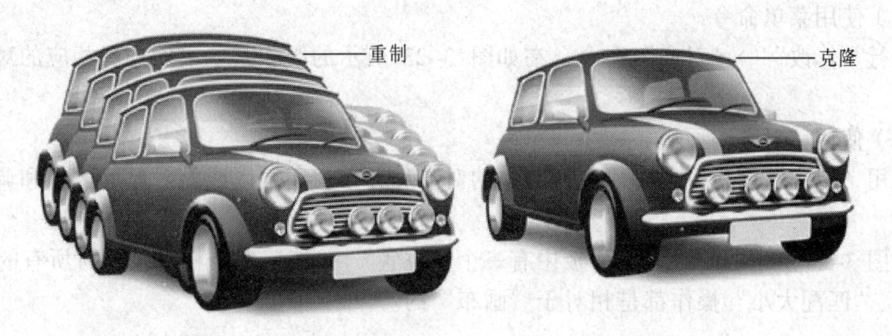

图3-21 “重制”与“克隆”对象

（3）使用“层”面板

在“层”面板中使用鼠标将要复制的对象拖至“新建位图图像”按钮上释放，即可以复制对象，与“克隆”命令的结果相同。

3．删除对象

选中对象后，直接按键盘上的【Delete】键，即可将对象删除，也可以在“层”面板中使用鼠标将要删除的对象拖至“删除所选”按钮上释放。

3.4.3 对象的组织

当处理单个文档中的多个对象时，可以通过对这些对象进行组合、排列、对齐等操作来组织文档。

1．对象的组合与取消组合

用户可以将多个选中对象组合起来，然后把它们作为单个对象处理。

- 组合：把多个对象选中后，执行“修改”→“组合”命令，或使用快捷键【Ctrl+G】。
- 取消组合：选中组合对象后，执行“修改”→“取消组合”命令，或使用快捷键【Ctrl+Shift+G】。

2．改变对象的叠放次序

一般对象的叠放次序与它们的创建次序相同，即最近创建的对象处于最上层。可以更改对象的叠放次序，从而改变图像的外观效果。

例如，有 3 个圆环，由下至上分别为蓝、橘黄、绿颜色将被绿色圆环遮住的部分蓝色圆环复制出来，然后将其移到绿色圆环的上面，使得原来堆叠在一块的 3 个圆环，变成扭结在一块的 3 个圆环，如图 3-22 所示。

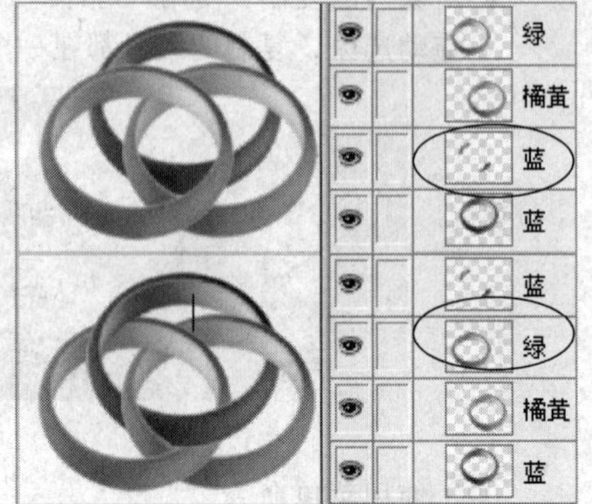

图 3-22　不同叠放次序的图像效果

改变对象的叠放次序的操作方法如下：

- 选中要改变叠放次序的对象，执行“修改”→“排列”级联菜单中“移到最前”、“上移一层”、“下移一层”、“移到最后”命令之一。
- 常用的方法是：在“层”面板中，直接拖动“层”或层中的“对象”到所需的位置。

3．对象的对齐和分布

（1）使用菜单命令

执行“修改”→“对齐”命令，在如图 3-23 所示的级联菜单里面选择相应的对齐或分布命令。

（2）使用“对齐”面板

使用“对齐”面板不但可以进行对象的对齐和分布，还可以匹配对象的大小和调整对象的间距。

如图 3-24 所示的“对齐”面板中有一个“位置”按钮，当将其按下时所有的“对齐”、“分布”、“匹配大小”操作都是相对于“画布”的。

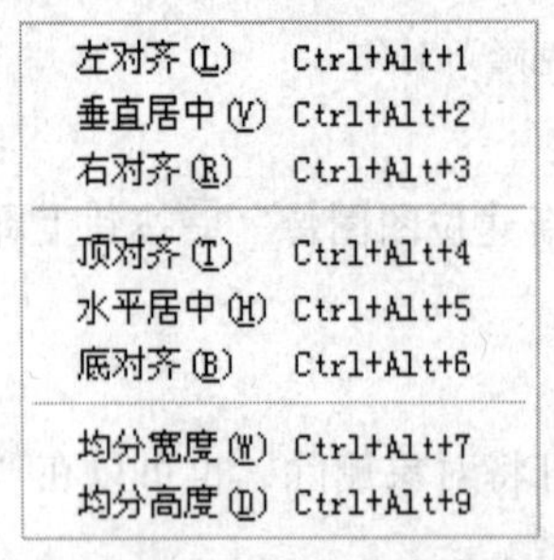

左对齐(L)	Ctrl+Alt+1
垂直居中(V)	Ctrl+Alt+2
右对齐(R)	Ctrl+Alt+3
顶对齐(T)	Ctrl+Alt+4
水平居中(H)	Ctrl+Alt+5
底对齐(B)	Ctrl+Alt+6
均分宽度(W)	Ctrl+Alt+7
均分高度(D)	Ctrl+Alt+9

图 3-23　对齐和分布命令

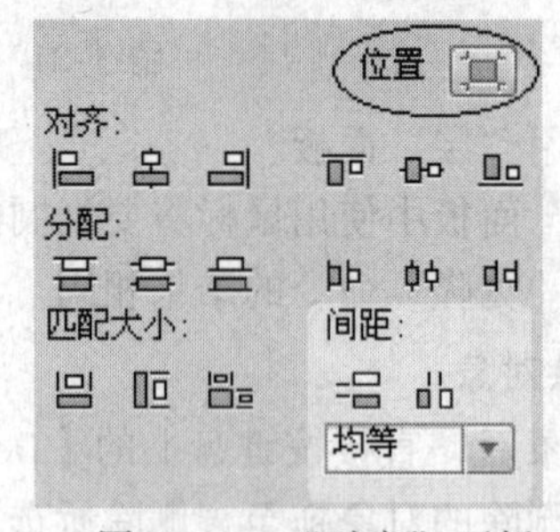

图 3-24　“对齐”面板

注意：下面所讲的操作都是在“位置”按钮弹起的状态下进行的。

- 对象大小相同时：“分布”与“间距（均等）”的操作结果相同。将 4 个按钮进行分布操作前，要将它们上下、左右的相对位置大致调整好，然后全部选中后再进行分布操作，否则不能实现预期的效果，如图 3-25 的上半部分所示。

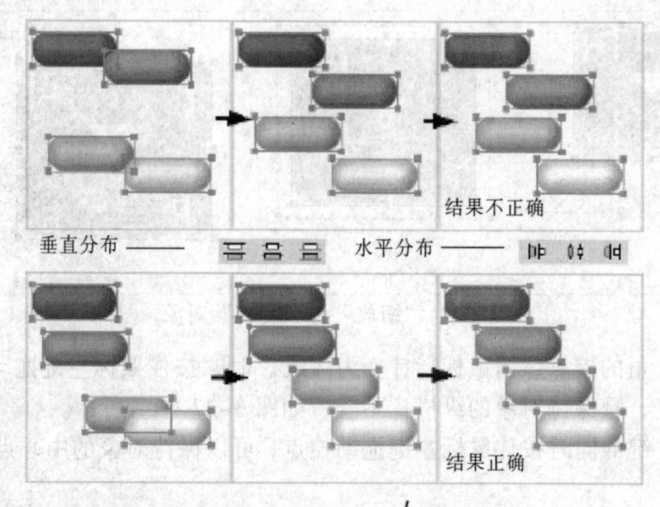

图 3-25　相同大小对象的分布

- 对象大小不相同时：如果要使对象之间的间距相同，这时应使用“间距（均等）”操作，如图 3-26（a）所示，图 3-26（b）为水平、垂直分布的结果。
- 匹配大小：有 3 个按钮，分别是匹配宽度、匹配高度、匹配高和宽；匹配时是按照选中对象中最大宽度或高度设置其他对象的大小的。

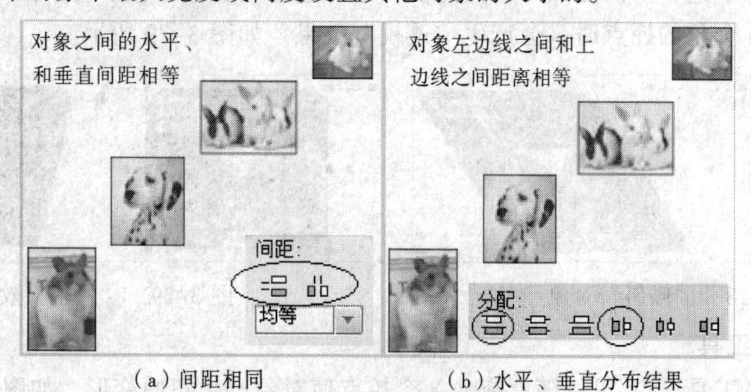

（a）间距相同　　（b）水平、垂直分布结果

图 3-26　间距与分布的对比

3.5　变 换 对 象

3.5.1　使用变形工具

Fireworks 的工具箱中提供了“缩放”工具、“倾斜”工具、“扭曲”工具和“切片缩放”工具，用于对选中的对象、选区中像素和切片进行变换，变换完成后一定要按【Enter】键结束变换。

1. “缩放”工具

“缩放”工具主要用于缩放和旋转对象。先使用“指针”工具选中对象后，再单击工具箱中的“缩放”工具，此时对象的选择边框上会出现 8 个控点，此时：

- 鼠标移到 4 个边上的控点，当鼠标指针变为↕或↔时，按住鼠标左键拖动即可调整对象的高度或宽度。

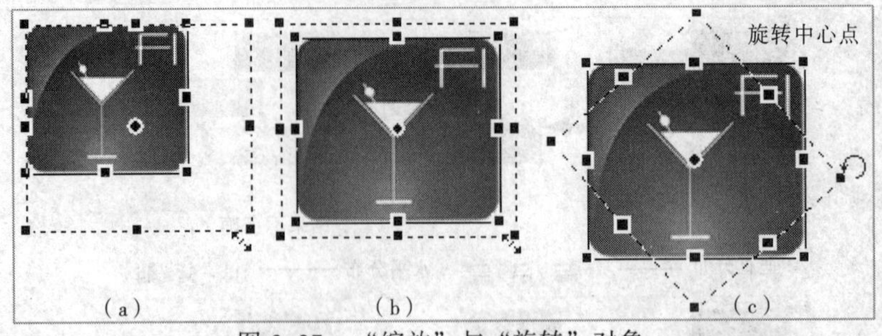

图 3-27　“缩放”与“旋转”对象

- 鼠标移到 4 个角的控点，当鼠标指针变为↘或↙时，按住鼠标左键拖动可同时调整对象的高度和宽度，且保持对象的纵横比不变，如图 3-27（a）所示。
- 若按住【Alt】键的同时按住鼠标左键拖动控点，可以保持对象的中心点不变，如图 3-27（b）所示。
- 鼠标移动到边框外侧时，鼠标指针会变为↶，此时按住鼠标左键拖动即可旋转对象，对象将围绕着对象中心点旋转，也可以使用鼠标左键拖动改变中心点的位置，如图 3-27（c）所示。

2. “倾斜”工具

使用“倾斜”工具，可以使对象产生“倾斜”或“透视”效果，操作方法如下：

- 拖动对象 4 个边中间的控点时，只能使对象的边在延长线上移动，如图 3-28 所示。
- 拖动对象 4 个角的控点时，会产生“透视”效果，如图 3-29 所示。

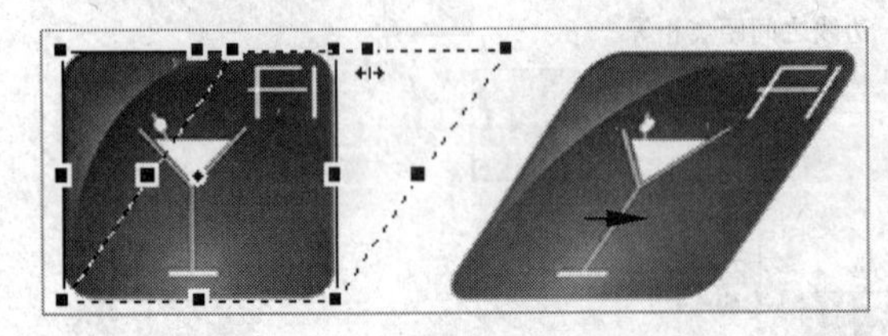

图 3-28　“倾斜”对象

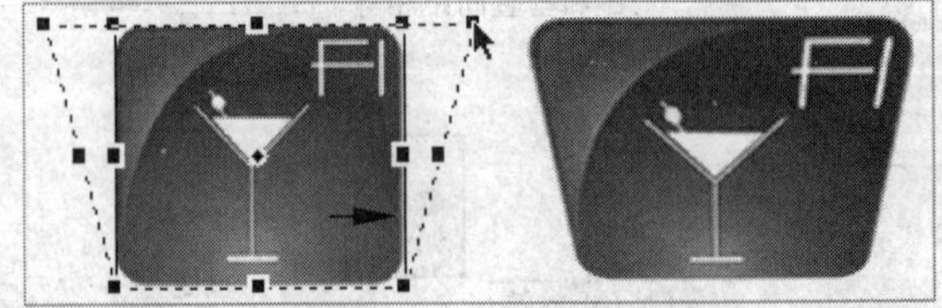

图 3-29　“透视”效果

3. “扭曲”工具

使用“扭曲”工具，可以随意拖动 8 个控点使对象产生扭曲变形，如图 3-30 所示，它是所有变形工具中自由度最大的工具。

3.5.2 使用菜单命令

除使用工具箱中的工具外，在“修改”→“变形”菜单中也提供了与变形有关的一系列命令，如图 3-31 所示。缩放、倾斜、扭曲命令与使用相应工具的操作方法相同。

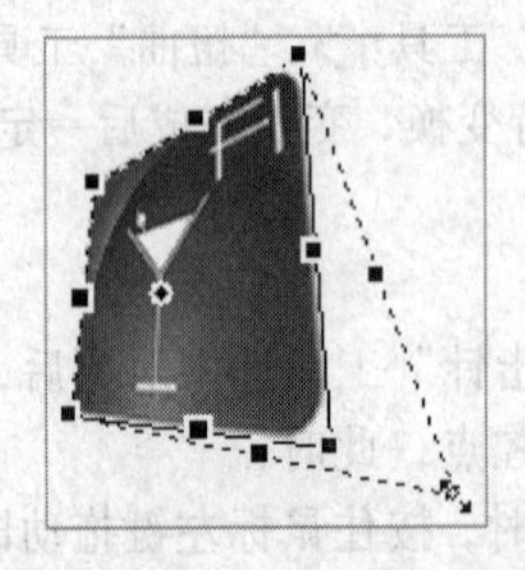

图 3-30　“扭曲”对象

任意变形(T)	Ctrl+T
缩放(S)	
倾斜(K)	
扭曲(D)	
数值变形(N)...	Ctrl+Shift+T
旋转 180°(1)	
顺时针旋转 90°(9)	Ctrl+Shift+9
逆时针旋转 90°(0)	Ctrl+Shift+7
水平翻转(H)	
垂直翻转(V)	

图 3-31　“变形”菜单

1．旋转、翻转

对 Fireworks 中的对象可进行旋转 180°、顺时针旋转 90°、逆时针旋转 90°、水平翻转、垂直翻转等变形操作，如图 3-32 所示。

2．数值变形

使用“数值变形”对话框，可以进行“缩放”、“调整大小”和“旋转”等变形设置，如图 3-33 所示，这种方法适用于对对象进行精确变形。

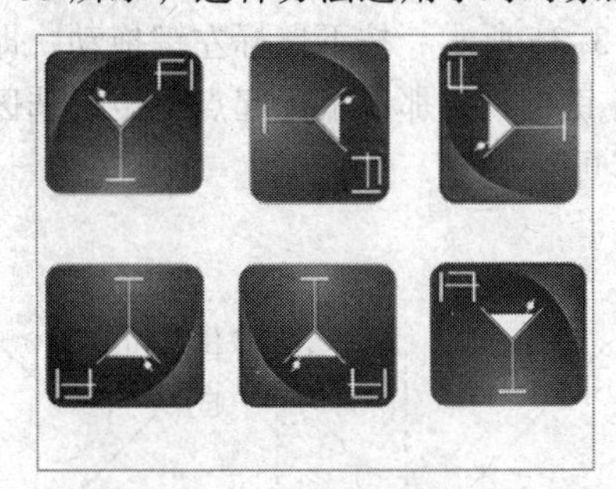

图 3-32　“旋转”与“翻转”对象

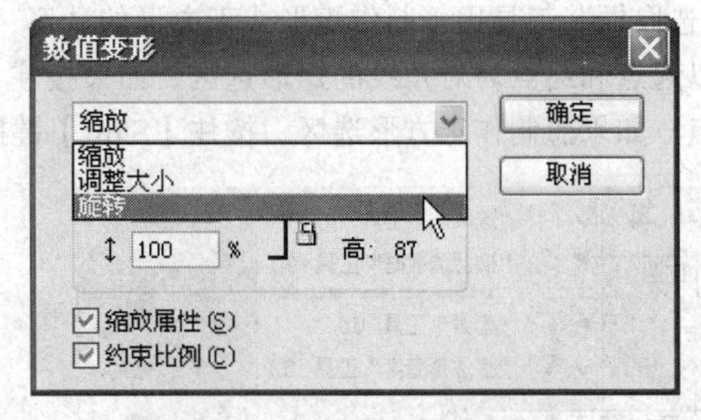

图 3-33　“数值变形”对话框

3.5.3　裁切图像

在制作好图像后经常需要将多余的画布去掉，可以使用“裁切”工具和“导出区域”工具，也可以使用“修剪文档”命令。

1．“裁切”工具

选择“裁切”工具，在图像上拖出一个矩形裁切框，可以使用鼠标左键拖动调整裁切框大小位置，按【Enter】键进行裁切，如图 3-34 所示。

图 3-34　“裁切”图像

2．“导出区域”工具

选择“导出区域”工具，在图像上拖出一个矩形裁切框，调整好大小和位置后按【Enter】键，在弹出的“图像预览”对话框中进行导出操作。“导出区域”工具不会破坏原图像，它会把裁切框内的图像导出并保存为新图像。

3.6　制作和编辑选区

在进行图像设计时，使用的素材以位图图像为主，比如用数码照相机拍摄的照片或扫描仪扫描的图像都是位图图像。使用“指针”工具，可以选中整个位图对象进行编辑处理，但更多时候需要编辑的是位图图像的局部区域，这就需要使用像素选择工具，选择出要操作的区域。

3.6.1 像素选择工具

像素选择工具只能用于选择位图图像，所以被放置在工具箱中的位图工具组里面，如图 3-35 所示，包括选取框、套索、魔术棒三类工具。

1. 规则形状选取工具

（1）“选取框”工具

“选取框”工具用于制作矩形或正方形的选区，如图 3-36 所示，按下鼠标左键拖动，即可制作以起点和终点为对角线的矩形选区；如果按住【Alt】键拖动，那么鼠标起点是矩形选区的中心点；如果想制作正方形选区，按住【Shift】键拖动即可。

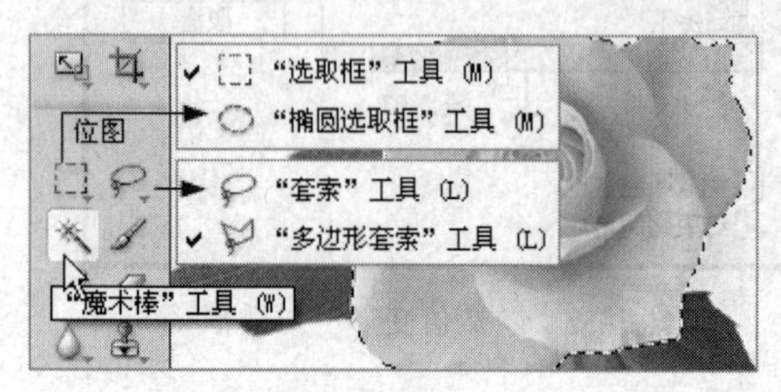

图 3-35 像素选择工具

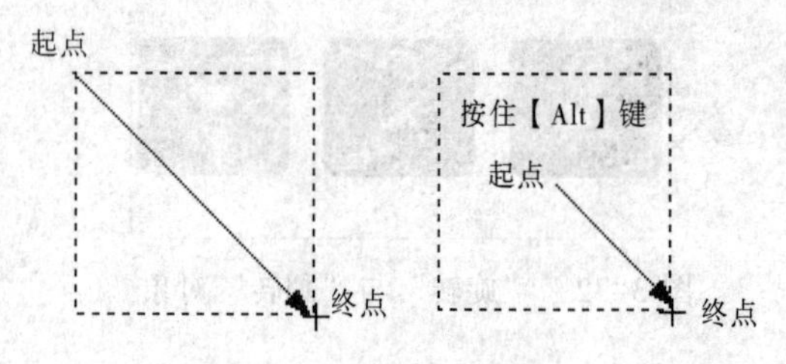

图 3-36 制作选区方法

（2）“椭圆选取框”工具

可以制作椭圆形或圆形的选区，使用方法和“选取框”工具相同。

（3）工具属性设置

选择“选取框”或“椭圆选取框”工具后，“属性”面板中会出现工具的相关属性，如图 3-37 所示，这些属性直接影响选区的样式和边缘效果。

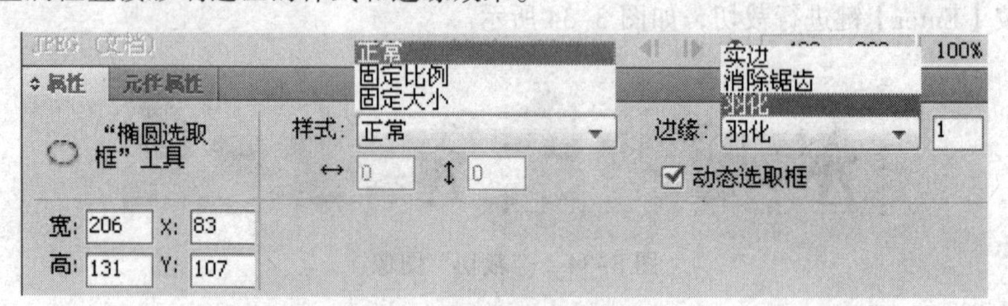

图 3-37 选取框工具的属性

① 样式：用于设定不同的选取方式，包括的选项有 3 个。

- 正常：此为默认样式。选区的形状和大小完全通过拖动鼠标控制。
- 固定比例：在下面的↔、↕栏中设置宽、高的比例，做出的选区宽、高比例将受此限制。
- 固定大小：在下面的↔、↕栏中设置选区的宽、高尺寸，单位为像素，可以按照既定的尺寸做选区，此时单击选区左上角的位置即可。

② 边缘：用于设定选区边缘的效果，包括的选项有 3 个。

- 实边：不对选区边缘进行任何特殊处理。由于构成图像的像素都是小正方形，所以斜线或弧线的选区边界会出现明显的锯齿状。
- 消除锯齿：解决“实边”产生的锯齿问题，平滑选区边缘，如图 3-38 所示。

- 羽化：使选区内外衔接的部分虚化，起到渐变的作用从而达到自然衔接的效果。在进行影像合成时，常用这种功能处理影像边缘，这样在与下面图层中的图像合成时，影像边缘会与下层图像有较自然的融合的感觉。羽化量的范围在 0～100 像素之间，如图 3-39 所示为不同羽化量效果对比图。

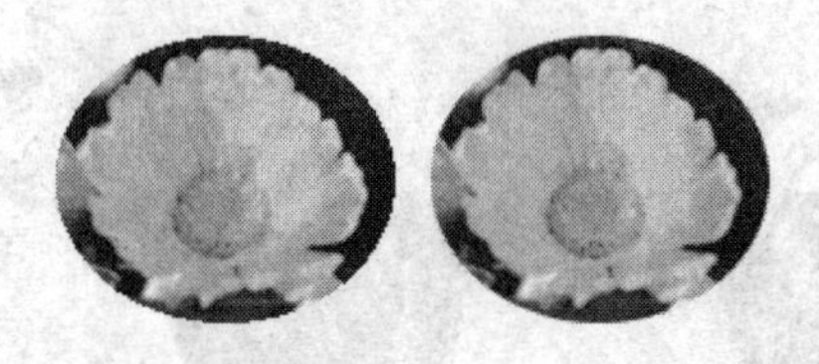

图 3-38　选区边缘实边与消除锯齿效果对比

图 3-39　选区的羽化效果

③ 动态选取框：用于设定“属性”面板中的边缘效果设置是否对当前选区（已有选区）起作用。选中“动态选取框”，进行消除锯齿、羽化值等的修改，可以体现在当前的选区中；反之，这些设置只对新建选区起作用。

2．不规则形状选取工具

由于有很多想要选取的图像不是矩形、椭圆形等规则形状，所以前面的规则形状选取工具经常不能满足用户的要求，这时需要考虑改用下面两种套索工具做不规则的选区。

（1）“套索”工具

选择工具箱中的“套索”工具后，按住鼠标左键在图像上拖动，回起点时鼠标指针右下角出现黑点，如图 3-40 所示，即可松开鼠标左键，形成闭合选区区域；如果在回到起点前，抬起鼠标左键，Fireworks 会以直线连接终点和起点形成闭合选区。

“套索”工具适合对选区形状要求不高的情况，不适合建立精确的选区。

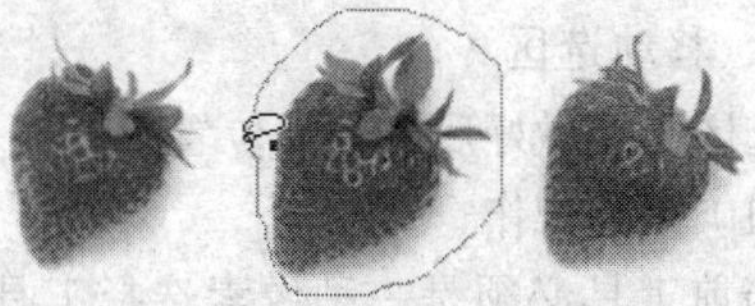

图 3-40　使用“套索”工具制作不规则选区

（2）“多边形套索”工具

“多边形套索”工具用于建立不规则形状的多边形选区。选择“多边形套索”工具后，在图像上单击确定起点位置，然后按照一定顺序在多边形顶点位置依次单击，最终回到起点位置，单击形成多边形选区。如果没回到起点，双击也可以形成多边形选区。

在实际使用这些工具做选区时，使用“多边形套索”工具的频率要高于“套索”工具，因为虽然“套索”工具能随着鼠标拖动做出各种形状的选区，但鼠标不易控制，很难准确沿图像边缘拖动做出选区，而很多图像的边缘虽然看起来是弧线，但也可看作是复杂的多边形边缘，如图 3-41 所示。它适合前景和背景都比较乱，不易使用“魔术棒”工具的情况。

（3）“魔术棒”工具

使用“魔术棒”工具可以轻松选取相近且连续的颜色区域。使用方法非常简单，只要选择“魔棒”工具后，在图像中单击，即可做出选区，选中与单击位置颜色相近的区域。

所选区域的大小，由“属性”面板中的容差值决定。容差的取值范围在 0～255 之间，容差值为“0”表示只选单一颜色，增加容差值，会增加所选区域。它适合前景或背景的颜色比较单调的情况。

例如，如需选出图 3-42 中的“牛”，最简单的方法是：使用“魔术棒”工具，选中“动态选取框”，在图像背景处单击，选择背景色区域，如图 3-42 左半部分所示，由于容差值过大，“牛”的白色部分被选中，降低容差值作出合适的选区。再执行“选择”→“反选”命令，或按快捷键【Ctrl+Shift+I】，就可以选出“牛”。

图 3-41　“多边形”套索选择轮廓

图 3-42　使用“魔术棒”选择纯色背景的图像

3.6.2　编辑选区

使用前面的工具做好选区后，还可以根据需要对选取的范围进行移动、增减、修改等编辑操作。这些操作改变的是选区的形状，而不会影响其中的图像。

1. 移动选区

选区已经做好后，如果位置不合适，可以使用下面两种方式移动选区的位置。

（1）鼠标操作

当前工具必须是一种像素选择工具，然后把鼠标指针移动到已有的选区内，鼠标指针变为▷后，按住鼠标左键拖动，即可快速移动选区位置。

（2）键盘操作

适用于精确移动选区位置。方法是选择好一种像素选择工具后，按键盘上的【↑】、【↓】、【←】、【→】4 个方向键，即可把选区向相应方向移动 1 像素。如果觉得移动速度太慢，可以在按住【Shift】键的同时，按方向键，每按一次移动 10 像素。

2. 增减选区

在使用“矩形”或“椭圆”选取框工具制作“新选区”时，按住【Shift】键是制作正方形或圆形选区，按住【Alt】键鼠标起点是选区的中心点。若已经存在选区，【Shift】键和【Alt】键的作用则完全不同。

（1）添加到选区

在图像中已存在选区时，按下【Shift】键，鼠标指针右下角出现“+”号，继续做的选区会添加到原选区中。

如图 3-43 所示，要选择足球上的黑色区域时，选择“魔术棒”工具，选中“动态选取框”，先单击一个黑色区域后调整好“容差值”，再按住【Shift】键单击其他黑色区域。

如图 3-44 所示，要选择中间的花朵，选择“魔术棒”工具，选中“动态选取框”，在花上单击后调整“容差值”，在保证边缘其他花朵不被选中的情况下，花心处没有被选中；此时，可以按住【Shift】键单击花心位置增加选区，或者按住【Shift】键，使用“套索”工具将花心部分添加进来。

图 3-43 选择不连续区域

图 3-44　使用“套索”添加选区

（2）从选区中减去

在图像中已存在一个选区时，按住【Alt】键，鼠标指针右下角出现“-”号，使用选取工具可以去掉多余的区域。

如图 3-45 所示，要去除图像背景时，使用“魔术棒”工具，选中“动态选取框”，在背景上单击后调整“容差值”，因为背景色与衬衣的颜色过于接近，衬衣不可避免地被选中一部分；此时，可以切换到“套索”或“多边形套索”工具，按住【Alt】键将被选中的衬衣部分去除掉。

图 3-45　使用“套索”减去选区

（3）与原选区交叉

在已经存在一个选区的前提下，同时按住【Shift】键和【Alt】键，当鼠标指针右下角出现“×”号时，制作新选区范围，最终得到的选区是新旧选区交叉的部分。

3．修改选区

（1）扩展和收缩选区

执行“选择”→“扩展选取框”或“收缩选区框”命令，用于将当前选区“向外扩张”或“向内收缩”。扩展和收缩量的多少，通过弹出的对话框设置，效果如图 3-46 所示。

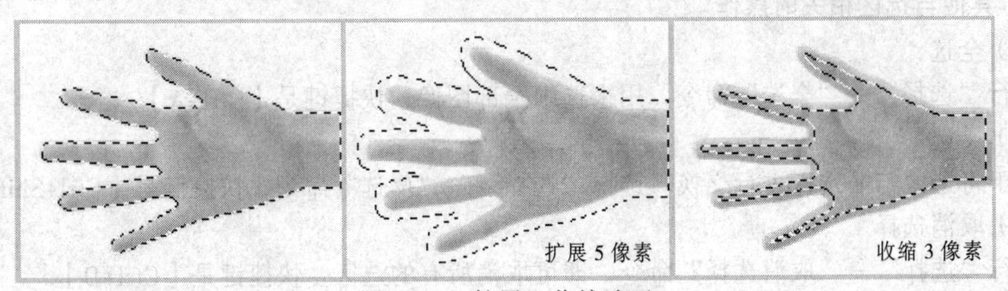

图 3-46　扩展、收缩选区

（2）制作边框选区

执行“选择”→“边框选取框”命令，用户可以在现有选区周围建立一个指定宽度的边框选区，如图 3-47 所示。

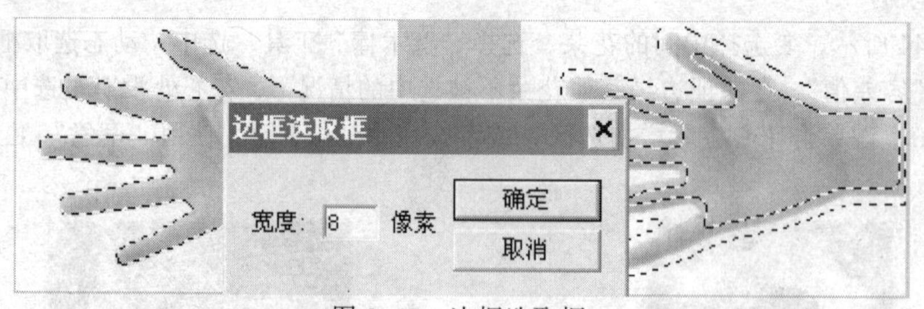

图 3-47　边框选取框

（3）平滑选区

使用“平滑”命令可以使选区的轮廓变得平滑。方法是执行“选择”→“平滑选取框”命令，在出现的“平滑选取框”对话框中指定取样的半径，值越大，对原有选区的细节保留越少，选区越平滑。

（4）选择相似

先用“魔术棒”工具制作一个选区，再执行“选择”→“选择相似”命令扩大选区。它主要用来选取不连续区域，如图 3-48 所示。

图 3-48　选择相似

（5）羽化选区

用于给已经存在的选区设置边缘模糊的羽化效果，执行“选择”→“羽化”命令，在弹出的“羽化所选”对话框中设置羽化量的大小。

4．其他与选区相关的操作

（1）全选

执行“选择”→“全选”命令，用来选中全部图像，快捷键是【Ctrl+A】。

（2）反选

用于将选区与非选区进行交换。选择“选择”→“反选”命令，快捷键是【Ctrl+Shift+I】。

（3）取消选择

执行“选择”→“取消选择”命令，即可取消所有的选区，快捷键是【Ctrl+D】。

（4）保存和恢复选区

用户可以保存选区的大小、形状和位置，供以后使用。

保存选区：可以执行“选择”→“保存位图所选”命令。

载入选区：可以执行“选择”→“恢复位图所选”命令。

3.7　应 用 选 区

做好选区后，可以对选区内的像素进行移动、复制、删除、填充等操作，也可以对其添加滤镜。

3.7.1　编辑所选内容

1. 移动选区

做好选区后，使用“指针”工具在文档内拖动，可移动选区内像素的位置，如图 3-49 所示。

2. 复制选区

做好选区后，使用“部分选定”工具拖动，复制选区内像素，复制的内容仍在原对象内，如图 3-50 所示。

图 3-49　“指针”工具移动选区

图 3-50　“部分选定”工具复制选区

3. 删除选区

直接按【Delete】键或【Backspace】键，就可删除选区内的像素。

4. 通过剪切或复制命令创建位图

执行“编辑”→“插入”→“通过复制创建位图”或“通过剪切创建位图”命令，使用后可能觉得图像没什么变化，但看看“层”面板就明白了，图 3-51 所示为执行“通过剪切创建位图”命令的结果。

图 3-51　通过　“剪切”命令创建位图图层

3.7.2　抠图操作

使用“魔术棒”、“套索”、“多边形套索”工具将图像上的某个区域选中，适当羽化边缘，然后将其复制到其他图像中，再通过缩放、移动等操作合成新的图像。

例如，将“狗”、“盆景”合成到一个新文档中，具体操作方法如下：

① 使用“魔术棒”工具选择背景，使用“套索”工具进行修改（按住【Shift】键添加、按【Alt】键减去），然后反选出“狗”和“盆景”，如图 3-52 所示。

② 建立新文档，使用快捷键【Ctrl+C】分别复制狗和盆景，然后使用快捷键【Ctrl+V】粘贴到新文档中。使用“指针”工具选择狗，执行“修改”→“变形”→“水平翻转”命令，再使用“缩放”工具调整好大小，移到合适位置，如图 3-53 所示。

图 3-52 使用“魔术棒”、“套索”制作选区

图 3-53 调整图像方向、大小、位置

注意：在进行抠图操作时，一般需要对边缘“羽化”1～3 像素，如果是先选择背景，反选后得到所选区域，那么一定要在反选后再添加“羽化”效果，否则在图像的边缘会出现“虚框”。

练 习 题

一、填空题

1. 在 Fireworks CS4 中，选择“缩放”工具 ，此时鼠标指针变为放大镜的形状，此时单击可放大图像；按下键盘上的________键，放大镜状的鼠标指针中心会变为减号，此时单击可缩小图像。

2. 在 Fireworks CS4 中，要将 1024×768 像素的图像改为 640×480 像素的图像，应该选择“修改”→“画布”→“________”命令。

3. 在 Fireworks CS4 中，在________上按住左键拖动，即可产生一条水平方向或垂直方向的辅助线。选择“________”工具 ，将鼠标指针移动到辅助线上，即可拖动辅助线到其他位置。

4. 在 Fireworks CS4 中，要想选择多个对象，可以选择“指针”工具，在画布上单击第一个对象，再按住________键的同时单击其他对象。

5. 在 Fireworks CS4 中，使用“倾斜”工具，拖动对象 4 个边中间的控点，会产生“倾斜”效果；拖动对象 4 个角的控点时，会产生“________”效果。

二、选择题

1. 在 Fireworks CS4 中，要去除制作好的图像 4 周多余画布，应使用（　　）工具。

A. 选取框　　B. 刀子　　C. 切片　　D. 裁剪

2. 使用 Fireworks CS4 制作图像时，需要在图像下方增加一部分空白画布时，应进行(　　)操作。

A. 改变图像大小　　B. 改变画布大小　　C. 添加热区　　D. 添加切片

3. 在 Fireworks CS4 中，要想移动组合对象中某一个对象的位置，应使用（　　）工具。

A. 刀子　　B. 指针　　C. 部分选定　　D. 手形

4. 在 Fireworks CS4 中制作选区时，如果要向现有选区中添加选区，应按住（　　）键。

A. Ctrl　　B. Alt　　C. Shift　　D. Space

三、思考题

1. 在 Fireworks CS4 中，当对象超出画布范围时，使用什么命令可以使对象和画布大小正好匹配？

2. 在 Fireworks CS4 中，使用“椭圆”工具绘制以画布中心点为圆心的圆，应如何操作？

3. 在 Fireworks CS4 中，要复制某个对象，如果要使复制的内容都在原对象内（不增加新对象），应如何操作？

4. 使用 Fireworks CS4 进行图像合成时，如果将某个图像中的一部分内容制作好选区（羽化 3 像素）复制到另外一个图像中，边缘出现矩形虚框是什么原因？

5. 在 Fireworks CS4 中，使用“魔术棒”工具单击图像制作选区，在选中“动态选取框”选项时，增加“容差值”选区会如何变化？

6. 在 Fireworks CS4 中，在使用画笔修改蒙版时，要想增加被蒙部分应使用何种颜色的画笔？

四、上机操作题

1. 找一张图片，制作如图 3-54 所示的镜像效果。

图 3-54　制作图像的镜像效果

2. 找一张人物的全身图片和一张风景图片，进行图像合成。

3. 使用搜索引擎寻找合适的素材，按照 3.4.2 节中介绍的“复制对象”的方法制作如图 3-55 所示的效果。

图 3-55　图像合成

第4章 绘制与编辑图像

本章学习如何在 Fireworks CS4 中绘制和处理图像，主要内容包括位图、矢量图形的绘制，添加文本和应用滤镜。

4.1 绘图颜色的设置

在使用 Fireworks CS4 绘制图像前经常需要设置笔触颜色和填充颜色，它们在工具箱的底部，如图 4-1 所示。笔触颜色用于矢量线条或形状轮廓；填充颜色用于填充位图或矢量形状的内部颜色。

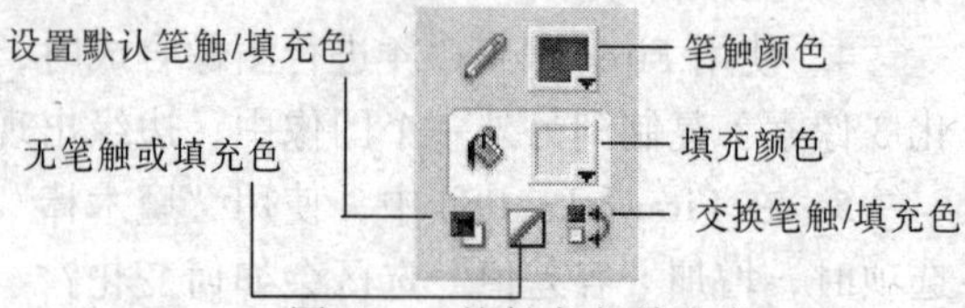

设置默认笔触/填充色
笔触颜色
无笔触或填充色
填充颜色
交换笔触/填充色

图 4-1 笔触色与填充色

4.1.1 使用颜色样本

在工具箱上单击“笔触颜色”或“填充颜色”的颜色框，可以在弹出“颜色样本”对话框中选择颜色，或在颜色样本顶部的“文本框”中输入，如紫色“#00FFFF”也可以单击“系统颜色选取器”按钮，打开“颜色”面板进行设置，如图 4-2 所示。

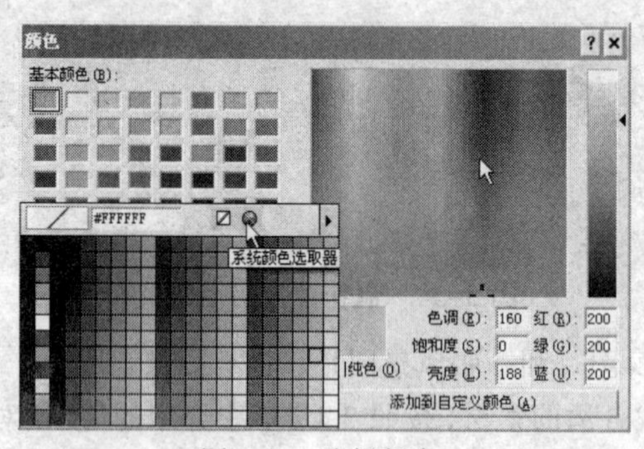

图 4-2 选择颜色

4.1.2 使用“滴管”工具

“滴管”工具，可以根据图像中的原有颜色进行设置。使用时，先在工具箱中选择笔触颜色或填充颜色，然后选择“滴管”工具后在图像上单击，就可以完成颜色的设置，如图 4-3 所示。属性面板的“示例”下拉列表中的值一般使用默认的“1像素”即可。

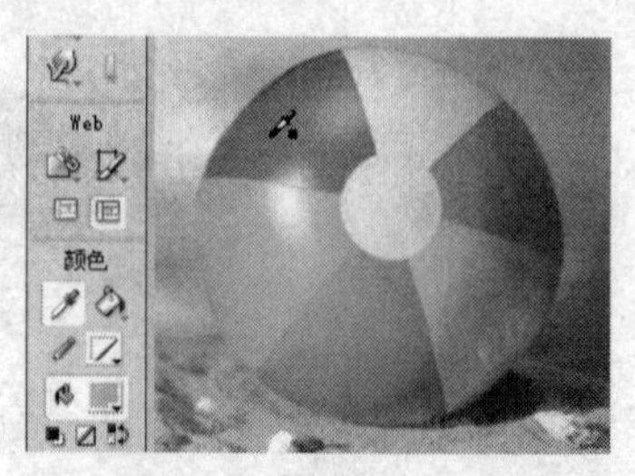

图 4-3 用“滴管”工具取色

4.2　绘制与修饰位图

Fireworks CS4 中的位图工具包括“铅笔”、“刷子”、“橡皮擦”、“局部修饰”、“橡皮图章”以及前面介绍的“选取”工具，如图 4-4 所示。灵活使用这些工具，再加上自己的创意和美感，就能做出属于自己的优秀的个性化图片。对于有多个工具的“工具组”（右下角有三角）按住鼠标左键即可弹出菜单。

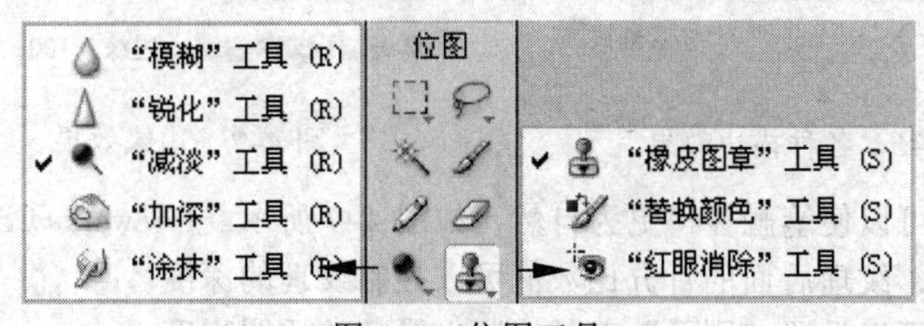

图 4-4　位图工具

4.2.1　绘制工具

1. “刷子”工具

使用“刷子”工具，可以制作出柔和的线条，用法和使用真正的笔刷画图差不多，只是这里的颜料是“笔触颜色”的颜色，涂抹是通过在图像上按住鼠标左键拖动实现的。

使用前，需要在“属性”面板中设置好“刷子”工具的各个参数，如图 4-5 所示。如果对绘制出来的结果不满意，需要撤销前面的操作或删除位图对象，重新设置好“刷子”选项后再进行绘制。

注意：对于矢量工具没有这么麻烦，绘制完成后还可以继续改变工具选项，直到得到满意的结果，所以如果能够使用矢量工具时，尽量使用矢量工具。

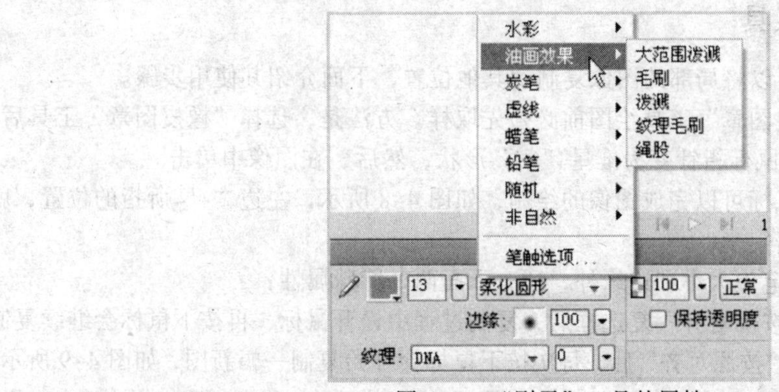

图 4-5　“刷子”工具的属性

下面介绍“刷子”工具的各个参数。

- 笔触颜色：可以选择颜色来设置刷子笔触颜色。
- 笔尖大小：可以选择绘制线条的粗细，大小范围是 1 ~ 100 像素。
- 描边种类：可以选择笔尖的形状，以及各种艺术风格或动态效果，如图 4-6 所示。

- 边缘：用于设置线条的边缘效果，范围在 0～100 像素之间。设置为 0 时，线条边缘界限清晰；随着边缘设置值加大，线条边缘逐渐模糊，出现羽化的效果，它可以与纹理配合使用，如图 4-7 所示。

图 4-6　各种描边效果　　　　图 4-7　边缘效果

- 纹理：纹理可以使笔触显得更为自然，如图 4-7 所示。Fireworks CS4 中本身带有很多纹理可供选择，纹理后面的百分比数值可以控制纹理的深度。
- 不透明度：可以设置"刷子"工具绘制出线条的透明程度。
- 保持透明度：选中后只能在现有像素中绘制，而不能在图形的透明区域中绘制。

注意：以上各个参数同样适合矢量图形的笔触。

2. "铅笔"工具

"铅笔"工具的使用比较简单，用于绘制单像素线条。选中"自动擦除"选项后，如果从笔触颜色处起笔，则画出的是填充颜色，如果从填充颜色或其他颜色处起笔，画出的才是正常的笔触颜色。

3. "橡皮擦"工具

用户可以使用"橡皮擦"工具擦去图像中不需要的影像，在"属性"面板中设置橡皮的形状、大小和边缘效果后，直接在图像上涂抹即可。"橡皮擦"工具涂抹过的地方，会以透明色取代图像原有的颜色。

4.2.2 "橡皮图章"工具

"橡皮图章"工具可以将局部的图像复制到其他位置，下面介绍其使用步骤。

① 取样：使用"橡皮图章"工具绘图前必须先取样。方法是，选择"橡皮图章"工具后，按下键盘上的【Alt】键，鼠标指针变为准星"⊕"形状，然后，在图像中单击。

② 复制：直接拖动鼠标可以完成图像的绘制，如图 4-8 所示，左边"+"所指的位置，就是右边当前正在复制的内容。

在"属性"面板中除笔尖大小和边缘外，还有下面两个特殊属性：

- 按源对齐：选中"按源对齐"复选框后，复制过程中松开鼠标，再按下鼠标会继续复制同一幅图像；取消"按源对齐"后，每次按下鼠标会开始复制一幅新图，如图 4-9 所示。

图 4-8　"橡皮图章"工具的使用

图 4-9　取消"按源对齐"的效果

- 使用整个文档：选中该复选框后，从所有层上的所有对象中取样；当取消此选项后，“橡皮图章”工具只复制当前对象中的内容。

4.2.3 “替换颜色”工具

“替换颜色”工具，顾名思义，可以把图像中的某种颜色替换成其他颜色。“属性”面板的设置：

设置为“样本”，并在后面的颜色框中设置样本颜色，Fireworks 会对图像中与“样本”相同或相近的颜色进行替换；设置为“图像”，Fireworks 会对按下鼠标左键位置的像素进行颜色取样，然后对图像中与“取样”颜色相同或相近的颜色进行替换。

- 容差：确定要替换的颜色范围 0～100。
- 强度：重新上色的颜色浓度 0～200，强度越高，颜色替换得越完全。
- 彩色化：选中该复选框则直接用“终止”颜色，以纯色替换覆盖原有颜色；不选中“彩色化”复选框，可以在替换颜色的同时，保持图像原有的亮度，如图 4-10 所示。

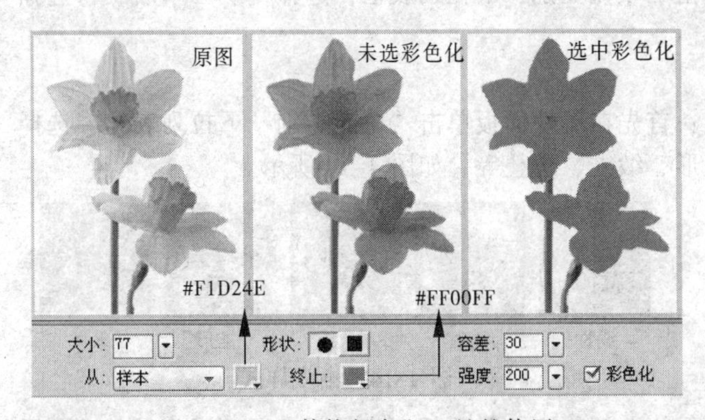

图 4-10　“替换颜色”工具的使用

4.2.4 “油漆桶”工具

“油漆桶”工具可以在图像上填充实色、渐变色和图案。选择“油漆桶”工具，在“属性”面板中可以设置填充内容、边缘效果、纹理和容差等，填充方式由“填充选区”和“保持透明度”两个复选项决定，如图 4-11 所示。

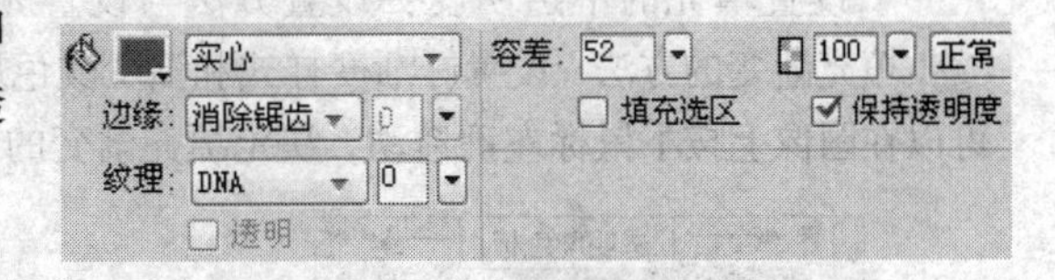

图 4-11　“油漆桶”工具的属性

1. 填充方式

填充方式有两种：

- 不选中“填充选区”复选框时，按“容差”值填充；否则，按选区填充，如图 4-12 所示。

图 4-12　按“容差”值填充与“填充选区”

- 选中“保持透明度”时，填充的内容保持原有的透明度，如图 4–13 所示。

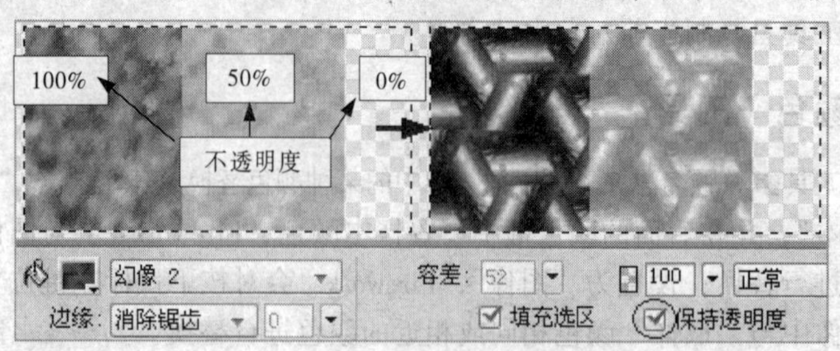

图 4–13　“保持透明度”填充

2. 填充类别

（1）实心

在属性面板单击“填充类别”下拉列表框，选择“实心”后，再选择一种具体的颜色，进行纯色填充。

（2）渐变

选择渐变样式：首先在属性面板单击“填充类别”下拉列表框，选择一种渐变样式，如线性、放射状、圆锥形、缎纹、折叠等，如图 4–14 所示。

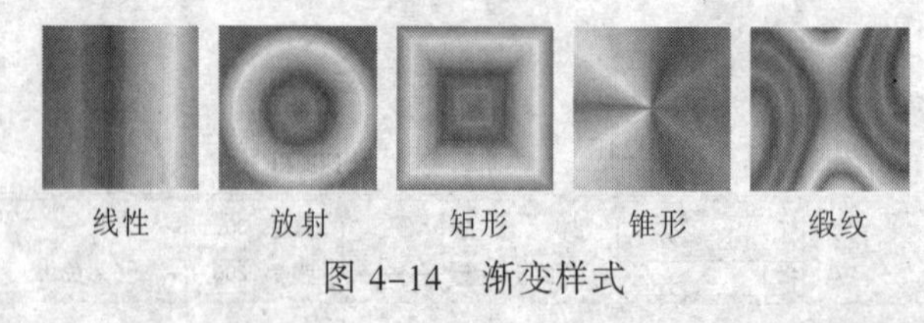

图 4–14　渐变样式

设置渐变色：再单击颜色按钮设置渐变的颜色，可以直接从“预置”下拉列表框中选择一种合适的颜色，也可以在“渐变编辑器”中编辑颜色，如图 4–15 所示。

- 设置颜色：单击现有色标可以修改色标的颜色；左右拖动色标，可以调整其位置；在空白位置处单击，可以添加新的色标；而把色标拖动出设置区，可以删除色标。
- 设置填充的不透明度：设置方法与设置颜色完全相同。

填充渐变的方法：设置好渐变样式和渐变颜色后，在图像上单击就可以完成渐变颜色的填充。也可以在图像上按下鼠标左键拖动，决定填充渐变的起点、终点、角度或中心点，如图 4–16 所示。

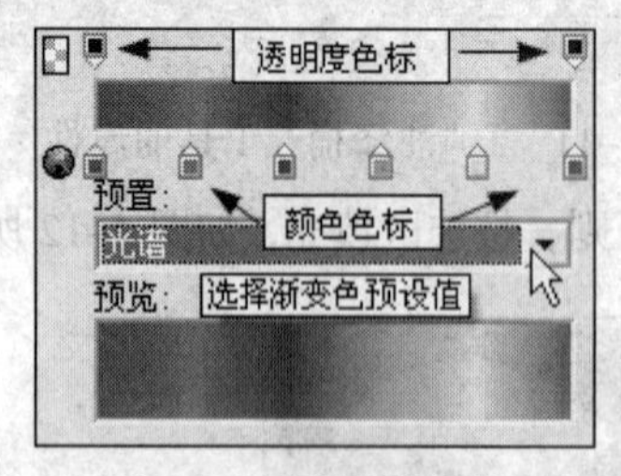

图 4–15　设置渐变色

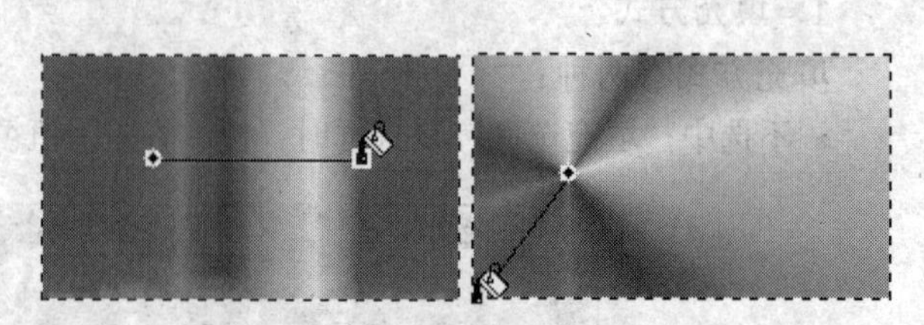

图 4–16　填充渐变颜色

（3）图案

在属性面板单击“填充类别”下拉列表框，从弹出的列表中选择一种图案即可。单击或拖动鼠标进行填充。

注意：“油漆桶”工具中包含“渐变”工具。

4.2.5 “模糊”和“锐化”工具

“模糊”工具用于减少像素间的对比，会使图像变得模糊；而“锐化”工具与其相反，用于增加像素间的对比，使图像变得更锐利。

选择好工具，在“属性”面板中设置笔尖大小和形状、边缘效果以及强度后，直接在图像上拖动涂抹就可以看到效果，如图 4-17 所示。

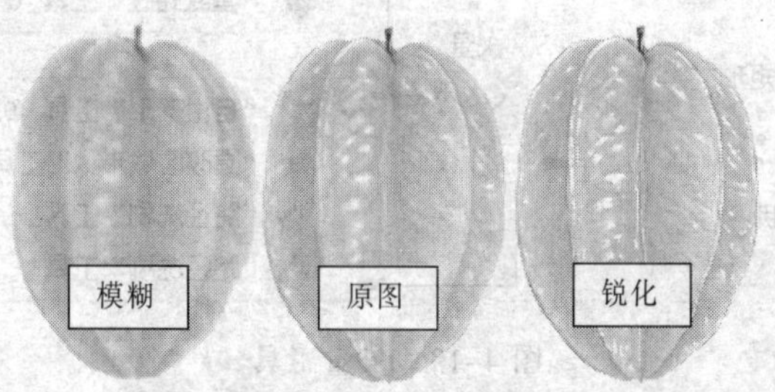

图 4-17　“模糊”和“锐化”工具

4.2.6 “加深”和“减淡”工具

“减淡”工具和“加深”工具，分别可以使图像的局部变暗或变亮。使用方法与前面的“模糊”工具基本相同，选择好工具，在“属性”面板中设置笔尖大小和形状、边缘效果等参数后，直接在图像上拖动涂抹就可以看到效果，如图 4-18 所示。范围和曝光选项设置如下：

- 范围：可以设置为“阴影”、“中间色调”和“高光”。
  - ➢ “阴影”主要更改图像的深色部分。
  - ➢ “高光”主要更改图像的浅色部分。
  - ➢ “中间色调”的效果介于“阴影”和“高亮”之间。
- 曝光：用于设置减淡或加深的效果的强弱。曝光范围从 0 ~ 100，设置不宜太大，15 左右即可。

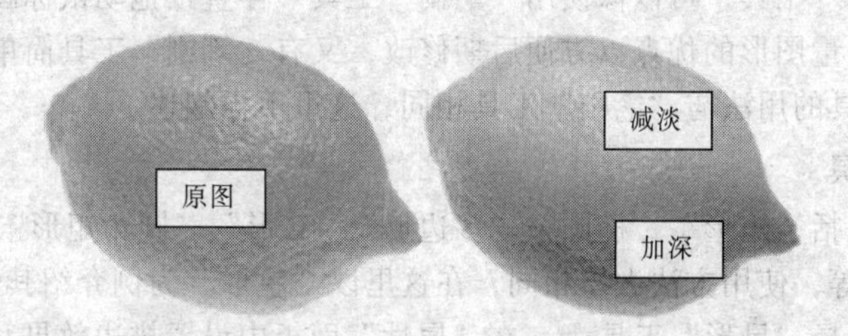

图 4-18　“加深”和“减淡”工具

4.3　绘制与编辑矢量图

矢量图形可以任意缩放而不会丢失细节，保持原有的清晰度。在绘制矢量图时会产生路径，矢量图形的形状完全由路径控制，使用绘图工具创建的任意形状的曲线就称为“路径”，用它可勾勒出物体的轮廓，所以也称之为轮廓线。为了满足绘图的需要，路径又分为开放路径和封闭路径。为了更好地绘制和修改路径，每个线段的两端均有锚点（Anchor Point）可将其固定，通过移动锚点，可以修改线段的位置和改变路径的形状。

在 Fireworks CS4 中绘制矢量图形用到的工具包括“钢笔”工具，“矢量路径”工具，以及各种几何图形工具等，如图 4-19 所示。

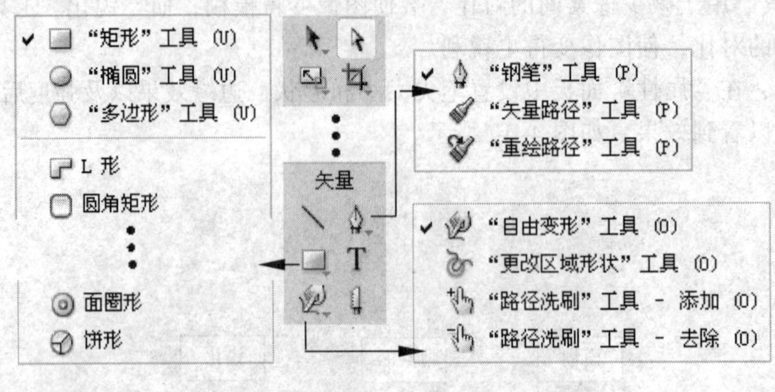

图 4-19 矢量工具

4.3.1 绘制矢量图形

1. “直线”工具

“直线”工具的使用方法与位图工具中的“笔刷”工具一样，在“属性”面板中设置好笔触颜色、笔尖大小、描边种类等参数后（参见图 4-5 “刷子”工具的属性），直接在图像中拖动鼠标，就可以绘制出一条直线。

使用“直线”工具绘制的直线由两个“锚点”组成，可以使用“部分选定”工具改变锚点位置，从而改变直线的长度和角度。

如果对直线的颜色、粗细、描边、甚至纹理等方面不满意的话，都可以在 “属性”面板中调整。

2. “矢量路径”工具

使用“矢量路径”工具，可以像使用“笔刷”工具一样直接拖动鼠标画出图形。这样既可以使画出的图形有矢量图形的优点以方便后期修改，又有“笔刷”工具简单易用的特性。

“矢量路径”工具的用法与“笔刷”工具相同，这里不再叙述。

3. 几何图形工具

几何图形工具包括“矩形”、“椭圆”、“多边形”、“L 形”、“圆角矩形”、“星形”、“箭头”、“螺旋形”、“饼形”等，使用方法大体相同，在这里以“星形”为例介绍其使用方法：

- 绘制图形：选择“星形”工具，在“属性”面板中设置描边效果和填充效果，在画布中拖动鼠标就可以画出一个星形，默认为五角星。
- 编辑图形：在星形上会出现一些菱形的控制点，拖动每一个控点都可以改变星形的某方面形态（鼠标移动到附近，可以看到提示），如图 4-20 所示，通过改变 5 个控制点的位置，可以变幻出各种各样的图形。

在绘制好图形后，可以在“属性”面板中更改描边的颜色、样式，还可以修改填充内容（使用方法参照“油漆桶”工具）。

图 4-20　使用控制点调整图形

4. “钢笔”工具

使用几何图形工具绘制出的都是 Fireworks 中预设的图形和路径，而“钢笔”工具可以画出完全属于用户自己的路径。使用“钢笔”工具可以绘制直线路径和曲线路径。

（1）绘制折线路径

绘制折线路径只需在各个锚点上单击即可，这样生成的锚点都是不带方向线的角点，方法如下：

① 选择“钢笔”工具。

② 在图像上单击，绘制第 1 个锚点。

③ 移动鼠标位置，单击绘制第 2 个锚点。

④ 继续在图像上单击绘制其他锚点，直至完成路径。

完成路径的方法有下面两种：

- 双击最后一个锚点，结束路径，这种方法绘制的是开放型的路径。
- 如果绘制的是闭合路径，则需要最后返回到第 1 个锚点的位置单击，这样路径的起点和终点相同，就可以画一个闭合路径，如图 4-21 所示。

（2）绘制曲线路径

绘制曲线路径时，按下鼠标左键后要拖出方向线，此时生的锚点是平滑点，曲线的形状由锚点的位置、方向线的长度和角度共同决定，如图 4-22 所示。可以使用“部分选定”工具拖动锚点，改变锚点的位置、方向线的长度和角度。

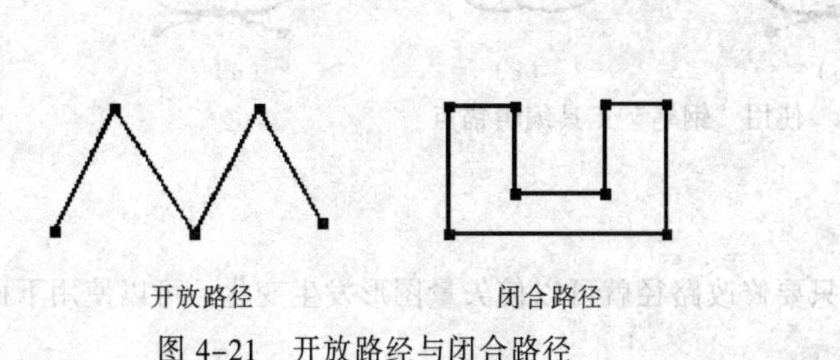

开放路径　　闭合路径

图 4-21　开放路径与闭合路径

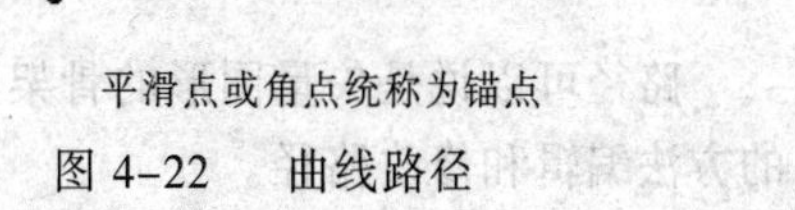

平滑点或角点统称为锚点

图 4-22　曲线路径

心型路径只有两个顶点，从下面的顶点开始，按照逆时针方向绘制，具体步骤如下：

① 选择“钢笔”工具，在画布上按住鼠标左键并向左上方拖动，拖出第1条方向线。

② 移动到下面顶点的位置，按照曲线的走势，向右下角方向拖动，拖出第 2 条方向线，这时心型路径的左半部轮廓已经出现。

③ 返回到起点单击，路径闭合，但此时看到的不是心型，而是个鸭蛋型。

④ 使用“部分选定”工具，按住【Alt】键，分别向上拖动两个锚点右侧的方向点，将平滑点转换为角点，如图4-23所示。

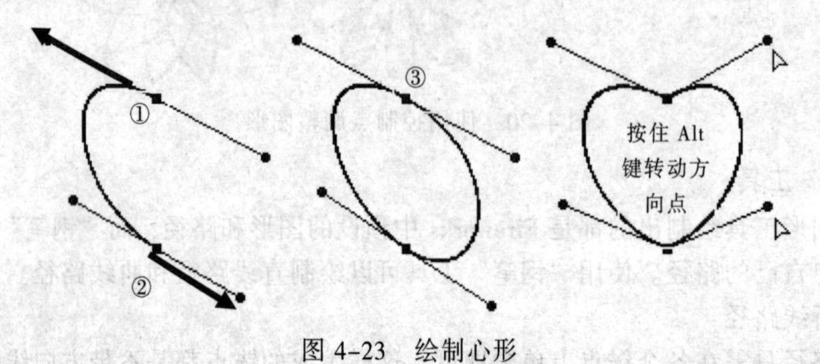

图 4-23　绘制心形

注意：方向线分为左右两段，直接使用“部分选定”工具拖动方向点，两段方向线会同时旋动，而按住【Alt】键拖动方向点，就可以只旋转一段方向线，而不改变另一段的角度。

（3）编辑锚点

使用“钢笔”工具，可以添加锚点、删除锚点以及转换锚点。具体操作如下：

- 添加锚点：在没有锚点的直线路径上单击，可以添加角点（无方向线）；在没有锚点的曲线路径上单击，可以添加平滑点，如图4-24（a）所示。
- 转换锚点：单击有方向线的锚点，会去除方向线，使锚点变为角点；在角点上拖动可以添加方向线变为平滑点，如图4-24（b）和图4-24（c）所示。
- 删除锚点：单击角点（无方向线），会删除锚点，如图4-24（d）所示。

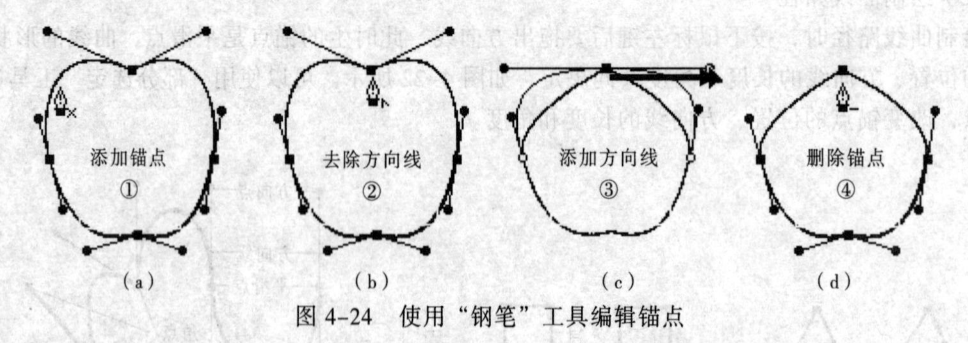

图 4-24　使用“钢笔”工具编辑锚点

4.3.2　编辑路径

路径可以说是矢量图形的骨架，只要修改路径就可以使矢量图形发生变化。可以使用下面的方法编辑和修改路径。

1．使用“指针”工具编辑路径

使用“指针”工具可以将矢量图形和路径整个选中，进而对其进行移动、复制或删除等操作。

2．使用"部分选定"工具修改路径

使用"部分选定"工具可以进行移动锚点位置，改变方向线的角度、长度，删除锚点等操作，如图 4-25 所示。

① 移动锚点：使用"部分选定"工具选中 1 个或几个锚点后，拖动锚点。

② 改变方向线：使用"部分选定"工具单击曲线上的锚点，出现方向线后拖动方向点，可以改变方向线的角度、长度。

③ 删除锚点：使用"部分选定"工具选中 1 个或几个锚点后，然后按【Delete】键可删除选中的锚点。

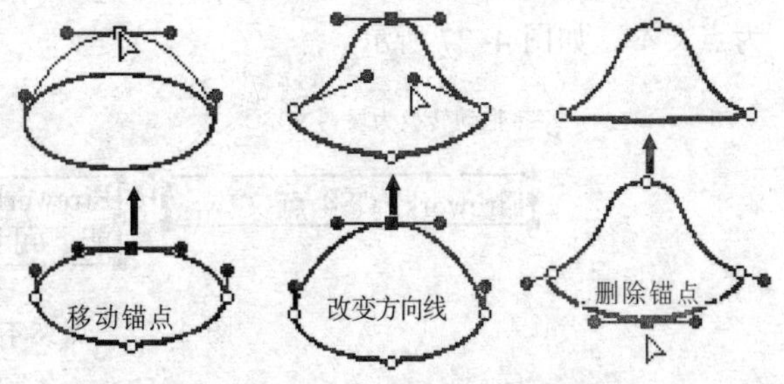

图 4-25　使用"部分选定"工具修改路径

注意：使用"部分选定"工具还可以对组合对象中的某个对象进行单独编辑。

3．使用命令组合路径

使用路径操作命令可以对多条路径进行不同方式的组合，如"接合"、"联合"、"交集"、"打孔"及"裁切"等，如图 4-26 所示。

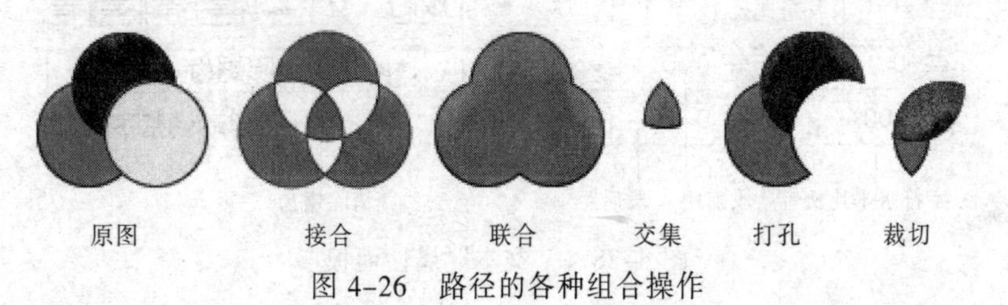

图 4-26　路径的各种组合操作

4.4　使 用 文 本

Fireworks CS4 提供了丰富的文本功能，可以用不同的字体和字号创建文本，并且可以调整其字距、间距、颜色、字顶距等细节。将文本编辑功能同大量的笔触、填充、滤镜以及样式相结合，能够使文本成为图形设计中一个生动的元素。

4.4.1　输入文本

在 Fireworks 中有下面两种输入文本方式：

1．点文本

直接在图像上轻点鼠标就可以输入文本。具体方法是，选择工具箱中的"文本"工具T，在画布中适当位置单击出现插入点，直接输入文本即可，拖动文本框右上角的"空心圆"，可以将点文本转换为段落文本，如图 4-27 所示。

2．段落文本

点文本虽然使用简单，但输入文字的时候不能自动换行，只能通过按【Enter】键手工换行，所以只适合输入标题、标注、提示等文字较少的文本。

段落文本的输入方法：选中“文本”工具T，使用鼠标左键在画布上拖出一个矩形框，这个矩形框就指定了文本区域的宽度（高度无意义），输入到文本框边缘会自动换行。拖动文本边缘的6个控点可以调整文本框的宽度，双击文本框右上角的“空心矩形”，可以将段落文本转换为点文本，如图4–27所示。

图4–27 点文本与段落文本

3. 文本属性

在编辑状态下，文本“属性”面板中各参数的含义如图4–28所示。如果使用“指针”工具选中文本，属性面板上还会出现“笔触”、“滤镜”等参数。

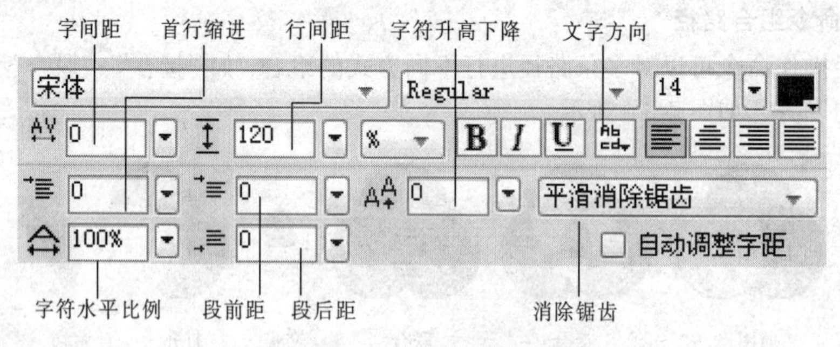

图4–28 “文本”属性面板

4.4.2 文本变形

用户可以使用与变形其他对象相同的方法对文本块进行各种变形操作，包括缩放、旋转、扭曲、倾斜、透视和翻转等变形操作，并且变形后的文本仍然可以按正常的方法修改文本内容和文本属性。如图4–29所示，是对文字进行透视变形，并添加阴影（执行“命令”→“创意”→“添加阴影”命令）后的效果。

图4–29 文本变形

4.4.3 将文本附加到路径

“将文本附加到路径”是Fireworks文本编辑中的一个重要功能，它可以使文字按照路径方向扭曲排列，如图4–30所示。

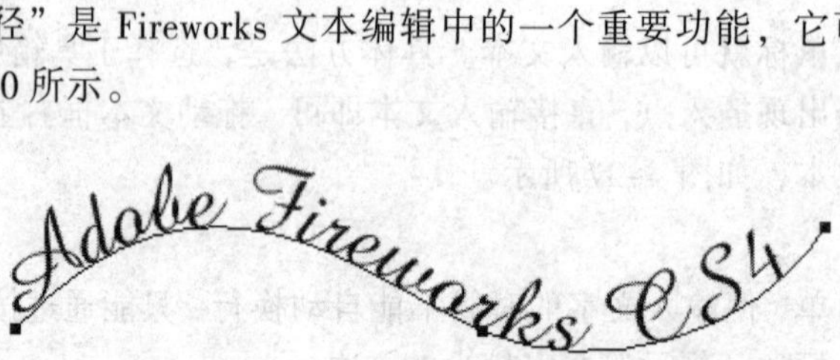

Adobe Fireworks CS4

图4–30 将文本附加到路径

具体操作方法如下：

① 使用“钢笔”或几何图形工具绘制好矢量图形或路径。

② 使用“文本”工具按正常的方法输入文字。

③ 同时选中路径和文本，执行“文本”→“附加到路径”命令。

需要注意的是，将文本附加到路径后，还可以对文本的内容和文本的字体、颜色、尺寸等属性进行修改，并可以使用“部分选定”工具改变路径的形状。

如要把路径和文本分离，选中附加到路径上的文本，执行“文本”→“从路径分离”命令即可。

4.4.4　将文本转换为路径

“将文本转换为路径”可以说是 Fireworks 中对文本进行特殊变形的终极功能，文本转换为路径后就可以借助修改路径的工具对文本进行修改变形，如图 4-31 所示。

要将文本转换为路径，只要选中文本后，执行“文本”→“转换为路径”命令，再使用“修改”→“取消组合”命令分离后，就可以使用“钢笔”工具（用来添加锚点）和“部分选定”工具对路径细节进行修改变形。

“将文本转换为路径”是不可逆的过程，一旦把文本转换为路径后，就不能再使用“文本”工具或文本的“属性”面板对文本进行文字内容或文本属性等方面的修改。

图 4-31　将文本转换为路径

练　习　题

一、填空题

1. 在 Fireworks CS4 中，使用“橡皮图章”工具复制图像时，要想重新取样，应该按住________键的同时，在图像上单击。

2. 在 Fireworks CS4 中，要想将图像上的某处颜色设置为“填充色”，应先在工具箱上单击“填充色”，然后再选择________工具在图像上单击取样。

3. 在 Fireworks CS4 中，打开一幅人物照片，使用选取工具制作照片背景的选区，然后使用“油漆桶”工具将背景更换为某种图案，此时应选中属性面板上________选项。

4. 在 Fireworks CS4 中，打开一幅西瓜的特写照片，要想增强西瓜由于光照产生的明暗变化，应该使用________、________工具进行涂抹。

5. 在 Fireworks CS4 中，要想在当前路径上添加锚点，应使用________工具。

二、选择题

1. 在 Fireworks CS4 中，使用“油漆桶”工具对选区进行填充时，不能够填充的是（　　）。

A. 实心　　　　B. 形状

C. 渐变　　　　D. 图案

2. 在 Fireworks CS4 中，要想制作“梅花”（五瓣）应该使用（　　）形状工具。

A. 多边形　　B. 圆角矩形

C. 星形　　D. 智能多边形

3. 在 Fireworks 中，使用“部分选定”工具将椭圆形路径编辑成心形或苹果形时，需要将上下两个平滑点变成角点，应按住（　　）键转动方向线。

A. Shift　　B. Ctrl

C. Esc　　D. Alt

4. 在 Fireworks CS4 中，如果想制作出文字起伏的效果应该进行（　　）操作。

A. 倾斜　　B. 扭曲

C. 添加滤镜　　D. 将文本附加到路径上

三、思考题

1. 模糊和减淡工具有什么特点？

2. 使用 Fireworks CS4 的橡皮图章工具，将一个图像中的“猫头”部分复制出多份，应如何操作？

3. 使用 Fireworks CS4 制作“文字”logo 时需要对文字的笔画进行各种变形，在变形前应该先对“文字”进行什么操作？

4. 使用 Fireworks CS4 的钢笔工具在路径上添加和删除锚点的操作方法是什么？

5. 使用 Fireworks CS4 的钢笔工具绘制折线路径和曲线路径的方法是什么？

6. Fireworks CS4 矢量工具中的“指针”工具和“部分选定”工具的用途分别是什么？

四、上机操作题

1. 在 Fireworks CS4 中新建 400×400 像素的文档，使用“椭圆”形状工具绘制一个以画布中心为圆心的圆形，不要笔触，填充“蓝、红、黄”的“圆锥形”渐变，如图 4-32 所示。

2. 在 Fireworks CS4 中新建一个 400×400 像素的文档，制作一个“苹果”图像，不要笔触，填充“放射状”渐变，中间为绿色（#00FF00），边缘为深绿色（#006600），如图 4-33 所示。

3. 在 Fireworks CS4 中制作如图 4-31 所示的效果。

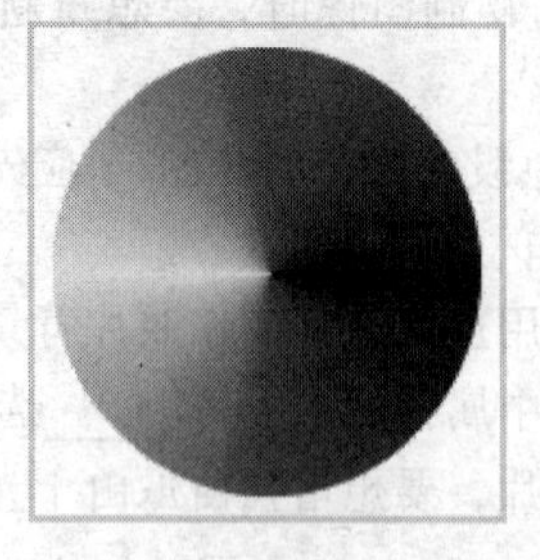

图 4-32　操作题 1 样图

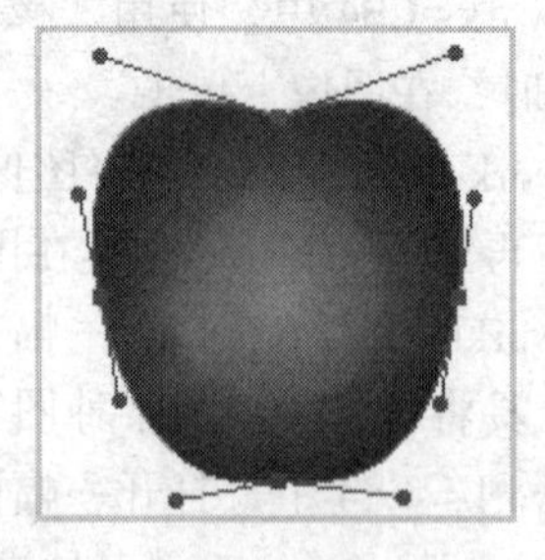

图 4-33　操作题 2 样图

第5章 滤镜和蒙版

计算机图像处理中的滤镜一词来源于摄影中的滤光镜，摄影时在镜头前加上滤光镜，可以改进图像质量或产生特殊效果。

5.1 滤　　镜

Fireworks CS4 中的滤镜分为动态滤镜和永久滤镜。动态滤镜可以为矢量对象、位图图像和文本对象等设置各种增强效果；但动态滤镜无法对选区中的图像施加滤镜效果，必须使用永久滤镜。

5.1.1 滤镜简介

1. 动态滤镜

Fireworks CS4 中的动态滤镜功能非常强大，如图 5-1 所示。动态滤镜使用方便，使用“指针”工具选中对象后，就可以直接从“属性”面板中单击“+”添加滤镜，单击“-”删除滤镜，单击信息按钮修改滤镜参数等操作，如图 5-2 所示。

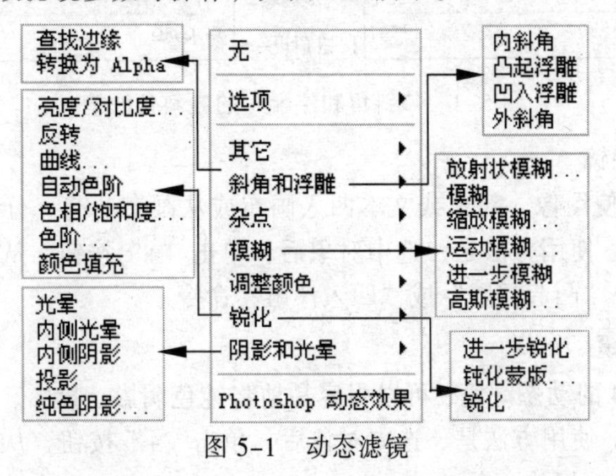

图 5-1　动态滤镜

另外，在 Fireworks CS4 的动态滤镜中增加了 Photoshop 动态效果滤镜，但效果远不如 Photoshop 中的好。

2. 永久滤镜

永久滤镜由“滤镜”菜单提供，可以用于任何对象，特别是选区中的图像。

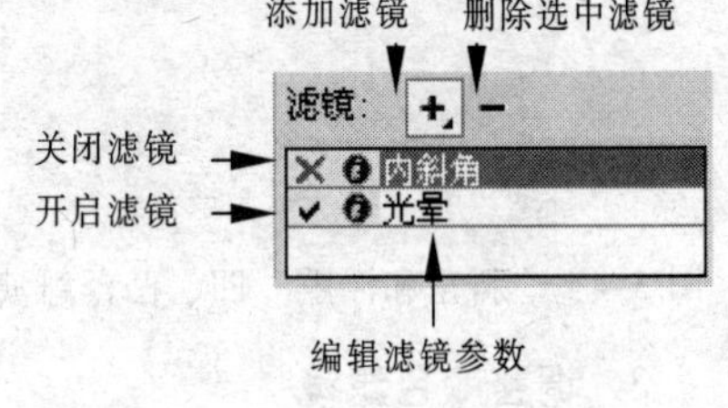

图 5-2　使用“动态滤镜”

永久滤镜具有破坏作用，一旦应用，不能像动态滤镜一样进行删除和修改滤镜参数，除非使用“编辑”菜单中的“撤销”命令或“历史记录”面板进行撤销。永久滤镜中没有“斜角和浮雕”、“阴影和光晕”滤镜。

5.1.2 应用滤镜

在 Fireworks CS4 中，许多滤镜都需要设置合适的参数，才能发挥出滤镜的强大功能，下面介绍几种常用滤镜的功能和用法：

1. 斜角和浮雕滤镜

（1）内斜角滤镜

在对象上应用斜角滤镜，该对象边缘可获得凸起的外观。选中对象后，单击“+”按钮，从弹出的动态滤镜列表中选择“斜角和浮雕”→“内斜角”命令。如图 5-3 所示，是分别添加了“内斜角”滤镜的“平滑”、“第一帧”的效果。

注意：许多参数是使用“滑块”设置，但“滑块”有最大值限制，此时可以输入想要设置的值。如：半径、柔化等。

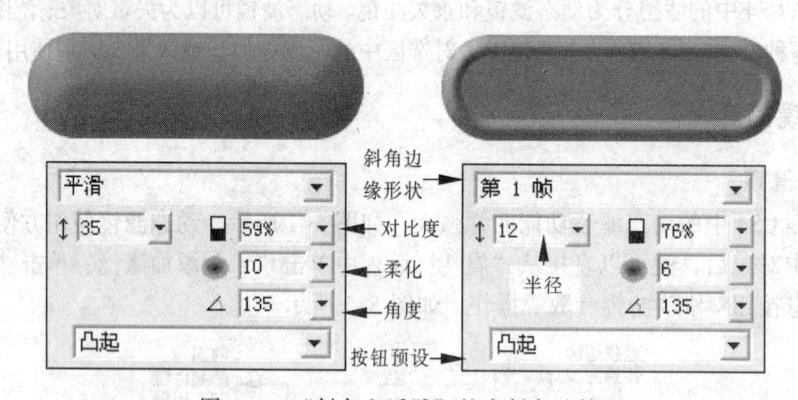

图 5-3　“斜角和浮雕”的内斜角滤镜

（2）凹、凸浮雕滤镜

“浮雕”滤镜可以使图像、对象或文本凹入画布或从画布凸起。分为凸起浮雕和凹入浮雕两种，如图 5-4 所示。使用方法是，选中对象后，单击“+”按钮，从弹出的动态滤镜列表中选择“斜角和浮雕”→“凸起浮雕”或“凹入浮雕”命令。

2. 阴影和光晕滤镜

使用 Fireworks CS4 的动态滤镜，可以很容易地将纯色阴影、投影、内侧阴影和光晕应用于对象，如图 5-5 所示。使用方法是，选中对象后，单击“+”按钮，从弹出的动态滤镜列表中选择“阴影和光晕”中的相关命令。

图 5-4　“斜角和浮雕”凹、凸浮雕滤镜

图 5-5　投影、内侧阴影、光晕（发光）滤镜

3. 调整颜色滤镜

色调与颜色等因素将直接影响图像的最终合成效果，合理地对图像进行光和色的调整，会使其更加完美。下面介绍几种常用的调整颜色滤镜：

（1）色阶

色阶是表示图像亮度强弱的指数标准，也就是我们说的色彩指数，在数字图像处理教程中，指的是灰度分辨率。图像的色彩丰满度和精细度是由色阶决定的。

一个有完整色调范围的图像，其明、暗像素应该分布均匀，如图 5-6 所示。如果分布不均匀就会出现如图 5-7 所示的效果，可以看出在图像的柱形图中，左边的暗调部分和右边的高光部分的像素都严重缺失，像素都集中在中间区域，所以图像是灰蒙蒙的。

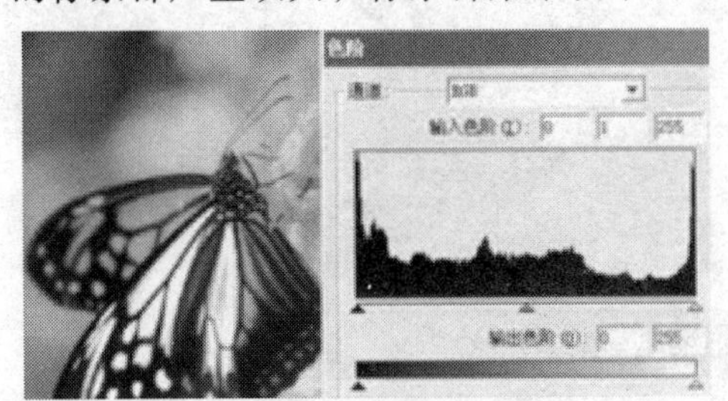

图 5-6　正常图像的色阶

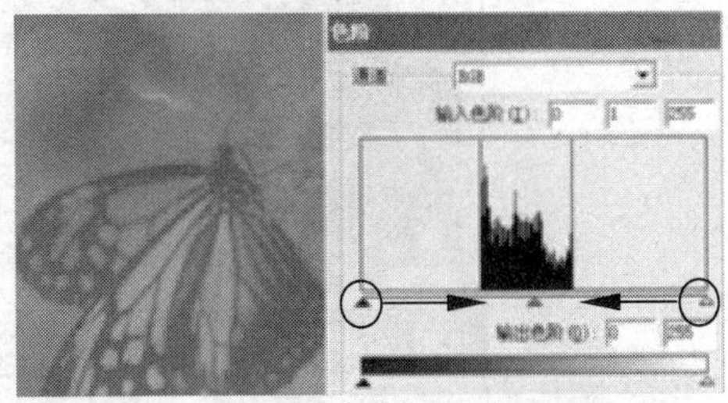

图 5-7　对比度失调图像的色阶

使用“色阶”滤镜可以把图像中最暗的像素设置为黑色、最亮的像素设置为白色，然后按比例重新分配中间色调。

方法：向右拖动柱形图下方的黑色滑块，以指定把亮度低于何种级别的像素设置为黑色；然后向左拖动白色滑块，以指定把亮度高于何种级别的像素设置为白色，如图 5-7 所示；如果图像偏亮，将中间色调的灰色滑块向右拖动，否则向左拖动，最后，单击“确定”按钮完成色阶调整。

（2）自动色阶

刚才的“色阶”滤镜，可以手工调整图像的明暗度，“自动色阶”就是可以自动调整图像的明暗度。一般情况下使用“自动色阶”命令就可以调整出满意的效果，否则使用“色阶”调整。

（3）亮度/对比度

“亮度/对比度”滤镜：亮度表示颜色的明暗程度，数值越大，画面越亮；对比度表示图像中最亮颜色与最暗颜色的亮度的对比程度，数值越大，明暗对比越强。当图像的对比度不足或过亮、过暗都可以使用“亮度/对比度”滤镜进行调整，如图 5-8 所示。

图 5-8　调整图像的“亮度/对比度”

（4）色相/饱和度

"色相/饱和度"滤镜：可以调整图像中颜色的色相、饱和度以及亮度，如图 5-9 所示，通过调整"色相"可以改变图像的"颜色"。需要额外说明的是选中"彩色化"选项后，Fireworks CS4 会先把图像转变为单色调的图像。

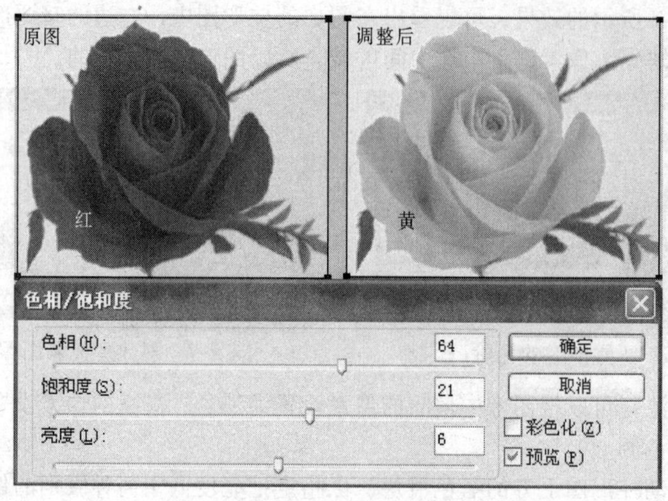

图 5-9　使用"色相/饱和度"滤镜

（5）反转

"反转"滤镜：能将图像中的各种颜色反转过来，能够制作出相片底片的效果，使用"反转"滤镜的效果对比如图 5-10 所示。

4．模糊滤镜

使用"模糊"滤镜对对象进行模糊处理，可柔化位图图像的外观。常用的有：高斯模糊、运动模糊、放射模糊和缩放模糊。它们一般都需要建立选区，使用"永久滤镜"。

①"高斯模糊"：对每个像素应用加权平均模糊处理以产生朦胧效果，通过设置滤镜的模糊范围，以确定滤镜模糊的程度。

例如，使用"高斯模糊"滤镜美化照片，使用羽化半径为 10 像素的"套索"工具在需要模糊的地方制作选区，然后使用"滤镜"→"模糊"→"高斯模糊"命令，打开"高斯模糊"对话框，设置好模糊范围，单击"确定"按钮。再制作下一个选区，重复"高斯模糊"，如图 5-11 所示。

图 5-10　使用"反转"滤镜

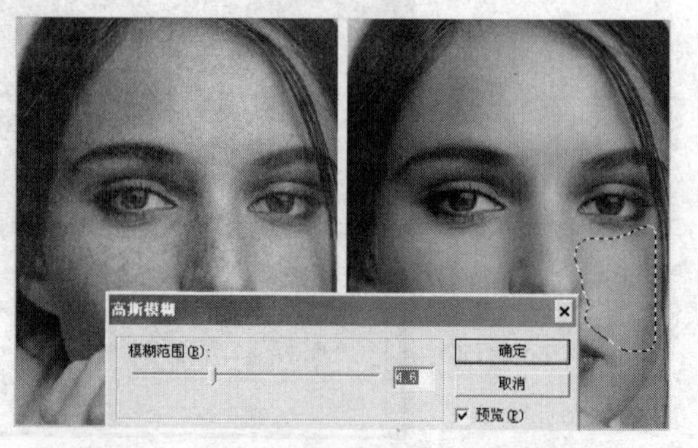

图 5-11　使用"高斯模糊"滤镜美化照片

②“运动模糊”：产生图像正在运动的视觉效果。使用多边形套索工具选择摩托车，设置羽化值为 10 像素，反选后使用“滤镜”→“模糊”→“运动模糊”命令，设置如图 5-12 所示。

图 5-12 使用“运动模糊”

③“放射状模糊”：产生图像正在旋转的视觉效果，如图 5-13 所示。

④“缩放模糊”：产生正在移动的视觉效果，如图 5-14 所示。

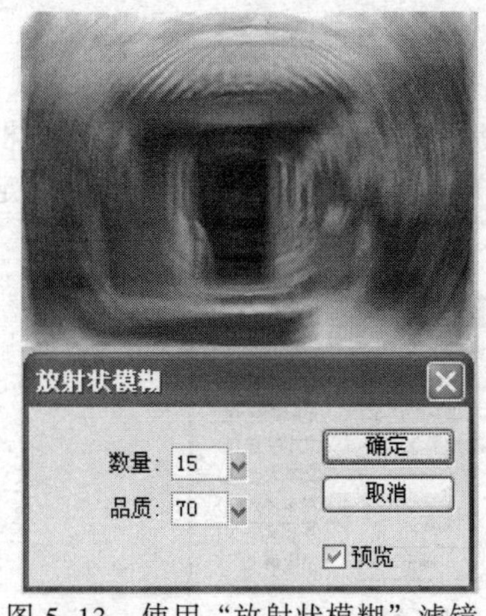

图 5-13 使用“放射状模糊”滤镜

图 5-14 使用“缩放模糊”滤镜

5. 锐化滤镜

锐化滤镜可以增强图像相邻像素的对比度，使图像的轮廓更清晰，“锐化”滤镜包括 3 种方式。

- “锐化”：通过增大邻近像素的对比度，对模糊图像的焦点进行调整。图 5-15 所示为使用两次“锐化”滤镜的效果对比。
- “进一步锐化”：将邻近像素的对比度增大到“锐化”的 3 倍。
- “钝化蒙版”：通过调整像素边缘的对比度来锐化图像。该选项提供了最多的控制，因此它通常是锐化图像时的最佳选择。

图 5-15 使用“锐化”滤镜

5.1.3 样式面板

样式面板中是由 Fireworks CS4 提供的、使用动态滤镜和 Photoshop 动态效果制作的各种特效，使用样式面板可以方便地为各种对象增效。

1．应用样式

执行“窗口”→“样式”命令打开样式面板，使用“指针”工具选择对象，再在“样式”面板中单击合适的样式即可，如图 5-16 所示。添加的样式也可以在属性面板对其进行编辑。

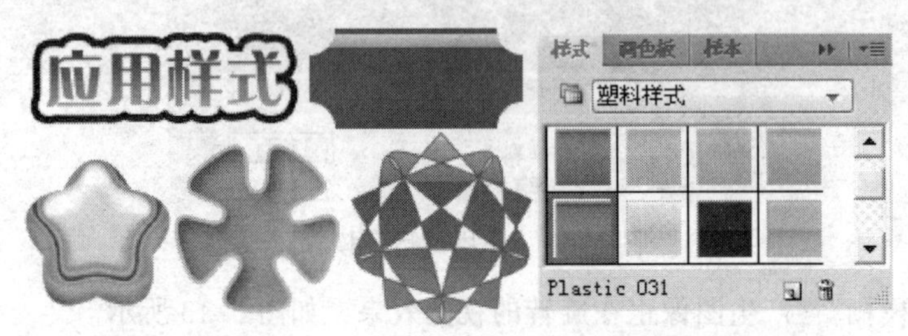

图 5-16 使用“样式”面板

2．自定义样式

可以将自己使用动态滤镜和 Photoshop 动态效果制作的特效作为新样式保存在样式面板中。方法是，选择已设置好特效的对象，单击“样式”面板底部的“新建样式”按钮，根据需要在如图 5-17 所示的“新建样式”对话框中选择新建样式中要保存的内容，单击“确定”按钮后，保存的新样式会出现在 “样式”面板的最后。

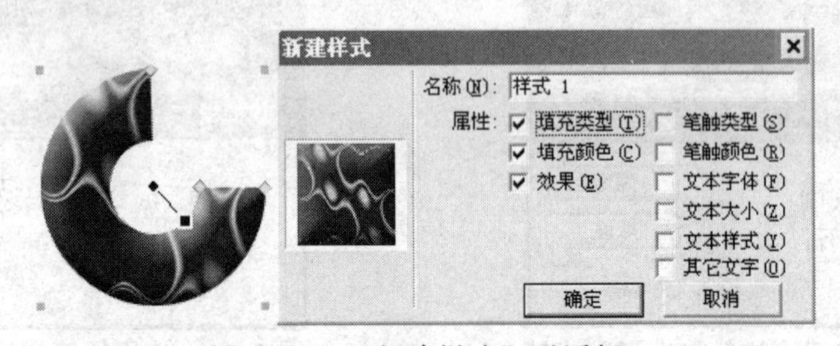

图 5-17 “新建样式”对话框

5.2 蒙 版

蒙版可以隐藏或显示对象或图像的局部，可以实现许多种创意效果。Fireworks CS4 中的蒙版分为矢量蒙版和位图蒙版。

5.2.1 矢量蒙版

矢量蒙版对象将下方的对象裁剪或剪贴为其路径的形状，从而产生不同的效果。矢量蒙版可以使用路径、形状和文字来创建。

1．粘贴为蒙板

具体操作方法如下：

① 先打开一幅要蒙版的图像文件，使用矢量（钢笔、形状、文字）工具制作路径，如图 5-18 所示。

图 5-18　制作矢量蒙版

② 使用快捷键【Ctrl+X】将路径剪切掉，再选中要蒙版的图像，执行“编辑”→“粘贴为蒙版”命令即可，如图 5-19 所示。

③ 生成矢量蒙版后，此时不显示路径的填充和笔触，但仍可以对路径进行编辑，改变路径的蒙版的形状，也可以移动蒙板和被蒙版对象的位置。如果单击按钮取消链接，可以分别移动蒙版或被蒙版的对象。

图 5-19　剪贴路径效果

2．粘贴于内部

具体操作方法如下：

① 先打开一幅要蒙版的图像文件，使用矢量（钢笔、形状、文字）工具制作路径。

② 使用快捷键【Ctrl+X】将被蒙版对象剪切掉，再选中路径，执行“编辑”→“粘贴于内部”命令。

③ 生成矢量蒙版后，可以显示路径的笔触，如图 5-20 所示，如果在属性面板选择“灰度外观”将使填充色以灰度的形式覆盖在图像上。此时，同样可以进行编辑路径，移动蒙版等操作。

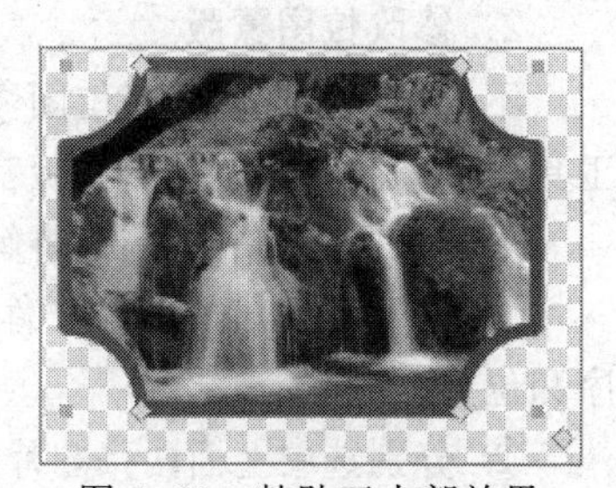

图 5-20　粘贴于内部效果

注意：虽然“粘贴为蒙版”和“粘贴于内部”操作的方法不同，但实际上区别只是“属性”面板上“蒙版”的初始参数设置不同，改变参数就可已达到相同的效果，如图 5-21 所示。

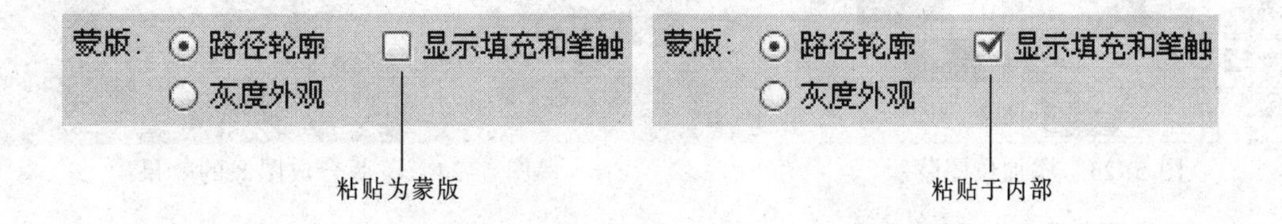

图 5-21　“粘贴为蒙版”和“粘贴于内部”参数对比

5.2.2 位图蒙版

位图蒙版可以通过位图对象来创建，创建的方法与矢量蒙版相同，效果也相似。这里主要介绍用选区来创建位图蒙版，以及用画笔修改蒙版的方法。

1. 创建位图蒙版

（1）基于选区创建位图蒙版

打开图像文件，使用“选取”工具制作图像要保留部分的选区（选区可以加羽化值）；单击“层”面板底部的“添加蒙版”按钮，为对象添加位图蒙版，如图 5-22 所示，左边位图蒙版的选区羽化值为 10 像素。

图 5-22 制作蒙版的选区羽化 10 像素与消除锯齿的效果对比

（2）创建空位图蒙版

打开图像文件，单击“层”面板底部的“添加蒙版”按钮，就可以为对象添加位图蒙版。

2. 修改位图蒙版

不论是基于选区创建位图蒙版还是空位图蒙版，都可以使用“笔刷”、“填充”、“渐变”等工具进行修改，一般位图蒙版都是通过“灰度等级”决定蒙版效果。

下面以风景合成为例，讲解使用渐变工具修改空位图蒙版的方法。

① 打开三张风景图像文件，创建新文档，将三张风景图片复制到新文档中，调整叠放次序和位置。

② 分别选中上面两张图片，单击层面板底部的“添加蒙版”按钮，为图片添加蒙版。

③ 在层面板单击蒙版将其选中后，再使用黑白“渐变”，在画布上填充渐变，注意渐变的位置、宽度和角度，如图 5-23 所示，可以反复填充直至取得满意效果。

④ 三张图片合成后的效果，如图 5-24 所示。

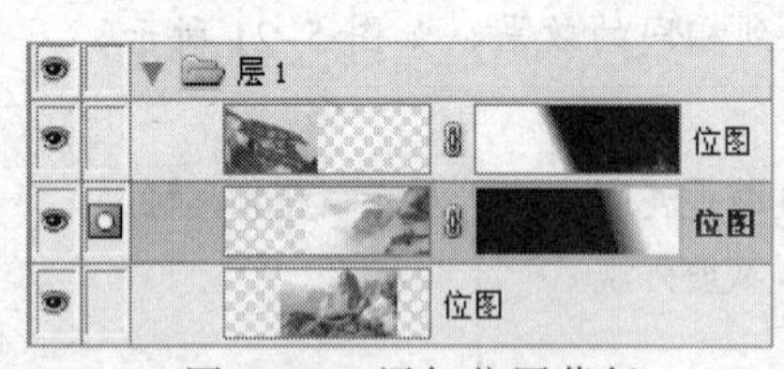

图 5-23 添加位图蒙版

图 5-24 蒙版合成图像的效果

3. 使用位图蒙版抠图

使用位图蒙版抠图具体方法如下：

① 打开图像文件，使用“套索”工具将需要抠出的部分大致选中（只能多选），再单击层面板底部的“添加蒙版”按钮，为图像添加蒙版，如图 5-25 所示。

图 5-25　添加位图蒙版

② 修改蒙版：选择“刷子”工具，设置“黑色”笔触、边缘为 5 像素，以适合的笔刷大小在蒙版的边缘上涂抹去掉多余部分，如果涂多了，可用“白色”笔触修改，如图 5-26 所示。

图 5-26　使用笔刷修改蒙版

③ 打开作为背景的图像文件，将其复制到处理好的图像文档中，按【Ctrl+↓】组合键，将其移到底层即可，如图 5-27 所示。

图 5-27　添加背景后的效果

练　习　题

一、填空题

1. Fireworks CS4 的滤镜分为________滤镜和________滤镜。

2. 在 Fireworks CS4 中，________滤镜具有破坏作用，一旦应用，不能删除和修改滤镜参数，除非进行撤销。

3. 在 Fireworks CS4 中，________滤镜可以为矢量对象、位图图像和文本等对象设置各种增强效果，但无法对选区中的图像施加滤镜效果。

4. Fireworks CS4 蒙版分为矢量蒙版和位图蒙版，________蒙版可以用“笔刷”工具修改。

二、选择题

1. 在 Fireworks CS4 中，使用色相/饱和度滤镜将红色的花变为黄色的花，应该调整（　　）。

A. 色阶　　　　B. 饱和度

C. 色相　　　　D. 对比度

2. 在 Fireworks CS4 中，要美化照片、消除瑕疵应使用（　　）滤镜。

A. 高斯模糊　　B. 锐化

C. 橡皮图章　　D. 色相/饱和度

3. 在 Fireworks CS4 中，矢量蒙版可以使用路径、形状和（　　）来创建。

A. 位图对象　　B. 文字对象

C. 动态滤镜　　D. Photoshop 动态效果

三、思考题

1. 在 Fireworks CS4 中，如何将自己制作的特效作为新样式保存在样式面板中？
2. 简述 Fireworks CS4 的模糊滤镜和锐化滤镜的作用。
3. 简述在 Fireworks CS4 中使用“粘贴为蒙版”创建矢量蒙版的方法。

四、上机操作题

1. 找一张有瑕疵的照片，在 Fireworks CS4 中使用“套索”工具（要适当羽化）和“高斯模糊”滤镜进行美化，参见图 5-11。
2. 使用 Fireworks CS4 调整曝光不足（发黑）和曝光过度（发白）的照片。
3. 参照“修改位图蒙版”的方法，进行图像合成。

第6章 制作网页元素

本章主要讲解使用 Fireworks CS4 创建、编辑切片，制作导航栏，制作弹出菜单，制作动画等操作。

6.1 制 作 切 片

切片将 Fireworks CS4 文档分割成多个较小的部分并将每部分导出为单独的文件。导出时，Fireworks 会创建一个包含表格代码的 HTML 文件，以便在浏览器中重新组合图形。切片还具有三个优点：优化图像，获得最快的下载速度；增加交互性，使图像能够快速响应鼠标事件；易于更新，适用于经常更改的网页部分。

6.1.1 创建切片

创建切片有两种方法，一是使用切片工具绘制切片，二是基于所选对象插入切片。创建的切片会出现在“网页层”中。

1. 绘制切片

在 Fireworks CS4 中，切片工具包括“切片”工具和“多边形切片”工具，使用它们可以制作矩形切片和不规则切片。

① 矩形切片：选择“切片”工具后，在画布上拖动鼠标即可以绘制矩形切片，如图 6-1 所示。

② 多边形切片：选择“多边形切片”工具后，在画布上连续单击即可以绘制不规则的多边形切片，如图 6-1 所示。多边形切片导出的也是矩形图片，多边形切片在网页中被转换为热区。

2. 插入切片

选择一个或多个对象后，执行“编辑”→“插入”→“矩形切片”命令。如果选择了多个对象，会弹出对话框，在此可以选择“单一”或“多重”选项。

① 选择“单一”选项，创建一个覆盖所有对象的单个切片，如图 6-2（a）所示。

② 选择“多重”选项，为每个对象所选对象创建一个切片，如图 6-2（b）所示。

图 6-1 使用切片工具创建切片

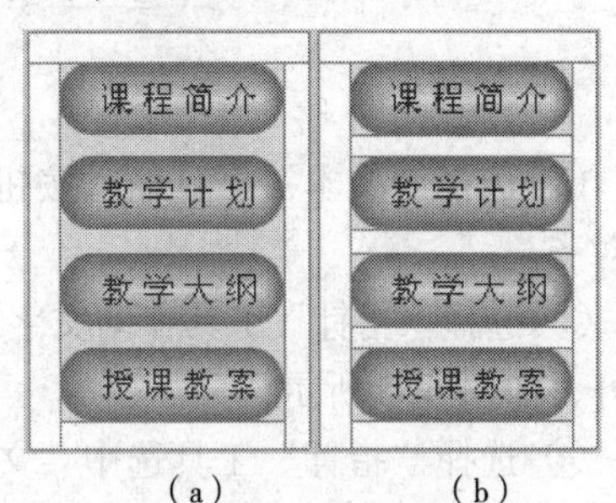

（a） （b）
图 6-2 基于对象创建切片

6.1.2 编辑切片

创建好切片后，可以使用“指针”、“部分选定”或“变形”工具更改切片地形状、大小和位置，并且可以进行旋转、扭曲和倾斜等变换。

1. 改变切片大小、位置

使用“指针”、“部分选定”工具拖动切片的4条边线或4个顶点可以随意地改变切片的大小；拖动切片的内部可以移动切片的位置。

如果需要精确调整切片的大小和位置，可以使用“指针”工具选定切片后，在属性面板设置其宽度、高度和坐标。

2. 变换切片

使用“变形”工具可以对切片进行旋转、倾斜、扭曲等变换操作，但对矩形切片变换完成后切片仍会变为矩形，如图6-3所示。

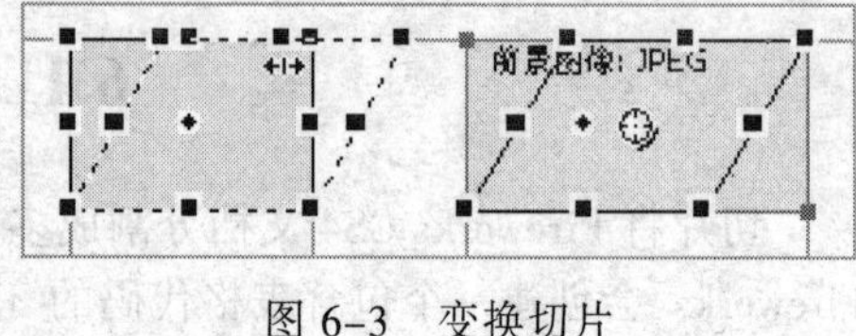

图6-3 变换切片

6.2 制作导航栏

按钮具有交互作用，一般用作网页的导航栏。一个按钮可以在文档中生成多个实例，因此，可以通过更改单个按钮的图形外观，自动更新导航栏中所有按钮实例的外观。

6.2.1 制作按钮

1. 自制按钮

自制按钮的具体方法如下：

① 新建980×100像素的文档，选择“圆角矩形”工具绘制矩形，在属性面板设置：填充色“#0033FF”、无笔触、添加“内斜角”滤镜，如图6-4所示。

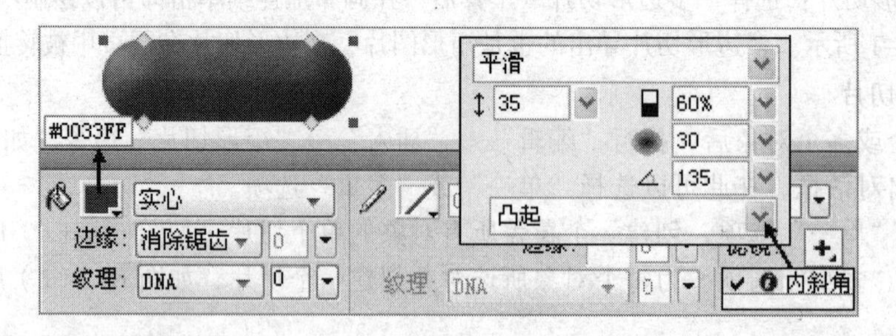

图6-4 制作按钮图形

② 选择“文本”工具输入按钮文字，在属性面板设置文字属性：黑体、24磅、白色，居中对齐。

③ 选择“指针”工具移动文字，使其与圆角矩形垂直、水平居中对齐，如图6-5所示。

图6-5 制作按钮文字

④ 选择“指针”工具选中“文字”和“圆角矩形”，按【F8】键将它们转换为按钮元件，然后双击“元件”对其进行编辑。

- 同时选中“文字”和“圆角矩形”，打开“状态”面板，单击面板右上角的“菜单”按钮，选择“复制到状态”命令，如图 6-6 所示。在弹出的对话框中选择“所有状态”选项，单击“确定”按钮。
- 在“状态”面板中选择“状态 2”，选择“圆角矩形”在“属性”面板将填充色改为“#00FFFF”，再选择“文本”，在“属性”面板将其颜色改为“黑色”，如图 6-7 所示。

图 6-6　复制对象到其他状态

图 6-7　设置状态 2 的图形与文字

- 最后在文档窗口上方单击“页面 1”退出按钮编辑器。

2. 使用公共库按钮

在 Fireworks CS4 的公共库中提供了包括按钮在内的一些素材，按【F7】键打开“公共库”面板，在“按钮”类中选择所需按钮，如图 6-8 所示是公共库中的部分按钮。

图 6-8　公共库中的按钮

6.2.2　制作导航栏

可以使用两种方法制作导航栏：第一种方法是使用按钮制作；第二种方法是使用“状态”面板和“行为”制作。使用按钮制作的导航栏，在 Fireworks CS4 中不能添加弹出菜单。

利用 6.2.1 节中制作的按钮来制作导航栏（6.2.1 节中创建的文档宽度为 980 像素，适合 1024×768 分辨率的页面），具体制作方法如下：

① 将制作好的按钮移到画布的左边，选择“指针”工具，按住【Alt】键的同时，拖动按钮，将其复制到画布的右边，注意与左边按钮垂直对齐，如图 6-9 所示（也可以直接从“文档库”面板将按钮拖入画布）。

② 文档中的两个按钮就是导航栏两端的按钮，调整好位置后，将它们同时选中，执行“修改”→“元件”→“补间实例”命令，在“补间实例”对话框中选择步骤为 5，就可以制作包括 7 个按钮的导航栏。

③ 分别选中各个按钮，在属性面板更改按钮文字，可以设置超链接，也可以不设置，如图 6-10 所示。使用“裁剪”工具将多余的画布裁掉。

图 6-9　制作导航栏两端的按钮　　图 6-10　设置各个按钮的文字

注意：按钮文字必须在 Fireworks 中更改，因为导出后文字就变为图片格式，将无法再更改，可以在 Dreamweaver 中重新设置超链接。另外，可以在导航按钮的下面添加一个与网页背景相同的位图对象或矢量对象，也可以通过优化面板将其设置为透明背景。

④ 最后，执行“文件”→“导出”命令，设置好导出的位置、文件名和其他选项，如图 6-11 所示。

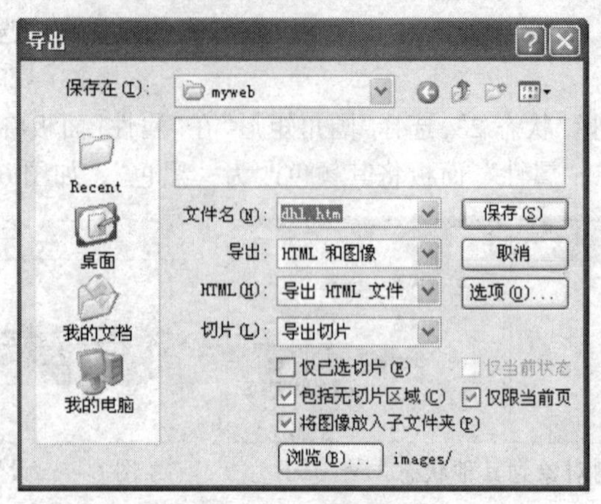

图 6-11　导出导航栏为网页

6.3　制作弹出菜单

在 Fireworks CS4 中可以为切片、热点添加弹出菜单，这样，当用户将指针移到切片或热点上或单击切片或热点时，会打开弹出菜单。

（1）输入菜单内容

选择要用作弹出菜单的触发器区域的热点或切片，单击各个切片上的“行为手柄”，选择“添加弹出菜单”命令，输入菜单内容，按“缩进菜单”按钮，设置子菜单，并输入“链接”地址，设置打开“目标”，如图 6-12 所示。

（2）设置菜单外观

选择单元格为“图像”、“水平菜单”，文字：大小 14、居中对齐。弹起状态：文本“白色”、单元格“蓝色”（#0066FF）；滑过状态：文本“黑色”、单元格“黄色”；选择“样式”，如图 6-13 所示。

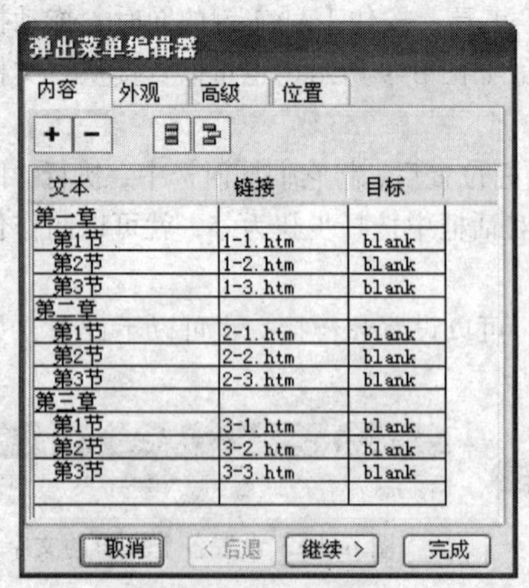

图 6-12　输入菜单内容

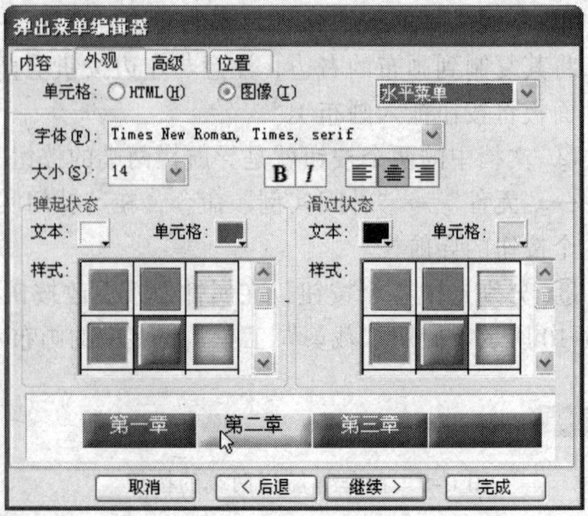

图 6-13　设置菜单外观

（3）设置单元格

设置单元格宽度、高度、边间距等，如图 6-14 所示。

（4）设置位置

设置主菜单与子菜单的位置，如图 6–15 所示。最后，执行“文件”→“导出”命令，设置好导出的位置、文件名和其他选项，预览效果，如图 6–16 所示。

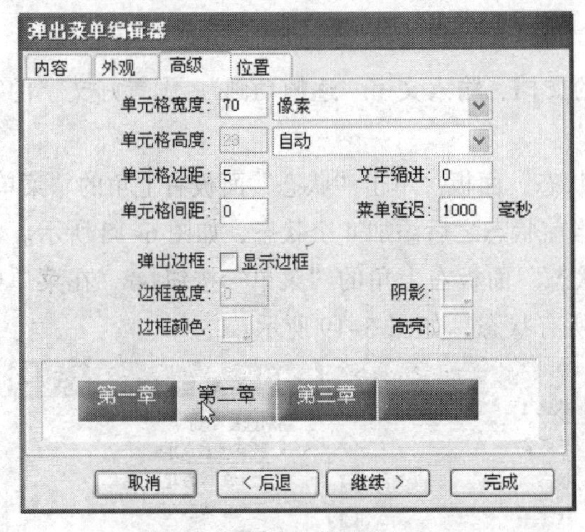

图 6–14　设置单元格

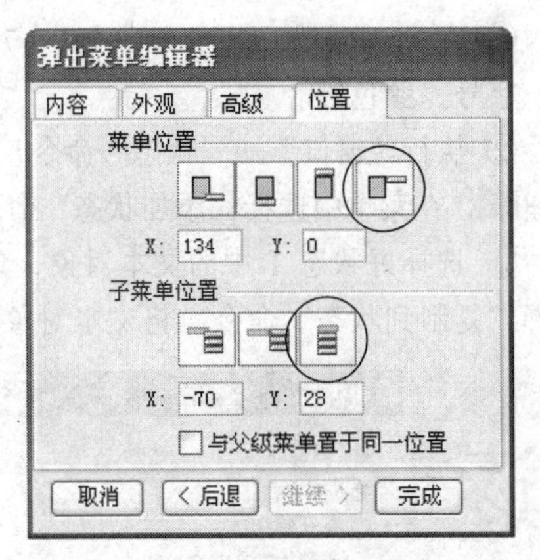

图 6–15　设置菜单位置

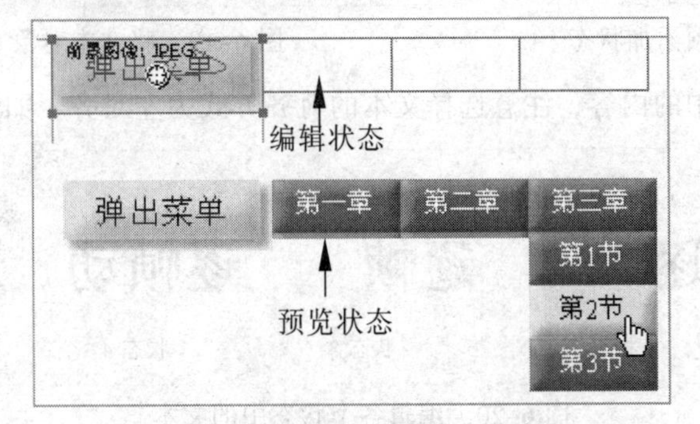

图 6–16　编辑状态和预览状态效果

6.4　制 作 动 画

动画是网页中的一种非常重要的构成要素，它比图像有更好的宣传效果，更容易引起浏览者的注意。在 Fireworks CS4 中可以创建 GIF 格式的动画。

6.4.1　动画简介

动画实际上是由一系列静态画面构成，每幅画面称为一个帧。把这些静态画面按照设计好的顺序，连续不断地快速切换显示，由于相邻的两幅图片间存在细微的差别，另外人眼睛具有视觉暂留效应，所以最终看到的是连续的动画效果，如图 6–17 所示。

图 6–17　动画的静态画面

6.4.2 制作逐帧动画

1. 制作打字效果

制作打字效果的具体方法如下：

① 在 Fireworks CS4 中新建 250×70 像素的文档，输入文字“逐帧动画”，设置好文字的字体、字号、颜色等。

② 执行“窗口”→“状态”命令，打开“状态”面板。单击“状态”面板右上角的“菜单”按钮，在菜单中选择“添加状态”命令，在当前状态之后添加 4 个状态，如图 6-18 所示。

③ 选择好状态 1 中的文本对象，单击“状态”面板右上角的“菜单”按钮，在菜单中选择“复制到状态”命令，将文本对象复制到所有状态，如图 6-19 所示。

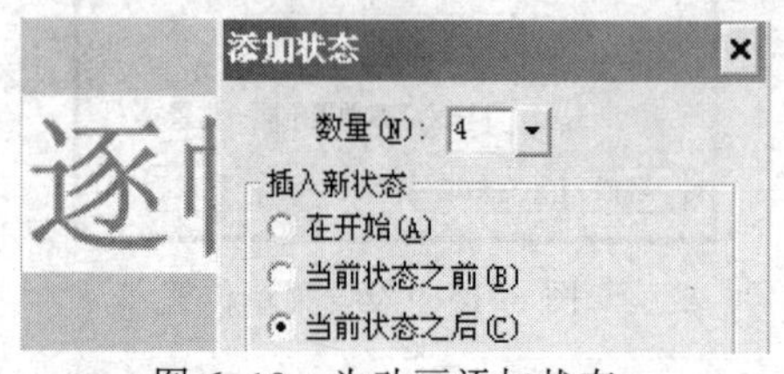

图 6-18 为动画添加状态

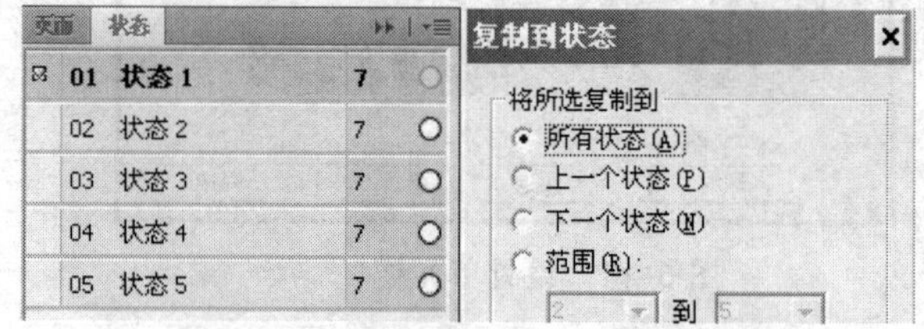

图 6-19 将文本对象复制到所有状态

④ 编辑各个状态中的内容，注意选择文本的对齐方式为左对齐，如图 6-20 所示。

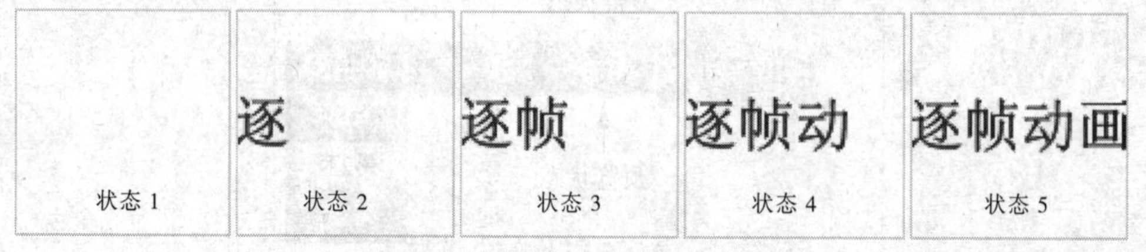

图 6-20 编辑各个状态中的文本

⑤ 在“状态”面板中单击状态 1，然后按住【Shift】键单击状态 4，选择状态 1 到状态 4，单击“状态”面板右上角的“菜单”按钮，在弹出的菜单中选择“属性”命令，如图 6-21 所示，设置延迟时间为 20/100。双击状态 5 的延迟时间，将其改为 80/100。

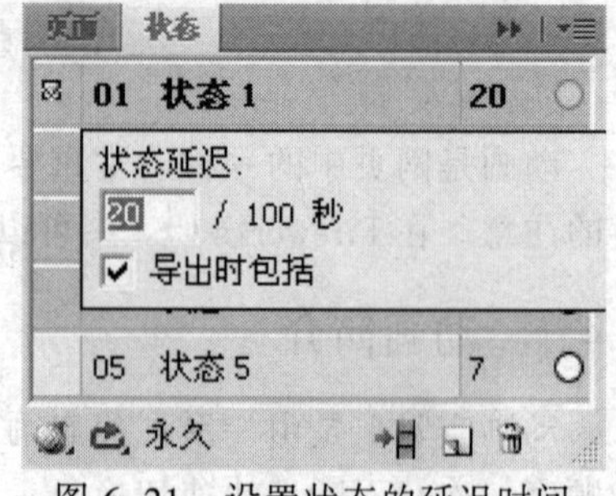

图 6-21 设置状态的延迟时间

⑥ 这时动画已经基本制作完成，单击文档窗口下方的“播放”按钮，已经可以看到动画效果。

⑦ 导出动画：在“优化”面板中设置文件类型为“GIF 动画”，然后选择“文件”→“导出”命令生成 GIF 动画文件。

2. 修改天使动画

修改天使动画的具体方法如下：

① 打开一张“玫瑰花”的图片文件，使用“魔术棒”工具选择背景，并将其删除，使用“缩放”工具将“玫瑰花”缩小并旋转到合适角度，如图 6-22 所示。

② 使用“指针”工具选择调整好的“玫瑰花”，按快捷键【Ctrl+C】复制；打开“天使”动画文件，按快捷键【Ctrl+V】粘贴并调整好位置。

③ 单击“状态”面板右上角的“菜单”按钮，在菜单中选择“复制到状态”命令，在弹出的“复制到状态”对话框中，选择“所有状态”，如图 6-23 所示。

图 6-22　去除玫瑰花的背景并调整

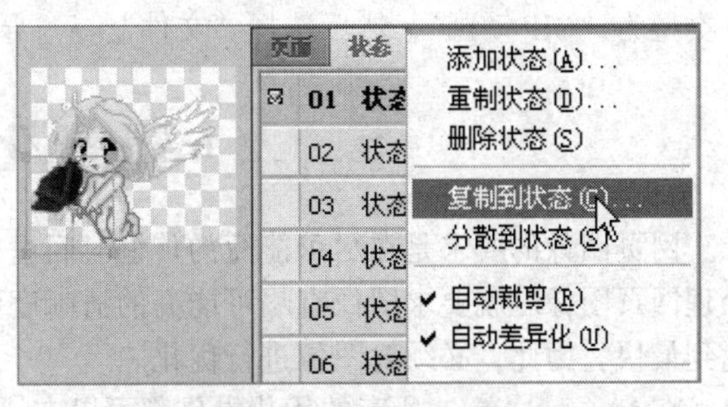

图 6-23　将玫瑰花复制到其他 5 个状态

④ 然后分别调整状态 2 至状态 6 中玫瑰花的位置（使玫瑰花与天使的相对位置不变）。

⑤ 单击文档窗口下方的“播放”按钮，查看动画效果；在“优化”面板中设置文件类型为“GIF 动画”，然后选择“文件”→“导出”命令生成 GIF 动画文件。

6.4.3　动画制作命令

逐帧动画的制作思路非常简单，但想制作出好的动画效果得有一定的绘画基础。可以使用 Fireworks CS4 提供的动画命令制作一些简单的动画效果。

选中要制作动画的“对象”，执行“修改”→“动画”→“选择动画”命令，可以弹出如图 6-24 所示的“动画”对话框，从中设置动画效果。

- 帧：希望动画中包含的帧数，也就是说经过多少帧完成指定的动画效果。
- 移动：用于指定对象移动的距离（像素）。
- 方向：用于指定对象移动的方向，以度为单位，取值范围 0°～360°。
- 缩放到：用于指定对象大小变化的百分比。
- 不透明度：可以设置从开始到完成的不透明程度，取值范围 0～100。
- 旋转：用于指定对象旋转的度数，并可设置旋转的方向为顺时针或逆时针。

例如，制作文字从底部向上移动并放大的动画效果。

制作该效果的具体方法如下：

① 新建 320×200 像素的文档，在底部输入文字“文字动画”，字体为黑体、字号 20，居中对齐，颜色为“#FF3000”。

② 使用“指针”工具选中文本“文字动画”，执行“修改”→“动画”→“选择动画”命令，在“动画”对话框中按照图 6-24 进行设置，单击“确定”按钮，结果如图 6-25 所示。

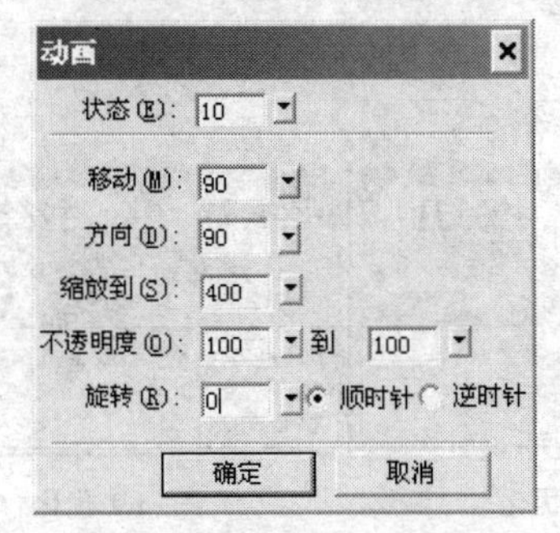

图 6-24　“动画”对话框

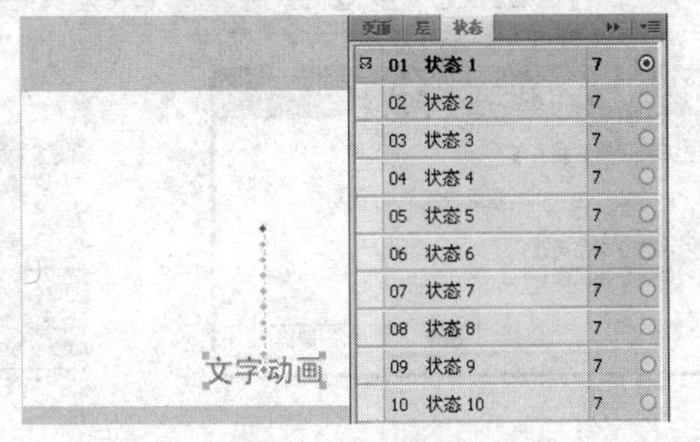

图 6-25　文字动画

③ 双击状态 10 的延迟时间，将其改为 100/100 秒。

④ 单击文档窗口下方的“播放”按钮▷，即可看到动画效果；在“优化”面板中设置文件类型为“GIF 动画”，然后选择“文件”→“导出”命令生成 GIF 动画文件。

6.5 优化与导出

网页图像的要求是在尽可能短的传输时间里，发布尽可能高质量的图像。因此，在设计和处理网页图像时就要求图像有尽可能高的清晰度而和尽可能小的尺寸，从而使图像的下载速度达到最快。为此，必须对图像进行优化。

在 Fireworks 中，所有的优化操作都可以在“优化”面板中进行（也可以在“导出预览”对话框中进行），优化设置仅用于输出图像。因此，用户可以自由地对图像进行优化并调整其优化设置，而不必担心会损坏原图。

前面已经介绍过 JPEG、GIF 格式的文件的特点，网页上的大部分图片都使用 JPEG 格式，如果要制作透明背景或制作动画则必须使用 GIF 格式。

1. 优化 JPEG 格式

选择 2 幅或 4 幅模式，在优化面板中选择输出格式为 JPEG，设置“品质”：

- 品质越高，图像效果越好，但压缩较少，文件体积较大。
- 品质越低，图像效果越差，但图像体积越小。

将优化后的图像与原图像比较，选择一个图像效果与文件体积的均衡点。如图 6-26 所示，100 品质文件大小 88.65KB，75 品质文件大小 14.61KB，它们相差 6 倍，但文件的质量变化不大。

图 6-26 “优化” JPEG 图像

也可以使用“选择性品质”，以保持“文本”和“按钮”的品质，如图 6-27 所示。单击“选择性品质”按钮，在弹出的“可选 JPEG 设置”对话框中设置“品质”。

图 6-28 所示为“启动选择性品质”优化“文本”和“按钮”与不 “启动选择性品质”的结果对比。

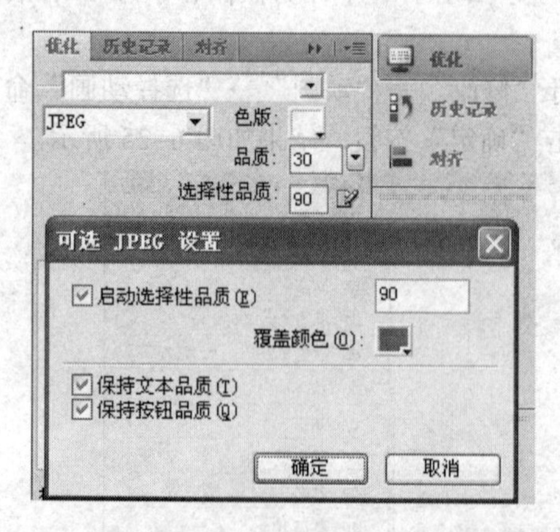

图 6-27 “选择性品质”优化

（a）未优化　　（b）优化

图 6-28 结果对比

2．优化 GIF 格式

选择 2 幅或 4 幅模式，在优化面板中选择输出格式为 GIF 或 GIF 动画，在“索引调色板”处选择“Web 最适色”即可。

如果要输出透明背景图片，首先使画布背景透明，在“优化”面板的“选择透明效果类型”处选择“Alpha 透明”，根据使用“图片”的网页背景色，选择与其相近的颜色作为“色版”的颜色。

若使用默认“色版”的颜色（白色），如果将图片放在深色背景的网页上，图片边缘会出现白色的“毛刺”。例如，选择 “色版”的颜色为“黑色”，字的轮廓上出现黑色的“毛刺”，如图 6-29 所示，如果将它放在黑色背景的网页上，图片的边缘会是平滑的。

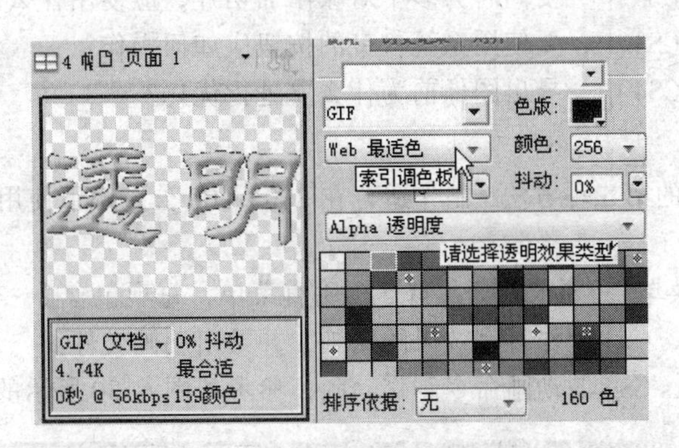

图 6-29 “优化”面板

在实际应用中可以直接使用“文件”→“图像预览”命令，图像预览对话框中包含“优化”的功能。

练 习 题

一、填空题

1. 创建切片有两种方法：一是使用切片工具绘制切片，二是基于所选对象插入切片。创建的切片会出现在“________层”中。

2. 在 Fireworks CS4 中制作按钮时，要将状态 1 中的图形和文本对象复制到其他三个状态，应单击“状态”面板的菜单按钮，选择“________”命令

3. 在 Fireworks CS4 中，使用“变形”工具可以对切片进行旋转、倾斜、扭曲等变换操作，对矩形切片变换完成后切片形状为________。

4. 在 Fireworks CS4 中，使用优化面板的“选择性品质”可以优化________和________。

二、选择题

1. 在 Fireworks CS4 中制作的按钮，在预览时，鼠标移到按钮上出现的是（　　）的内容。

A. 状态 1　　B. 状态 2
C. 状态 3　　D. 状态 4

2. 使用 Fireworks CS4 制作导航栏时，要同时在两个按钮之间添加 6 个按钮，可以使用（　　）命令。

A. 重制　　B. 克隆
C. 补间实例　　D. 复制

3. 使用 Fireworks 制作按钮时，(　　) 操作必须在 Fireworks 中完成。

A. 修改按钮上的文字　　　　B. 为按钮添加超链接

C. 设置替换文本　　　　　　D. 设置打开目标

4. 使用 Fireworks 制作的动画，每个状态延迟时间的单位是 (　　)。

A. 千分之一秒　　　　　　B. 百分之一秒

C. 十分之一秒　　　　　　D. 秒

三、思考题

1. 使用 Fireworks CS4 制作弹出菜单时，当制作完成后需要修改弹出菜单应如何操作？

2. 在 Fireworks CS4 中，要同时为多个对象添加切片，应使用什么命令？

3. 在 Fireworks CS4 中，要使用系统自带的按钮应如何操作？

4. 在 Fireworks CS4 中，导出图像前为什么要进行优化？

四、上机操作题

1. 参考 6.2.2 节的第二种方法，制作适合在 800×600 分辨率下使用的网页中的“导航栏”，要求有 8 个导航按钮。

2. 制作“弹出菜单”，要求主菜单有 5 项垂直菜单，每项包含 2～3 个子菜单。

3. 使用 Fireworks CS4 制作打字效果的动画，并导出动画文件。

4. 使用 Fireworks CS4 的动画命令制作动画，参考如图 6-30 所示的效果。

图 6-30　使用动画命令制作动画

第7章 网站开发实例之 Fireworks 篇

本章主要讲解使用 Fireworks CS4 处理网页中使用的图片，制作实例网站各级网页的导航栏，以及制作网站的三级网页（主页、导航页和内容页的模板）的方法。

7.1 制作网页模板

Dreamweaver CS4 表格的可视化编辑功能减弱，推崇使用 DIV+CSS 方式布局，使得使用表格进行网页布局变得困难。目前大多数的门户网站都采用 DIV+CSS 布局，但是它对于初学者来说过于复杂，不容易上手。所以不适合本网站使用。我们在网上可以找到很多网站模板，它们大多是使用 Photoshop 制作的 PSD 格式的模板，本网站使用 Fireworks CS4 来制作与其类似的网页模板。本网站三级页面的模板"主页"模板、"导航页"模板和"内容页"模板，效果如图 7-1 所示，"导航栏"模板，效果如图 7-2 所示。

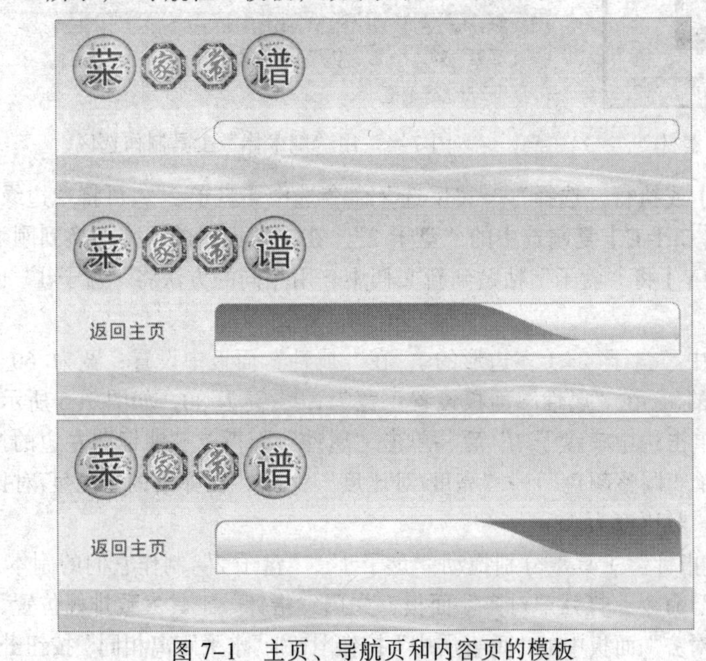

图 7-1　主页、导航页和内容页的模板

图 7-2　导航栏模板

7.1.1 制作"主页"模板

在"实例之网站的规划与设计"一章的最后给出了本网站的主页、栏目导航页、内容页的布局效果图，从效果图上可以看到它们三个的区别主要在中部右侧圆角矩形中的内容，其他部分基本相同。所以，制作出"主页模板"后，其他两个模板可以在此基础上修改。

1．制作网站的标志（logo）

制作网站标志的具体方法如下：

① 启动 Fireworks CS4，单击新建按钮或执行“文件”→“新建”命令，建立 780×210 像素的文档。

② 单击打开按钮或执行“文件”→“打开”命令，打开事先准备好的两张“盘子”图片，如图 7–3 所示。

③ 使用工具箱中的“魔术棒”工具，单击“盘子 2”图片的背景区域（注意：“边缘”设为“消除锯齿”，否则，反选后会有边框），调整容差值，使盘子的边缘选择整齐，如图 7–4 所示。

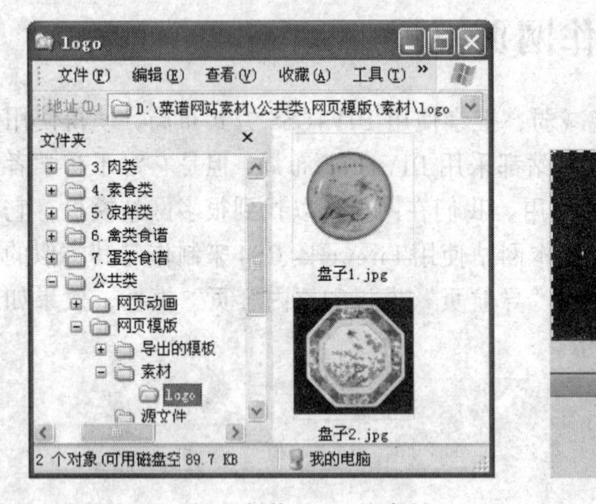

图 7–3 打开制作 Logo 的素材

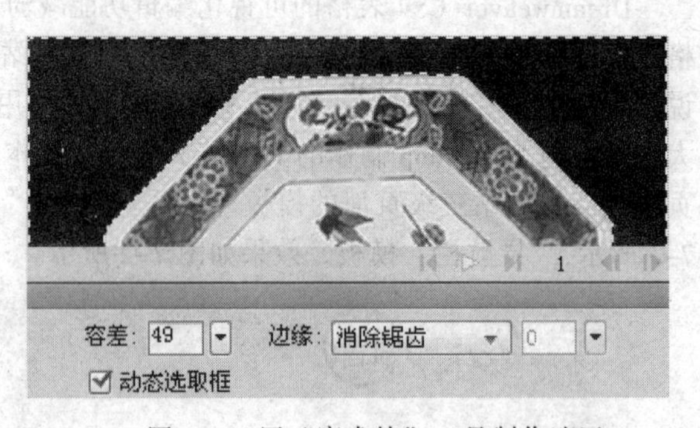

图 7–4 用“魔术棒”工具制作选区

④ 按快捷键【Ctrl+Shift+I】或执行“选择”→“反选”命令选中“盘子 2”，再将“边缘”设为：羽化 2 像素，按快捷键【Ctrl+C】复制选中的“盘子 2”。在文档窗口的顶部切换到刚才新建的文档，再按快捷键【Ctrl+V】将“盘子”粘贴到新文档中；用相同的方法将“盘子 1”也粘贴到新文档中。

⑤ 使用“指针”工具选中“盘子 2”（多边形的），在“属性”面板中设置：宽为 60、高为 60；选中“盘子 1”（园形的），在“属性”面板设置：宽为 80、高为 80，如图 7–5 所示。

⑥ “盘子 1”有点发暗，单击选中“盘子 1”后，单击“属性”面板上“滤镜”左边的按钮，在弹出的快捷菜单中选择“调整颜色”→“亮度/对比度”命令，在弹出的“亮度/对比度”对话框中设置：亮度为 35、对比度为 18。

⑦ 按住【Alt】键并使用“指针”工具分别拖动“盘子 1”、“盘子 2”制作它们的副本。

⑧ 执行“窗口”→“对齐”命令，打开“对齐”面板，先用“指针”工具大致排好位置，再将 4 个对象全部选中，单击“对齐”面板中的“垂直居中”按钮和“水平距离相同”按钮。如果水平间距不合适，可以移动右边的圆形盘子，再单击、按钮，直至满意，本例最后排列的结果如图 7–6 所示。

⑨ 选择工具箱中的“文本”工具，输入文字“菜”，将其设置为：黑体、50 号、颜色“#663300”（咖啡色）；单击“属性”面板上“滤镜”左边的按钮，在弹出的快捷菜单中选择“阴影和光晕”→“光晕”命令，颜色设为“白色”、其他参数设置如图 7–7 所示。

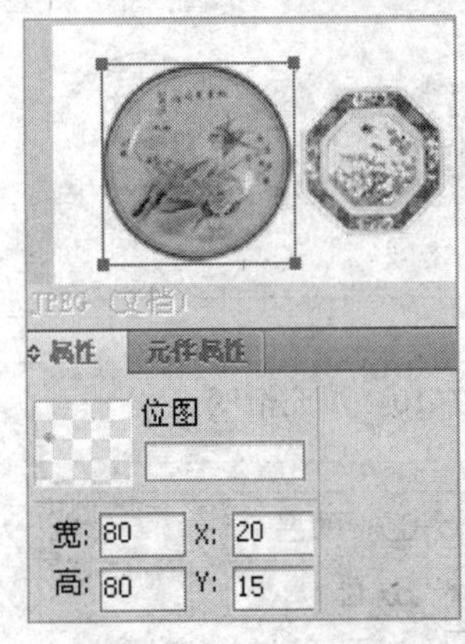

图 7-5　设置盘子大小

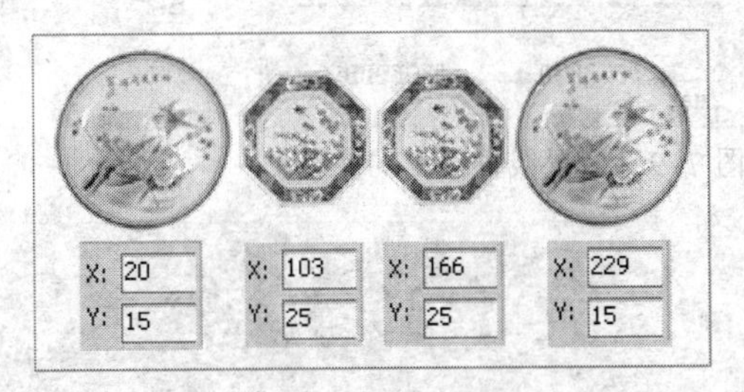

图 7-6　4 个图形对象的位置

⑩ 使用“指针”工具移动“菜”字，使之与背景的盘子水平、垂直居中对齐，到时会出现“虚线”；再按住【Alt】键并使用“指针”工具拖动制作副本，拖动时将其与背景盘子水平、垂直居中对齐，如图 7-8 所示，最后将副本文字改为“谱”。

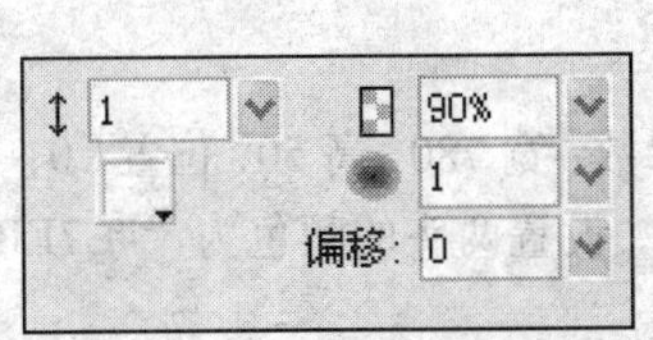

图 7-7　文字“光晕”参数

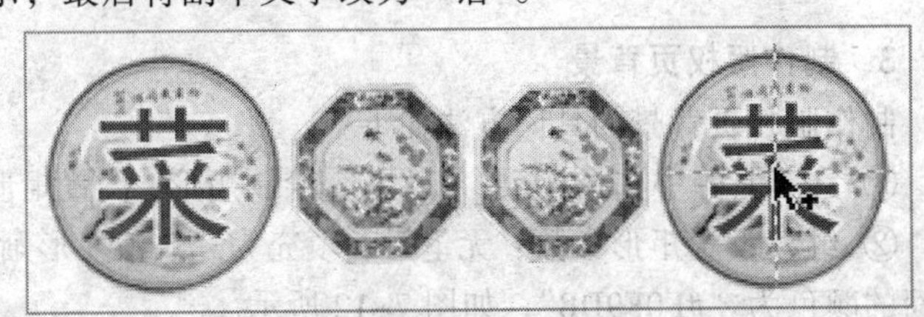

图 7-8　使用“指针”工具制作副本

⑪ 选择工具箱中的“文本”工具，输入文字“家”，将其设置为：华文行楷、40 号、颜色“#FF6600”（橘黄色）；添加“光晕”滤镜，参数设置同上。

⑫ 使用“指针”工具移动“家”字，使之与背景的盘子水平、垂直居中对齐；再按住【Alt】键并使用“指针”工具拖动“家”字制作副本，拖动时将其与背景盘子水平、垂直居中对齐，将副本文字改为“常”。

⑬ 将 4 个盘子同时选中，按快捷键【Ctrl+G】将其组合；再同时选中 4 个文字，按快捷键【Ctrl+G】将其组合。

2．制作渐变背景

制作渐变背景的具体方法如下：

① 在工具箱中选择“渐变填充”工具，在“属性”面板中设置“线性”渐变，单击渐变填充按钮，设置左边颜色为“#C7EB9D”、右边颜色为“#F0F9DB”，如图 7-9 所示。

② 执行“视图”→“标尺”命令，显示“标尺”，从水平标尺上向下拖出“辅助线”，位置 120 像素。

③ 单击“层”面板底部的“新建位图图像”按钮新建“位图图像”，然后，按住【Shift】键（确保填充方向垂直向下）从文档的“上沿”按住鼠标左键拖动到“辅助线”进行渐变填充，如图 7-10 所示。

④ 在“层”面板将刚填充好的“位图图像”拖到最下层（也可以按两次快捷键【Ctrl+↓】），结果如图 7-11 所示。

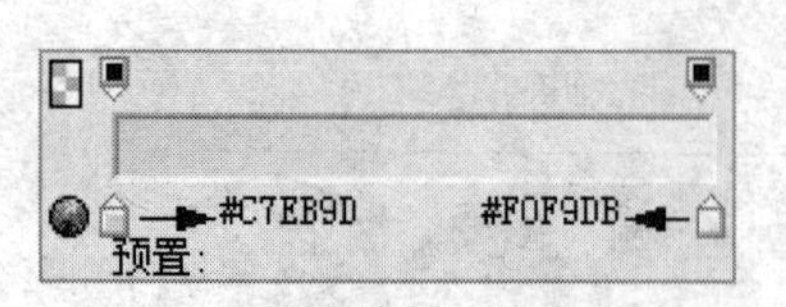

图 7-9　设置线性渐变的颜色

图 7-10　填充渐变

图 7-11　添加背景后的效果

3. 制作版权页背景

制作版权页背景的具体方法如下：

① 在工具箱中选择“矩形”工具绘制矩形，设置矩形参数：宽 780、高 50，位置（0，160）。

② 继续设置矩形参数：无笔触，填充为“波浪”形渐变，设置两头的颜色为“#C7EB9D”、中间的颜色为“#F0F9DB”，如图 7-12 所示。

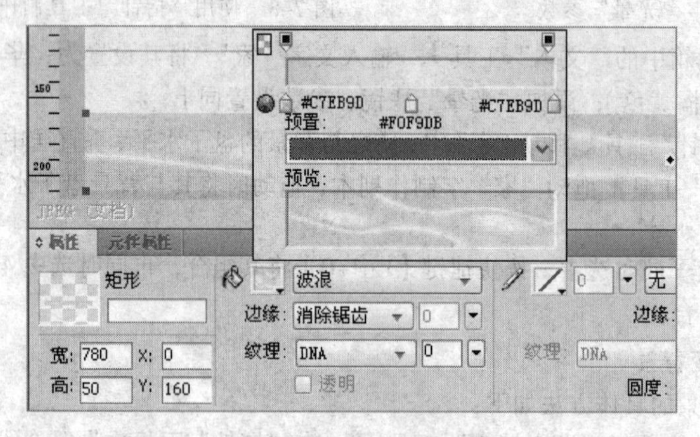

图 7-12　渐变填充的设置

4. 制作圆角矩形

制作圆角矩形的具体方法如下：

① 使用“指针”工具将“辅助线”拖到画布外删除。

② 在工具箱中选择“圆角矩形”工具绘制矩形，设置矩形参数：宽 570、高 28，位置（195，120），向内拖动 4 个角上任意一个控点，适当增加“圆度”，不要拖到头变为半圆。

③ 继续设置矩形参数：无填充，笔触为：颜色“#009900”、笔尖大小 1 像素、描边种类为“铅笔”中的“1 像素柔化”，如图 7-13 所示。

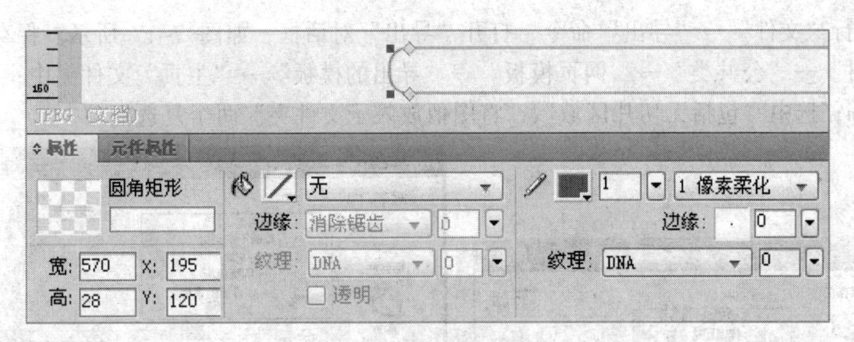

图 7-13　圆角矩形的参数设置

5．制作切片

制作切片的具体方法如下：

① 本模板需要制作 4 个切片，从上到下给它们编号为①、②、③、④，如图 7-14 所示，他们的作用分别是：

- 切片①为日历网页特效预留位置；
- 切片②为 Flash 动画预留位置；
- 切片③为网页主体部分的背景图片；
- 切片④为网站版权预留位置。

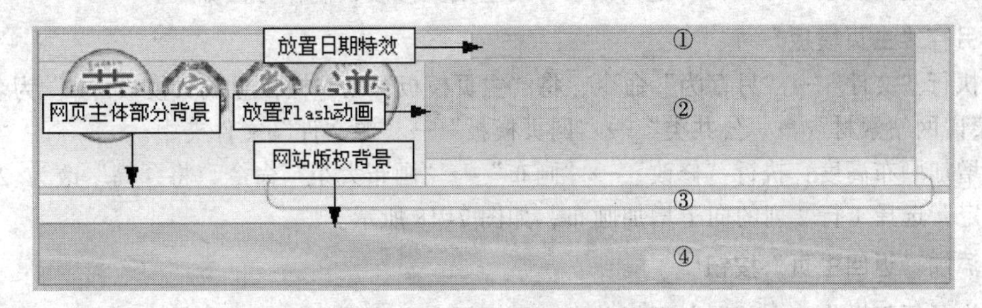

图 7-14　为模板制作切片

② 绘制切片：在工具箱选择“切片”工具绘制切片。使用“指针”工具拖动切片的 4 条边线或 4 个顶点可以随意地改变切片的大小；拖动切片的内部可以移动切片的位置。

③ 或选中切片在“属性”面板中设置切片的大小、位置，4 个切片的大小、位置如图 7-15 所示，“切片③”比较窄，用“指针”工具不好选择，可以在“层”面板中选择。

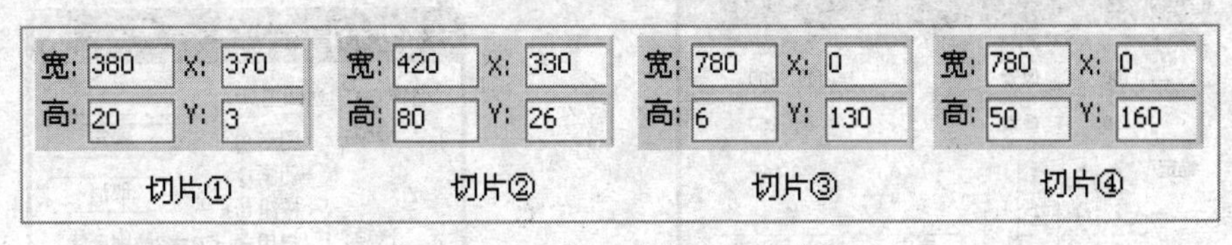

图 7-15　4 个切片的大小、位置

6．导出模板

导出模板的具体方法如下：

① 单击“保存”按钮，将“主页模板”以“主页模板.png”为名，保存在“菜谱网站素材”→“公共类”→“网页模板”→“源文件”文件夹中，如图 7-16 所示。

② 执行“文件”→“导出”命令，打开“导出”对话框，如图 7-17 所示。保存在 “菜谱网站素材”→“公共类”→“网页模板”→“导出的模板”→“主页”文件夹中；文件命名为 main.htm；选中“包括无切片区域”、“将图像放入子文件夹”两个复选框。

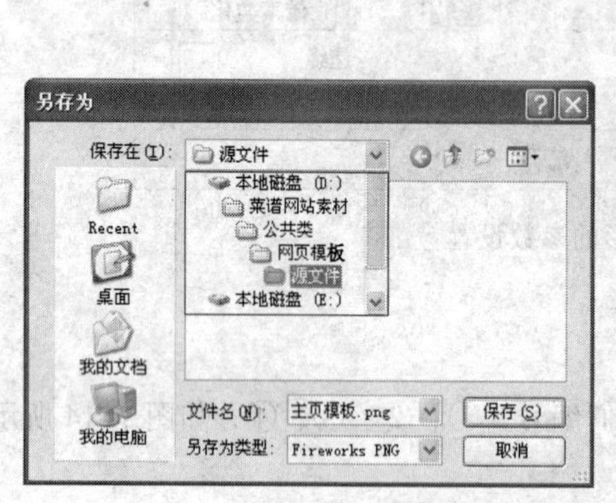

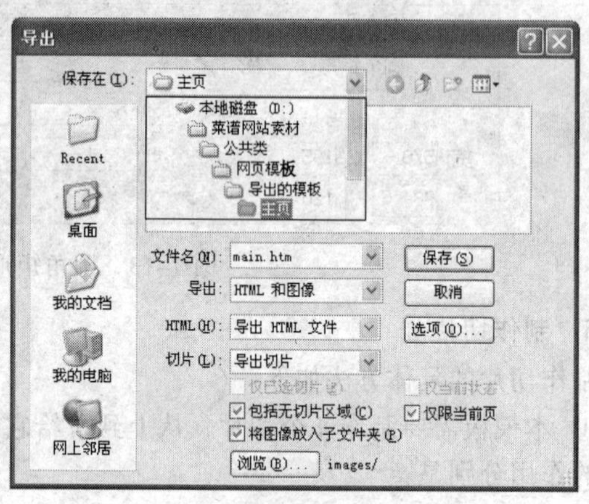

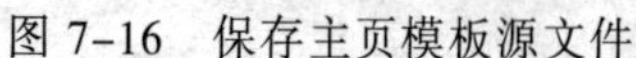

图 7-16 保存主页模板源文件

图 7-17 导出网页模版

7.1.2 制作“栏目导航页”模板

“栏目导航页模板”可以在“主页模板”的基础上修改，制作方法如下：

1. 另存“主页模板”

① 执行“文件”→“另存为”命令，将“主页模板”以“栏目导航页模板.png”为名，保存在“菜谱网站素材”→“公共类”→“网页模板”→“源文件”文件夹中。

② 增加画布高度：执行“修改”→“画布”→“画布大小”命令，将“高”改为 250 像素，“锚定”选择 1 行 2 列的向下增加画布，如图 7-18 所示。

2. 添加“返回主页”按钮

① 为了便于操作，在“层”面板单击“网页层”左边的按钮，隐藏“切片”。

② 选择工具箱中的“文本”工具，输入文字“返回主页”，将其设置为黑体、24 号、颜色“#006633”；位置：X:40、Y:140。

③ 按【F8】键将其转换为元件，名称为“返回主页”，类型为“按钮”，单击“确定”按钮，如图 7-19 所示。

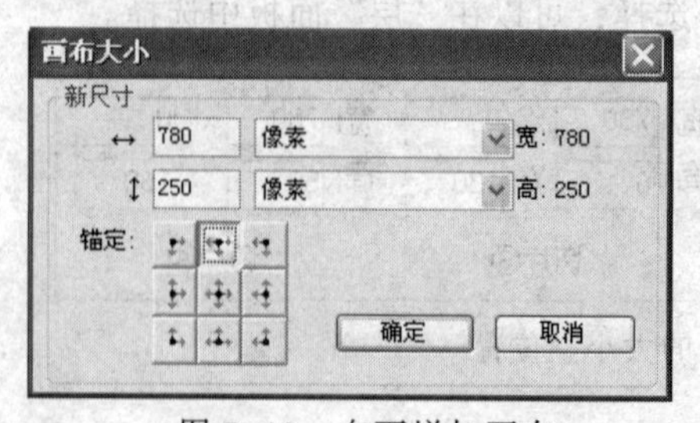

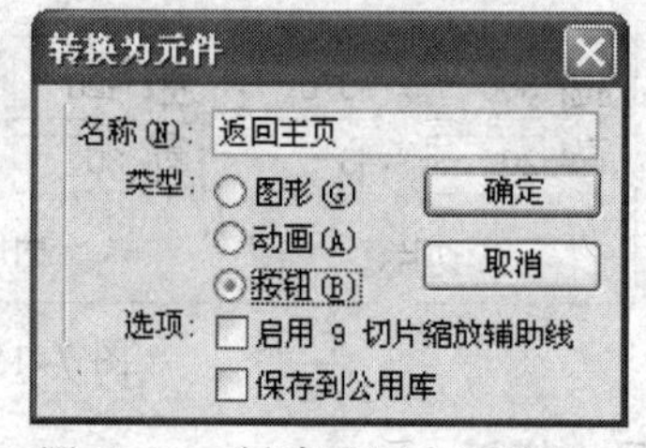

图 7-18 向下增加画布

图 7-19 创建返回主页按钮

④ 双击“返回主页”按钮进入元件编辑器，选择文字“返回主页”，单击“状态”面板右上角的“菜单”按钮，选择“复制到状态”命令，在“复制到状态”对话框中选择“所有状态”，如图 7-20 所示。

⑤ 在“状态”面板中单击“状态 2”，在画布中选择文字“返回主页”，在“属性”面板将颜色改为“#663300”。

⑥ 在文档窗口的顶部单击“页面 1”退出元件编辑器。

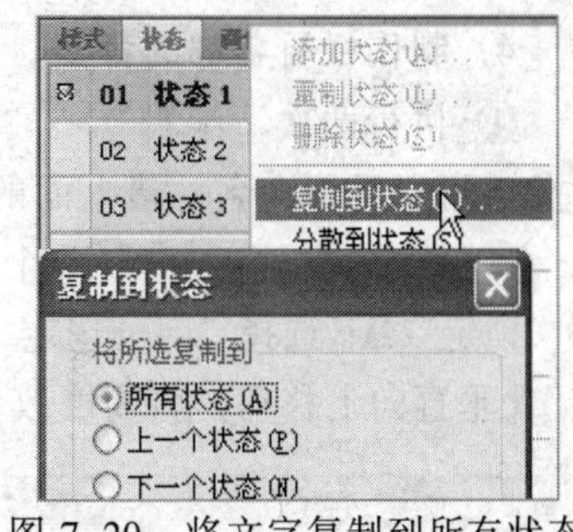

图 7-20　将文字复制到所有状态

3. 修改圆角矩形

① 使用“指针”工具选中“圆角”矩形，将填充色设为白色，执行“修改”→“取消组合”命令，将其变为可以编辑的“路径”。

② 删除“路径”最下面的 2 个锚点：

- 选择“钢笔”工具，单击左边最下方的“平滑锚点”，将其转换为“角点”；
- 再单击“角点”将其删除，如图 7-21 所示；
- 用同样的方法删除右边最下面的锚点。

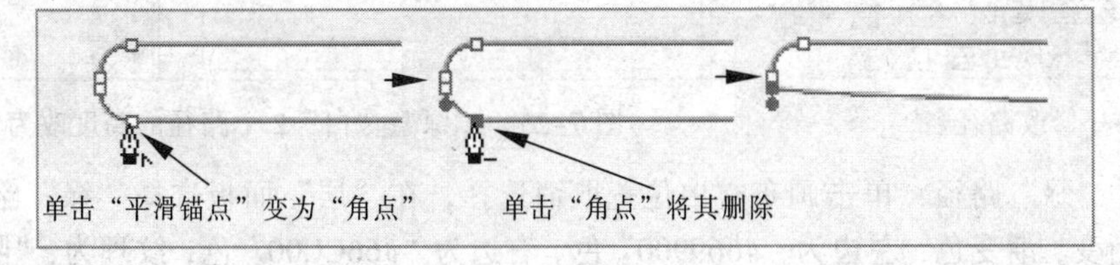

图 7-21　用“钢笔”工具删除最下面的 2 个锚点

③ 将“路径”下面两个平滑锚点转换为角点：

- 选择“钢笔”工具，单击左边最下方的“平滑锚点”，将其转换为“角点”。
- 再单击右边最下方的“平滑锚点”，将其转换为“角点”，如图 7-22 所示。

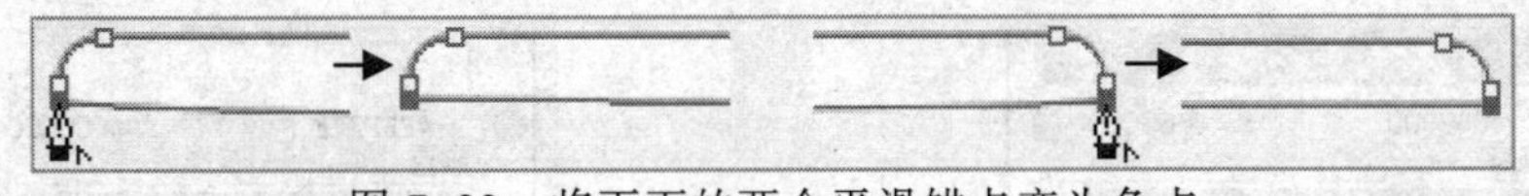

图 7-22　将下面的两个平滑锚点变为角点

④ 移动“路径”下面直线的位置，将“路径”高度设为“62”：

- 选择“部分选定”工具，单击左下角的“锚点”，按住【Shift】键再单击右下角的“锚点”，将他们同时选中。
- 垂直向下拖动锚点，松开后查看“属性”面板左下角的“高”，将其值修改为“62”，如图 7-23 所示。

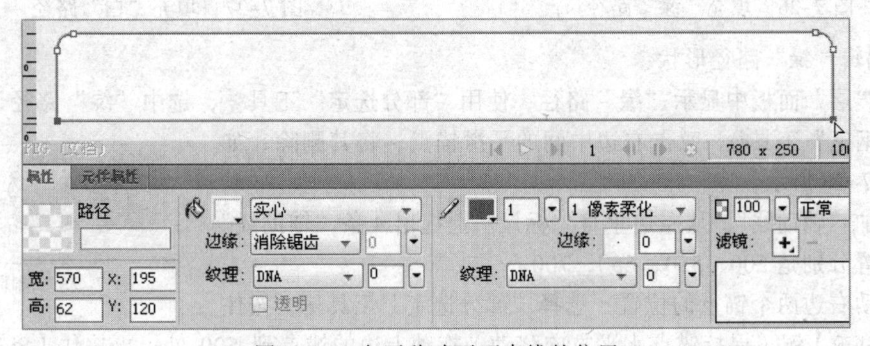

图 7-23　向下移动下面直线的位置

4．制作栏目名称的背景

① 执行两次“编辑”→“克隆”命令，为“路径”制作两个副本。在“层”面板中双击对象名可以重新命名，最上面的修改为“绿”，中间的修改为“白”，如图 7-24 所示。

② 调整“绿”、“白”两个路径的高度：先将除了“绿”、“白”两个路径外的其他对象全部“锁定”；选择“部分选定”工具在画布中拖动“圈住”“绿”、“白”两个路径底部的“锚点”，垂直向上移动，将高度改为“44”（看“属性”面板的“高”），如图 7-25 所示。

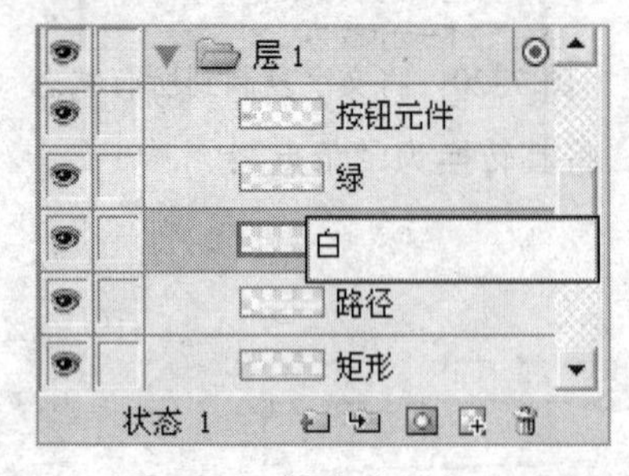

图 7-24 修改路径名

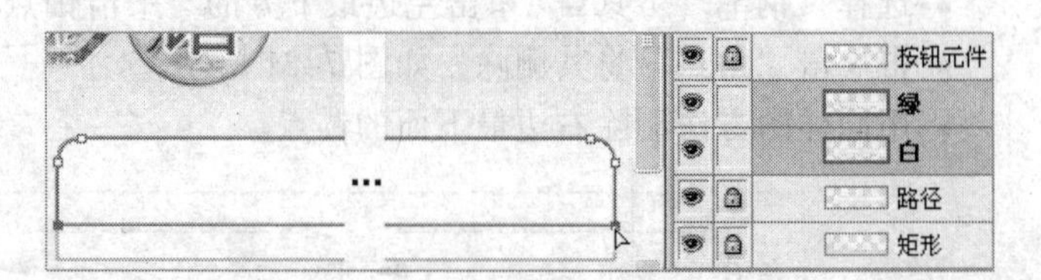

图 7-25 “绿”、“白”2 个路径的高度改为 44

③ 设置“绿”路径：单击画布空白位置取消选择，在“层”面板选择“绿”路径，填充为“线性”渐变，渐变色：左边为“#669900”色、右边为“#66CC00”色，纹理为：“阴影线 5”、10%；无笔触，如图 7-26 所示。

④ 设置“白”路径：在“层”面板中隐藏“绿”路径，选择“白”路径，填充为“线性”渐变，渐变色：左边两个为“#FFFFFF”色、右边为“#CCCCCC”色，纹理为 0%，无笔触，如图 7-27 所示。

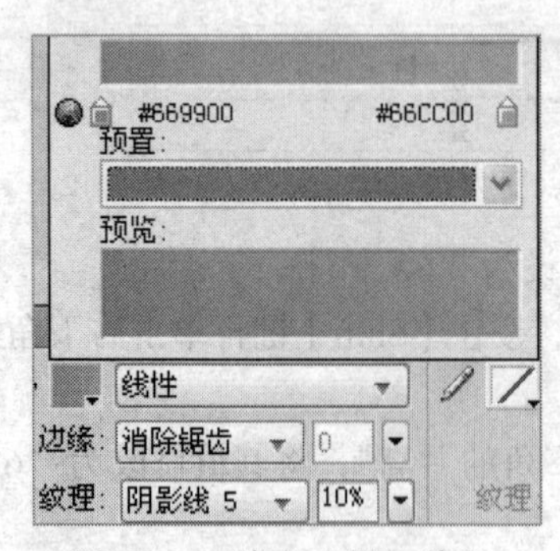

图 7-26 填充“绿”路径

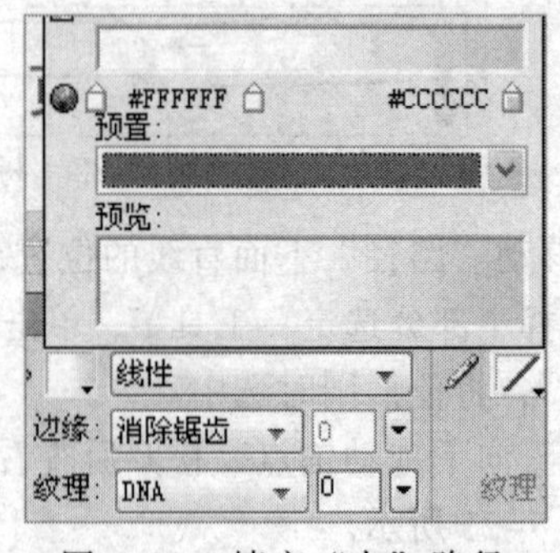

图 7-27 填充“白”路径

⑤ 编辑“绿”路径形状：

- 在“层”面板中显示“绿”路径，使用“部分选定”工具，选中“绿”路径，再选择“钢笔”工具，双击右边中间的平滑锚点，将其删除，如图 7-28 所示。
- 添加“辅助线”：从左边垂直“标尺”上拖出 4 条“辅助线”位置分别是 500、550、650、700。
- 移动右边两个锚点的位置：选择“部分选定”工具，按住【Shift】键（保持锚点水平方向移动）拖动上边的锚点到 500 处；再按住【Shift】键拖动下面的锚点到 650 处，如图 7-29“上图”所示。

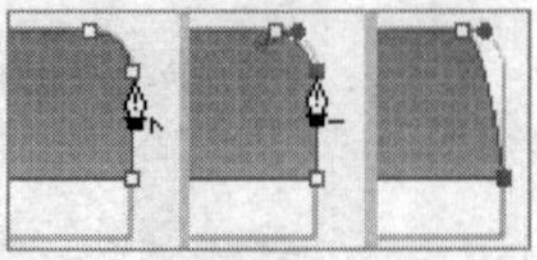

图 7-28 删除锚点

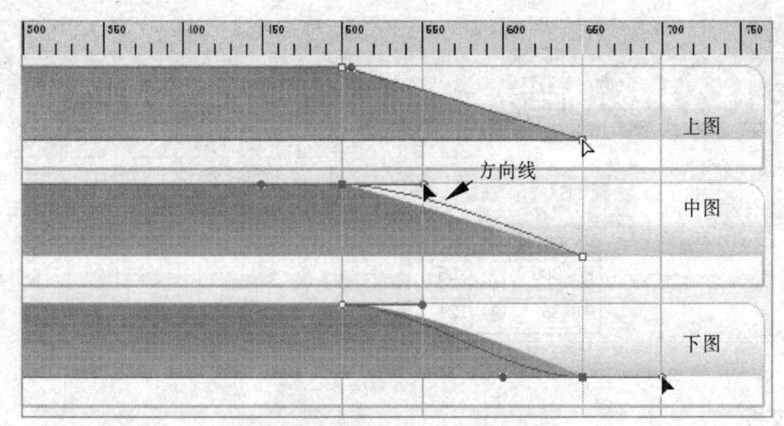

图 7-29　编辑“绿”路径形状

- 选择“钢笔”工具，在上边缘的锚点上按下鼠标左键（此时路径和锚点不可见，千万别放开鼠标），再按住【Shift】键（保持方向线水平）拖动“方向线”到 550 处，如图 7-29“中图”所示。
- 使用“钢笔”工具，在下边缘的锚点上按下鼠标左键，再按住【Shift】键拖动“方向线”到 700 处，如图 7-29“下图”所示，最后使用“指针”工具选中后，将“辅助线”，拖动到画布之外删除。

⑥ 调整“白”路径：在图 7-29 中可以看到“白”路径将其下面 “路径”的绿色“笔触”遮住了一半，使得此处的边框比较细，需要做以下调整：

- 选中“白”路径，在“属性”面板将“高”改为“43”；
- 再将“白”路径向下、向左各移动 1 像素，或直接修改位置为（194，121）。

5．制作切片

在“层”面板中单击“网页层”左侧的“眼睛”图标显示“切片”，此时，下面的两个切片位置已经不适合修改后的模板，如图 7-30 所示。另外，还需要再添加一个切片为“栏目标题”预留位置，操作方法如下：

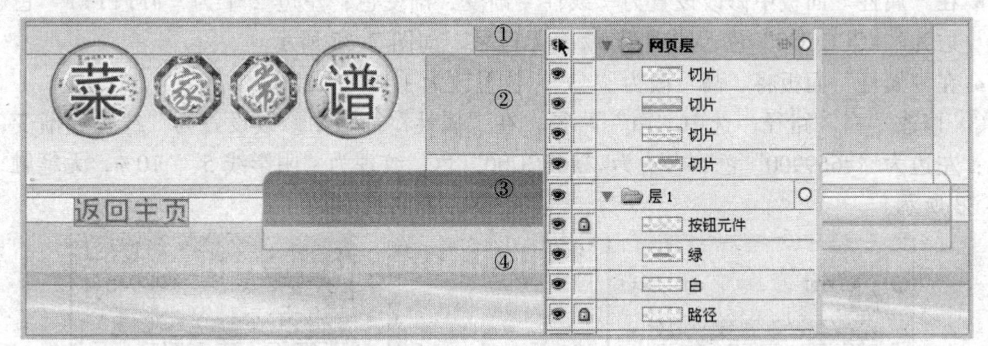

图 7-30　修改前的切片

① 首先在“层”面板选中“切片③”，在“属性”面板将其位置改为（0，170）。

② 选中“切片④”，在“属性”面板将其位置改为（0，200）。

③ 选择“切片”工具制作“切片⑤”，在“属性”面板设置：宽 300、高 36，位置（205，124），如图 7-31 所示。

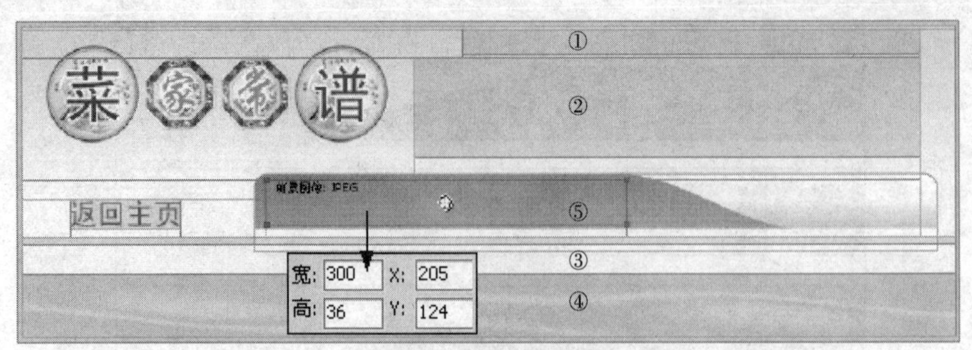

图 7-31　修改后的切片

6．导出模板

① 单击“保存”按钮，保存最终制作好的模板。

② 执行“文件”→“导出”命令，打开“导出”对话框，如图 7-17 所示。将该模板保存在“菜谱网站素材”→“公共类”→“网页模板”→“导出的模板”→“栏目导航页”文件夹中；文件名为 menu.htm；选中“包括无切片区域”、“将图像放入子文件夹”两个复选项。

7.1.3 制作“内容页模板”

“内容页模板”与“栏目导航页模板”基本相同，就是将“栏目导航页模板”的“绿”、“白”2 个路径的填充互换一下，再做一下微调，制作方法如下：

1．另存“栏目导航页模板”

执行“文件”→“另存为”命令，将 “栏目导航页模板”以“内容页模板.png”为名，保存在“菜谱网站素材”→“公共类”→“网页模板”→“源文件”文件夹中。

2．修改“内容页模板”

① 为了便于查看效果，在“层”面板中单击“网页层”左边的图标隐藏“切片”。

② 修改“绿”路径：选中“绿”路径进行以下操作：

- 在“属性”面板中修改设置为“线性”渐变，渐变色：左边 2 个为“#FFFFFF”色、右边为“#CCCCCC”色，纹理为 0%，无笔触，如图 7-32 所示。
- 在“属性”面板将“高”改为“43”，位置改为（196，121）。

③ 修改“白”路径：选中“白”路径，在“属性”面板中修改设置为“线性”渐变，渐变色：左边为“#669900”色、右边为“#66CC00”色，纹理为“阴影线 5”、10%，无笔触，如图 7-33 所示。

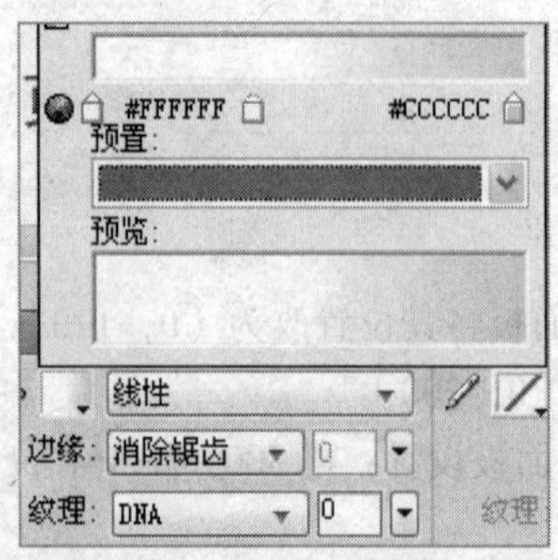

图 7-32　修改“绿”路径

图 7-33　修改“白”路径

④ 修改后的效果如图 7-34 所示。

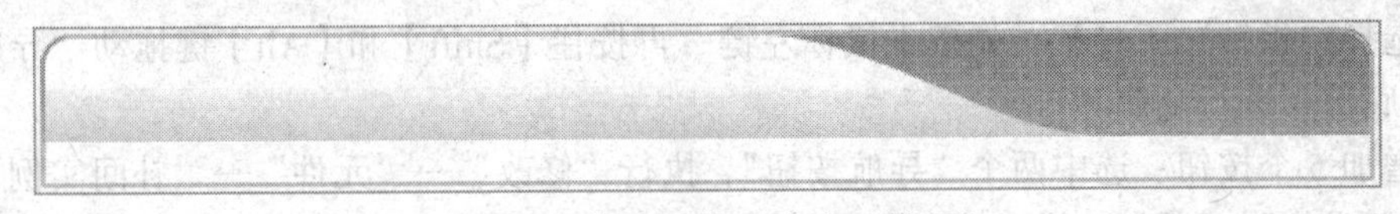

图 7-34　修改后的“内容页模板”

3. 导出模板

① 单击“保存”按钮，保存最终制作好的模板。

② 执行“文件”→“导出”命令，打开“导出”对话框，如图 7-17 所示。将该模板保存在“菜谱网站素材”→“公共类”→“网页模版”→“导出的模板”→“内容页”文件夹中；文件名为 neirong.htm；选中“包括无切片区域”、“将图像放入子文件夹”两个复选框。

7.1.4　制作“导航栏模板”

制作“导航栏模板”的具体操作方法如下：

1. 建立按钮

① 启动 Fireworks CS4，单击新建按钮或执行“文件”→“新建”命令，建立 160×330 像素的文档，在“属性”面板设置“画布”颜色为“#F0F9DB”。

② 使用“矩形”工具绘制矩形，矩形设置为：

- 大小：宽 120、高 30，位置（20，15）。
- 填充“线性”渐变，渐变色：两边为“#339900”色、中间为“#FFFFFF”色。
- 笔触颜色“#666600”，笔尖大小 1 像素，如图 7-35 所示。

③ 按【F8】键将其转换为元件，名称：导航按钮，类型：按钮，单击“确定”按钮。

④ 双击“导航按钮”，进入按钮编辑器，选择工具箱中的“文本”工具T，输入文字“水产类食谱”，设置为：宋体、16 号、居中对齐、不消除锯齿。

⑤ 同时选中“矩形”和“文字”，单击“对齐”面板中的“水平居中”按钮和“垂直居中”按钮。

⑥ 不要取消选择，单击“状态”面板右上角的“菜单”按钮，选择“复制到状态”命令，在“复制到状态”对话框中选择“所有状态”，如图 7-20 所示。

⑦ 在“状态”面板中单击“状态 2”，在画布中选择文字“水产类食谱页”，在“属性”面板将颜色改为“#FF0000”，如图 7-36 所示。

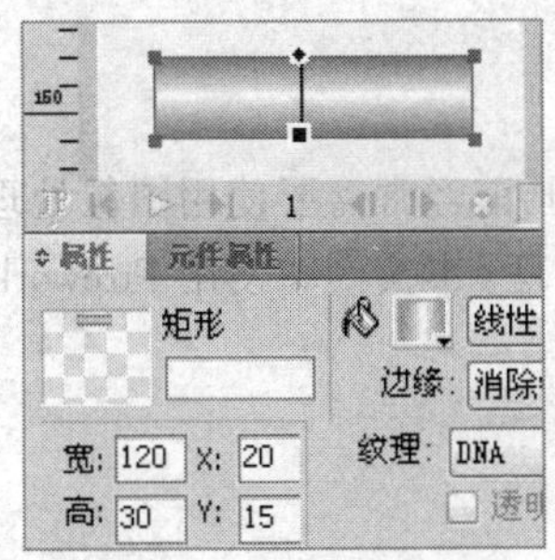

图 7-35　矩形的设置

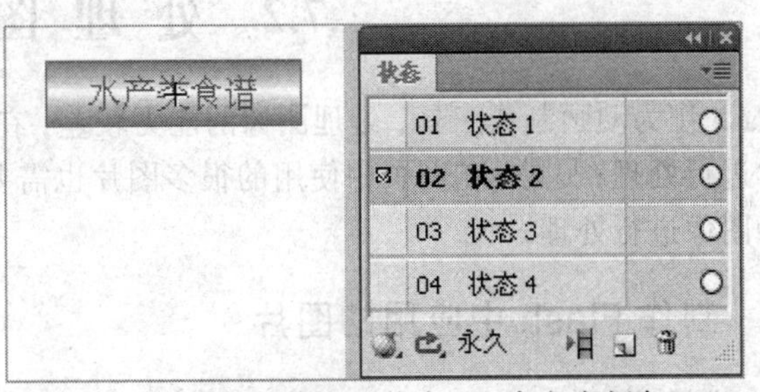

图 7-36　修改“状态 2”中文字颜色

⑧ 在文档窗口的顶部单击“页面 1”退出元件编辑器。为了便于操作，在“层”面板中单击“网页层”左侧的图标隐藏“切片”。

2. 建立导航栏

① 选择“指针”工具，先按下鼠标左键、再按住【Shift】和【Alt】键拖动“导航按钮”到文档的底部，进行复制。

② 增加5个按钮：选中两个“导航按钮”，执行“修改”→“元件”→“补间实例”命令，打开“补间实例”对话框，在“步骤”处输入“5”，单击“确定”按钮，如图7-37所示。

3. 修改导航栏文字

① 选中第2个按钮，在“属性”面板中的文本栏将文本改为“汤煲类食谱”。

② 参照图7-38修改第3、4、5、6、7五个按钮的文本。注意：按钮上的文本必须在“导出”前修改好，“超链接”可以在制作网页时再输入。

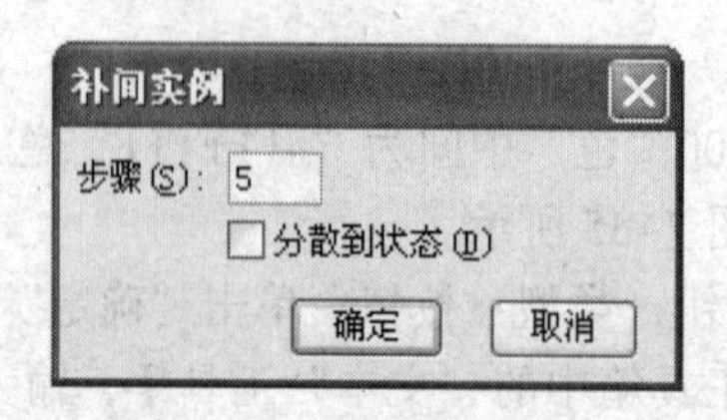

图7-37 增加5个按钮

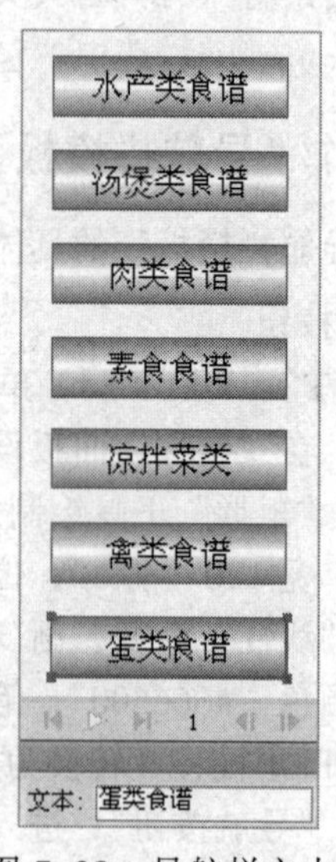

图7-38 导航栏文本

4. 导出模板

① 单击“保存”按钮，保存最终制作好的模板。

② 执行“文件”→“导出”命令，打开“导出”对话框，如图7-17所示。将该模板保存在“菜谱网站素材”→“公共类”→“网页模板”→“导出的模板”→“导航栏”文件夹中；文件名为dh.htm；选中“包括无切片区域”、“将图像放入子文件夹”两个复选框。

7.2 处理图片

Flash作为动画制作工具，处理图像的能力较差，在制作动画前经常需要使用图像处理软件对图片进行处理；另外，在网页中使用的很多图片也需要进行处理。本实例中使用Fireworks CS4对各种图像进行处理。

7.2.1 制作Flash中应用的图片

1. 横幅动画

制作横幅动画只使用了一张图片，事先保存在素材文件夹中，这里需要将其背景去掉，并保存为PNG格式。

① 启动 Fireworks CS4，打开“D:\菜谱网站素材\公共类\网页动画\素材\横幅\手.jpg”。

② 选择“魔术棒”工具，在“属性”面板选中“动态选取框”、设置边缘：羽化 1 像素；单击图像的背景，根据选取的范围调整“容差值”，如图 7-39 所示。

③ 在图中可以看到，手的中间没有被选中、“钢笔尖”却被选中了，需要进行一些修改：

- 按住【Shift】键（添加选区）单击手的中间，将其添加到选区中。
- 选择“多边形套索”工具，设置边缘：羽化 1 像素，按住【Alt】键（从选区中减去）将笔尖部分从选区中去掉，如图 7-40 所示。

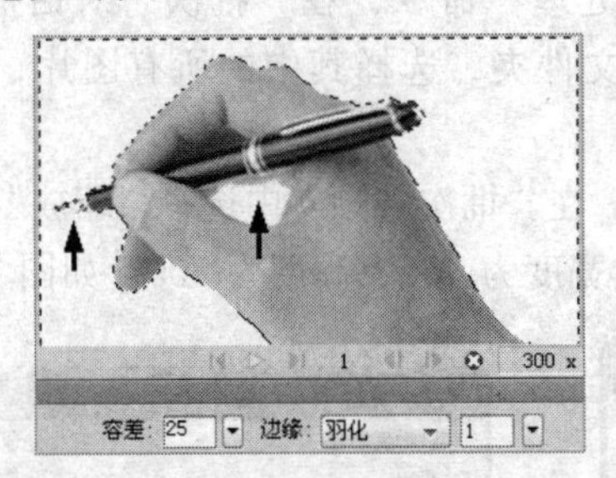

图 7-39　使用“魔术棒”制作选区

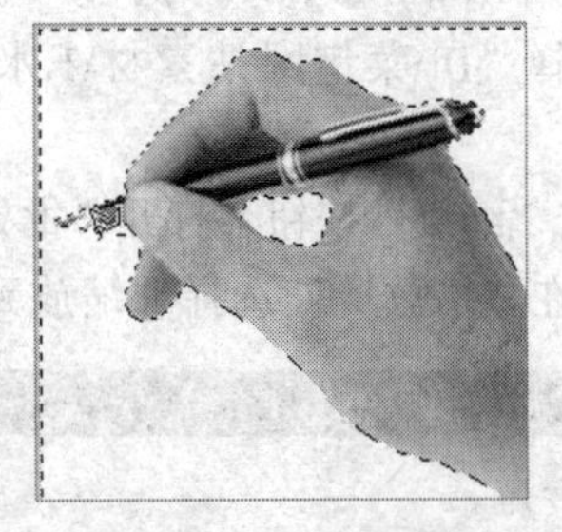

图 7-40　使用“多边形套索”修改选区

④ 按【Delete】键删除背景，因选区带有 1 像素的羽化值，所以边缘会留下白边，使用“橡皮擦”工具将边缘的白边擦除。

⑤ 为了使手腕部分显得自然，使用“橡皮擦”工具（大小 100、边缘柔化 100）在手腕处点击，不要涂抹，如图 7-41 所示。

⑥ 执行“修改”→“画布”→“图像大小”命令，选择“约束比例”选项、将宽度改为 150。执行“文件”→“另存为”命令，以 PNG 格式（手.png）保存在原文件夹中。

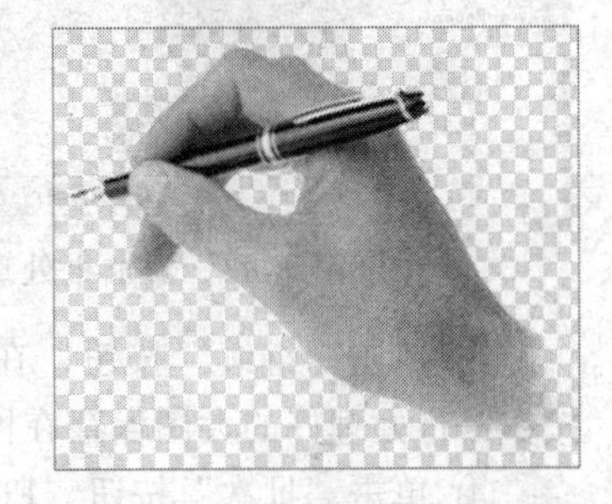

图 7-41　使用“橡皮擦”处理手腕

2．菜品展示动画

菜品展示动画使用了 8 张图片，需要用 Fireworks CS4 进行处理，首先，去除图片上多余的部分，再将他们调整成相同大小。

① 启动 Fireworks CS4，打开“D:\菜谱网站素材\公共类\网页动画\素材\菜品展示”文件夹中的 8 张图片。

② 选择一张图片，使用“裁剪”工具，选出需要保留的区域，按【Enter】键确认，如图 7-42 所示；执行“修改”→“画布”→“图像大小”命令，取消“约束比例”、将大小改为 530 × 420 像素；保存、关闭图片即可。

图 7-42　使用“裁剪”工具处理图片

③ 逐一处理其余 7 张图片。

提示：修改图像大小可以批量进行，具体参照下一节的内容。

7.2.2 制作网页的图片

在制作网页时会用到许多菜肴的图片，有“导航页”中的小图和“内容页”中的大图，在制作前要统一它们的大小，每一个栏目都有十几张或几十张，如果逐一处理费时费力。下面以处理“水产类”素材图片为例，介绍批处理的方法。

1. 处理大图

① 启动 Fireworks CS4，执行“文件”→“批处理”命令，在“批次”对话框的“查找范围”处选择“D:\菜谱网站素材\1.水产类\图片”文件夹，选择其中的所有图片，如图 7-43 所示。

② 单击“继续”按钮，打开“批处理”对话框，在“批次选项”中选择“缩放”，单击“添加”按钮，在“缩放”处选择“缩放到大小”，修改宽度为 400、高度为 300，如图 7-44 所示。

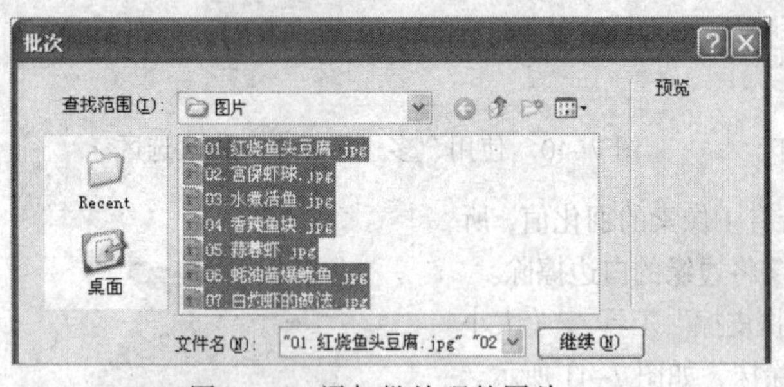

图 7-43 添加批处理的图片

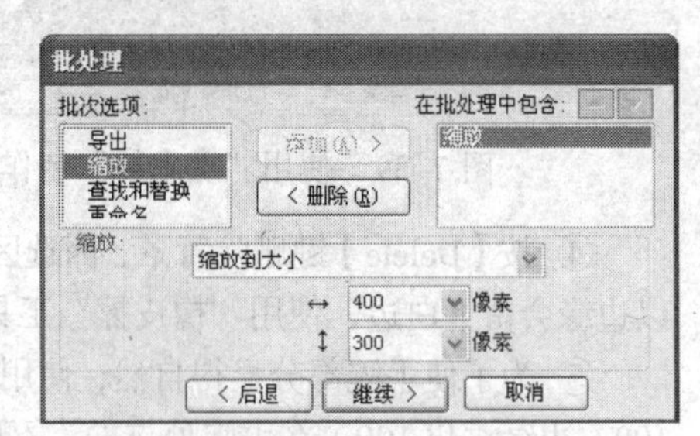

图 7-44 设置“缩放”参数

③ 单击“继续”按钮，在打开的对话框中选中“自定义位置”单选按钮，单击“浏览”按钮，将处理好的大图保存在网站文件夹 “D:\caipu\1shuichan\datu”中，如图 7-45 所示。

④ 单击“批次”按钮，Fireworks CS4 开始逐张处理图片，处理完后，单击“确定”按钮结束，如图 7-46 所示。

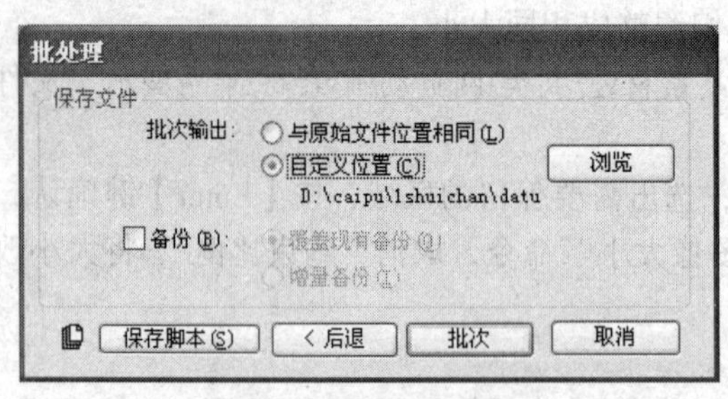

图 7-45 设置保存位置

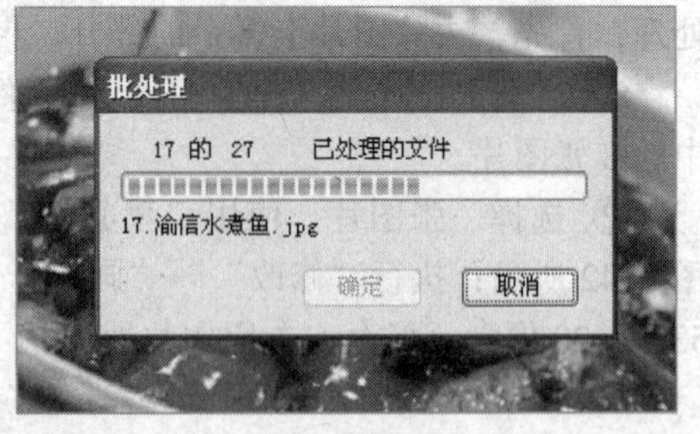

图 7-46 处理图片过程

2. 处理小图

处理小图的方法与处理大图相同，只是图片大小和保存位置不同，具体如下：

（1）将图 7-44 中“缩放”处修改为：宽度 160、高度 120。

（2）将图 7-45 中小图保存在网站文件夹“D:\caipu\1shuichan\xiaotu”中。

3. 批量换名

为搜集素材方便，在保存素材时使用了汉字文件名，这在制作网页时是不允许的。所以，要将处理好的“大图”和“小图”进行换名。免费的批量换名软件很多，经常使用的是“CKRename 1.08”，非常好用，而且功能强大。这里以处理“水产类”素材图片为例，介绍其使用方法。

① 在右边窗格选择大图（D:\caipu\1shuichan\datu）文件夹（中间窗格显示要“重命名”文件列表，右边窗格预览重命名效果）。

② 下面进行参数设置。

- 文件名处理：选择“替换”为“scd”（“水产大”的拼音字头）。
- 自动编号：加在文件名后，从“1”开始以“1”递增，前缀零数为“1”。
- 扩展名处理：不改变，如图 7-47 所示，最后单击“重命名”按钮。

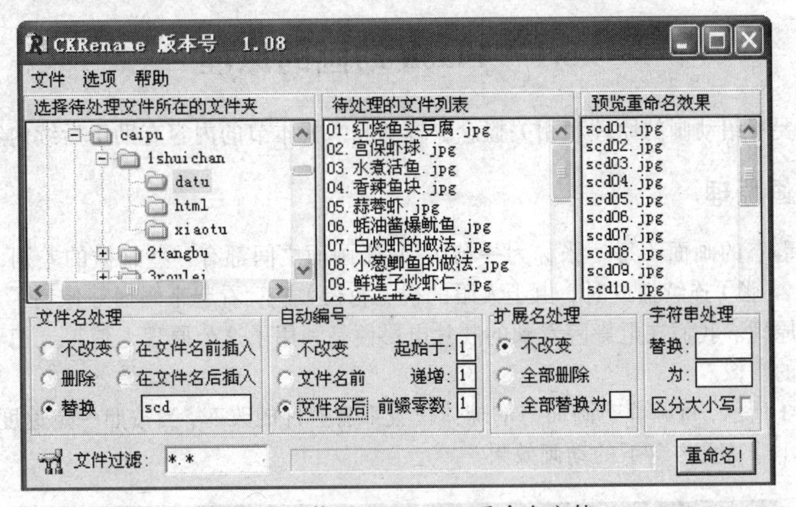

图 7-47　使用 CKRename 重命名文件

③ 小图的处理方法与之完全相同，把前缀改为“scx”（“水产小”的拼音字头）即可。处理其他栏目的素材图片时只是“替换”的前缀不同。

练　习　题

参照本章内容制作网页模板和素材，也可以直接按照本章的内容制作。

第 8 章　Flash 概述

Adobe Flash CS4 是一款多媒体创作应用程序。使用它可以创作简单或复杂的动画、包含视频的媒体、复杂的演示文稿、可以和用户交互的应用程序等。由 Flash 生成的多媒体文件非常适合 Internet 传输，从而得到了互联网的广泛认可，据 Adobe 公司提供的数据称，世界 97% 的网络浏览器都内置 Flash 播放器，可以用来播放 Flash 媒体。

8.1　Flash 动画的原理

本节主要介绍动画的原理和相关概念，理解和掌握本节的内容有助于后续内容的学习。

8.1.1　动画原理

许多张静态的画面（每一张称为一帧），每张画面之间都有一些细微的差别，以一定的速度（如每秒 24 张）连续播放时，由于人眼的视觉暂留效应，看起来画面好像动了起来，这便是动画的基本原理。我们在电影院看到的胶片电影便是利用了这个原理，使得人们看到了连续的画面、运动的影像。

如图 8-1 所示，每帧静态画面中的球体位置都有些许的改变，当按照一定速度连续播放时，人眼将看到小球从上方落下的动画效果。

图 8-1　动画原理

8.1.2　传统动画

传统动画也被称作经典动画，是动画的一种表现形式。传统动画的制作以手绘为主，确定好剧情后，绘制静态的但互相具有连贯性的画面，然后将这些画面按顺序拍摄下来，形成一帧一帧的胶片。由此看出，传统动画制作过程非常繁复，需要耗费大量的时间和精力。

8.1.3　计算机动画

计算机具有强劲的图形图像处理能力，借助计算机技术来制作处理动画是动画技术发展的一个重要方向。并且，借助计算机的高速处理能力，可以大大减轻传统动画制作过程中的一些烦琐的过程，大大的节省时间和精力。

计算机动画，又称为计算机绘图技术，是一种借助于二维计算机图形学和三维计算机图形学制作动画的技术。计算机动画技术已得到广泛的应用，现今生活中，电视电影中的动画片，以及各种电视、计算机游戏，都大量地使用了计算机动画。

8.1.4　Flash 动画

使用 Adobe 公司的 Flash 软件制作的 Flash 动画具有文件小，可以包含丰富的声音、视频、图形内容，可以制作出人机交互效果，适合网络传输等特点，得到了互联网的广泛认可。而且，Flash 软件易学易用，既适合于入门级用户使用，也可以帮助动画专业人士轻松完成各种动画效果，也得到了动画创作人员的广泛认可。

Adobe Flash CS4 Professional 为创建交互式 Web 站点和数字动画提供了功能全面的创作和编辑环境。普通用户使用 Flash CS4 制作动画时主要用到的是补间动画、补间形状、反向运动学动画、遮罩补间、传统补间等技术。

8.2　Flash CS4 的工作环境

Flash CS4 的工作环境（“基本功能”模式）如图 8-2 所示，包括了菜单、舞台、多种工具和面板，用于在动画影片中创建和编辑元素、制作动画效果，本节介绍 Flash CS4 工作环境中常用的面板。

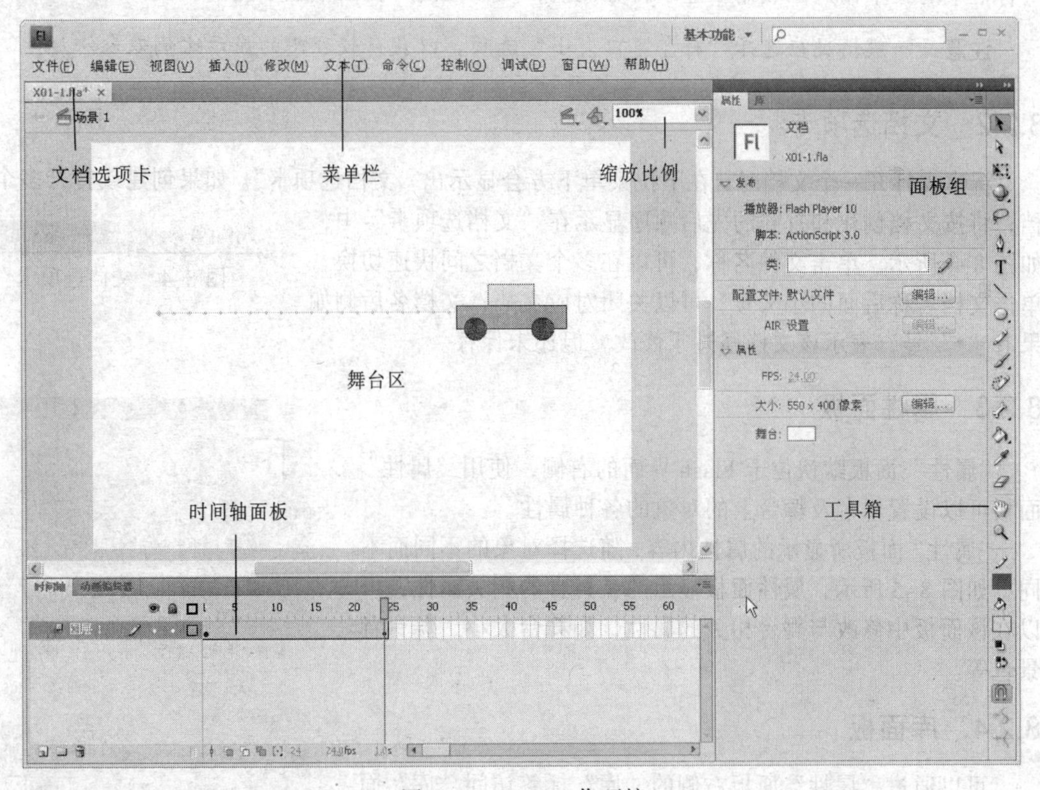

图 8-2　Flash 工作环境

在默认状态下，Flash CS4 会显示菜单栏、舞台区、时间轴面板、工具箱、属性面板以及其他几个面板，如需打开其他默认未显示面板，可以使用“窗口”下拉菜单，选择相应的命令。Flash CS4 中，所有面板都可以处于打开、关闭、停放和悬浮状态。

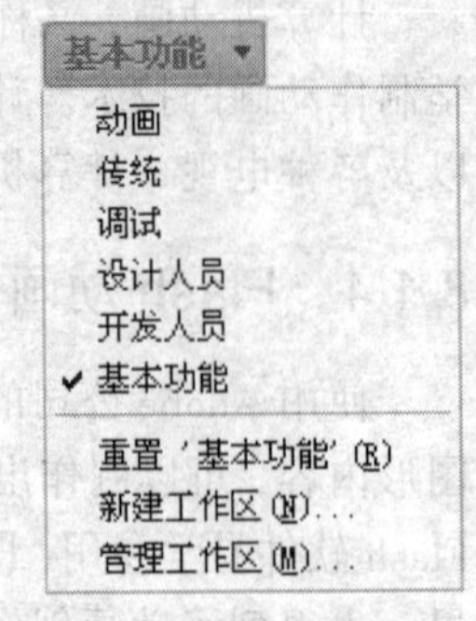

图 8-3　基本功能按钮

Flash CS4 的工作界面布局较以前的 Flash 版本有较大的变化，如需切换为其他的布局样式，可以执行“窗口”→“工作区”下的“动画”、“传统”、“调试”、“设计人员”等命令将工作界面布局设置为适合自己的样式；或者选择窗口顶端右侧的“基本功能”按钮，在弹出的菜单中选择需要的命令，如图 8-3 所示。如需返回 Flash CS4 默认工作环境布局样式，选择“基本功能”命令即可。

8.2.1　舞台区

Flash CS4 界面中部居左最大的白色区域称为“舞台区”。就像影剧院的舞台一样，Flash 中的舞台是播放影片时观众查看的区域，Flash 动画中要显示的文本、图像和视频都应放置在“舞台区”内。白色“舞台区”外面的灰色区域称为“粘贴板”，放在粘贴板区域内的对象在 Flash 动画播放时是不可见的。

为了方便用户在舞台区操作，可以通过缩放“舞台”来控制用户查看到的舞台区域。单击界面右上方的“缩放比例”组合框，选择“符合窗口大小”选项或百分比选项，也可以直接在组合框中的文本输入区域输入显示百分比值，从而控制舞台区域显示比例。

注意：一般情况应选择“符合窗口大小”选项，以获得较理想的显示比例效果。

8.2.2　文档选项卡

新建或打开一个文档时，在下拉菜单下方会显示出“文档选项卡”。如果创建或打开多个文档，将按文档创建和打开的先后顺序显示在“文档选项卡”中，如图 8-4 所示。单击文件名称，可以在多个文档之间快速切换；单击文档名称后面的小叉号，可以关闭对应文档；文档名后侧如果有“*”号，表示该文档经过了修改，但还未保存。

X01-1.fla* ×　IK_shape.fla ×

图 8-4　文档选项卡

8.2.3　属性面板

“属性”面板默认位于 Flash 界面的右侧，使用“属性”面板可以设置舞台及舞台上的对象的各种属性。

“属性”面板所显示的属性内容，随选择对象的不同而不同，如图 8-5 所示，属性面板显示的是舞台的相关属性，可以在该面板中修改与舞台相关的属性，如舞台大小、舞台背景色等。

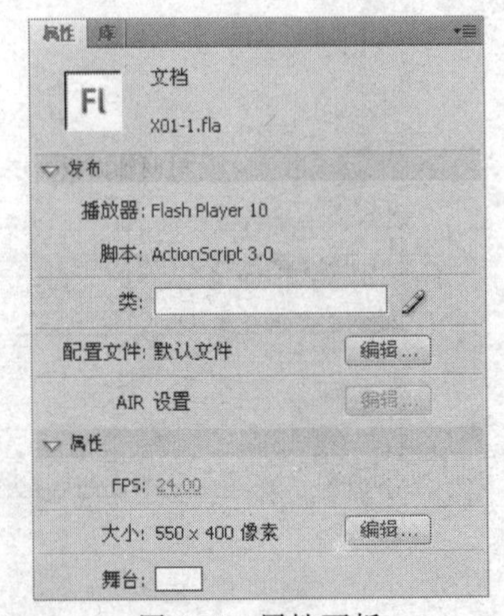

图 8-5　属性面板

8.2.4　库面板

可以通过“属性”面板右侧的“库”标签访问“库”面板。“库”面板用于存储和组织 Flash 中创建的元件以及导入的图像、音频、视频等文件，如图 8-6 所示。

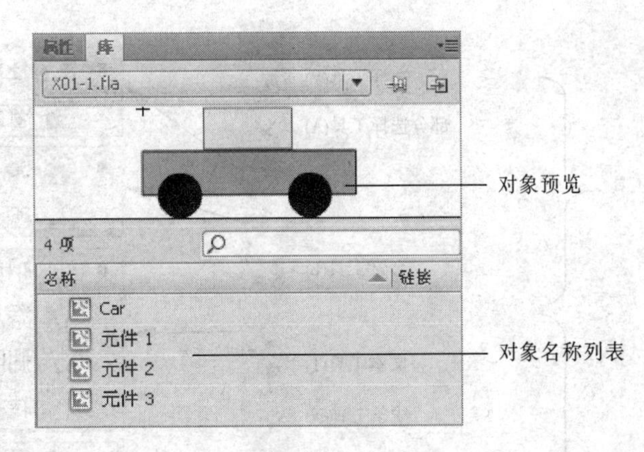

图 8-6　库面板

注意：元件是 Flash 动画中的重要对象，后续章节中将会较全面地介绍关于元件的知识。

如果“库”面板标签没有显示，执行“窗口”→“库”命令或使用快捷键【Ctrl+L】可以打开“库”面板。

1．将对象导入到“库”面板

不论用户在 Flash 中自己使用工具箱中的工具创建的元件，还是导入到 Flash 中的图像、音频、视频等对象，它们都会存储在“库”中，用户可以通过“库”面板访问这些对象。

将对象导入“库”面板中的步骤如下：

① 执行“文件”→“导入”→“导入到库”命令，弹出“导入到库”对话框；

② 找到需要导入的图片或音、视频等对象所在的文件夹，选择要导入的对象，单击“打开”按钮，Flash 会将所选择的对象导入到库面板中。

2．将“库”面板中的对象添加到“舞台区”

要使用“库”面板中的对象，需要将它从“库”面板中拖到“舞台”区。操作步骤为：

① 在“库”面板对象名称列表框中选择欲使用的对象的名称，在上方的对象预览窗口中，可以预览所选对象的效果。

② 将选中的对象从对象名称列表框中或对象预览窗口中直接拖动到“舞台区”即可。

3．将“库”面板中的对象删除

在“库”面板对象名称列表框中选中欲删除的一个或多个对象的名称，按【Delete】键或单击面板底部的“删除”按钮。

8.2.5　工具箱

工具箱面板（“基本功能”模式）位于 Flash CS4 工作界面的最右侧，包括了选择工具、绘图和文字工具、着色工具、导航工具、颜色区域和工具选项，如图 8-7 所示。

在舞台上创建和编辑动画元素时会频繁地用到“工具箱”中的工具，当选择不同工具时，“工具箱”底部选项区域的选项将随之发生变化，用于配合选中工具产生某些效果。例如，选择“套索工具”时，将会出现“魔术棒”、“魔术棒设置”和“多边形模式”选项；选择“钢笔工具”时，将会出现“对象绘制”和“紧贴至对象”选项。

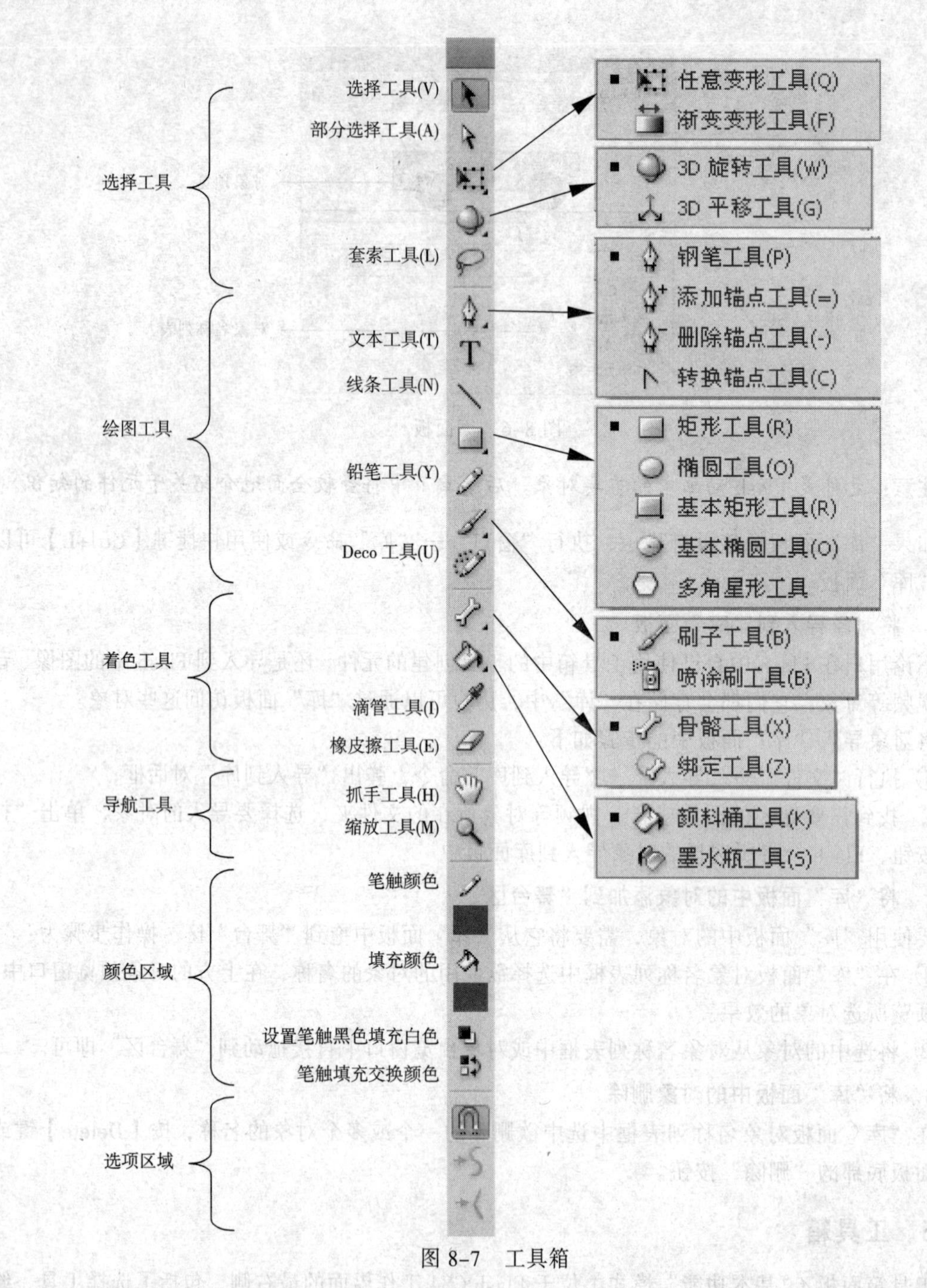

图 8-7 工具箱

“工具箱”中包含大量的工具，Flash 按功能类别将其分为 6 类。有些工具按钮右下角有一个小三角，表示这是一个工具组，按住工具组按钮，会弹出该工具组中所有可用的工具。在工具名称右侧括弧中的字母表示选择此工具的快捷键。“工具箱”中工具的使用方法将在下一章详细讲解。

8.2.6　时间轴面板

“时间轴”面板位于“舞台区”下方，如图 8-8 所示。像胶片电影一样，Flash 动画使用帧作为时间的度量单位。拖动“播放头”在帧中前后移动，可以在“舞台区”预览动画效果，如需查看某帧的效果，将“播放头”拖放到该帧即可。在时间轴的底部，当前帧：显示“播放头”所在帧位置的帧数；帧速率：表示此 Flash 动画播放时的播放速度（也叫帧频），单位为 fps（frame per second，帧每秒），Flash CS4 中动画默认的帧速率为 24fps；运行时间：表示从影片开始到“播放头”所在帧需要的播放时间。

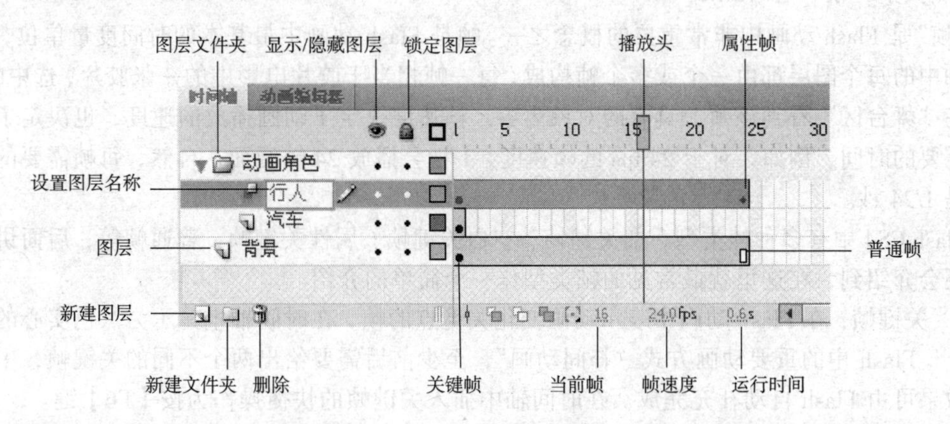

图 8-8　时间轴面板

时间轴中的“图层”用来组织 Flash 动画中的对象，可以把图层看成是堆叠在一起的多张透明塑料片，每个图层上都可以放置一个或多个对象，在一个图层上绘制或编辑对象时，不会影响到另外图层上的对象。图层按它们出现在“时间轴”中的上下次序叠放在一起，上层的对象会遮挡下层的对象。使用“显示/隐藏图层按钮”，可以显示或隐藏所有图层上的对象；使用“锁定图层”按钮，可以锁定或解锁所有图层，以设置图层上的对象能否被编辑。对于单个图层上对应的和位置单击，可以设置单个图层的显示/隐藏效果和锁定/解锁效果。

注意：为了保证动画的正常效果，强烈建议每个图层上只放置一个对象。

1. 图层的基本操作

（1）添加/删除图层

使用“新建图层”按钮可以在选定图层的上方添加一个新的图层，新建的图层名称默认为“图层 X”（X 代表图层的序号）；使用“删除图层”按钮可以删除已选中的图层。

（2）重命名图层（设置图层名称）

在欲更改名称的图层的名字上双击，图层名称变为可编辑状态，直接输入新的名称，按键盘上的【Enter】键，完成重命名操作。

注意：为每个图层取一个有意义的名字，便于区分图层上已有的动画对象，有助于后续动画的制作。

（3）使用图层文件夹

使用图层文件夹可以更好地管理图层，将图层归类放置于相应的图层文件夹中，可以整体设置显示/隐藏、锁定/解锁、叠放次序等效果。

单击“新建文件夹”按钮，可以在选定图层的上方添加一个图层文件夹。选中图层并拖至图层文件夹，可以将图层置于图层文件夹中，此时，图层将缩进显示，如图 8-9 所示。

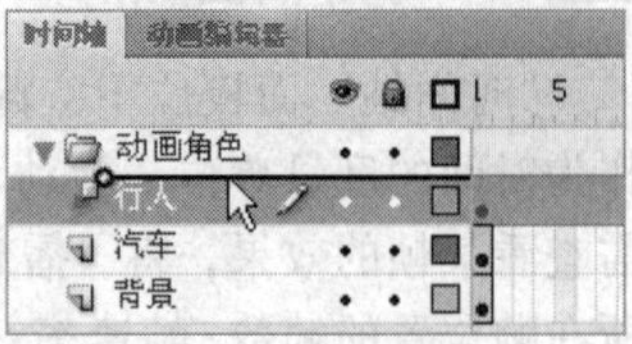

图 8-9　图层移入图层文件夹

（4）设置图层的更多属性

选中图层后右击，在弹出的快捷菜单中选择“属性”命令，弹出“图层属性”对话框。在此对话框中可以对图层作更多的设置，此处不再赘述。

2. 关于“帧”（Frame）

“帧”是 Flash 动画中非常重要的概念之一。帧是 Flash 动画中最基本的时间度量单位，Flash 时间轴中的每个图层都由一个或多个帧构成，每一帧相当于胶片电影中的一张胶片，选中帧后，可以在“舞台区”看到该帧上具有的对象内容。帧速度决定了动画播放的速度，也决定了播放一帧需要的时间，例如，对于 24 fps 的帧速度，1 秒会播放 24 帧画面，自然，每帧需要的播放时间是 1/24 秒。

Flash CS4 中有多种帧类型，如关键帧、空白关键帧、属性关键帧、普通帧等，后面讲解动画时还会介绍到，在这里就最常见的帧类型作一个简单的介绍。

① 关键帧：在 Flash 动画中表示动画变化关键点的帧，在时间轴中显示为黑色实心的圆点。对于 Flash 中的重要动画方式“补间动画”，至少前后需要给出两个不同的关键帧，中间的动画效果可由 Flash 自动补充完成。在时间轴中插入关键帧的快捷操作为按【F6】键。

② 空白关键帧：关键帧的一种，显示为空心圆圈，表示此帧为关键帧，只是帧中没有放置任何的对象。在时间轴中插入空白关键帧的快捷操作为按【F7】键。

③ 属性关键帧：Flash CS4 中引入的新的帧概念，在制作补间动画时，表示动画对象属性变化关键点的帧，在时间轴中显示为菱形。在时间轴补间动画图层中插入关键帧的快捷操作为按【F6】键。

④ 普通帧：普通帧只用于延续其左侧最近的关键帧的显示效果，普通帧上不能放置对象，普通帧显示为空心方块。在时间轴中插入普通帧的快捷操作为按【F5】键。

8.2.7 历史记录面板

选择“编辑”下拉菜单的“撤销”命令可以撤销刚刚操作的单个步骤，而使用“重做”命令可以重做刚刚撤销的单个步骤，“撤销”和“重做”操作的对应快捷方式分别为【Ctrl+Z】组合键和【Ctrl+Y】组合键。

如果希望一次撤销多个步骤或重做多个步骤，可以使用“历史记录”面板。调出此面板的方法为执行“窗口”→“其他面板”→“历史记录”命令，如图 8-10 所示。

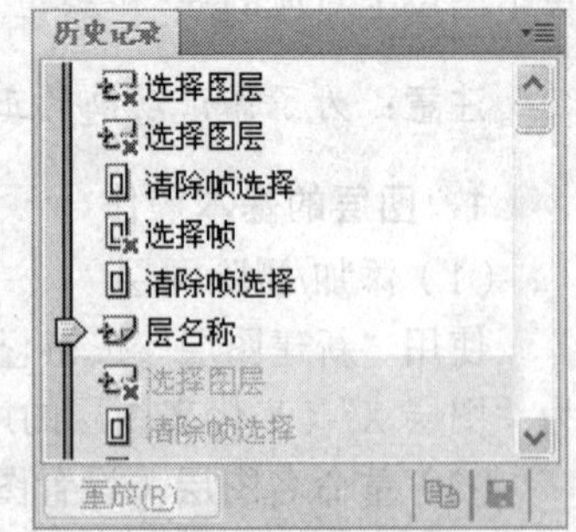

图 8-10　历史记录

向上拖动“历史记录”面板左侧的滑块，可以撤销滑块指向的列表中位置以下的步骤，撤销的步骤将显示为灰色；向下拖动滑块，可以重做已经撤销的步骤。

8.3 管理文档

本节介绍 Flash CS4 中对于文档的管理操作，主要涉及 Flash 文档的新建、打开、保存和导出动画等内容，此节内容是后面各章节的基础。

8.3.1　新建 Flash 文档

打开 Adobe Flash CS4 后，执行“文件”→“新建”命令，打开“新建文档”对话框，选择“常规”标签“类型”列表中的第一项“Flash 文件（ActionScript 3.0）”选项，将新建一个名称为“未命名-n”（n 代表文档的序号）的 Flash 文档。

也可以打开 Adobe Flash CS4 后，在欢迎屏幕界面中单击“Flash 文件（ActionScript 3.0）”选项（见图 8-11），新建 Flash 文档。

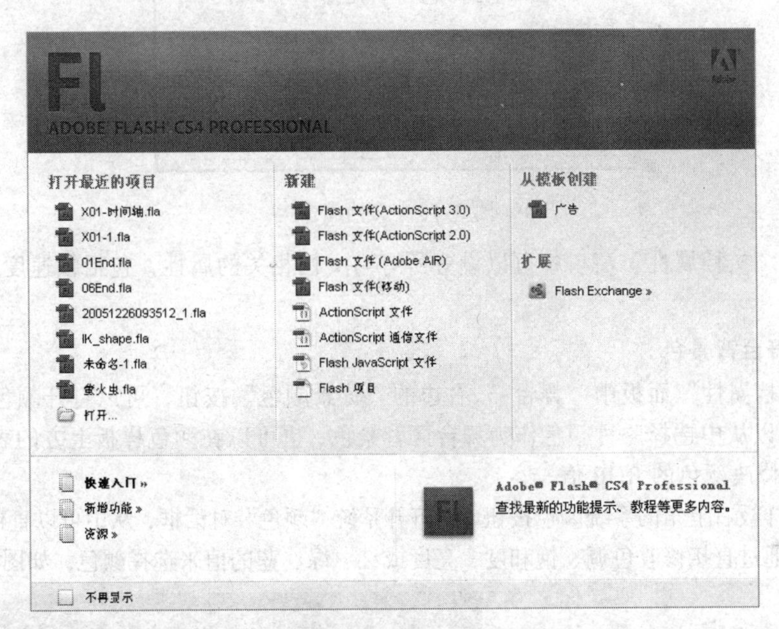

图 8-11　欢迎屏幕

注意：ActionScript 3.0 是 Flash 脚本语言的最新版本，使用它可以在 Flash 动画中添加交互动作。本课程中很少用到 ActionScript，但仍建议在新建 Flash 文档时，选择 ActionScript 3.0 选项。

8.3.2　设置文档属性

新建的 Flash 文档默认属性包括：FPS 为 24，舞台区大小为 550×400 像素，舞台背景色为白色，（见图 8-5）。用户可以在新建 Flash 文档后或在编辑制作 Flash 动画过程中随时修改文档的属性。

如果“属性”面板显示的不是文档属性，使用“选择工具”单击“舞台区”的空白区域，使得“属性”面板显示“文档属性”，在“文档属性”面板进行如下操作：

1.　设置帧速度（FPS）

单击“FPS:”后的数字，使其变为可编辑状态，输入新的数字后，按键盘上的【Enter】键，可将帧速度修改为新输入的数字，如图 8-12（a）所示；也可以将鼠标光标置于“FPS:”后的数字上，光标变为带双箭头的小手形状，按下鼠标左键向左右拖动，可以缩小或增大帧速度的数字，如图 8-12（b）所示。

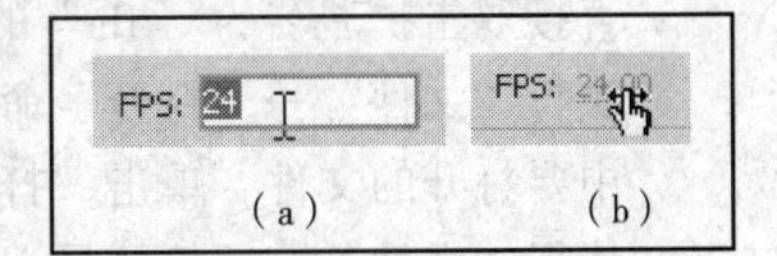

图 8-12　设置帧速度

2．设置舞台大小

单击“文档大小”右边的“编辑”按钮，会弹出“文档属性”对话框，如图 8-13 所示。在该窗口中“尺寸”后的文本框中可以输入新的舞台区的宽和高。

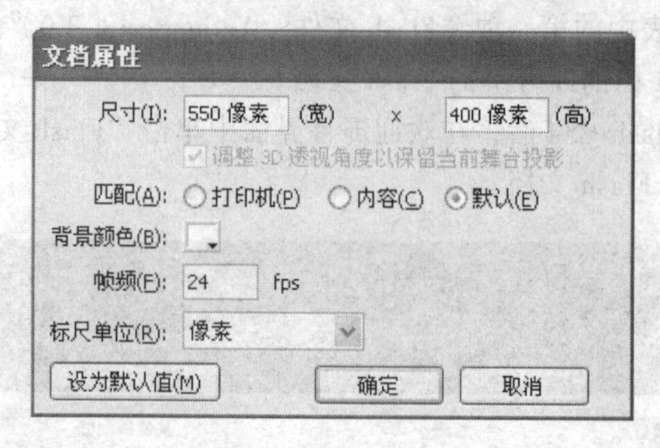

图 8-13 文档属性

其实在该“文档属性”窗口中可以设置所有与文档相关的属性，包括帧速度（帧频）、舞台背景色等。

3．设置舞台背景色

单击“文档属性”面板中“舞台：”右边的“背景颜色”按钮，可以打开颜色样板，如图 8-14 所示，可以从中选择一种颜色作为舞台区背景色，也可以在颜色样板上方的表示颜色值的文本框中直接修改颜色的 RGB 值。

单击颜色样板右上角的系统颜色按钮，打开系统“颜色”对话框，从中可以直接选择需要的颜色，也可以通过直接修改色调、饱和度、亮度或红、绿、蓝的值来选择颜色，如图 8-15 所示。

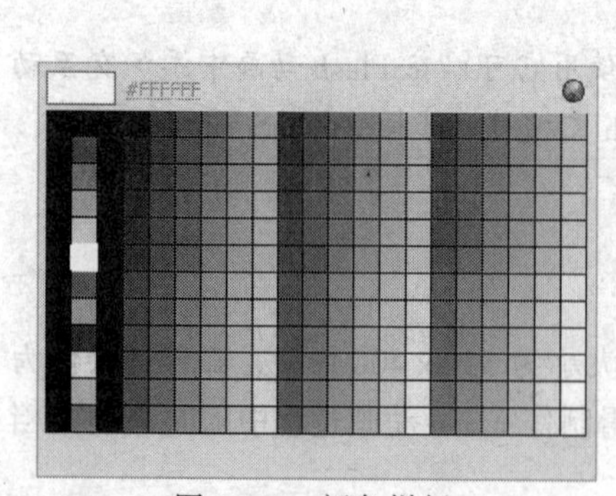

图 8-14 颜色样板

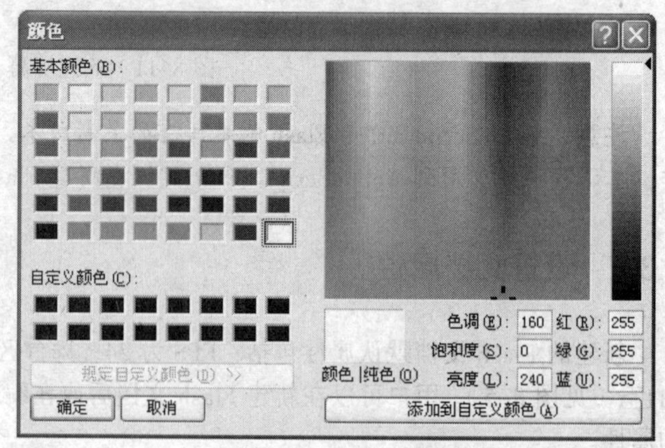

图 8-15 选取系统颜色

8.3.3 打开 Flash 文档

Flash 源文件的扩展名为“.fla”，可以采用以下方法之一打开 Flash 源文件。

- 直接双击扩展名为“.fla”的文件，可以自动将该文件在 Flash CS4 中打开。
- 执行“文件”→“打开”命令，弹出“打开”对话框，找到 Flash 源文件所在位置，选中要打开的文件，单击“打开”按钮。
- 执行“文件”→“打开最近的文件”命令，在弹出的菜单列表中单击需要打开的文件。

8.3.4　保存 Flash 文档

执行“文件”→“保存”或“另存为”命令，可以保存 Flash 源文件。Flash 源文件只能保存为扩展名为“.fla”的文件，但是在“另存为”对话框中，可以选择文件保存类型为“Flash CS4 文档”或“Flash CS3 文档”。在本教材中保存类型选择默认的“Flash CS4 文档”，这样可以保证使用 Flash CS4 制作动画的一些新的特性或效果不会丢失。

一般来讲，低版本 Flash 生成的源文件可以在高版本的 Flash 中打开，而高版本 Flash 生成的源文件无法在低版本 Flash 中打开。

8.3.5　导出 Flash 动画

当需要将 Flash 影片发布于网络或与他人共享时，就需要执行 Flash 动画的导出操作了。Flash 影片可以导出的类型很多，包括 SWF 影片、AVI 影片、QuickTime 影片等，一般最常用的是 SWF 影片，这是 Flash 影片的默认格式，其扩展名为“.swf”，用于在互联网上发布的 Flash 影片一般都是此种格式类型。

执行“文件”→“导出”→“导出影片”命令，打开“导出影片”对话框，选择导出的位置，输入导出的文件名，选择“保存类型”后，单击“保存”按钮，即可将 Flash 影片导出。

注意：为导出扩展名为“.swf”的影片，请确保“导出影片”对话框中的“保存类型”选择为“SWF 影片”。

8.4　制作一个简单的 Flash 动画

本节制作一个圆形从舞台左侧匀速运动到右侧的简单动画，该动画使用了 Flash 动画中的精髓——补间动画，但制作非常简单，过程涵盖了使用 Adobe Flash CS4 制作 Flash 动画的一般流程，应仔细阅读并掌握本节内容。

8.4.1　新建 Flash 文档并保存

1. 新建 Flash 文档

打开 Adobe Flash CS4 软件；执行“文件”→“新建”命令；在打开的“新建文档”对话框中选择“常规”标签“类型”列表中的第一项“Flash 文件（ActionScript 3.0）”选项；单击“确定”按钮，Flash CS4 完成新建文档操作。

2. 保存 Flash 文档

执行“文件”→“保存”命令；打开“另存为”对话框，选择保存在磁盘上的位置，并输入要保存的文件名；单击“保存”按钮，Flash 文档将按照对话框中设置的选项保存文件。

注意：制作过程中随时保存文档是一个良好的习惯，保存操作的快捷键为【Ctrl+S】。

8.4.2 制作动画效果

1. 调整舞台属性

设置文档属性，舞台大小为600×200像素，背景色保持白色，FPS保持为24。

2. 绘制圆形

① 在“工具箱”中，单击“形状工具”按钮，在级联菜单中选择“椭圆工具”，如图8-16所示。

注意：选择“椭圆工具”后，请确认“工具箱”下方选项区域中的“对象绘制”按钮处于弹起状态，单击该按钮可以切换弹起/按下状态。

② 在“舞台区”左侧位置，按下鼠标左键，向右下角拖动出一个正圆形，如图8-17所示。

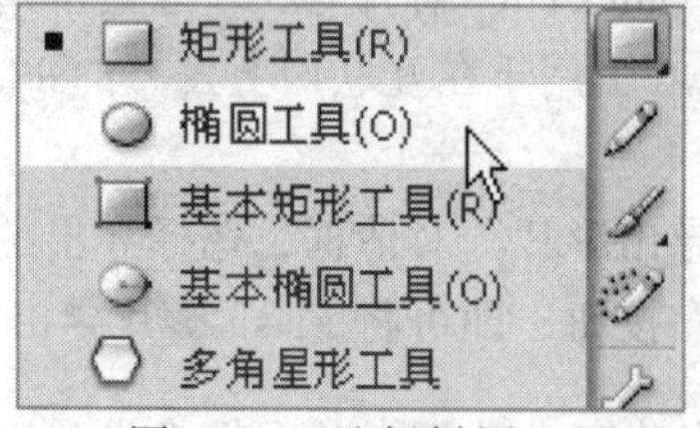

图8-16 选择椭圆工具

图8-17 舞台左侧绘制

注意：按下【Shift】键的同时，使用椭圆工具或矩形工具拖动，可以绘制出正圆和正方形。

③ 使用“选择工具”，双击“圆形”内部，同时选中“圆形”填充和笔触。

④ 从右侧的“属性”面板，修改“圆形”的属性，如图8-18所示。

- 输入值或拖动值，将宽度和高度都修改为60。
- 输入值或拖动值，将X值修改为15、Y值修改为75。
- 单击“笔触颜色”按钮，将“圆形”笔触设为“透明”，如图8-19所示，设置完成后，笔触颜色按钮变为。

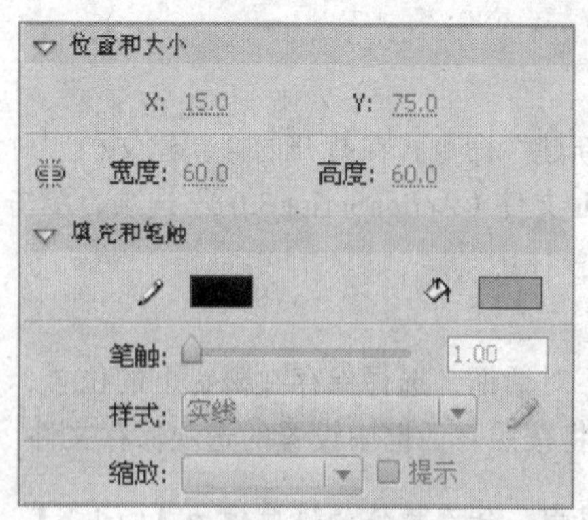

图8-18 形状属性

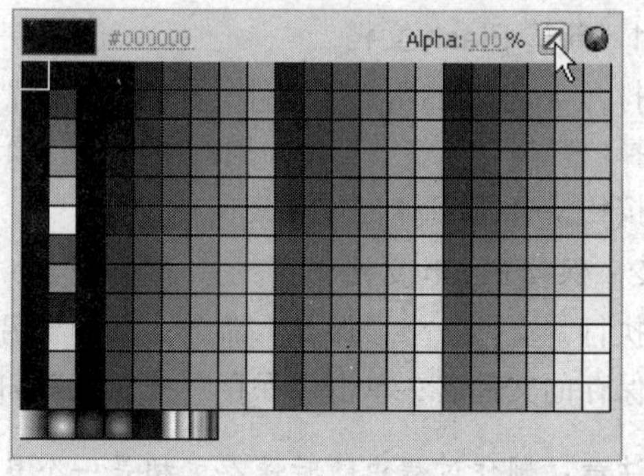

图8-19 颜色设置

- 单击“填充颜色”按钮，将“圆形”填充改为“蓝色”。

3. 制作动画

① 将“圆形”所在图层名称修改为“球”。

② 右击“圆形”对象，在弹出的快捷菜单中选择“创建补间动画”命令。

③ 此时将出现一个对话框，提示必须将所选的图形转换为元件才可以进行动画制作，单击“确定”按钮即可。

注意：Flash 会把圆形转换为元件，并存放于“库”中；同时，Flash 将圆形所在图层转换为“补间图层”（请注意区别选中变为元件的圆形和原来的圆形形状有何不同），如图 8-20 所示。通过层名称前的图标可以区别是否是“补间图层”，并且“补间图层”中的一些帧被设置为浅蓝色。

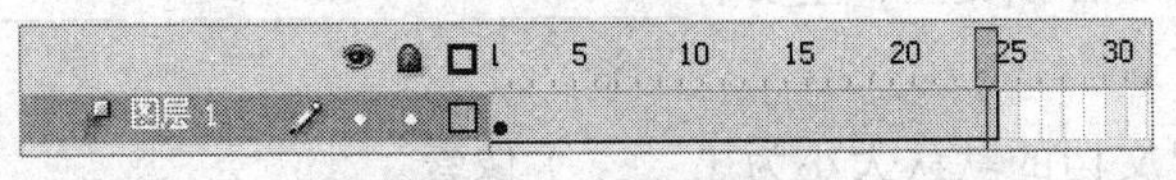

图 8-20 补间图层

④ 将“舞台区”的“圆形”元件拖到舞台右侧，如图 8-21 所示，从舞台左侧到右侧的线条表示“圆形”在此动画中的运动轨迹；至此，动画制作完成。

图 8-21 小球拖动至舞台右侧

8.4.3 测试动画效果并导出

1. 测试动画效果

动画制作完成后，一般需要测试一下效果，测试无误后，导出扩展名为“.swf”的 SWF 影片用于网页或其他场合。测试动画效果的方法一般有三种。

- 使用鼠标在时间轴上左右拖动红色“播放头”以观看运动对象在各帧的效果。
- 将“播放头”移至第一帧后，按键盘上的【Enter】键，“舞台区”动画将自动按 FPS 设置从第一帧播放至最后一帧（播放过程中可随时按【Enter】键停止或继续动画的播放）。
- 执行“控制”→“测试影片”命令，会打开“Flash Player”（Flash 播放器）播放该动画，也可以使用快捷键【Ctrl+Enter】测试影片。

2. 导出动画

- 自动导出：测试影片时，Flash 将自动在保存 Flash 动画源文件（扩展名为“.fla”）的文件夹下导出一个同名（扩展名为“.swf”）的 SWF 影片文件。
- 手工导出：执行“文件”→“导出”→“导出影片”命令，将弹出“导出影片”对话框，在其中可以手工设置动画的导出位置和导出文件名称，也可以选择导出类型。

练 习 题

一、填空题

1. Flash“舞台区”周围的灰色区域称为________。

2. Flash 文档的扩展名为________，导出的 Flash 动画默认专有扩展名为________。

3. 当属性面板显示的是舞台属性时，可以在该面板中修改与舞台相关的属性，如舞台________、舞台________等。

4. Flash CS4 制作动画时主要用到的是________、________、________、________、________等技术。

5. Flash CS4 中有多种帧类型，主要有________、________、________、________等。

二、选择题

1. Flash CS4 新建文档的默认大小为（　　）像素。

A. 500×400　　B. 500×450
C. 550×450　　D. 550×400

2. Flash CS4 新建文档的默认的帧频是（　　）fps。

A. 12　　B. 24
C. 36　　D. 48

3. Flash CS4 工具箱中有许多“工具组”，要想使用“工具组”中的其他工具应该（　　）。

A. 单击鼠标左键　　B. 双击鼠标左键
C. 单击鼠标右键　　D. 按住鼠标左键

三、思考题

1. 动画的原理是什么？

2. 库面板在 Flash 中的作用是什么？

3. Flash 动画的帧频与动画播放的速度有何关系？

4. 图层文件夹的作用是什么？

5. 测试动画效果时有哪几种方法？

四、上机操作题

1. 熟悉 Flash CS4 的工作环境，面板组的模式选择、面板组的折叠和展开的方法。

2. 熟悉 Flash CS4“属性”面板、“层”面板的显示、隐藏，“工具箱”中工具的选择方法。

3. 制作本章最后一节的 Flash 动画，体会使用 Flash CS4 制作动画的步骤和方法，并导出影片文件。

第9章 创建和编辑动画角色

动画角色是Flash动画中的主角，是动画中“动”的灵魂元素。Adobe Flash CS4提供了大量的工具用来创建和编辑动画角色。本章主要讲解用于创建和编辑动画角色的工具面板组中的工具以及其他一些辅助面板。本章内容是后续制作Flash动画的基础。

9.1 绘制图形

Flash动画中会经常用到形状对象，Flash中提供了大量的形状绘制工具。本节主要介绍工具箱中的相关图形绘制工具。

9.1.1 线条工具

1．绘制线条

使用“线条工具”可以在“舞台区”绘制直线。选择“工具箱”中的“线条工具”后，鼠标光标将变为“十”形状，在“舞台区”按下鼠标左键拖动，可以绘制出直线（也叫笔触）。按住键盘上的【Shift】键的同时拖动鼠标可以绘制出水平线、垂直线或45°斜线。

2．属性设置

线条绘制完成后，选择工具箱中的“选择工具”，将鼠标变为选择工具，单击绘制的线条，可以在“舞台区”右侧的“属性面板”查看或修改线条的属性。

线条的主要属性如图9-1所示。

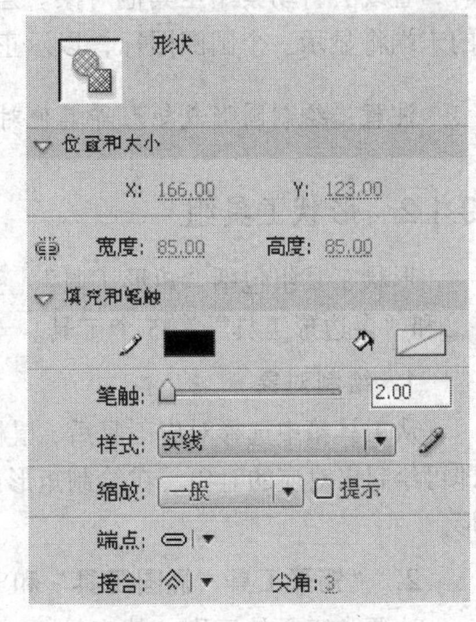

图9-1　线条属性

- X和Y：线条起始顶点的坐标值。
- 宽度和高度：线条在水平方向的长度值和垂直方向上的高度值。
- 锁定纵横比按钮：该按钮有两种状态，锁定状态和非锁定状态。锁定状态时，修改高度值或宽度值时，另外一个值将会按比例变化。
- 笔触颜色：设置线条颜色，单击该按钮可以打开调色板。
- 填充颜色：线条无填充色属性，故此属性无法设置。
- 笔触：用来设置线条的粗细，可以通过拖动滑块或直接在后面的数字框中输入数值设置。
- 样式：设置线条的样式，可以在“极细线”、“实线”、“虚线”、“点状线”等样式中选择。
- 端点：用来设置线条的两个端点样式是圆形还是方形的。

注意：由图 9-1 可以看出，线条属性类别为“形状”，故后面的圆形形状、矩形形状等形状对象属性与此都类似，雷同属性将不再介绍。

3．其他

（1）Flash 中的坐标系统

对于常规二维平面，Flash 系统以“舞台区”左上角作为坐标原点（0，0），从原点向右侧延伸为 X 轴正方向，从原点向下方延伸为 Y 轴正方向。

（2）“对象绘制”选项

选择“线条工具”后，“工具箱”下方的“选项区域”会出现“对象绘制”按钮。在该按钮未按下状态，绘制的线条类型为形状，使用选择工具选中绘制的线条后，该线条显示为由若干散点组成；在该按钮按下状态，绘制的线条类型为“绘制对象”，使用选择工具选中该线条后，该线条表现为一个整体。

使用菜单“修改”→“合并对象”→“联合”命令，可以把选中的线条形状变换为“绘制对象”状态；再选中类型为“对象绘制”的线条上右击，在弹出的快捷菜单中选择“分离”命令，可以将其变换为线条形状。

注意：“联合”命令不同于“组合”命令，“联合”后由“形状”变换为“绘制对象”状态，可以制作“补间形状”动画；“组合”后由“形状”变换为“组”，不能制作“补间形状”动画。

（3）“紧贴至对象”选项

选择“线条工具”后，“工具箱”下方的“选项区域”会出现“紧贴至对象”按钮。选中该按钮后，绘制孤立的直线时，直线会自动靠近水平或垂直方向；当绘制的直线靠近其他对象时，直线会自动紧贴至其他对象。当直线自动靠近水平、垂直方向或紧贴至其他对象时，直线的末端将显示一个圆圈图标，以示正在紧贴其他对象。

注意：绘制圆形或矩形等其他对象时，雷同选项将不再介绍。

9.1.2 形状工具组

形状工具组包括“矩形工具”、“椭圆工具”、“基本矩形工具”、“基本椭圆工具”和“多边形工具”5 个工具。

1．绘制对象

从工具箱中选择对应工具后，鼠标光标将变为“十”形状，在“舞台区”按下鼠标左键拖动，即可绘制出对应的对象。在绘制矩形或椭圆时，按下键盘上的【Shift】键可以绘制正方形或正圆形。

2．“矩形工具、椭圆工具”和“基本矩形工具、基本椭圆工具”的区别

这两类工具的区别，其实是 Flash 提供的绘制对象的模式不同。使用“矩形工具、椭圆工具”绘制的对象是合并绘制模式，而使用“基本矩形工具、基本椭圆工具”绘制的对象是基本绘制模式。

（1）合并绘制模式

在这种模式下绘制的形状，外边框（称作“笔触”）和内部形状（称作“填充”）是分离的。使用选择工具单击形状内部，只能选中内部填充，而双击外边框，只能选中外部笔触，可以通过拖动内部填充或外部笔触，将两者分离开来。如想同时选中笔触和内部填充，可以双击形状内部，或拖动一个大个的矩形框将形状完全包围。并且，在此种模式下绘制的多个形状叠放在一起时，会使得多个形状组合起来有如一个形状，如果移动或删除其中的一个形状，就会永久的删除重叠的部分，如图 9-2（a）～图 9-2（c）所示。

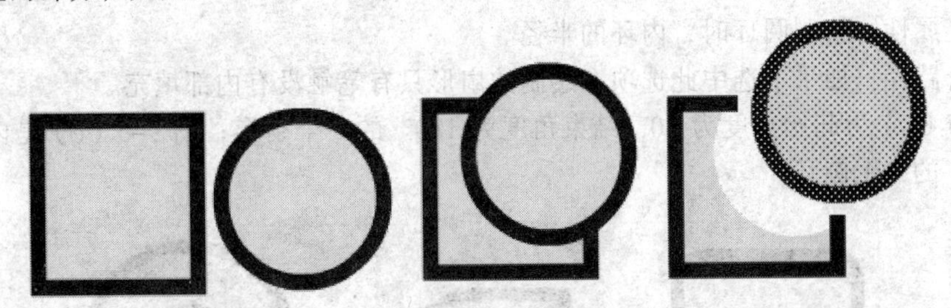

（a）两个形状　（b）两个形状叠放在一起　（c）移开其中的一个形状

图 9-2　合并绘制模式

（2）对象绘制模式

在这种模式下绘制的形状，Flash 将笔触和填充作为一个整体来对待，对于绘制的多个图形对象彼此独立，叠放在一起时也不会自动组合。使用此种模式绘制的形状和使用“合并绘制模式”时选择了“工具箱”下方的“对象绘制”选项绘制的效果类似但不同。选中“对象绘制模式”绘制的矩形或圆形，在“属性面板”中有修改基本矩形的边角半径和修改基本椭圆的开始角度、结束角度和内径的属性选项，如图 9-3（a）和图 9-3（b）所示，这些属性具体含义请参阅下一小节。

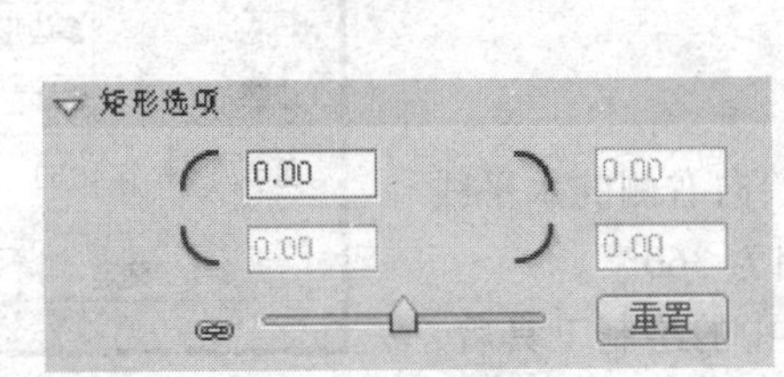

（a）矩形边角半径

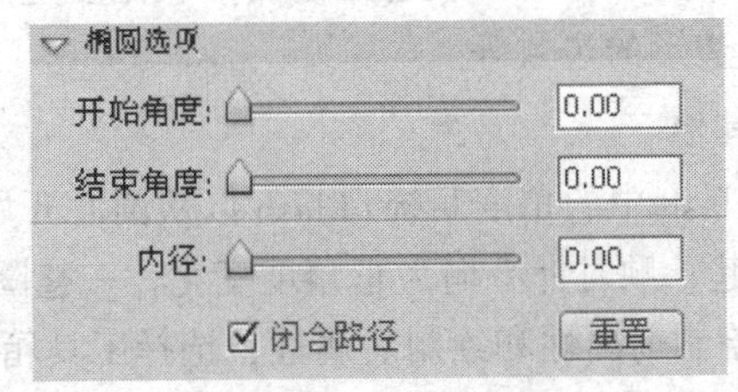

（b）椭圆开始/结束角度和内径

图 9-3　基本绘制模式可设置的属性

3. 属性设置

除了在线条工具中介绍的属性外，形状工具的常用属性还有以下几个：

（1）接合 接合: ：该属性共有三个选项“尖角”、“圆角”和“斜角”，描述了形状的笔触边角处的样式，如图 9-4（a）～图 9-4（c）所示是矩形分别应用了尖角、圆角和斜角后的效果。

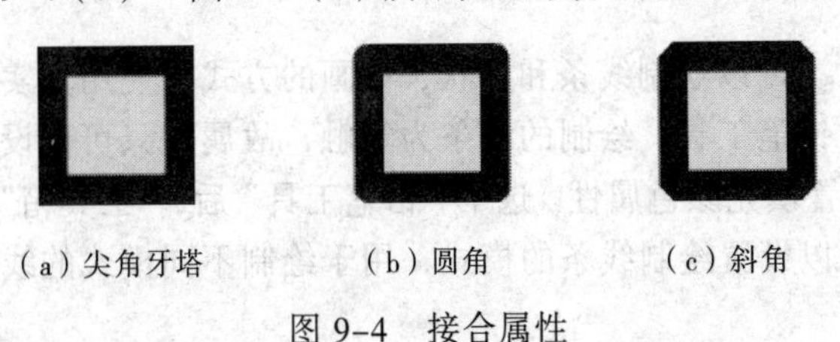

（a）尖角牙塔　（b）圆角　（c）斜角

图 9-4　接合属性

② 矩形边角半径：用来设置圆角矩形。可以在数字框中输入数字或拖动下方的滑块来设置矩形边角的半径，如图 9-5（a）所示。将边角半径锁定按钮解锁为非锁定状态，可以单独设置四个边角的半径值，“重置按钮”用来将边角半径恢复为 0。图 9-5（a）是应用了边角半径为 15 时的矩形效果。

③ 椭圆开始/结束角度和内径属性：用来绘制扇形或环形等效果，如图 9-5（b）所示。

- 开始角度：绘制扇形时开始的角度。
- 结束角度：绘制扇形时结束的角度。
- 内径属性：绘制圆环时，内环的半径。
- 闭合路径：如果不选中此选项，绘制的扇形只有笔触没有内部填充。

图 9-5（b）为起始角度为 30° 结束角度为 180° 的一个扇形；图 9-5（c）是内径 40（外经的 40%）的一个圆环。

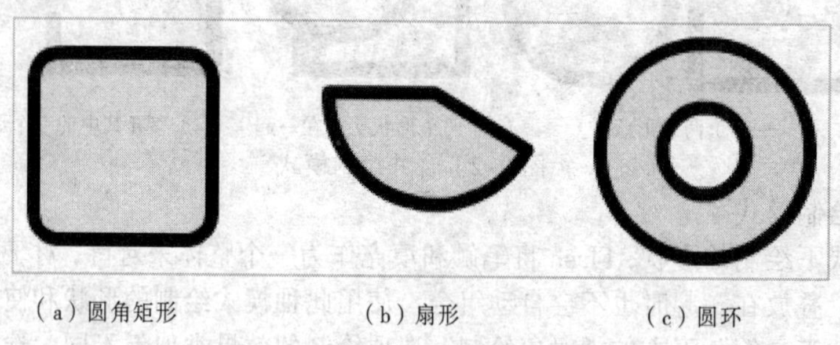

（a）圆角矩形　（b）扇形　（c）圆环

图 9-5　矩形和圆形属性效果

（4）多边形工具设置：选择多边形工具后，“属性面板”最下方有一个“选项”按钮，单击该按钮后，会弹出“工具设置”对话框，如图 9-6 所示。使用该对话框可以设置绘制的形状是多边形还是星形，以及绘制的多边形的边数等。

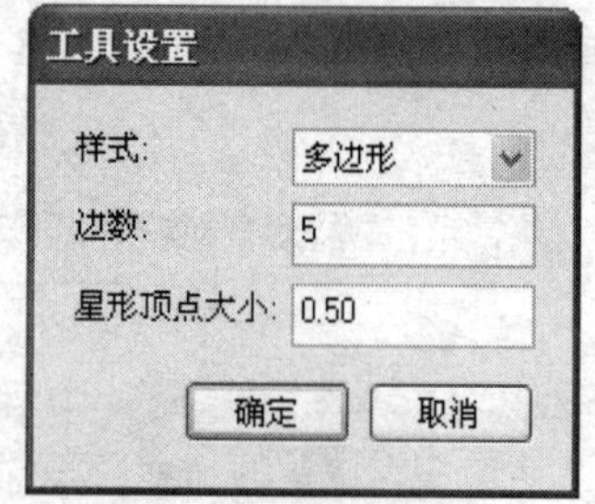

图 9-6　工具设置

4．其他

① Flash 中的角度系统：Flash 以从圆心开始向右侧的水平线为 0° 算起，顺时针方向为正角度变化，一整圈为 360°。

② 绘制前属性和绘制后属性：选择工具箱中的绘制工具后，在绘制前可以在“属性面板”设置该工具的相关选项；绘制完成后，选择绘制的对象，可以在“属性面板”设置已经绘制的对象的属性。两者基本一致，但有些许的不同，例如，对于矩形的边角半径以及椭圆的开始角度、结束角度和内径的属性，在绘制前不论是合并绘制模式还是对象绘制模式，都可以设置；而对于绘制完成的对象，则只有对象绘制模式绘制的图形才可以设置该属性。

9.1.3　铅笔工具

使用“铅笔工具”可以绘制线条和形状，绘画的方式与使用真实铅笔大致相同。使用“铅笔工具”绘制的线条为笔触，故属性只可以设置笔触效果，而无法设置填充颜色属性。选中“铅笔工具”后，“工具箱”下方的“选项区域”可以设置绘制线条的模式，用于绘制不同模式的线条，如图 9-7 所示。

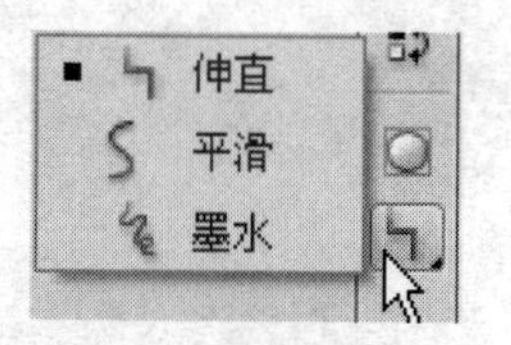

图 9-7　线条模式

- 伸直：绘制的线条忽略抖动，转换为棱角分明的直线、折线。
- 平滑：绘制的线条忽略抖动，转换成平滑曲线。当选择该选项时，属性面板中的“平滑”选项可用，可以设置曲线的平滑程度。
- 墨水模式：绘制的线条不加修饰，完全保持绘制时的轨迹。

9.1.4 刷子工具组

刷子工具组包含两个工具：刷子工具和喷涂刷工具。

1. 刷子工具

“刷子工具”是一种涂色工具，使用“刷子工具”和使用“铅笔工具”一样，可以绘制线条和形状。铅笔绘制的线条只是笔触，而刷子绘制的线条只是填充，故无法为刷子工具设置与笔触相关的属性。

刷子工具用来绘制类似于刷子涂抹的图形效果（如书法笔迹等效果）。单击“刷子工具”后，从“工具箱”下方的“选项区域”，可以选择刷子的模式、大小和形状等内容。

（1）“刷子模式”选项

“刷子工具”的模式共有五种，如图9-8所示。

- 标准绘画：对同一层的线条和填充涂色，不论是笔触或填色，只要是刷子经过的地方，都变成画笔的颜色。
- 颜料填充：对填充区域和空白区域涂色，不影响笔触。
- 后面绘画：对同一图层的空白区域涂色，不影响已有的笔触和填充，因此看起来绘制的线条总在其他图像下方。
- 颜料选择：用于给已有图形上的选定区域（选区）涂色。
- 内部绘画：对刷子起笔时所在的填充区域进行涂色，但不对笔触涂色；如果在空白区域中开始涂色，该填充不会影响任何现有填充区域（类似于“后面绘画”）。

图9-8　刷子模式

“刷子工具”不同模式的绘制效果示例，如图9-9（a）～图9-9（e）所示。

（a）标准绘画　（b）颜料填充　（c）后面绘画　（d）颜料选择　（e）内部绘画

图9-9　刷子工具绘画模式效果

（2）“刷子大小”选项

“刷子大小”选项位于“刷子模式”下方，共提供了8个大小级别供选择。另外，刷子的大小不受舞台缩放比例的影响，当舞台缩放比率降低时同一级别刷子大小就会显得更大。

（3）“刷子形状”选项

“刷子形状”选项位于“刷子大小”下方，提供了圆形、矩形、斜线等9种形状供选择。

2. 喷涂刷工具

“喷涂刷工具”是一种装饰性绘画工具，类似于颗粒喷射器。使用“喷涂刷工具”可以按照选定的填充色在一定范围内随机喷射颗粒点。

“喷涂刷工具”的常用属性包括：

- “编辑” 编辑... 按钮：单击此按钮，可以弹出“交换元件”对话框，用于选择“库”中的元件作为喷射颗粒。
- 画笔宽度、高度和角度：用于设置喷射颗粒的范围。

9.1.5 钢笔工具组

钢笔工具组包括 4 个工具：钢笔工具、添加锚点工具、删除锚点工具和转换锚点工具。

1. 钢笔工具

“钢笔工具”可以绘制直线和曲线，常用于绘制比较复杂、精确的曲线。它与 Fireworks 中的钢笔工具基本相同。

（1）绘制直线

选择“钢笔工具”后，在“舞台区”单击建立第一个锚点，不要拖动鼠标，在下一个位置单击，即可在两点之间绘制一条直线；连续单击，可绘制出折线。

（2）绘制曲线

- 绘制平滑曲线：选择“钢笔工具”后，在“舞台区”按下鼠标左键直接拖动，生成有两条方向线的平滑点，如图 9-10 a 所示，3 个锚点都是按下鼠标左键直接向下拖动绘制出的曲线。
- 绘制带转折点（角点）的曲线：选择“钢笔工具”后，在“舞台区”按下鼠标左键后松开一下，再按下拖动，生成只有一条方向线的角点，如图 9-10（b）所示；3 个锚点都是按下鼠标左键后，松开一下再向下拖动绘制出的曲线（第一个点特殊，只要拖动就会有两条方向线）。

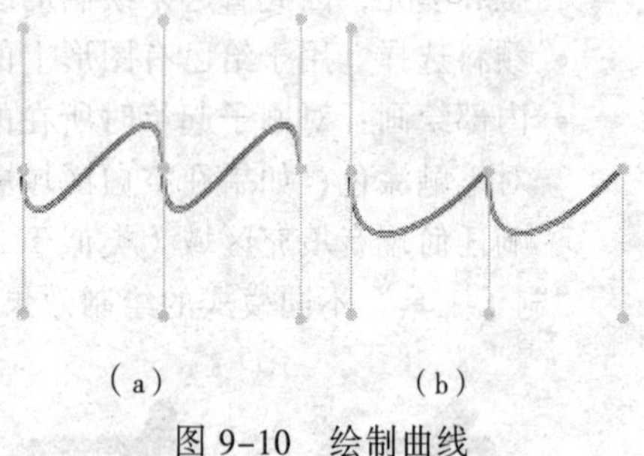

图 9-10 绘制曲线

（3）结束绘制的方法

- 非闭合线条：双击最后一个绘制的锚点，可以结束线条的绘制状态。
- 闭合线条：将光标移回到线条起点位置（光标显示为），单击起始锚点即可形成闭合的线条。

2. 添加、删除和转换锚点

使用钢笔工具组的其他 3 个工具，可以在现有线条上添加、删除和转换锚点。

① 添加锚点：使用“添加锚点”工具，在线条无锚点的地方单击即可添加锚点，如图 9-11（a）所示。

② 删除锚点：使用“删除锚点”工具，指向线条上的锚点并单击，即可删除该锚点，如图 9-11（b）所示。

③ 转换锚点：使用“转换锚点”工具，单击平滑点，可将其变为角点，如图 9-11（c）所示；使用“转换锚点”工具拖动角点，可将其变为平滑点，如图 9-11（d）所示。

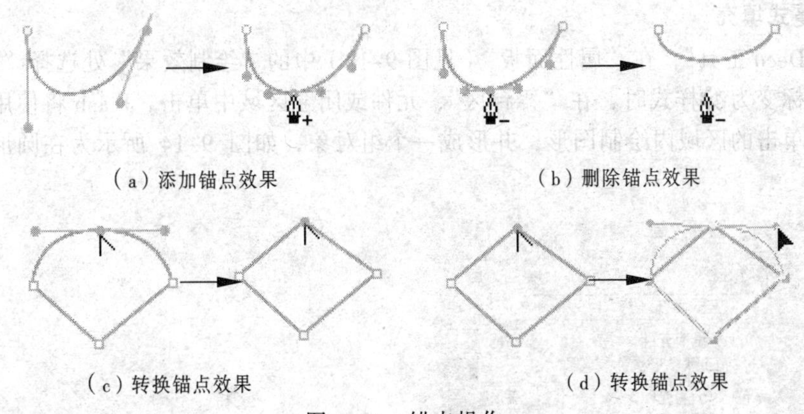

（a）添加锚点效果　（b）删除锚点效果

（c）转换锚点效果　（d）转换锚点效果

图 9-11　锚点操作

9.1.6　橡皮擦工具

使用“橡皮擦工具”可删除笔触和填充，可以快速擦除舞台上的任何内容，可以通过拖动进行擦除。

1. 快速删除

双击“橡皮擦工具”，可以删除舞台上的所有内容。

2. 单击删除

选择“橡皮擦工具”后，按下“工具箱”下方“选项区域”中的“水龙头”按钮，单击要删除的笔触或填充区域，即可完成删除操作。

3. 通过拖动擦除

选择“橡皮擦工具”后，从“工具箱”下方的“选项区域”中的“橡皮擦形状”选项中可以选择橡皮擦为方形或圆形，以及橡皮擦的大小。

从“选项区域”中的“橡皮擦模式”可以选择橡皮擦相对于“舞台区”形状的擦除模式，如图 9-12 所示。

- 标准擦除：擦除同一层上的笔触和填充。
- 擦除填色：只擦除填充，不影响笔触。
- 擦除线条：只擦除笔触，不影响填充。
- 擦除所选填充：只擦除当前选定的填充，不影响笔触（以这种模式使用橡皮擦工具之前，请选择要擦除的填充）。
- 内部擦除：只擦除橡皮擦笔触开始处的填充。如果从空白点开始擦除，则不会擦除任何内容。以这种模式使用橡皮擦并不影响笔触。

标准擦除
擦除填色
擦除线条
擦除所选填充
内部擦除
橡皮擦模式

图 9-12　橡皮擦模式

注意：使用拖动方式擦除时，要确保“水龙头”按钮处于未被按下状态。

9.1.7　Deco 工具

“Deco 工具”是一种装饰性绘画工具，可以对舞台上选定对象应用效果，是 Flash CS4 版本中新增工具。“Deco 工具”共有 3 种绘画模式：藤蔓式填充、网格填充和对称刷子。

1. 藤蔓式填充

单击“Deco 工具”，在“属性面板”（见图 9-13）中的“绘制效果”处选择“藤蔓式填充”选项，当光标变为样式时，在“舞台区”、元件或闭合区域中单击，Flash 将使用带叶和花的藤蔓在鼠标单击的区域内绘制图形，并形成一个组对象，如图 9-14 所示为在圆形区域中单击后的效果。

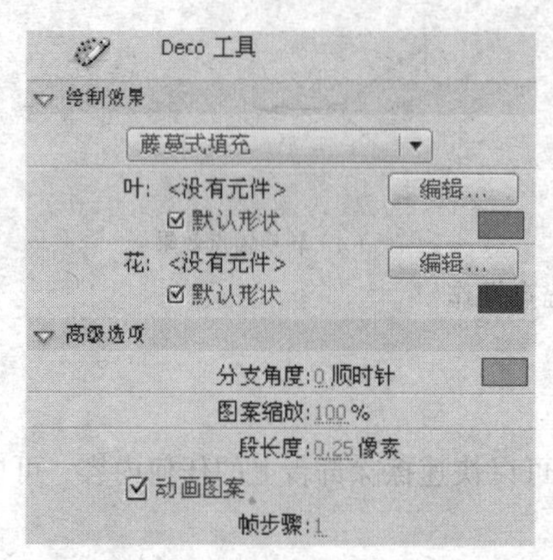

图 9-13　Deco 工具属性面板

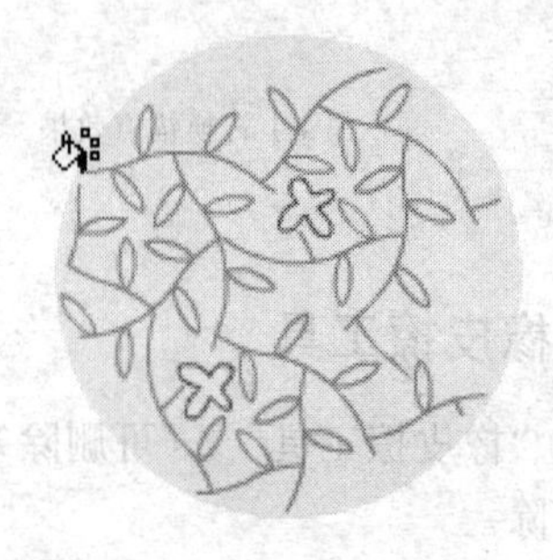

图 9-14　藤蔓式填充

图中的叶和花使用的是 Flash 中的默认形状，用户也可以使用自己设计或导入的图形图像元件作为叶元素和花元素，通过“属性面板”可完成相关操作。“藤蔓式填充”主要属性介绍如下：

（1）“叶”属性

在“默认形状”复选框选中的情况下，通过其后侧的颜色选项修改默认叶子的颜色；如果“库”中存在用于制作叶子的元件（元件的概念将在后续章节介绍），单击后侧“编辑”按钮，将打开“交换元件”对话框，选择藤蔓的叶子，选择叶子元件后，“叶:”后的“<没有元件>”文字将变为选择的元件的名称。

（2）“花”属性

“花”属性和“叶”属性完全一样。

（3）高级选项

- 分支角度：用来设置藤蔓填充时的藤蔓分支的方向，其后侧的颜色按钮可以设置藤蔓分支线条的颜色。
- 图案缩放：设置藤蔓叶和花在填充时的缩放大小。
- 段长度：指定叶子节点和花朵节点之间的段的长度。
- 动画图案：选中此选项后，将藤蔓在蔓延开来时的每一步骤都生成在时间轴的帧中，从而形成藤蔓逐渐蔓延开来的动画序列。其下方的“帧步骤”数字指定了生成藤蔓蔓延动画时每秒要横跨的帧数。

2. 网格填充

“网格填充”和“藤蔓式填充”很相像。单击“Deco 工具”，在“属性面板”中的“绘制效果”处选择“网格填充”选项，光标变为样式，在“舞台区”、元件或闭合区域中单击，Flash 将创建一个规则的棋盘式网格填充，并形成一个组对象，如图 9-15 所示为在矩形区域单击后的效果。“网格填充”的主要属性介绍如下：

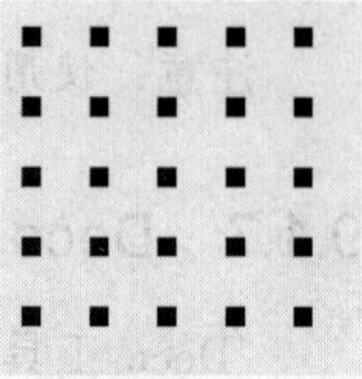

图 9-15　网格填充

- 填充：相当于“藤蔓式填充”的“叶”或“花”属性，可以设置填充对象的颜色和图形。
- 水平间距和垂直间距：设置网格填充中所用形状之间的水平和垂直距离。
- 图案缩放：颜色绘制填充时对对象进行缩放。

3．对称刷子

“对称刷子”可以创建围绕中心点或按线条对称排列的元件效果，使用“对称刷子”提供的手柄可以控制绘制的元件个数以及对称效果。

单击“Deco 工具”，在“属性面板”中的“绘制效果”处选择“对称刷子”选项，然后在“高级选项”区域选择一种对称方式，如图 9-16 所示，就可以在“舞台区”绘制对称图形了。

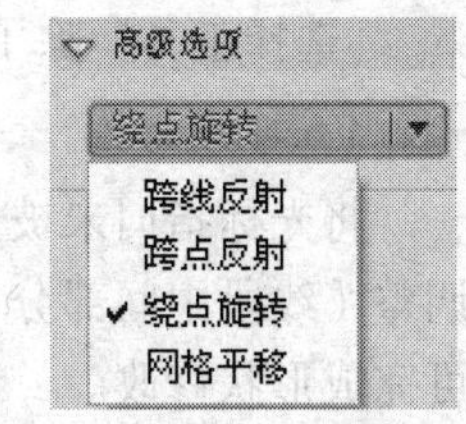

图 9-16　对称方式

- 跨线反射：跨指定的不可见线条等距离翻转形状。
- 跨点反射：围绕指定的固定点等距离放置两个形状。
- 绕点旋转：围绕指定的固定点旋转对称中的形状。
- 网格平移：使用按对称效果绘制的形状创建网格。

使用“对称刷子”创建对称图形时，使用的默认元件是 25×25 像素、无笔触的黑色矩形形状，使用“属性面板”可以修改其颜色，或者指定其他的元件。

下面以使用“绕点旋转”效果创建表盘刻度为例说明“对称刷子”工具的使用方法。

① 选择“Deco 工具”，在“属性面板”中的“绘制效果”处选择“对称刷子”选项，然后在“高级选项”区域选择对称方式“绕点旋转”，光标变为，同时“舞台区”出现对称拖动手柄，如图 9-17（a）所示。

② 将光标移至拖动手柄附近的适合位置（单击的位置确定了第一图形的位置以及所有图形距离“中心点”的距离），单击出现绕“中心点”的旋转图形，默认为 8 个元件，如图 9-17（b）所示。

③ 拖动“旋转手柄”可以更改绕点元件的旋转角度位置；拖动“重复频率手柄”可以更改元件的个数。此处拖动“重复频率手柄”向“旋转手柄”处移动，增加元件的个数为 12 个，形成表盘刻度，如图 9-17（c）所示，至此该图形创建完成。

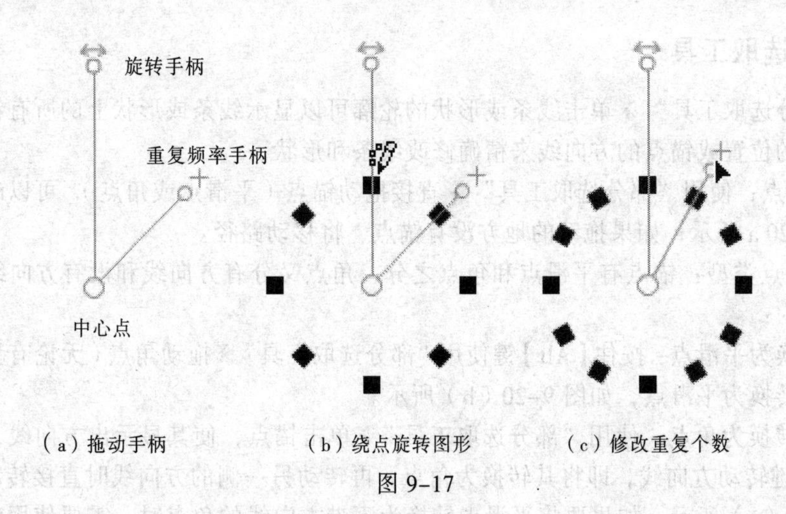

（a）拖动手柄　（b）绕点旋转图形　（c）修改重复个数

图 9-17

“对称刷子”工具的其他对称方式的创建与修改方法与此类似，这里不再赘述。

9.2 改变对象的形状

Adobe Flash CS4 中提供了大量用于修改对象形状的工具，用于编辑修改绘制的图形以及导入到 Flash 文档中的其他图像，为制作 Flash 的动画效果创造必要的条件。

9.2.1 选择工具

“选择工具”除了可以选择对象，还可以修改图形笔触的形状。

1. 拖动修改

将光标指向未被选中的线条或形状的轮廓笔触，光标样式将随指向位置的不同而变为曲线调整（线段中间部分）或直线调整（线段转折处）样式，如图 9-18 所示，按下鼠标左键拖动，可完成形状修改。

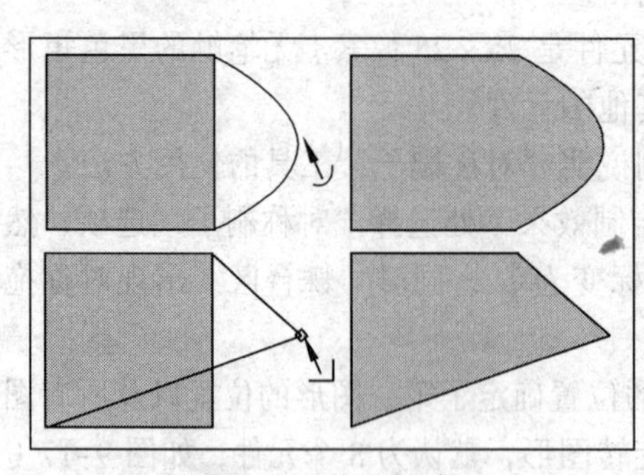

图 9-18 修改轮廓

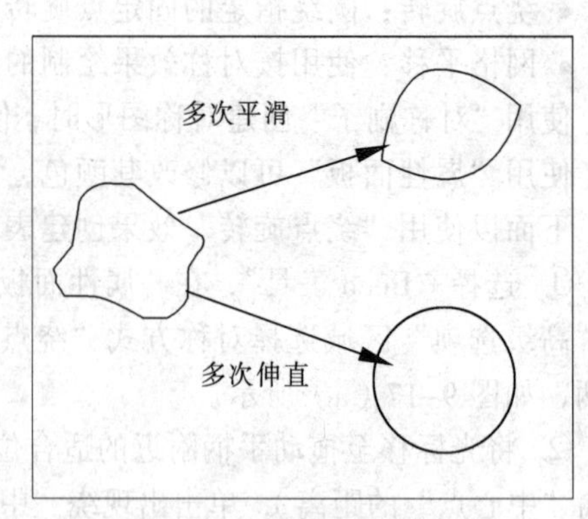

图 9-19 平滑和伸直

2. 使用“平滑”和“伸直”选项按钮

使用“选择工具”选中线条或形状后，单击“工具箱”下方“选项区域”中的“平滑”按钮或“伸直”按钮将使线条或形状轮廓平滑或伸直（伸展），如图 9-19 所示。

9.2.2 部分选取工具

使用“部分选取工具”单击线条或形状的轮廓可以显示线条或形状上的所有锚点，可以拖动这些锚点的位置或锚点的方向线来精确修改线条和形状。

① 移动锚点：使用“部分选取工具”直接拖动锚点（平滑点或角点），可以改变锚点的位置，如图 9-20 a 所示；如果拖动的地方没有锚点，将移动路径。

② 转换锚点类型：锚点有平滑点和角点之分，角点又分有方向线和没有方向线两种，它们的转换方法为：

- 角点转换为平滑点：按住【Alt】键使用“部分选取工具”拖动角点（无论有无方向线），可将其转换为平滑点，如图 9-20（b）所示。
- 平滑点转换为角点：使用“部分选取工具”单击锚点，使其显示出方向线，然后按住【Alt】键转动方向线，即将其转换为角点，再转动另一侧的方向线时直接转动即可，如图 9-20（c）所示。如果要将平滑点转换为不带方向线的角点时，需要使用前面讲过的“钢笔工具”或“转换锚点工具”。

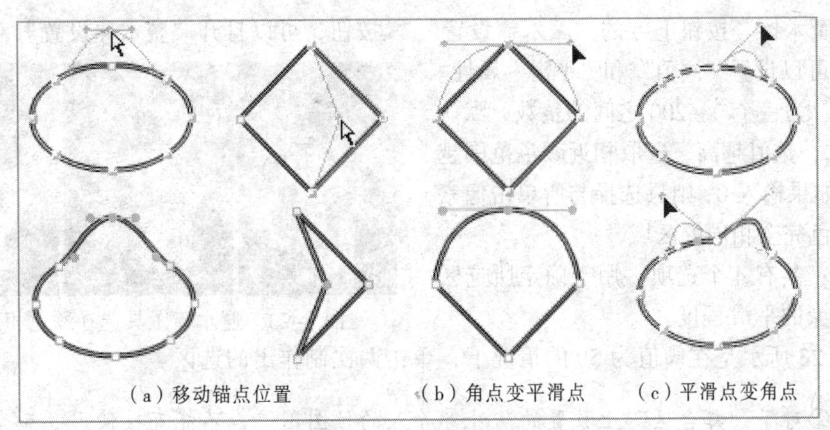

（a）移动锚点位置　　（b）角点变平滑点　　（c）平滑点变角点

图 9-20　编辑锚点

③ 改变路径的曲度：使用“部分选取工具” 改变方向线的长度和角度可以调整曲线的曲度。

9.2.3　套索工具

“套索工具”是一种选取工具，主要用来选取形状对象中的不规则区域，“套索工具”共有三种工作模式：自由套索、多边形套索和魔术棒，其使用方式和 Fireworks 类似。

1. 自由套索

自由套索为套索工具默认的工作模式，鼠标指针变为 。按下鼠标左键在图形上拖动，形成一个闭合的区域，主要用来选择对选区精度要求不高的情况，如图 9-21 所示。

2. 多边形套索

选中“套索工具”后，按下“工具箱”下方“选项区域”的“多边形模式” 按钮，套索工具处于多边形套索工作模式。在要选取的区域边缘连续单击形成折线，最后双击闭合选区，如果单击的点足够多，可以制作出较精确的选区，如图 9-22 所示。

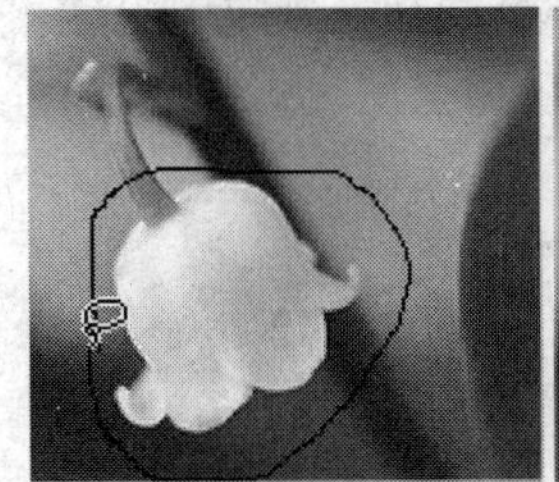
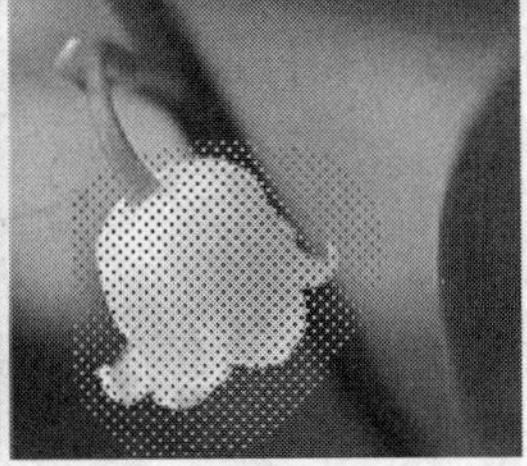

图 9-21　自由套索选择不规则区域

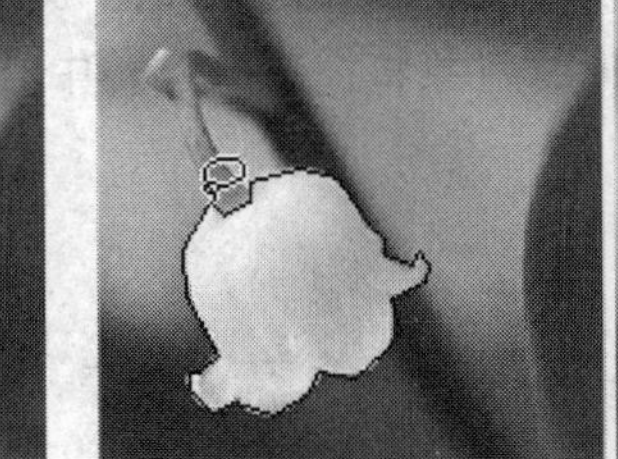
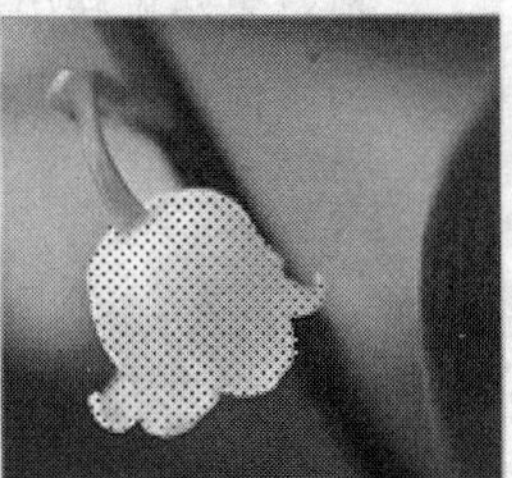

图 9-22　多边形套索选择区域

3. 魔术棒

选中“套索工具”后，按下“工具箱”下方“选项区域”的“魔术棒” 按钮，套索工具处于魔术棒工作模式。魔术棒工具用于选取图形中鼠标单击处周围颜色相近的区域，它默认为“添加模式”（在没有选中的区域单击会添加到选区，在已有选取上单击会取消选区）。

单击“魔术棒”按钮下方的“魔术棒设置”按钮，可以打开“魔术棒设置”对话框，在该对话框中可以设置“阈值”和“平滑”属性。

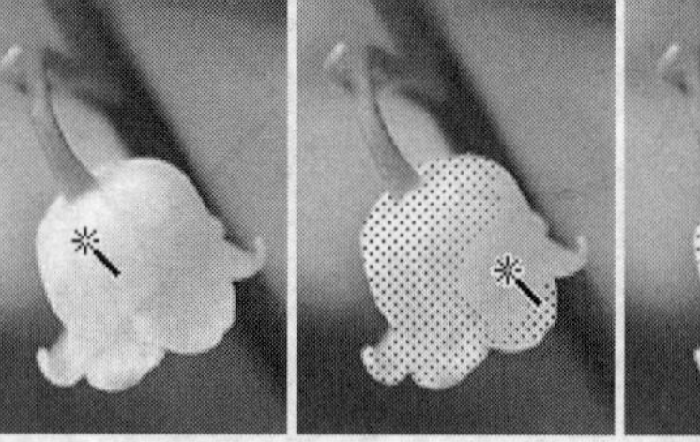
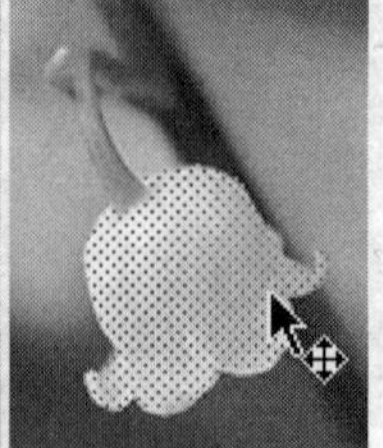

图 9-23　魔术棒工具选择颜色相近区域

- 阈值：为一个 0～200 之间的整数，默认为 10，数值越高，选取相近颜色范围越广。如果输入 0，则只选择与所单击像素的颜色完全相同的区域。
- 平滑：共有 4 个选项，用于确定所选区域边缘的平滑程度。

如图 9-23 所示是在阈值为 50 的情况下，单击两次制作出的选区。

注意：①对于“舞台区”上放置的从外部导入的位图图像，不能直接使用“套索工具”选取，需要选中图像后，选择“修改”→“分离”命令，或选择右键快捷菜单中的“分离”命令，将其变为形状后才可使用“套索工具”；②使用“套索工具”选中部分区域后，使用“选择工具”在未选中区域单击，可以实现反选操作。

9.2.4　任意变形工具组

“任意变形工具组”包括两个工具：任意变形工具和渐变变形工具，如图 9-24 所示。

1. 任意变形工具

“任意变形工具”可以对选中对象执行移动、缩放、旋转、倾斜、扭曲等操作。

- 移动：将光标移至选中对象后，光标变为，按下鼠标左键拖动即可。
- 缩放：选中对象后单击“任意变形工具”，对象四周会出现 8 个缩放控点，光标指向这些控点时，鼠标指针变为双箭头时可以对图像进行缩放，按下【Shift】键可以保持长、宽比例不变。
- 旋转：当把光标指向对象的边角时，鼠标变为旋转图标，按下鼠标左键拖动，可以实现对象绕旋转中心点旋转的效果，如图 9-25 所示。可以使用鼠标拖动“旋转中心点”到其他位置，此时，对象将按新的旋转中心点所在位置旋转。

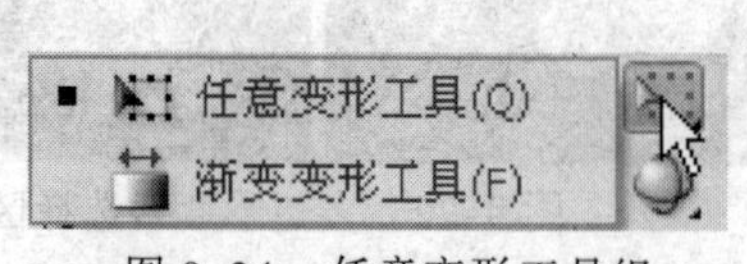

图 9-24　任意变形工具组

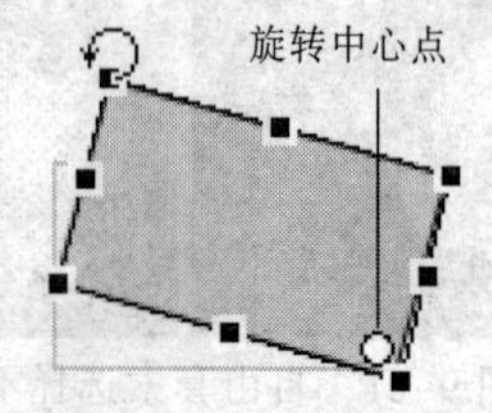

图 9-25　旋转对象

- 倾斜：将光标移向图像上下边缘或左右边缘时，光标变为⇌或⥮形状，可以进行水平倾斜或垂直倾斜操作，按下鼠标左键拖动，即可实现倾斜操作，如图 9-26 所示。
- 扭曲：将光标指向 8 个缩放控点中的任一个，按住【Ctrl】键的同时按下鼠标左键拖动，可以实现对于选中对象的扭曲操作，如图 9-27 所示。

2. 渐变变形工具

“渐变变形工具”用于管理图形的填充色，调整线性渐变色、放射渐变色和位图 3 种填充，后续章节将详细介绍如何为图形设置渐变色或位图填充。

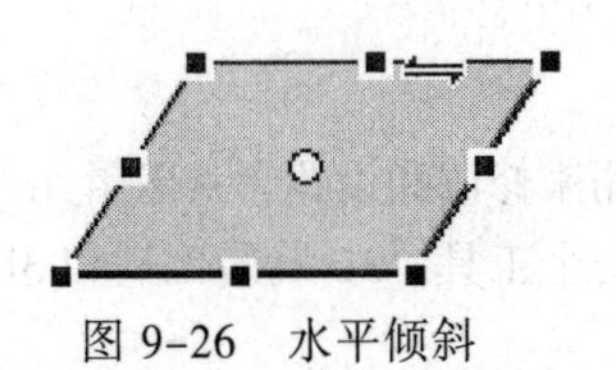

图 9-26　水平倾斜

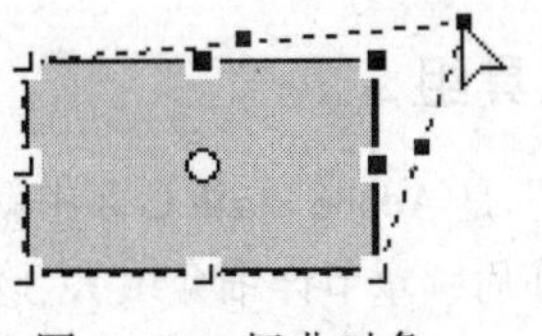

图 9-27　扭曲对象

3．线性渐变色变形

在渐变周围有 3 个手柄和两条趋势线，中间的“颜色中心点”手柄可以改变渐变颜色的中心点的位置；矩形的缩放手柄和趋势线可以改变渐变的宽度；圆形旋转手柄可以改变渐变的方向，如图 9-28 所示。

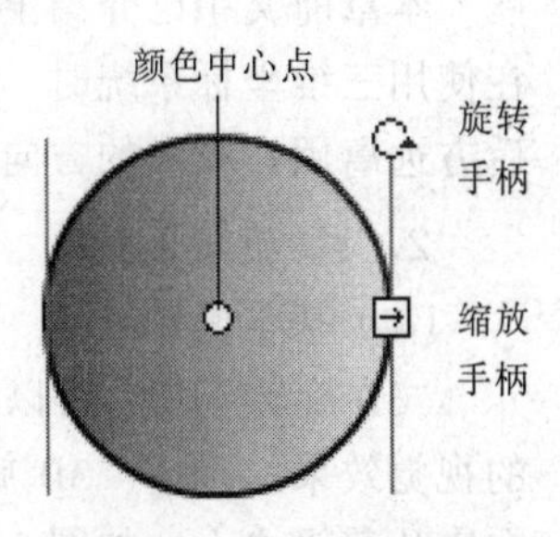

图 9-28　线性渐变

4．放射状渐变色变形

放射状渐变共有 5 个手柄和一条颜色趋势线，如图 9-29 所示，“颜色中心点”手柄可以改变渐变颜色中心点的位置；“中心颜色焦点”可以改变中心颜色在颜色趋势线上的焦点位置，如图 9-30 所示；“颜色宽度”手柄可以改变渐变色在颜色趋势线方向上的分布宽度；“颜色大小”手柄可以改变渐变色按“颜色中心点”为中心的放射状缩放大小；“颜色旋转”控点可以修改按“颜色中心点”为中心的渐变色的方向。

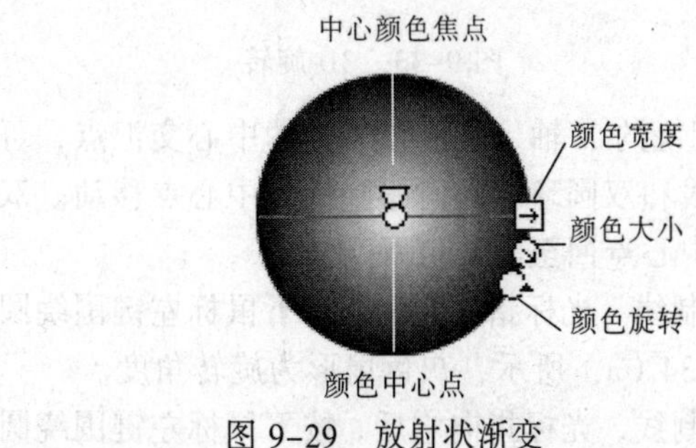

图 9-29　放射状渐变

图 9-30　中心颜色焦点

5．位图填充变形

位图填充变形，共有 7 个手柄，分别为：旋转位图手柄、缩放位图手柄、倾斜位图手柄、改变位图的宽度和高度手柄，如图 9-31 所示。

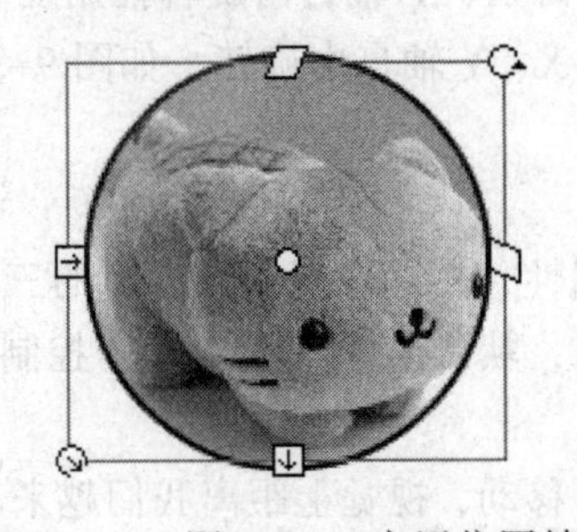

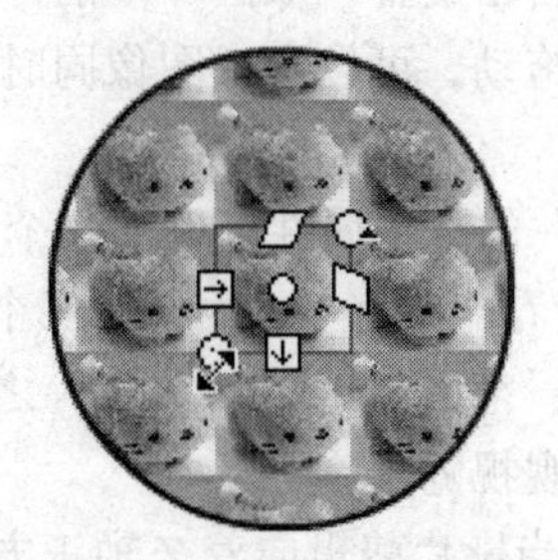

图 9-31　应用位图填充变形——缩放效果

9.2.5　3D 工具组

“3D 工具组”是 Adobe Flash CS4 中新增的工具，用来修改和设置影片剪辑元件的 3D 视觉效果（元件的内容将在后续章节详细介绍），该工具组共有两个工具：3D 旋转工具和 3D 平移工具。

1. Flash 中三维坐标体系

本章前文中已介绍了 Flash 系统中二维平面的坐标体系，“舞台区”左上角为原点（0，0）。在使用三维坐标系统时，“舞台区”左上角同时也作为 Z 轴的原点，从原点向“舞台区”平面后方远离用户视线的方向延伸为 Z 轴正方向。

2. 3D 旋转工具

（1）基本操作

“3D 旋转工具”可以修改影片剪辑围绕 X 轴、Y 轴和 Z 轴的旋转效果，从而产生三维空间的视觉效果。选择“3D 旋转工具”后，单击“舞台区”的影片剪辑元件，3D 旋转控件将出现在影片剪辑之上，如图 9-33 所示，矩形元件上出现了十字交叉线和两个圆环。

图 9-32　3D 工具

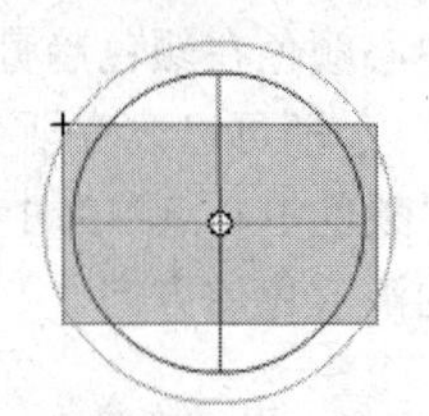

图 9-33　3D 旋转

- 旋转中心：图中的中心原点为 3D 旋转时围绕的 X 轴、Y 轴和 Z 轴的中心交汇点，可以使用鼠标拖动至其他位置，同时十字交叉线和双圆环会同时跟随旋转中心点移动。双击旋转中心点，可以使移至其他位置的旋转中心点回至默认位置。
- 绕 X 轴旋转：图中的竖线为绕 X 轴旋转控制线，光标指向它后，按下鼠标左键围绕圆心拖动，可以实现图像绕 X 轴旋转，如图 9-34（a）所示，灰色扇形为旋转角度。
- 绕 Y 轴旋转：图中的横线为绕 Y 轴旋转控制线，光标指向它后，按下鼠标左键围绕圆心拖动，可以实现图像绕 Y 轴旋转，如图 9-34（b）所示。
- 绕 Z 轴旋转：双圆环中的内环为绕 Z 轴旋转控制线，光标指向它后，按下鼠标左键围绕圆心拖动，可以实现图像绕 Z 轴旋转，如图 9-34（c）所示。
- 绕 X、Y 轴自由旋转：双圆环中的外环为 X、Y 轴自由旋转控制线，光标指向它后，按下鼠标左键拖动，可以实现图像同时绕 X、Y 轴自由旋转，如图 9-34（d）所示。

（2）常用属性

“3D 旋转工具”的常用属性有以下几个：

- 3D 定位和查看：共有 X、Y 和 Z 三个属性，精确设置影片剪辑的三维坐标值（X,Y,Z）。
- 透视角度：范围介于 1°～180°之间，默认值为 55°，用于控制 3D 影片剪辑视图在舞台上的外观视觉角度。
- 消失点：当影片剪辑向着 Z 轴正方向移动，视觉上距离我们越来越远，大小也越来越小，最终会小到一个点，消失在我们的视线外。“消失点”属性就是用来描述当影片剪辑在 Z 轴上消失时的坐标点（X,Y），默认值为“舞台区”的中心点。

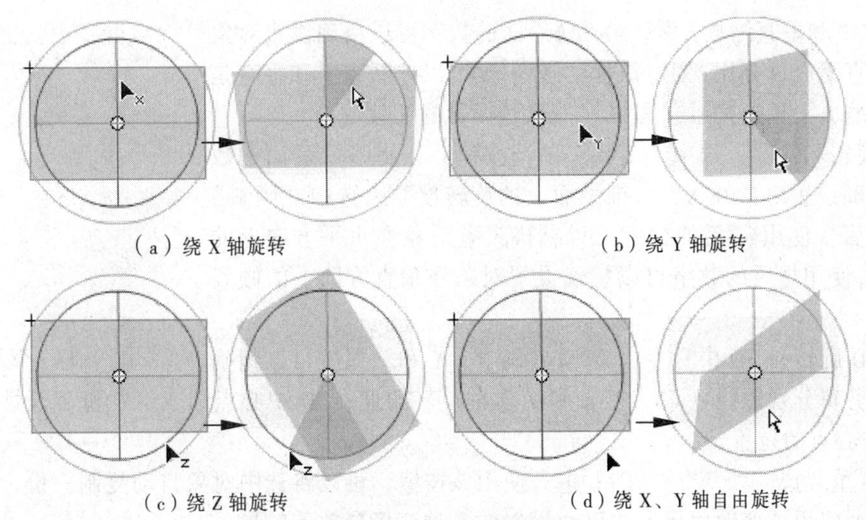

（a）绕 X 轴旋转　　（b）绕 Y 轴旋转

（c）绕 Z 轴旋转　　（d）绕 X、Y 轴自由旋转

图 9-34　3D 旋转效果

（3）全局转换

“全局转换”是选中“3D 工具组”后，在“工具箱”底部“选项区域”的一个按钮，默认是按下状态，即“全局“模式，此时进行的 3D 操作的坐标体系是相对于舞台全局的；该按钮处于弹起状态时，处于“局部”模式，此时进行的 3D 操作坐标体系是相对于影片剪辑本身的，如图 9-35 所示。

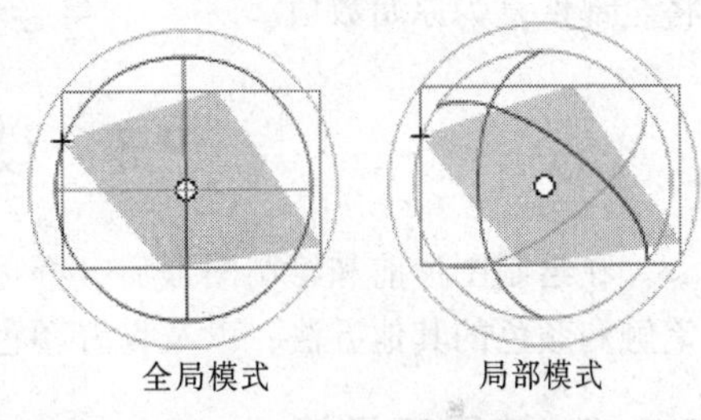

全局模式　　局部模式

图 9-35　全局转换效果

3. 3D 平移工具

“3D 平移工具”用来设置影片剪辑在 X 轴、Y 轴和 Z 轴的移动距离，如图 9-36 所示，影片剪辑上共有一个中心点和两个交叉的箭头。光标指向横向箭头，鼠标形状变为▶X，按下鼠标左键左右拖动，可以移动图像在 X 轴上的坐标；光标指向纵向箭头，鼠标形状变为▶Y，按下鼠标左键上下拖动，可以移动图像在 Y 轴上的坐标；光笔指向中心点，鼠标形状变为▶Z，按下鼠标左键上下拖动，可以移动图像在 Z 轴上的坐标；光笔指向中心点附近，鼠标形状变为▶，按下鼠标左键拖动，可以整体移动中心点和两个交叉的箭头的位置。

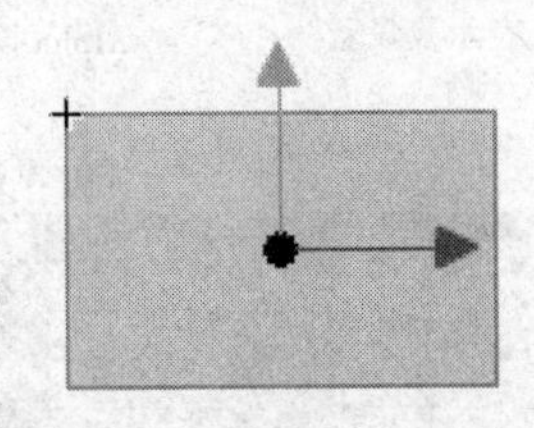

图 9-36　3D 平移

设置影片剪辑在 X 轴、Y 轴和 Z 轴的移动距离，也可以使用属性面板完成。

9.2.6　变形面板

使用“变形面板”可以精确地控制“舞台区”选中对象的变形属性，执行“窗口”→“变形”命令，可以打开“变形面板”，如图 9-37 所示。

① 水平和垂直缩放：修改和后面的数字可以精确设置对象水平和垂直缩放百分比，锁定纵横比按钮可以控制水平和垂直是否等比例缩放，重置按钮可以取消已经设置的缩放效果。

② 旋转和倾斜：选中“旋转”单选按钮后，使用后面的数字可以精确设置对象在XY二维平面上的旋转度数；选中“倾斜”单选按钮后，使用后的数字可以精确设置对象在水平方向上的倾斜角度，使用后的数字可以精确设置对象在垂直方向上的倾斜角度。

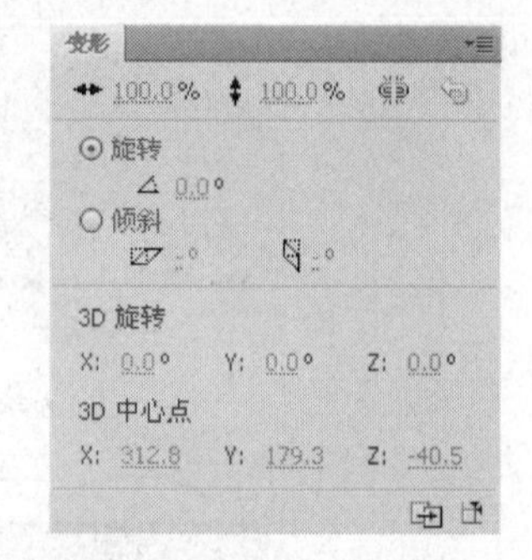

图 9-37　变形面板

③ 3D旋转和3D中心点：3D旋转的X、Y和Z属性可以精确设置影片剪辑分别围绕X轴、Y轴和Z轴的旋转角度；3D中心点的X、Y和Z属性用来设置3D旋转中心点的位置。

④ “重置选区和变形”按钮：使用该按钮，可以将选中对象自动复制一份，并在复制出的对象上应用“变形面板”中已经设置的各种变形参数的效果。

⑤ “取消变形”按钮：使用该按钮，将取消对象的所有变形效果，已设置的变形参数将全部恢复为原始数值。

9.3　设置笔触与填充颜色

在绘制图形前和绘制图形后，都可以使用属性面板设置笔触和填充的颜色。本节介绍设置笔触和颜色的其他方法，以及设置颜色时的更多细节信息。

9.3.1　使用工具箱

选中图形对象后，使用“工具箱”面板的“颜色区域”可以设置笔触颜色、填充颜色，详细介绍如下：

1. 设置笔触颜色和填充颜色

单击“工具箱”中的“笔触颜色”按钮和“填充颜色”按钮，可以打开“调色板对话框”，用于为笔触和填充设置纯色、渐变色和位图，如图9-38所示。操作方法和在Fireworks中类似。

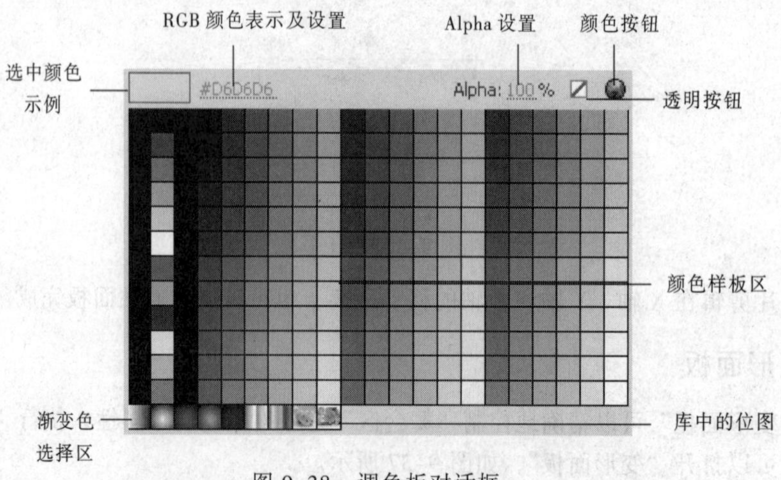

图 9-38　调色板对话框

- 选中颜色示例：显示光标指向的颜色。
- RGB 颜色表示及设置：显示示例颜色的 RGB 值，可以修改此处的值以修改颜色。
- Alpha 设置：值的范围为 0 ~ 100，用来设置对象的透明度，0 为完全透明，100 为完全不透明。
- 透明按钮：直接设置为完全透明。
- 颜色按钮：单击此按钮，打开“颜色”对话框，如图 9-39 所示，可以用多种方法精确地选择或设置颜色。

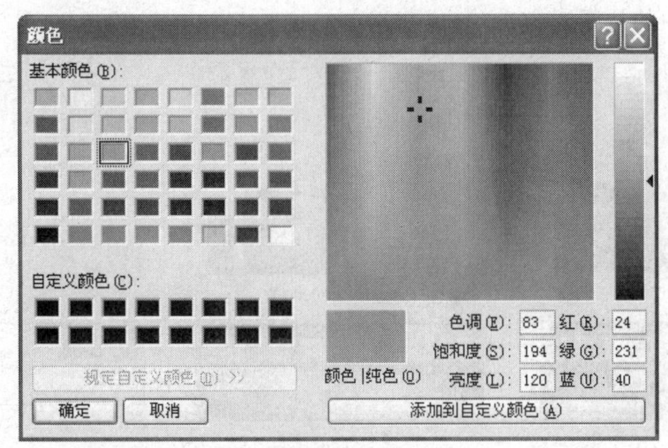

图 9-39　颜色对话框

- 颜色样板区：列出了适合 Web 的 216 种颜色样板。
- 渐变色选择区：选择线性渐变或放射状渐变样板。
- 库中的位图：设置填充为位图图像，此处的位图为导入到 Flash 文档库中的图像。

2. 设置笔触/填充默认色和交换笔触/填充颜色

使用按钮，可以快速设置笔触色为黑色，填充色为白色；使用按钮，可以交换当前笔触和填充的颜色。

9.3.2　使用“颜色面板”

使用“颜色面板”，可以更加精确和详细地设置笔触和填充效果，颜色面板如图 9-40 所示。

此面板中的“笔触颜色”按钮、“填充颜色”按钮，以及按钮组的使用和“工具箱”中“颜色区域”的按钮使用方法一样。不同的是，单击“笔触颜色”按钮、“填充颜色”按钮后，可以从“类型”后的下拉列表框中选择其他选项，共有 5 种选项：无、纯色、线性、放射状和位图，选择不同选项，面板下方的示例区域会随着选择而发生相应的改变。

- 无：将颜色设置为无，完全透明，面板下方无选项。
- 纯色：设置纯色，面板下方选项如图 9-40 所示，可以在“红”、“绿”、“蓝”中输入数值调色，也可以在 RGB 颜色值框中输入颜色值调色，还可以在颜色样板区选色，并且可以设置 Alpha（透明度）的值。
- 线性：如图 9-41（a）所示，可以设置线性渐变色效果，面板最

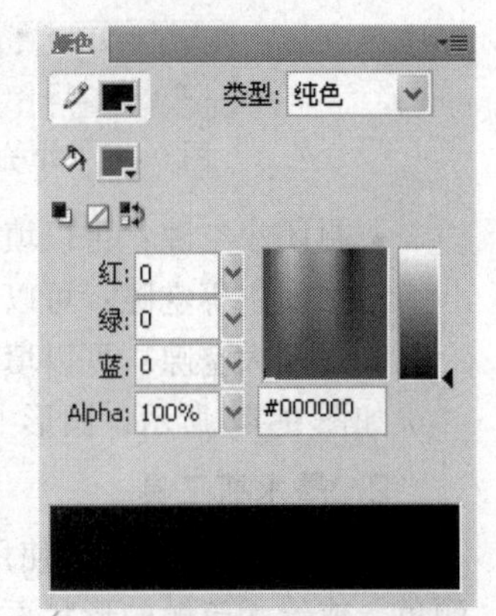

图 9-40　颜色面板

下方为设置的渐变色效果示例。单击渐变色条区下方的色块按钮，从上方颜色区可以选择或设置该色块颜色；也可以双击色块按钮，打开调色板窗口设置该色块颜色，从而改变不同颜色的渐变过度效果。光标指向渐变色条下方无色块的位置时光标变为，单击可以在渐变色条上增加过度颜色色块。如需删除色块，使用鼠标将该色块向下拖出“颜色面板”区之外即可。

- 放射状：如图 9-41（b）所示，可以设置放射状渐变效果，面板最下方为设置的渐变色效果示例。设置方法和“线性”渐变色的设置完全相同。
- 位图：如图 9-41（c）所示，可以设置填充为位图图像。下侧位图选取框中显示的是导入到文档库中的位图对象。

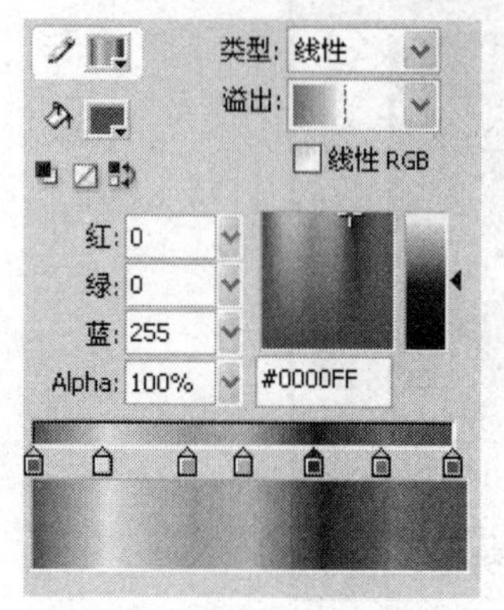

（a）线性类型

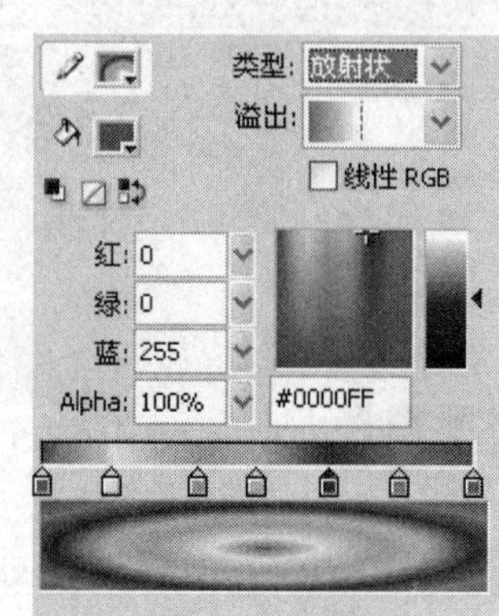

（b）放射状类型

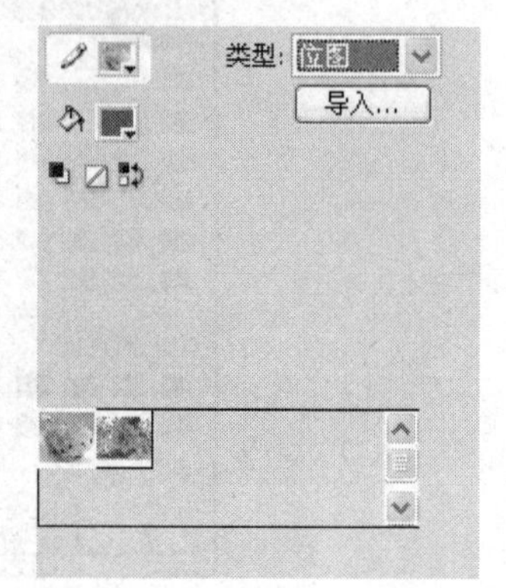

（c）位图类型

图 9-41 颜色面板——类型

9.3.3 填充工具组

填充工具组包括两个工具：颜料桶工具和墨水瓶工具，如图 9-42 所示。

1. 颜料桶工具

“颜料桶工具”使用“工具箱”中“填充颜色”按钮中设置的颜色给形状的填充着色，或给无填充的封闭线条的内部填充颜色。在“工具箱”下方的“选项区域”，可以设置颜料桶工具在给封闭线条内部填充颜色时线条的封闭程度，如图 9-43 所示。

图 9-42 填充工具组

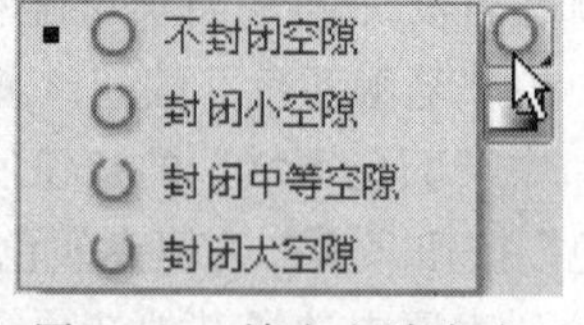

图 9-43 填充空隙大小

- 封闭小空隙：可以填充“空隙”小于 2 像素的区域。
- 封闭中等空隙：可以填充“空隙”小于 6 像素的区域。
- 封闭大空隙：可以填充“空隙”小于 10 像素的区域。

如图 9-44 所示，圆形上方的空隙为 6 像素，只能使用“封闭大空隙”模式填充。

2. 墨水瓶工具

“墨水瓶工具”可以使用“工具箱”中“笔触颜色”按钮中设置的颜色，更换形状的笔触颜色，或给无笔触的形状添加笔触，也可以给分离后的文字添加笔触，如图 9-45 所示。

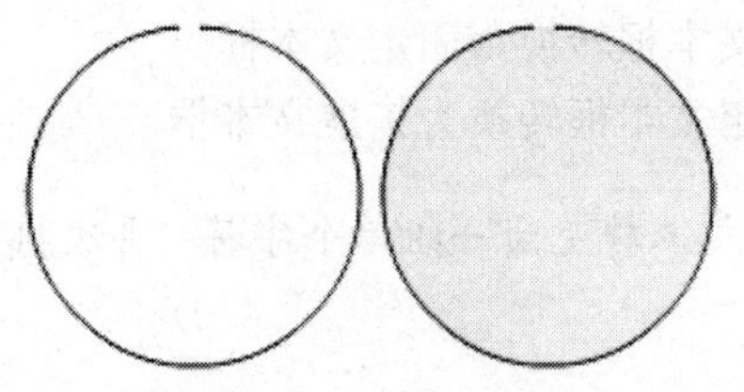

图 9-44　填充大空隙

图 9-45　为文字添加笔触

9.3.4　滴管工具

“滴管工具”用来通过汲取“舞台区”图形笔触颜色和填充颜色来设置“工具箱”中笔触颜色按钮和填充颜色按钮中的颜色。

9.4　文 本 工 具

文本是 Flash 动画中不可或缺的元素，本节介绍文本的使用方法以及相关设置。

9.4.1　文本类型

Flash 中的文本共有三种类型：静态文本，动态文本和输入文本，单击“工具箱”中的文本工具 T 后，在“属性面板”顶端可以选择文本类型。为了创建 Flash 动画播放时不会被改变的文字，应使用静态文本。动态文本和输入文本是为利用 ActionScript 控制动画播放中的文本而预留的，本书不作介绍。

如果动画中使用了静态文本，在将该动画导出时，不论观看者使用的计算机设备是否有相应字体，Flash 会自动包括所有必需的字体以在播放时正确的显示文本。

9.4.2　输入文本

选择“文本”工具 T，可以在舞台上输入文字。在输入静态文本时，有两种文本框模式，一种是扩展文本框模式（单行文本），另一种是固定宽度文本框模式（段落文本）。它们的输入与转换方法如下：

① 扩展文本框模式：选择“文本”工具，在舞台上要输入文本的起点处单击，即可输入文本，该行会随着文本的键入而自动扩展，文本框右上角有一个圆形手柄，如图 9-46（a）所示。

② 固定宽度文本框模式：选择“文本”工具，在舞台上按下鼠标拖动以设置文本框的宽度，输入文字超过文本框宽度时会自动换行，文本框右上角有一个方形手柄，如图 9-46 b 所示。

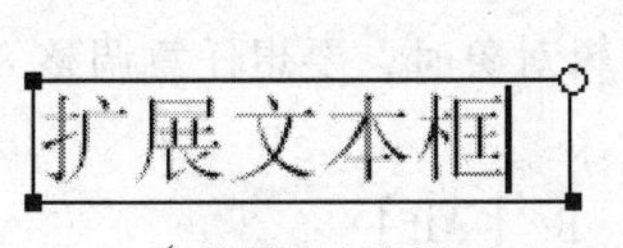

（a）扩展文本框

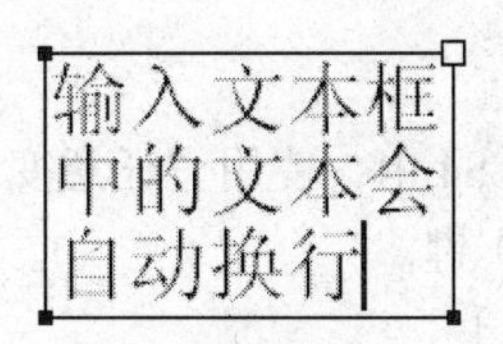

（b）固定宽度文本框

图 9-46　文本框模式

③ 扩展文本框与固定宽度文本框的转换。

- 左右拖动扩展文本框的圆形手柄，可以将扩展文本框转换为固定文本框。
- 单击固定文本框右上角的方形手柄，可以将固定文本框转换为扩展文本框。

注意：对于输入的文本执行“分离”操作，可以将文本转变为一组单个字符，再次执行“分离”操作，可以将单个字符打散为形状。

9.4.3 设置文本属性

Flash 中的文本属性很多，设置方法和内容与一般文本编辑软件（如 Microsoft Word）基本一致，常用属性类别如下：

1. 字符类属性

字符类属性主要用来设置与文本字符相关的属性，包括字体、样式（加粗、倾斜等）、字号、字符间距、字符颜色、字符边缘锯齿效果和上下标等内容。

2. 段落类属性

段落类属性主要用来设置与文本段落相关的属性，包括首行缩进、左缩进、右缩进、行间距、段落文本方向方向：等内容。

3. 选项

Flash 文本属性的“选项区”可以设置文本的超链接地址和超链接目标，用于为选中文本设置超链接效果。

练 习 题

一、填空题

1. 使用矩形工具绘制形状时，外边框称为________，内部形状称为________，它们彼此是独立的。

2. 钢笔工具组包括 4 个工具，分别是：________、________、________和________。

3. Deco 工具有三种绘画模式：________、________和________。

4. 将选中的对象变形可以使用________工具或________面板。

5. 文本有三种类型________、________和________。

二、选择题

1. 在 Flash CS4 中，给分离后的文字添加笔触应使用（　　）工具。

A. 填充　　B. 笔触
C. 墨水瓶　　D. 文本

2. 在 Flash CS4 中，使用“任意变形工具”编辑对象时，要想任意调整 8 个控点的位置，应该按住（　　）键。

A.【Shift】　　B.【Alt】
C.【Ctrl】　　D.【Tab】

3. 在 Flash CS4 中，“扩展文本框模式”右上角的手柄为（　　）。

A. 空心正方形　　B. 实心正方形
C. 空心圆形　　D. 实心圆形

4. 在 Flash CS4 中，要想精确编辑路径上锚点的位置、方向线等属性，应该使用（　　）工具。

A. 选择　　　　B. 部分选取

C. 钢笔　　　　D. 任意变形

三、思考题

1. 设置笔触或填充的颜色时，颜色类有哪几种？
2. 如何使用“椭圆工具”绘制正圆？
3. 如何将文本转变为形状？
4. 如何同时选中填充和笔触？
5. 简述 Flash 中的三维坐标系统是怎样构成的。
6. 如何给对象设置透明度？

四、上机操作题

1. 练习直至熟练掌握钢笔工具的使用方法，用钢笔工具绘制鼠标形状。
2. 练习使用 Deco 工具为“舞台区”设置藤蔓背景的方法。
3. 使用多种方式为形状内部做填充。
4. 导入一张位图图像，练习使用套索工具（魔棒）去除图像背景的方法。

第10章 创建动画

前面章节已经介绍了使用“库面板”将对象导入Flash、使用时间轴面板对图层操作、帧的基本概念、创建和编辑动画角色等内容。在此基础之上，本章主要介绍如何在Flash中制作动画效果。Flash中的动画制作方法主要有两大类：逐帧动画和补间动画。本章重点讲解的是补间动画的制作方法。

10.1 Flash CS4中的动画种类

Flash中的动画按照制作方法，主要分为两大类：逐帧动画和补间动画。

1．逐帧动画

需要在时间轴的图层上制作每一个帧的动画效果和样式，制作步骤比较烦琐，且需要有一定的绘画功底。

2．补间动画

补间动画是通过为一个帧中的对象属性指定一个值并为另一个帧中的该对象的相同属性指定另一个值，Flash自动计算这两个帧之间该对象属性的值的变化而创建的动画。术语“补间”一词来源于经典动画领域，高级动画师负责绘制动画对象的开始和结束姿势，开始和结束姿势是动画的关键帧，然后初级动画师加入进来，绘制中间的帧，完成中间的工作，因此，“补间”是指关键帧之间的平滑过渡。补间动画制作简单而功能强大，是Flash动画制作中的重要方式。补间动画又随制作方法不同分为：补间动画、传统补间动画、形状补间动画等。

10.2 逐帧动画

制作逐帧动画时可以自己编辑每个关键帧的图形对象，也可以在其他图像编辑软件中制作好后导入到Flash中使用，下面分别介绍这两种方法。

1．编辑关键帧图像

下面制作一个小球从“舞台区”左侧运动到右侧的动画示例，来说明逐帧动画的制作方法。

① 新建Flash文档，修改“舞台区”大小为400×150像素。

② 使用椭圆工具在舞台区左侧绘制一个正圆，设置其属性：无笔触颜色，填充为放射状，中心为白色，边缘为黑色，如图10-1（a）所示，图层1的第一帧变为填充了对象的关键帧。

③ 单击图层1的第2帧，按键盘上的【F6】键，第2帧转换为关键帧，将舞台区的小球向右拖动一小段距离，如图10-1（b）所示。

④ 重复第③步的操作，依次建立第3、4、5…12帧关键帧，每帧“舞台区”的小球都向右侧移动一段距离。最后一帧，第12帧的效果如图10-2所示。

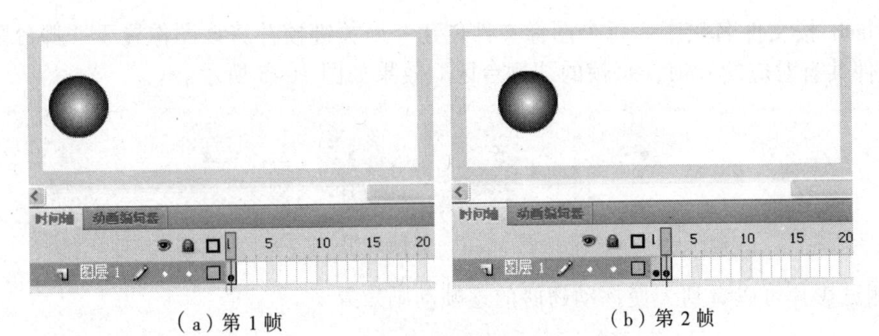

（a）第 1 帧　　　　（b）第 2 帧

图 10-1　逐帧动画

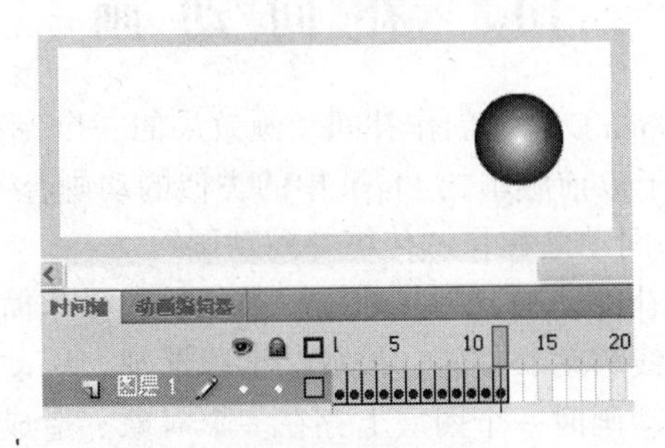

图 10-2　第 12 帧

⑤ 选用一种方法测试动画效果。

- 拖动红色播放头。
- 按键盘上的【Enter】键。
- 按键盘上的快捷键【Ctrl+Enter】。

可以看到小球由左向右的动画效果。由上述步骤可以看出，制作逐帧动画时，需要制作设置每一帧的效果，操作步骤烦琐。

逐帧动画也有其特有的优势，它可以单独设置每一帧的效果，具有非常大的灵活性，几乎可以表现任何想表现的内容，类似于电影胶卷模式，很适合于制作表演细腻的动画效果。

2．导入图像文件

在 Flash 中制作逐帧动画一般是在其他图形图像软件里创作编辑好图像文件，然后导入到 Flash 中使用，下面演示导入图片序列制作逐帧动画的步骤。

① 新建 Flash 文档，设置“舞台区”的大小。

② 使用菜单“文件”→“导入”→“导入到舞台”命令，打开“导入”对话框，如图 10-3 所示，选中并打开已做好的图像文件“Angel-01.jpg”。

③ Flash 弹出如图 10-4 所示对话框。通过选中的文件的文件名判断，此文件和其他文件是一组序列文件，Flash 会提示是否整体导入舞台，选择“是”按钮。

图 10-3　导入图像

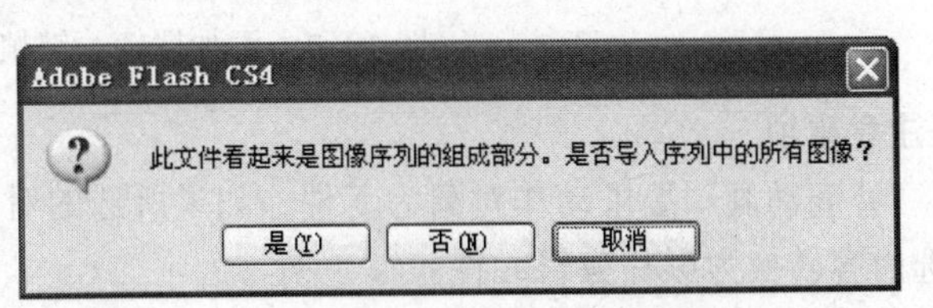

图 10-4　图像序列提示

④ Flash 按文件名顺序为每个图像文件创建一个关键帧并将该图像置于“舞台区”中，6 个图像文件共有对应的 6 帧，每帧的“舞台区”效果如图 10-5 所示。

图 10-5　每帧效果

⑤ 测试影片可以看到天使挥动翅膀的逐帧动画效果。

10.3　补 间 动 画

“补间动画”是 Adobe Flash CS4 中创作补间动画效果的一个专有名词，是 Flash CS4 中最新的一种补间方式。为了区别于以前版本的 Flash 中的类似的动画补间效果——运动补间动画，在 Flash CS4 中，以前的运动补间动画称作“传统补间动画”。

使用 Flash CS4 中的“补间动画”创作动画效果，具有操作简单、直观的特点；可以轻松地制作对象的直线移动、曲线移动、旋转、缩放、渐隐渐现、缓动等动画效果；并且可以避免使用“传统补间动画”制作动画时一个图层上存在多个对象、造成补间不成功的情况。

10.3.1　使用“补间动画”的方法

这里先简单介绍一下添加“补间动画”的方法和注意事项，为后面创作动画做准备。

1. 创建“补间动画”的方法

① 选中“舞台区”上要制作动画的对象（要求是元件）。

② 右击该对象，在弹出的快捷菜单中选择“创建补间动画”命令，默认的动画长度为 24 帧；将鼠标移动到最后一帧上拖动可以改变动画的长度，如图 10-6 所示。

图 10-6　将补间帧延续至第 30 帧

注意：将光标指向补间动画图层中的非起始和结束关键帧的补间帧时，按下鼠标左键拖动，可以将整段补间帧移动至其他位置。

③单击时间轴上某一帧，然后编辑对象的位置、大小、倾斜、旋转、Alpha 等属性，将该帧转换为“属性关键帧”，如图 10-7 所示的第 15 帧、第 30 帧，如果没有“属性关键帧”将不会有动画效果。

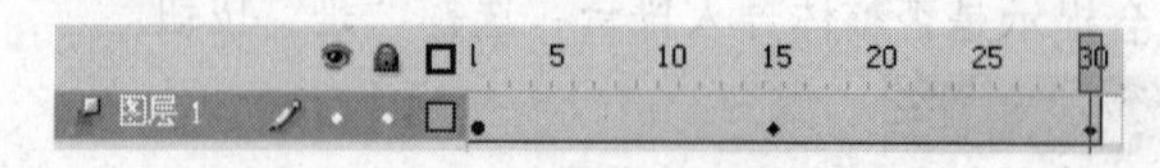

图 10-7　添加属性关键帧

2. 注意事项

① “补间动画”要求动作对象为元件，如果所选的对象不是元件，Flash 将弹出对话框提示将所选内容转换为影片剪辑元件。

② Flash 会自动把补间动画分割在它们自己的图层上，这些图层称为“补间”图层 。每

个“补间”图层中只能有一个补间动画元件，而不能有任何的其他元素，如果尝试将其他对象拖动到该“补间”图层，Flash 将弹出“替换当前补间目标”对话框，提示是否用新的元件替换原来的元件，如果选择“确定”按钮，新的元件将取代原有元件，在该“补间”图层完成动画效果，仍然保持该图层只有一个补间动画元件。

10.3.2　使用“补间动画”创作动画

本节将使用“补间动画”的方法制作几个简单的动画效果，将各种动画效果分散到一个个小的例子中，用以讲解“补间动画”的常用手法，以及相关的注意事项、操作技巧。

1．位置移动

此处制作卡通汽车在一个有小坡的路上运行的动画，制作内容包括绘制汽车、行驶的坡路、行驶动画等内容，如图 10-8 所示。

图 10-8　卡通汽车运行动画轨迹效果

（1）准备工作

- 新建 Flash 文档、修改画布大小为 800 × 300 像素，将时间轴的“图层 1”名称修改为“背景”，如图 10-9 所示。
- 使用“工具箱”中的“线条工具”，在“舞台区”靠下的区域，按下【Shift】键的同时，绘制一条水平线。设置水平线的属性：笔触颜色为“#996633”（土黄色），笔触粗细为 10，如图 10-10 所示。

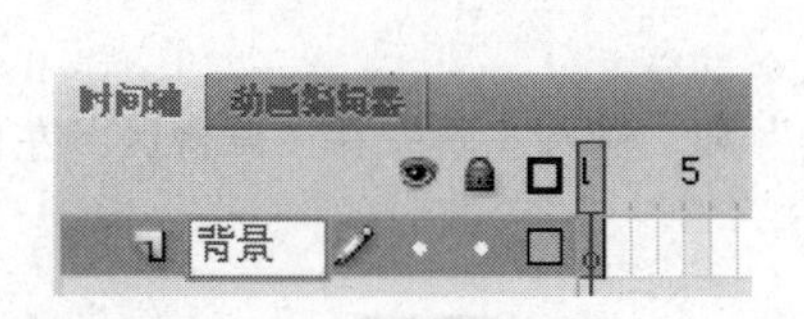

图 10-9　修改图层名

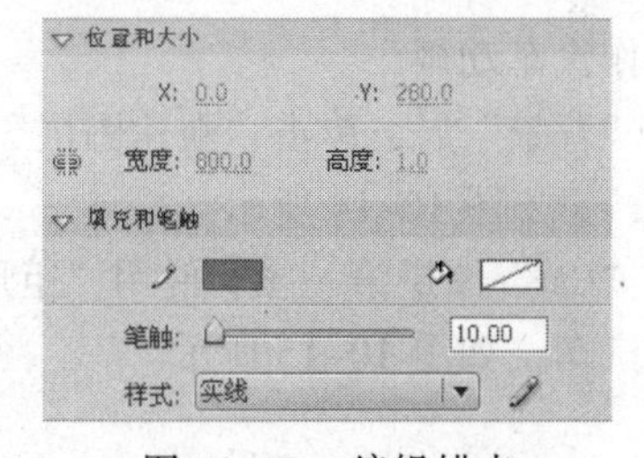

图 10-10　编辑锚点

- 使用“钢笔工具组”中的“添加锚点工具”为直线的第 250 像素、400 像素、550 像素处增加 3 个锚点，如图 10-11 所示。

图 10-11　使用“添加锚点工具”增加锚点

- 使用“部分选取工具”编辑 3 个锚点，方法如下：
  - 先将中间的锚点上移大约 50 像素，如图 10-12 所示。
  - 按住【Alt】键向左拖动中间的锚点将其变为平滑点。
  - 按住【Alt】键向左拖动左边的锚点将其变为平滑点。
  - 按住【Alt】键向左拖动右边的锚点将其变为平滑点。

- 用于汽车行驶的带小坡的路面制作完成后，将该图层锁定，防止在后面的操作步骤中意外地修改到该图层上的内容。

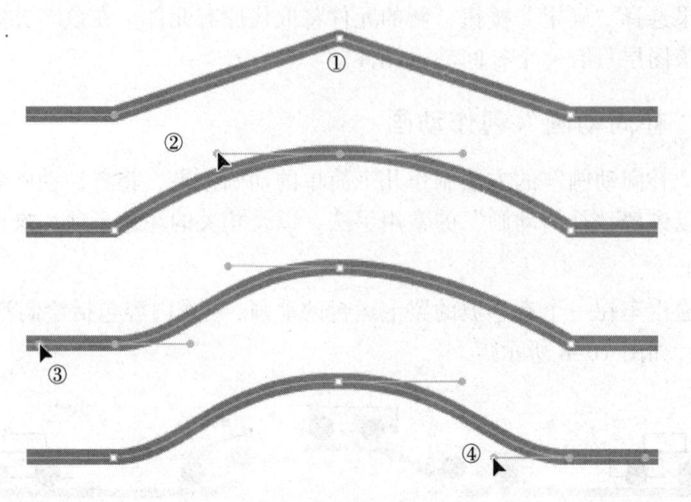

图 10-12 编辑直线为中间为拱形的曲线

注意：编辑锚点的要点是：先单击要编辑的锚点，将锚点由空心的矩形变为实心的圆点，然后将鼠标移动到锚点上，当鼠标指针右下方为“空心”时拖动锚点改变其位置，或按住【Alt】键拖动生成方向线将其变为平滑点；如果是“实心”时直接拖动为移动路径，按住【Alt】键拖动为复制路径，如图 10-13 所示。

（a）编辑锚点　（b）移动、复制路径

图 10-13　编辑锚点

（2）制作汽车动画

- 选择“背景”层，单击“新建图层”按钮 ，在“背景”层上方新建一个图层，改名为“Car”，如图 10-14 所示。
- 单击“Car”图层第一帧，使用“矩形工具”和“椭圆工具”在“舞台区”左侧绘制一辆卡通汽车，如图 10-15 所示。

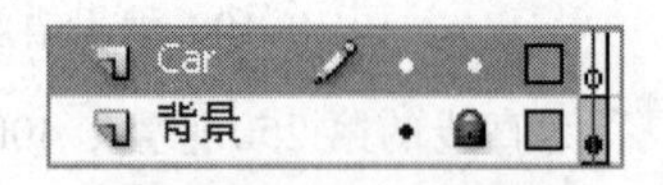

图 10-14　新建图层

图 10-15　卡通汽车

- 选中卡通汽车，按【F8】键将其转换为元件，名字“卡通汽车”、类型“图形”，在卡通汽车上右击，在弹出的快捷菜单中选择“创建补间动画”命令，将“Car”图层转换为补间图层（层名称前图标也改变为补间层图标），并用蓝色背景标识当前可用于补间的帧的范围，同时红色播放头移至补间帧的最后一帧（第 24 帧），如图 10-16 所示。

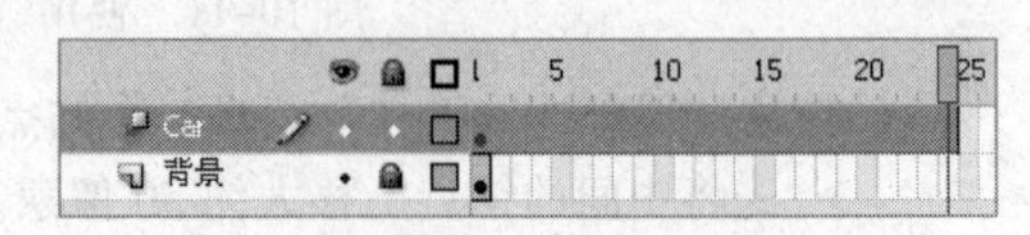

图 10-16　补间图层

- 单击“背景”层第 24 帧，按键盘上的【F5】键，将其转换为普通帧，使得“背景”层上的图形从第一帧延续到最后一帧。

- 确保红色播放头在补间帧的最后一帧，将“舞台区”上“Car”图层的卡通汽车拖动至舞台右侧，如图 10-17 所示，“舞台区”从左到右的线条标识了卡通汽车的运行轨迹。

图 10-17 卡通汽车的运行轨迹

- “Car”图层的最后一帧变为“属性关键帧”，图标显示为•，在“时间轴”拖动红色播放头，可以看到卡通汽车从左侧运动到右侧的效果。
- 测试影片，可以看到，卡通汽车在有背景的舞台上从左侧直线运动至右侧。

（3）修改动画

现在的动画效果，并不能满足我们的要求，通过修改动画效果，最终使得卡通汽车在“背景”所示的路面上行驶。

- 修改运行时间，使动画长度由默认的 1 秒变为 2 秒：
  - ➢ 动画的单次运行时间由时间轴中使用的帧长度和 FPS 共同决定，本例中 FPS 使用默认值 24，而“Car”层的补间动画帧数为 24，由此可以得出，卡通汽车从左侧运行到右侧的动画时长为 1 秒。
  - ➢ 现在，将动画时间延长为 2 秒。单击“背景”层第 48 帧，按键盘上的【F5】键，将背景图像延续至 48 帧；将光标移到“Car”图层的最后一帧（属性关键帧），当光标形状变为↔时，按下鼠标左键向右拖动至 48 帧的位置松开鼠标，这时“Car”层将延续至第 48 帧位置，如图 10-18 所示。

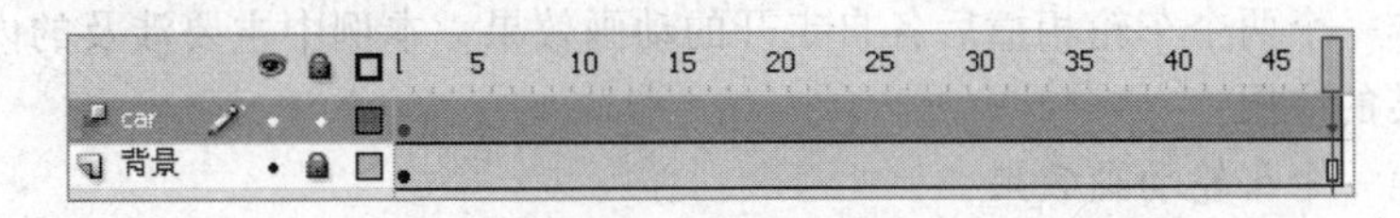

图 10-18 拖动帧

- 修改卡通汽车运行轨迹，使其按照“背景”图层上的路线运行：
  - ➢ 移动“时间轴”上的红色播放头，注意舞台区卡通汽车的位置，找到三个关键的点，分别在第 12 帧、24 帧和第 38 帧，12 和 24 两帧正好是卡通汽车应该开始上坡 A 和下坡结束的位置，第 24 帧是汽车应该在坡顶稍微偏左的位置，分别单击“Car”的第 12 帧、24 和第 38 帧，按【F6】键插入“属性关键帧”，如图 10-19 所示。

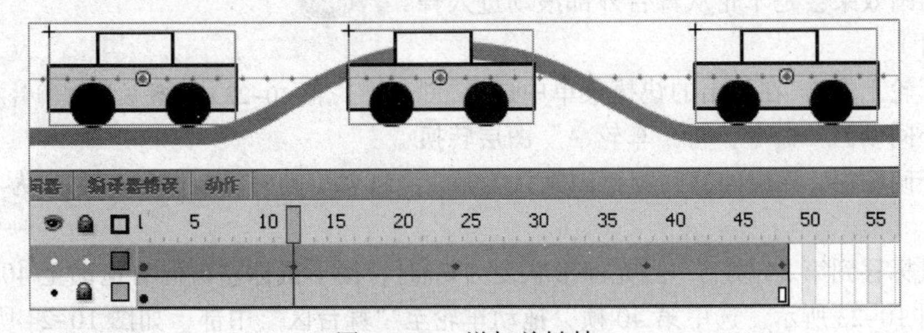

图 10-19 增加关键帧

➢ 在“Car”图层上增加的三个关键帧，对应的相当于卡通汽车运行轨迹线上的三个锚点，使用“部分选定工具”可以使用与前面编辑“背景”层的路面曲线相同的方法，修改卡通汽车运行轨迹线和路面曲线相符，如图 10-20 所示。

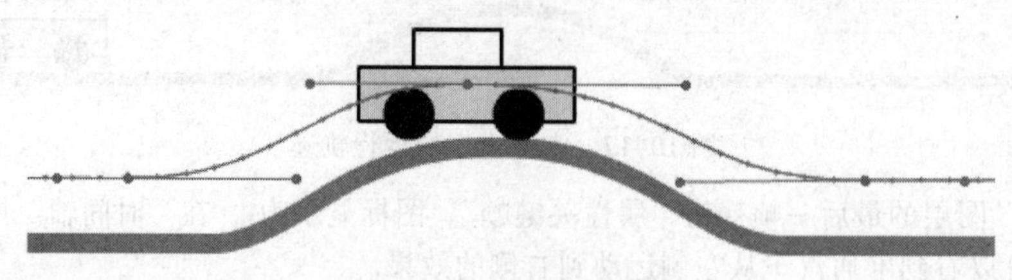

图 10-20　修改运动轨迹

- 测试影片效果，可以看到卡通汽车按照曲线在“背景”层路面行驶。但是，卡通汽车在运行到坡面时，车身不会随坡面自己改变，不够逼真，需要继续修改。
- 使用“选择工具”，单击“Car”图层动画的任意帧，在“属性”面板修改补间动画的属性：选中“调整到路径”复选框，汽车将自动按照路线轨迹调整头部方向，如图 10-21 所示。再次测试影片效果，可以看到卡通汽车按照“背景”层路面自动调整姿势匀速行驶。

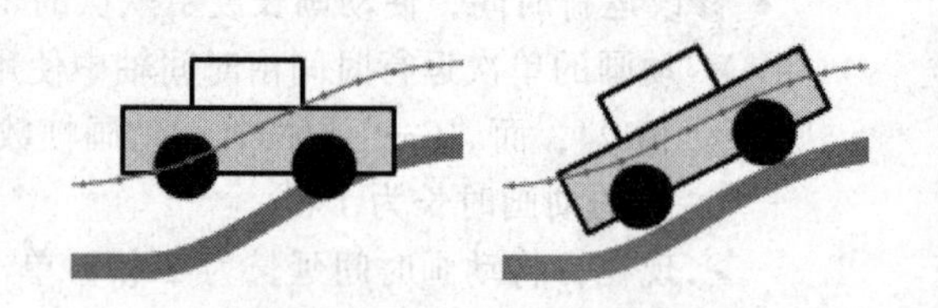

图 10-21　调整到路径

- 将该 Flash 文档以“卡通汽车.fla”文件名保存，本章和下一章的内容中还会用到。

2．多层动画和旋转动画

接下来制作一个两个车轮相撞后各自走开的动画效果，本例中主要涉及的内容是多层动画和补间动画旋转的应用。

（1）制作第一个车轮动画效果

- 新建 Flash 文档，并修改“舞台区”大小为 600 × 200 像素，将“图层 1”名称修改为“车轮 A”。
- 使用菜单“文件”→“导入”→“导入到库”命令，在打开的“导入到库”对话框中，导入素材“车轮.png”文件（PNG 格式的图片导入后为图形元件）。
- 从“库”面板中将导入的“车轮.png”拖动到“舞台区”左侧外边，如图 10-22 所示（这样动画效果会是车轮从舞台外部滚动进入舞台内）。

图 10-22　车轮放置在舞台左侧外边

- 在车轮上右击，在弹出的快捷菜单中选择“创建补间动画”命令，将“车轮 A”图层转换为补间图层，该层的补间帧范围默认为第 1 ~ 24 帧（动画播放时间在 FPS 为 24 时，为 1 秒）。
- 将鼠标移到第 24 帧上，当光标形状变为↔时，按下鼠标左键向右拖动至 40 帧的位置，如图 10-23 所示。选中第 40 帧，拖动车轮至“舞台区”中部，如图 10-24 所示。“舞台区”轨迹线表明了车轮的运行轨迹，同时“车轮 A”图层的第 40 帧自动转变为“属性关键帧”。测试动画，可以看到车轮将从左侧平移至舞台中部。

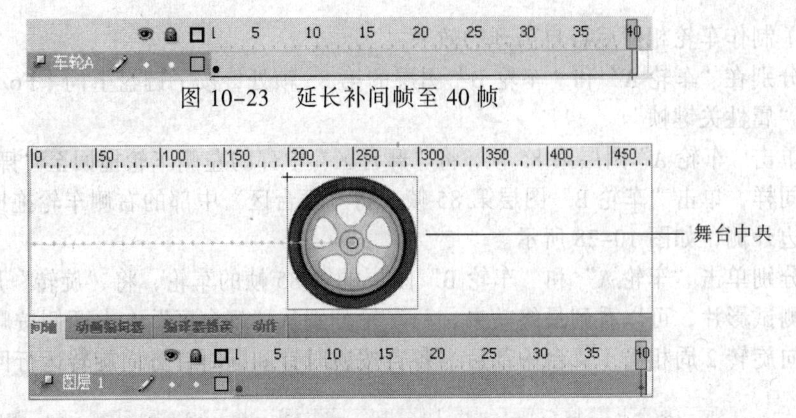

图 10-23　延长补间帧至 40 帧

图 10-24　拖动车轮至舞台区中部

- 选中第 40 帧，使用“选择”工具单击“舞台区”上的车轮，在“变形”面板，将“旋转”角度设置为 720°，如图 10-25 所示。再次测试影片，将可以看到车轮从左侧顺时针旋转 2 周运行至舞台中部。

图 10-25

（2）制作第二个车轮动画效果

- 新建一个图层，将图层名称修改为“车轮 B”，单击“车轮 B”图层第 1 帧，从“库”面板中将导入的“车轮.png”拖动到“舞台区”右侧边缘以外，如图 10-26 所示。

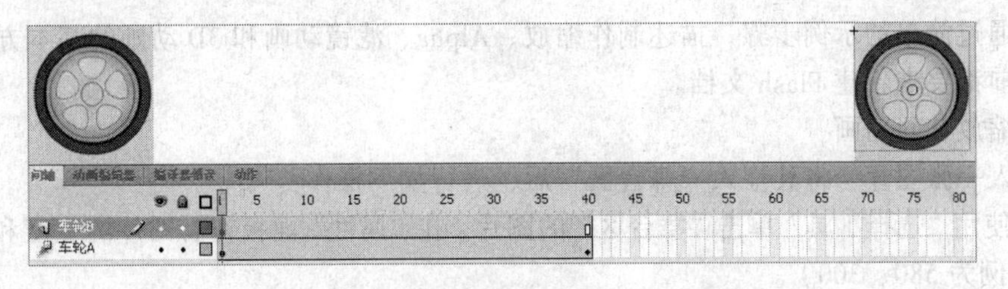

图 10-26　创建新图层并放置车轮元件

- 右击“舞台区”右侧的车轮，在弹出的快捷菜单中选择“创建补间动画”命令，“车轮 B”图层转变为补间图层。选中“车轮 B”图层第 40 帧，将“舞台区”右侧的车轮拖动至舞台中部，和第一个车轮相贴，如图 10-27 所示。并将第 40 帧的该车轮的“旋转”属性修改为-720°。

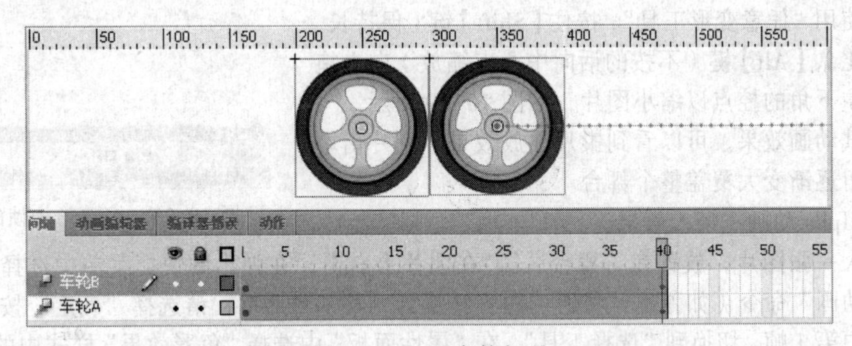

图 10-27　两车轮相遇

- 测试影片，可以看到两个车轮分别从“舞台区”左右两侧按顺时针和逆时针方向旋转 2 周交汇于舞台中部。虽然两个车轮不在一个图层，但是视觉效果是两个车轮在中部相撞。

（3）制作车轮相撞后各自离开的效果

- 分别在“车轮 A”和“车轮 B”图层的第 85 帧处，按下键盘上的【F6】键，将其转换为“属性关键帧”。
- 单击“车轮 A”图层第 85 帧，将“舞台区”中部的左侧车轮拖回至“舞台区”左边外侧；同样，单击“车轮 B”图层第 85 帧，将“舞台区”中部的右侧车轮拖回至“舞台区”右边外侧，如图 10-28 所示。
- 分别单击“车轮 A”和“车轮 B”图层的第 85 帧的车轮，将“旋转”属性修改为 0°。
- 测试影片，可以看到最终效果，两车轮分别从“舞台区”左右两侧按顺时针和逆时针方向旋转 2 周相撞于舞台中部后，各自按逆时针和顺时针方向旋转运行回原始位置。

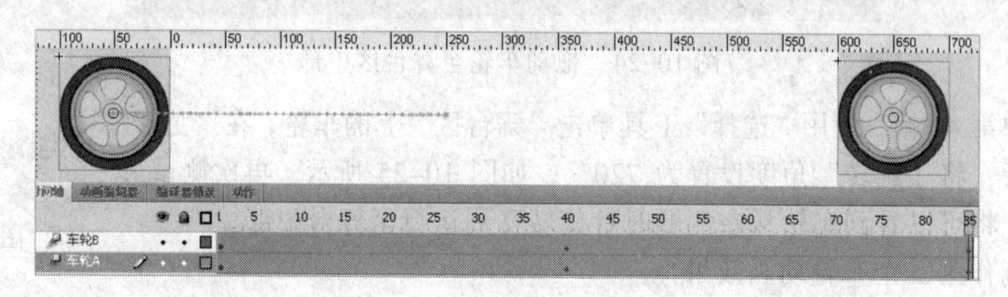

图 10-28　将车轮拖回原位

3．缩放、Alpha、滤镜动画、3D 动画

下面通过简单的示例步骤，描述制作缩放、Alpha、滤镜动画和 3D 动画的基本方法，每部分操作之前都要求新建 Flash 文档。

（1）缩放补间动画

- 导入一张图片，将其拖入“舞台区”后，进行如下操作：
  - 使用“选择工具”单击“舞台区”的图片，在“属性”面板查看图片的宽度和高度（本例为 580、300）。
  - 单击“舞台区”的空白位置，在“属性”面板设置文档大小与图片大小相同。
  - 再使用“选择工具”单击“舞台区”的图片，在“属性”面板设置图片的位置（0，0）。
- 右击图片，在弹出的快捷菜单中选择“创建补间动画”命令（如弹出“将所选内容转换为元件”对话框，请选择“确定”按钮）。
- 选中第 24 帧，按【F6】键插入关键帧；选中第 1 帧使用“任意变形工具”，按住【Shift】键（保持长、宽比）、【Alt】键（不按的话向中心点缩放）向上拖动左下角的控点以缩小图片，如图 10-29 所示。
- 测试动画效果，可以看到影片播放效果，图片由右上角逐渐变大覆盖整个舞台。

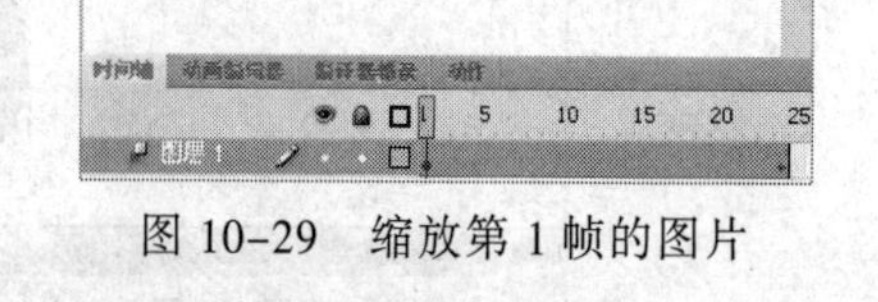

图 10-29　缩放第 1 帧的图片

（2）Alpha 动画（淡入效果）

- 导入一张图片，放置在“舞台区”，在图片上右击，在弹出的快捷菜单中选择“创建补间动画”命令（如弹出“将所选内容转换为元件”对话框，请选择“确定”按钮）。
- 选中第 1 帧，切换到“选择工具”，在“属性面板”中选择“色彩效果”样式中的“Alpha”选项，在下方出现 Alpha 属性，将其值设置为 0%，表示图片元件完全透明，如图 10-30 所示。

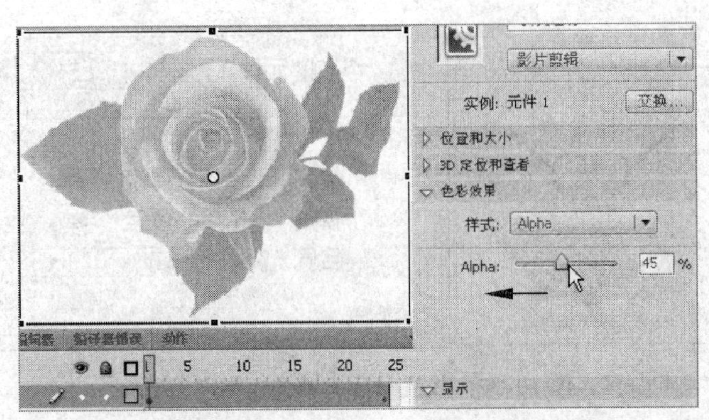

图 10-30　设置 Alpha 属性为 0%

- 将红色播放头移至补间图层结束帧，选择“舞台区”的透明图片元件，将“属性面板”中的 Alpha 属性值设置为 100%，表示图片元件完全不透明。
- 根据需要，调整补间动画图层使用帧长度。
- 测试动画，可以看到影片播放效果，图片逐渐由透明转变为完全不透明，实现了图像渐现的效果。

说明：“色彩效果”的样式除了有“Alpha”选项外，还有“亮度”“色调”和“高级”选项，其选项设置和 Fireworks 图像处理中的内容近似，在 Flash 中通过设置这些属性可以为元件增添更多的亮度、颜色等补间动画效果。

（3）滤镜动画

- 导入一张图片，放置在“舞台区”，在图片上右击，在弹出的快捷菜单中选择“创建补间动画”命令。
- 选中第一帧，使用“选择工具”单击“舞台区”上的图片，在“属性面板”底部的滤镜处，单击左下角“添加滤镜”按钮，在弹出的快捷菜单中选择“模糊”命令，设置模糊 X 为 10 像素，模糊 Y 为 10 像素，品质为“高”，如图 10-31 所示。

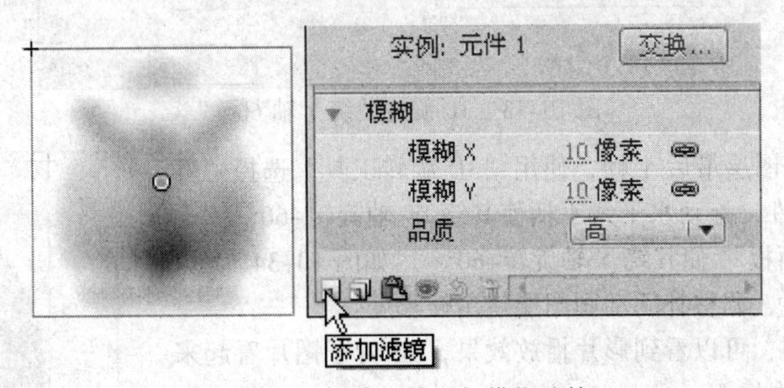

图 10-31　为第 1 帧添加模糊滤镜

- 选中最后 1 帧，使用“选择工具”单击“舞台区”上的模糊图片，将“属性面板”中的模糊属性设置为：模糊 X 为 0 像素，模糊 Y 为 0 像素，如图 10-32 所示。
- 根据需要，调整补间动画图层使用帧长度。
- 测试动画，可以看到影片播放效果，图片逐渐由模糊转变为完全清晰状态。

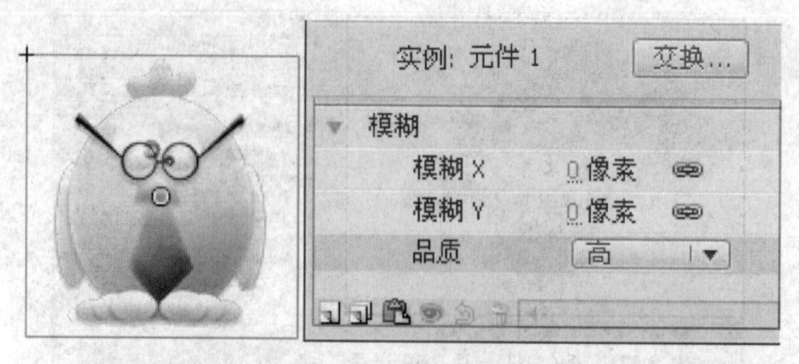

图 10-32　设置最后 1 帧的模糊度为 0

注意：Flash 中的滤镜效果和 Fireworks 图像处理软件中的滤镜效果的相关设置类似。在 Flash 中除了可以使用“模糊”滤镜外，还可以使用“投影”、“发光”、“斜角”等滤镜效果，从而制作更多特效的滤镜补间动画。

（4）3D 动画

① 导入一张图片，放置在“舞台区”，在图片上右击，在弹出的快捷菜单中选择“创建补间动画”命令（如弹出“将所选内容转换为元件”对话框，请选择“确定”按钮）。

② 选择第 1 帧，使用“3D 旋转工具”选择“舞台区”的图片元件，拖动水平线手柄使其绕 Y 轴旋转 60°（也可以使用“变形面板”，使其绕 Y 轴旋转 60°），如图 10-33 所示。

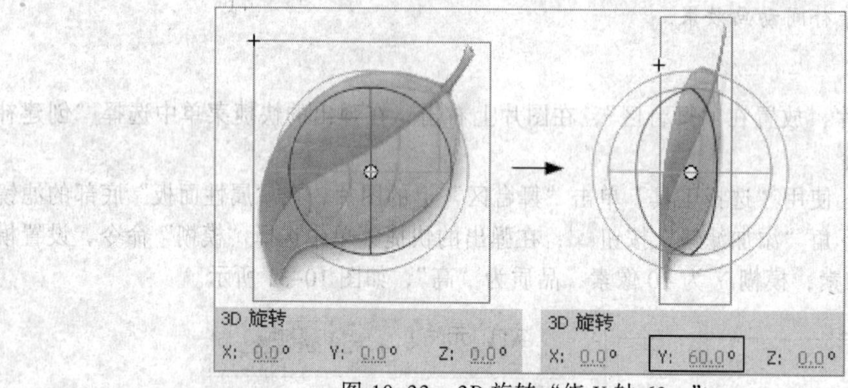

图 10-33　3D 旋转“绕 Y 轴 60　”

③ 选择补间图层最后 1 帧，使用“3D 旋转工具”选择“舞台区”的图片元件，拖动水平线手柄使其绕 Y 轴旋转-60°（也可以使用“变形面板”，使其绕 Y 轴旋转-60°），如图 10-34 所示。

④ 根据需要，调整补间动画图层使用帧长度。

⑤ 测试动画，可以看到影片播放效果，3D 叶子图片看起来像是在三维空间中摇摆。

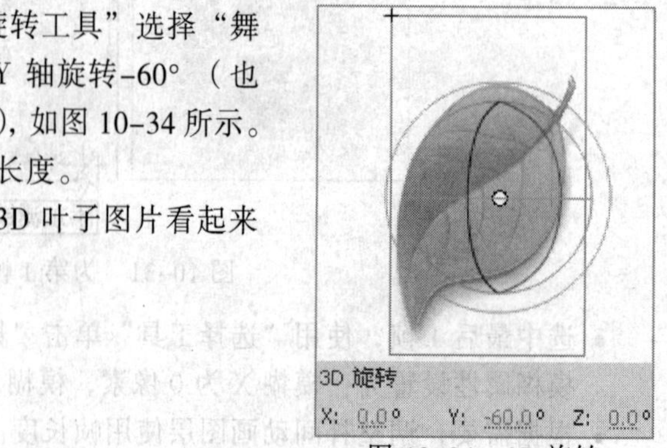

图 10-34　3D 旋转

4．“补间动画”制作小结

下面对补间动画的制作方法作以小结。

（1）“补间动画”的原理

不管是对象的移动、旋转、缩放、Alpha、滤镜还是 3D 补间动画效果，基本原理都是在第一个关键帧中为要参与动画的对象设置相关的属性值；接下来，在最后一个关键帧（此处也叫“属性关键帧”）中为该对象相关属性设置不同的值，Flash 自动计算这两个关键帧之间该对象属性的值的变化，从而创建了中间过程——平滑的动画效果。

前面的示例中，为了讲解方便和清晰，基本都是每种动画应用一种单一的动画补间效果，其实在动画补间中，可以为动画元件同时设置多种属性值的变化，完成更复杂的补间效果，例如，旋转的同时缩放、移动的过程中渐隐渐现和模糊等。

在“补间动画”图层上右击，在弹出的快捷菜单中选择“翻转关键帧”命令，会将补间动画中所有关键帧位置在时间轴中翻转交换，实现补间动画的反转运行。

（2）帧的操作

在“补间动画”中，会涉及帧的相关操作，在前面已经作过一些介绍，这里再作一些补充：

- 选择“补间动画”层中的帧：按下键盘【Ctrl】键的同时，单击“补间动画”层中的帧，可以选中该帧，否则，选中的是整个“补间动画”层中的所有参与补间的帧。
- 将帧转换为关键帧时有两种情况：
  - 一是在“补间动画”层使用【F6】键，会将选中帧转换为“属性关键帧”，图标为一个小菱形（◆）。
  - 二是在非“补间动画”层使用【F6】键，会将选中帧转换为普通关键帧，图标为一个小圆点（●或○），并且该帧内容为前一个关键帧内容的完全复制。
- 将帧转换为空白关键帧：将帧转换为空白关键帧的快捷键是【F7】，会将选中的帧转换为一个普通空白关键帧，图标显示为一个空心圆圈（○）。
- 将帧顺延：将补间动画中的某关键帧效果顺延下去的方法是将其后的若干帧转换为普通帧，普通帧只用于延续其左侧最近的关键帧的显示效果，不能在其中放置对象，显示为空心方块□。在时间轴中插入普通帧的快捷键是【F5】。
- 剪切帧、复制帧、粘贴帧、删除帧：在“时间轴”面板相应图层，右击选中的帧，在弹出的快捷菜单中选择相应命令即可完成相关操作。

5．使用“动画编辑器”面板

前面制作了一系列动画，在卡通汽车的动画中，卡通汽车是匀速行驶；车轮相撞动画中车轮也是匀速运动、等速旋转；Alpha 动画也是平滑渐现……

补间动画效果在默认情况下都是匀速而平滑的，而对于某些动画来讲，我们需要一些非匀速变化的特殊效果，例如，在卡通汽车动画中，为了更自然，我们希望汽车在运行路程中，从停止慢慢加速启动，中间匀速行驶，而后慢慢减速停止，Flash 中把加速或减速的动画效果称作“缓动动画”。

使用“动画编辑器面板”可以制作缓动动画效果。“动画编辑器面板”不仅可以制作缓动动画，而且可以完成补间动画所有属性的编辑和修改，精确控制每一步的动画效果，“动画编辑器面板”如图 10-35 所示。

“动画编辑器面板”左侧显示了补间动画对象属性的可扩展列表，以及他们的值和缓动选项；右侧的时间轴显示了多根直线和曲线，表示了动画中这些属性值是如何修改变化的。“动画编辑器面板”的底部左侧按钮和数字，是设置它本身的显示效果选项。

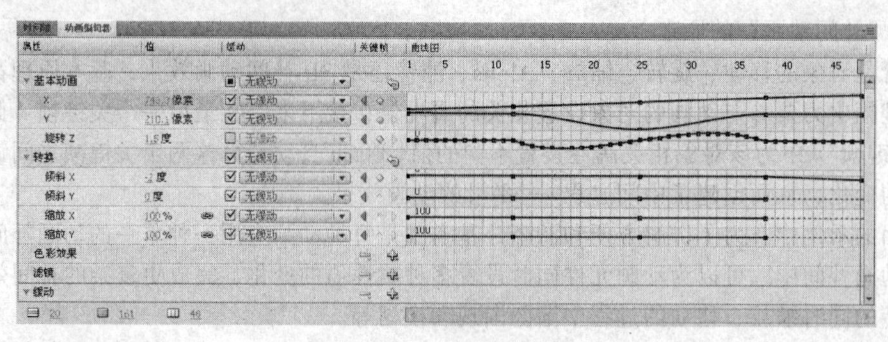

图 10-35　动画编辑器

下面通过给前文制作的卡通汽车动画增加缓动动画效果，说明“动画编辑器面板”的使用方法。

（1）基本操作

- 打开前文中保存的 Flash 文档“卡通汽车.fla”文件。
- 在“舞台区”选取卡通汽车，单击在“舞台区”下方的“动画编辑器”选项卡切换到“动画编辑器面板”，会显示卡通汽车补间动画的设置，如图 10-35 所示。
- 将光标指向分割“舞台区”和“动画编辑器面板”的水平线上，光标变为上下双箭头，按下鼠标左键向上拖动，增加“动画编辑器面板”的高度，以获得更好的视觉效果，如图 10-36 所示。

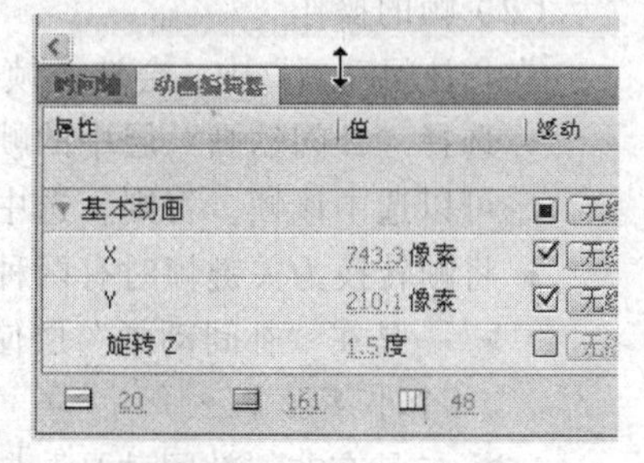

图 10-36　修改面板高度

- 单击“动画编辑器面板”左侧的三角形按钮（▼或▶），可以折叠或展开一些类别，从而只显示自己感兴趣或想修改的类别。
- 拖动“动画编辑器面板”底部的“可查看的帧”图标，可以更改在面板右侧时间轴中显示的帧的数量。将“可查看的帧”设置为最大值，以方便查看整个补间动画的属性设置曲线。
- 选中“动画编辑器面板”左侧列出的某种属性后，该属性行的垂直高度会扩展增高，以查看右侧时间轴上更详细的属性曲线；拖动面板底部的“扩展图形的大小”图标，可以设置选中属性行的垂直高度。

（2）设置补间动画缓动效果

- 单击“动画编辑器面板”中“缓动”选项右侧的“添加缓动效果”按钮，在弹出的快捷菜单中选择“自定义”命令，如图 10-37 所示。

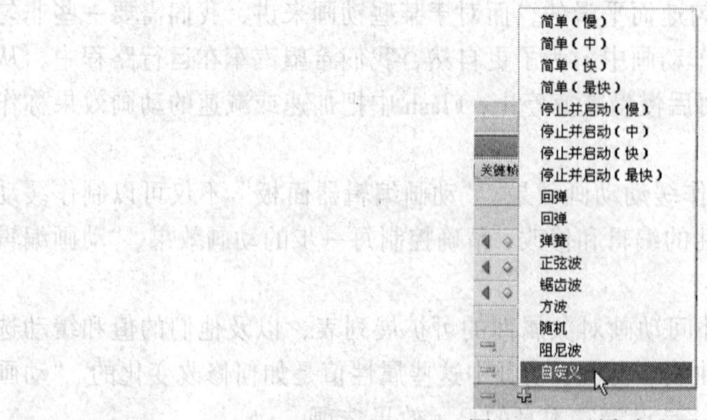

图 10-37　缓动选项

注意：由图中菜单可以看出，Flash 已经预置了很多预设缓动效果，如：回弹、正弦波、方波等，请自行测试效果，以掌握更多缓动设置的方法。

- 新增的“自定义”属性行出现在缓动预置的“简单（慢）”属性行下方，选中“自定义”属性行，使其扩展高度，如图 10-38 所示

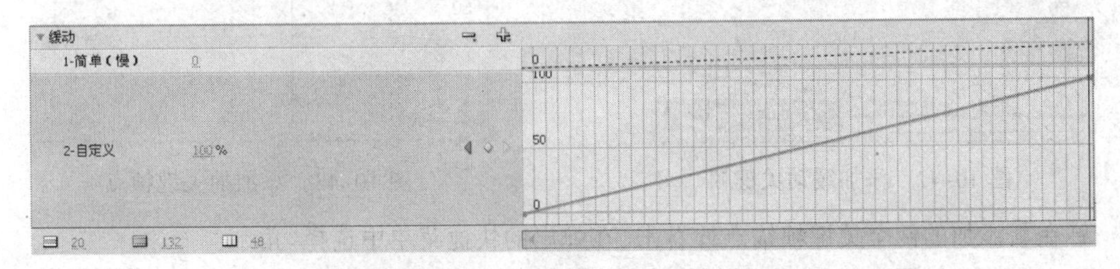

图 10-38　自定义“缓动”

- “自定义”属性右侧时间轴中的等斜率斜线，表示当前缓动效果为匀速。缓动属性值的可设置范围为 0～100。拖动左下角锚点的方向线使斜率缓慢增加（如果锚点没有方向线，可以按住【Alt】键的同时拖出方向线），拖动右上角锚点的方向线使斜率缓慢减小，如图 10-39 所示。

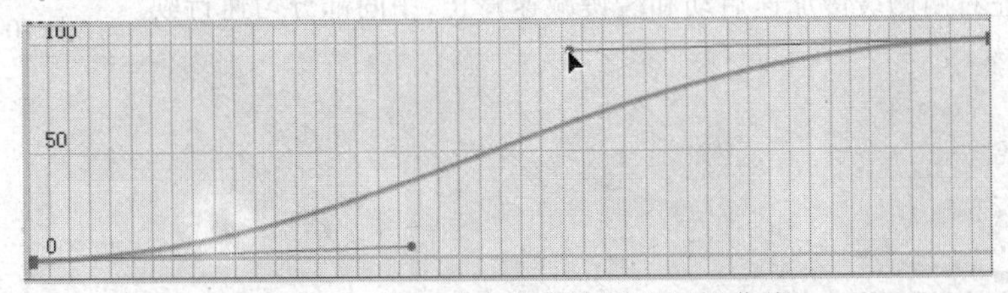

图 10-39　修改“自定义”缓动属性曲线

- 单击“动画编辑器面板”上侧“基本动画”右侧的“已选的缓动”选项，在打开的菜单中选择刚刚制作的“自定义”选项，如图 10-40 所示，将缓动效果附加于基本动画之上。

图 10-40　为基本动画增加缓动

- 测试动画，可以看到“舞台区”的卡通汽车的动画效果：缓慢启动→加速运行→缓慢减速→停止；同时可以看到“舞台区”的卡通汽车运行轨迹点左侧紧密，到中间逐渐稀疏、到右侧再次紧密，不再是原来的等距效果，表明了运行时的速度缓动变化效果，如图 10-41 所示。

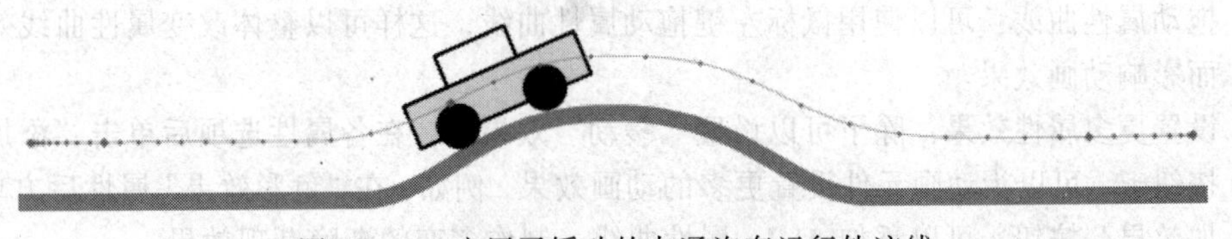

图 10-41　应用了缓动的卡通汽车运行轨迹线

- 在“动画编辑器面板”中“缓动”的“自定义”属性行中，右击时间轴的第10帧，弹出快捷菜单“添加关键帧”，如图10-42所示。添加后的关键帧锚点如图10-43所示。用同样的方法在第38帧的位置，再添加一个关键帧锚点。添加的关键帧锚点处都有拖动手柄，可以修改锚点的曲线曲度。

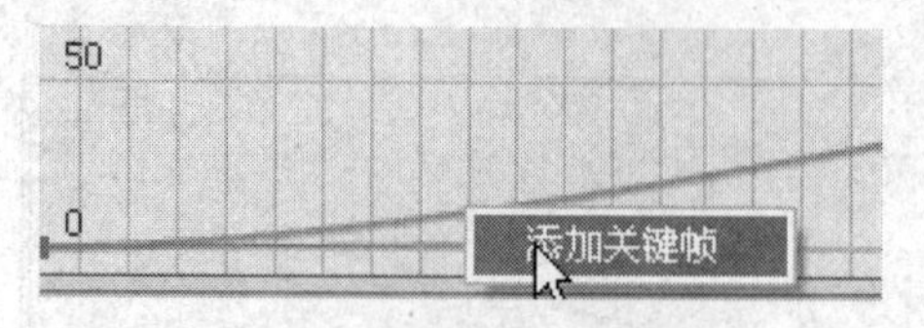

图10-42 添加缓动关键帧

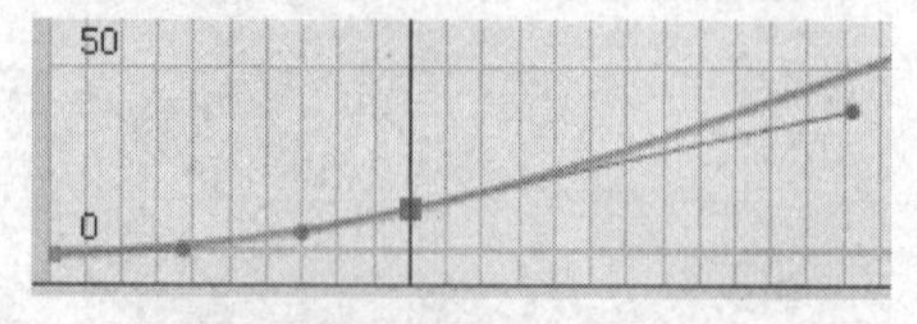

图10-43 添加的关键帧点

- 在新添加的两个关键帧锚点处右击，在弹出的快捷菜单中选择“角点”命令（见图10-44），将其转换为转折角点，最终效果如图10-45所示。两边斜率缓慢变化，中间斜率保持不变（添加的两个关键帧之间）。
- “舞台区”应用了缓动效果的动画路径的路径点左右两侧密集渐变，中间等距，如图10-46所示。测试动画效果，卡通汽车在“舞台区”左右两侧缓慢加速启动和缓慢减速停止，中间部分匀速行驶。

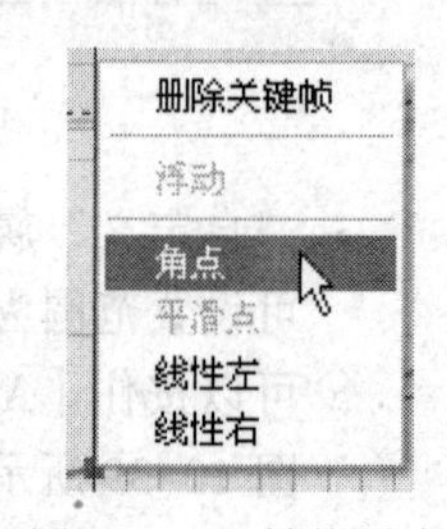

图10-44 转换锚点

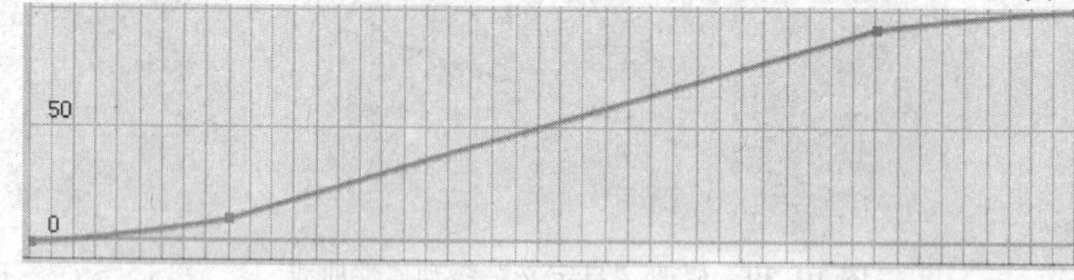

图10-45 “自定义”缓动曲线图

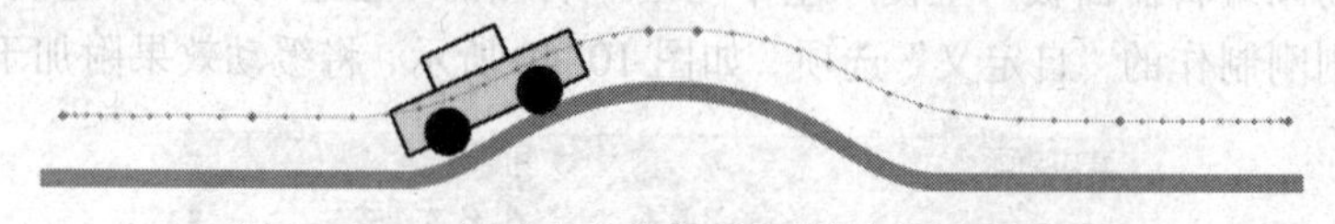

图10-46 应用了“自定义”缓动的运行轨迹

注意：在“动画编辑器面板”增加的关键帧锚点还可以被删除或修改为平滑点、线性左和线性右等效果。

（3）其他设置

- “重置值”按钮：使用各属性后的“重置值”按钮，可以将该属性重置为它的默认值。
- “删除”按钮：单击“删除”按钮，在弹出的菜单中选择需删除的属性项，即可将该属性从“动画编辑器面板”中删除。
- 拖动属性曲线：可以使用鼠标左键拖动属性曲线，这样可以整体改变属性曲线效果，从而影响动画效果。
- 设置更多属性效果：除了可以设置“缓动”效果外，在各属性选项后单击“添加效果”按钮，可以为动画元件设置更多的动画效果，例如，在“色彩效果”属性后方单击“添加效果”按钮，可以添加Alpha属性曲线，制作多变的渐隐渐现效果。

10.4　补间形状动画

“补间形状动画”即老版本的“形状补间动画”，制作时要求前后两个关键帧中的动画对象类型均为形状（一般为散状的，选中“对象绘制”选项绘制的除外）。对于不是形状的对象，如文本，可以执行两次“分离”操作将其转换为形状（第一次拆成单字，第二次转换为形状）；对于导入文档中的位图对象，使用菜单“修改”→“位图”→“转换位图为矢量图”命令，将位图对象转变为矢量形状。

1．“补间形状动画”的制作步骤

- 选取“舞台区”上要制作动画的形状。
- 右击该对象，在弹出的快捷菜单中选择“创建补间形状”命令。
- 单击希望结束该动画时的帧，按下键盘上的【F7】键，插入空白关键帧，在“舞台区”放置其他形状对象。
- Flash 会负责余下的工作，将形状补间动画补充完成。

2．“补间形状动画”举例

下面通过一个简单的形状补间的例子，说明“补间形状动画”的操作方法。

- 新建 Flash 文档，使用“椭圆工具”在“舞台区”绘制一个无笔触、蓝色填充的椭圆形状，如图 10-47 左边部分所示。
- 选中该形状后，右击，在弹出的快捷菜单中选择“创建补间形状”命令。
- 单击“图层 1”第 24 帧，按键盘上的【F7】键插入空白关键帧，并在舞台区绘制一个无笔触、红色填充的长方形，如图 10-47 右边部分所示，“图层 1”中的帧转变为绿色背景的形状补间帧。

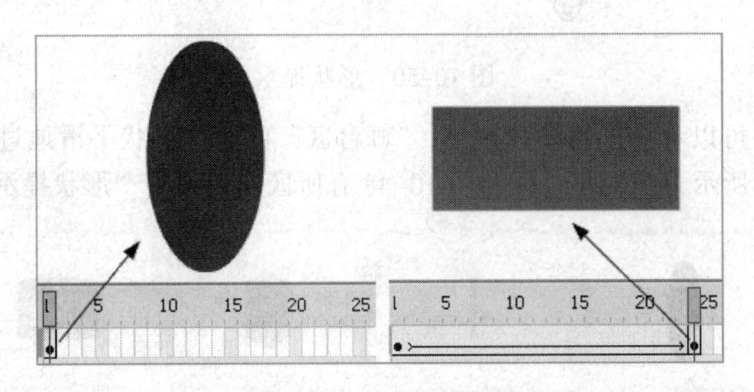

图 10-47　补间形状

- 测试动画，可以看到影片播放效果，“舞台区”的椭圆形状平滑地过度为长方形形状，同时伴随着颜色的逐渐过渡，如图 10-48 所示。

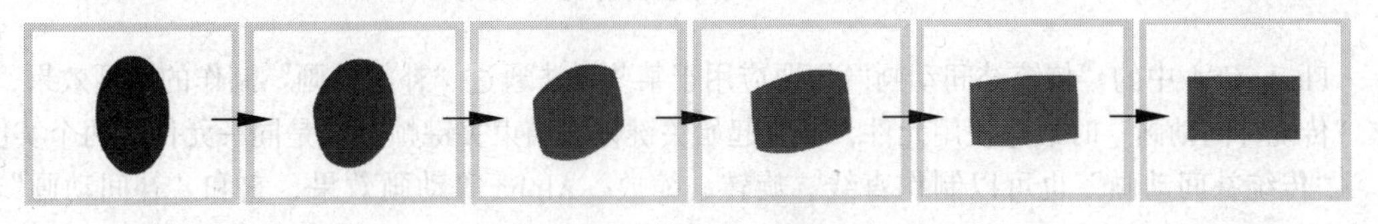

图 10-48　形状补间渐变过程

注意：①“补间形状”动画不能使用动画编辑器；②时间轴图层中正确的“形状补间”动画的补间帧背景色为绿色，中间有平滑的带箭头直线；③“形状补间”动画的补间帧有时如图10-49所示，表示形状补间不成功，说明起始或结束关键帧中的对象不是形状的，或者有空白关键帧。

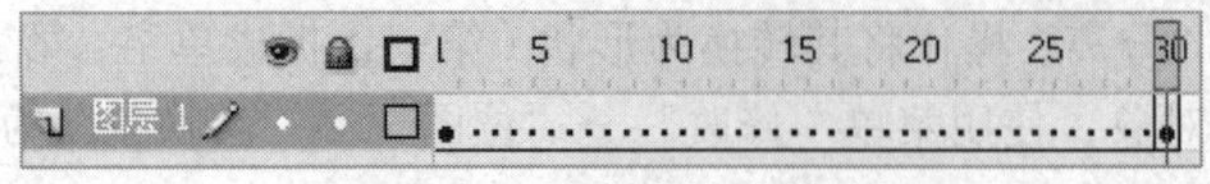

图 10-49　不成功的形状补间

为了精确地控制形状补间中的形状变化，可以使用“形状提示”来进行精确控制，仍在上述的椭圆转换为长方形形状补间动画中示例：

- 选中“图层 1”第 1 帧，选择菜单“编辑”→“形状”→“添加形状提示”命令，在“舞台区”放置一个“形状提示”点，将其拖放在椭圆顶端。用同样的方法，为“图层 1”中的椭圆再添加 3 个形状提示点，顺时针拖放于椭圆的四周，如图 10-50 左边部分所示。
- 选中第 24 帧，将 4 个“形状提示”点（4 个提示点摞在一块，d 在最上面），按椭圆形提示点的位置依次放置在长方形形状的边缘，如图 10-50 右边部分所示。

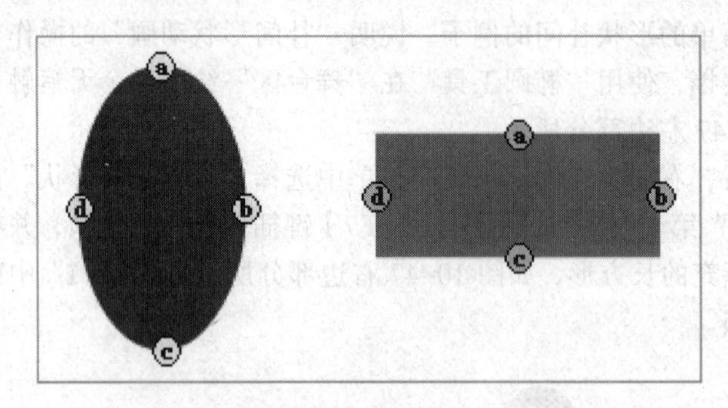

图 10-50　形状提示

- 测试动画，可以看到影片播放效果，“舞台区”的椭圆形状平滑地过度为长方形形状，如图 10-51 所示，但变化过程和图 10-48 有所区别，是由“形状提示”点控制完成的。

图 10-51　使用了“形状提示”的形状补间动画

10.5　传统补间动画

Flash CS4 中的“传统补间动画”主要应用于某些无法通过“补间动画”制作的动画效果，制作“传统补间动画”时最好使用元件，而且起始关键帧和结束关键帧必须是同一元件的两个实例。

“传统补间动画”也可以制作直线、旋转、缩放、Alpha 等动画效果，它和“补间动画”比较起来主要有如下几点不同：

- “传统补间动画”使用关键帧，而“补间动画”使用属性关键帧。
- 在为对象制作补间动画效果时，如对象不满足补间需求，“传统补间动画”会将该对象转换为图形元件（命名为补间 X），而“补间动画”会将该对象转换为影片剪辑元件。
- 文本对象在应用“传统补间动画”时，会被转换为图形元件，而在“补间动画”中可以直接应用补间动画效果而不转换类型。
- 选中“传统补间动画”时间轴中的补间动画帧，直接使用鼠标单击即可；在“补间动画”中需要按下键盘上的【Ctrl】键的同时单击。
- “传统补间动画”无法使用“动画编辑器面板”，“补间动画”可以使用“动画编辑器”面板做更多的动画属性控制。
- “传统补间动画”无法使用 3D 对象，“补间动画”可以使用 3D 对象制作动画效果。
- “传统补间动画”可以制作运动引导层动画，“补间动画”无法制作运动引导层动画。

10.5.1　创建“传统补间动画”

1. “传统补间动画”示例

下面通过一个简单示例，说明“传统补间动画”的制作方法，制作步骤如下：

- 新建一个 Flash 文档，设置“舞台区”大小为 500 × 200 像素。
- 使用矩形工具和椭圆工具在“舞台区”绘制一个卡通汽车，并放置在“舞台区”左侧。
- 在“图层 1”第 1 帧关键帧上右击，在弹出的快捷菜单中选择“创建传统补间”命令。这时由形状组成的卡通汽车，被转换为图形元件“补间 1”。
- 单击“图层 1”第 24 帧，按键盘上的【F6】键插入关键帧，并将卡通汽车拖动至舞台右侧，如图 10-52 所示，“图层 1”中的帧变为淡紫色背景的传统补间帧。

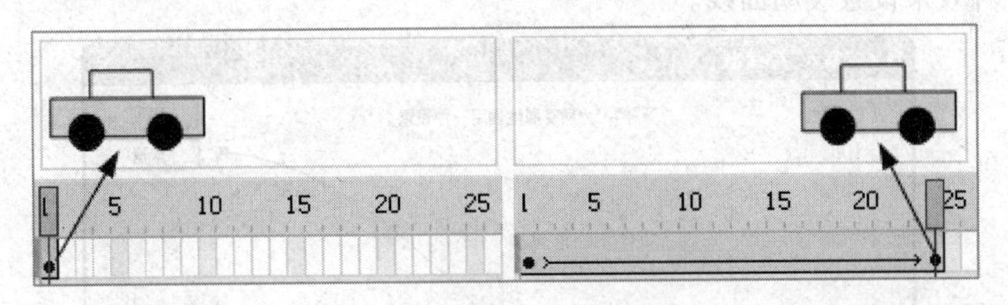

图 10-52　传统补间关键帧效果

- 测试动画，可以看到影片播放效果，“舞台区”的卡通汽车从左侧匀速运行至右侧，卡通汽车的“传统补间动画”效果到此制作完成。

注意：“传统补间动画”制作的卡通汽车运行效果，在“舞台区”没有运行轨迹线。

2. “传统补间动画”其他注意事项

- 时间轴图层中正确的“传统补间动画”的补间帧背景色为淡紫色，中间有平滑的带箭头直线。
- “传统补间动画”的补间帧有时如图 10-53 所示，表示传统补间不成功，需要检查起始关键帧和结束关键帧中的对象是否为同一元件的两个实例。

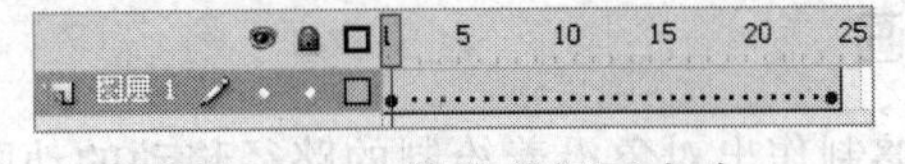

图 10-53　传统补间不成功

- 使用“传统补间动画”制作旋转、缩放、Alpha 等动画效果时，只需在起始关键帧和结束关键帧处修改元件的相关旋转、缩放、Alpha 属性即可，允许一个元件同时应用多种效果。
- 也可以为“传统补间动画”应用缓动效果，操作方法如下：
  - ➢ 单击时间轴补间图层中淡紫色补间帧中的任意一帧，“属性面板”将转换为“帧属性面板”如图 10-54 所示，单击“补间”选项区域的“缓动”选项后面的“编辑缓动”按钮，如图 10-54 所示。

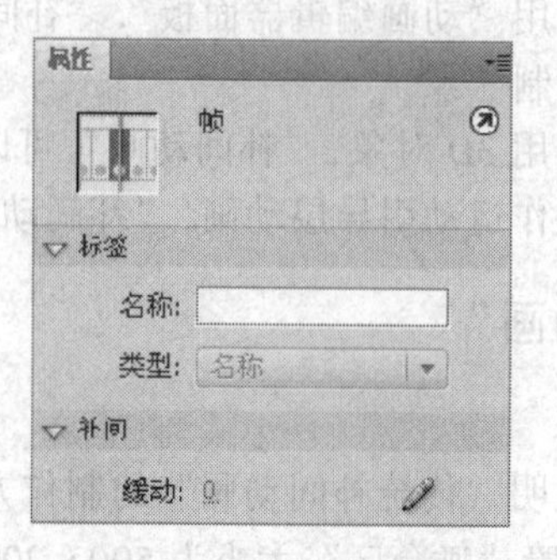

图 10-54　缓动按钮

  - ➢ 在打开的“自定义缓入/缓出”对话框中（见图 10-55）可以设置动画的缓动曲线，操作方法和“动画编辑器”中的缓动曲线类似。单击“重置”按钮可以将曲线恢复至默认状态，取消“为所有属性使用一种设置”复选框后，可以从前面的“属性”下拉列表框中选择“位置”、“旋转”、“缩放”、“颜色”和“滤镜”，单独为某一种或几种效果设置缓动曲线。

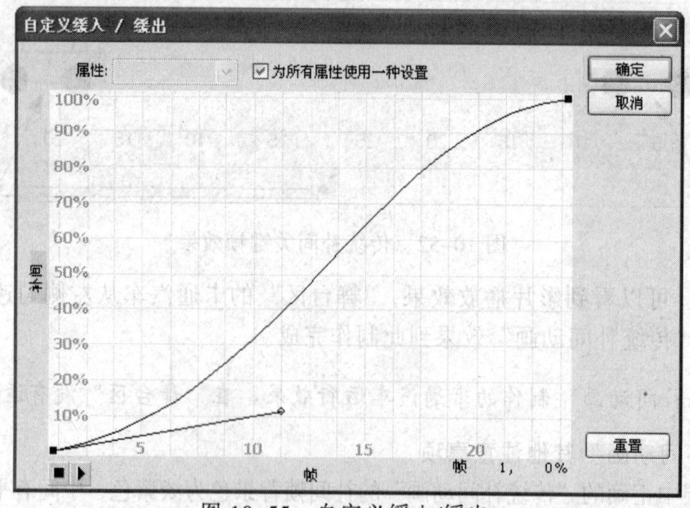

图 10-55　自定义缓入/缓出

  - ➢ 单击对话框中的“确定”按钮，缓动效果自动加于“传统补间动画”之上。

10.5.2　运动引导层动画

“运动引导层动画”能够制作出对象沿着绘制的路径移动的动画效果。“运动引导层动画”中有两种层。

- 引导层：该层上绘制有路径，对象将按照该层的路径引导而运动。
- 被引导层：被引导运动对象所在层，可以将多个“被引导层”链接到一个“引导层”，从而使多个对象沿同一条路径运动。

下面通过一个简单的示例来描述“运动引导层动画”的制作方法和步骤，动画效果为两个小球受引导层引导的而运动。

① 新建一个 Flash 文档，将“图层 1”重命名为“小球 1”，再新建一个“图层”，重命名为“小球 2”，如图 10-56 所示。

② 选中“小球 1”图层第 1 帧，使用“椭圆工具”在“舞台区”绘制一个无笔触、黑白放射状渐变填充的小球（较小），使用“渐变变形工具”改变渐变半径；再选中“小球 2”图层第 1 帧，使用“椭圆工具”在“舞台区”绘制一个无笔触、黑白放射状渐变填充的小球（较大），然后在“颜色”面板将白色改为“黄色”，使用“渐变变形工具”改变渐变半径，如图 10-57 所示。

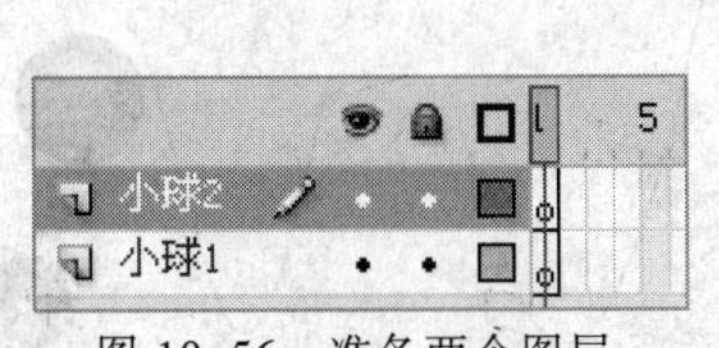

图 10-56　准备两个图层

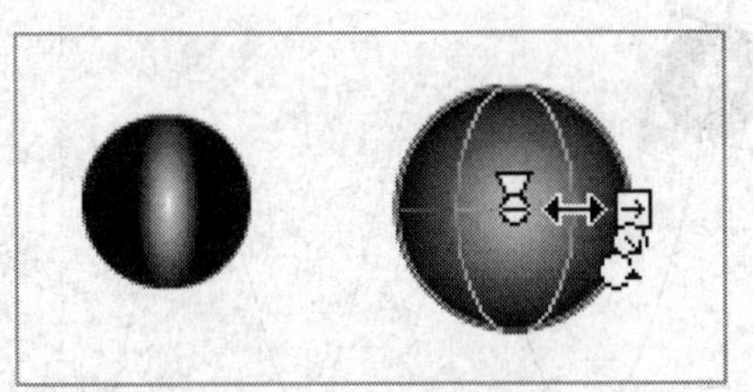

图 10-57　绘制小球

③ 右击“小球 2”图层名，在弹出的快捷菜单中选择“添加传统运动引导层”命令，可以看到，“小球 2”图层上方多出一个图层，名称为“引导层：小球 2”，前面有图标提示这是一个“引导层”，同时“小球 2”图层缩进至“引导层”右下方，受“引导层”引导，使用鼠标左键向右上方拖动“小球 1”图层使之也受引导层引导，如图 10-58 所示。

图 10-58　创建引导层

④ 单击“引导层”的第 1 帧，使用钢笔工具（也可以使用铅笔工具、线条工具等绘制笔触类工具）在“舞台区”绘制一条曲线路径，如图 10-59 所示。可以将引导层加锁，以防后面拖动小球时破坏路径。

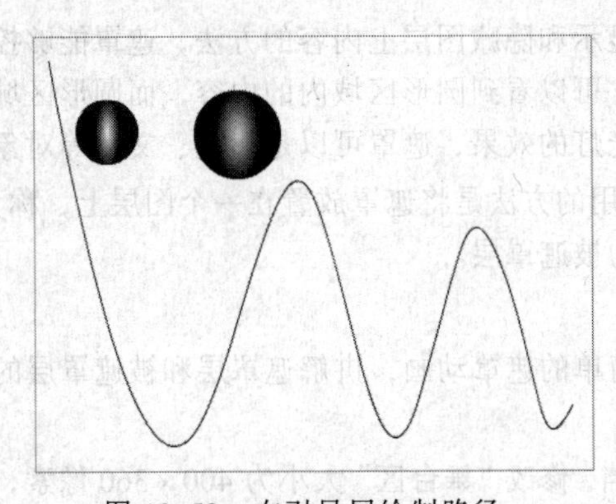

图 10-59　在引导层绘制路径

注意：引导层中的路径，必须是形状（散状的），否则不能起引导作用。

⑤ 右击“小球 1”图层第 1 帧，在弹出的快捷菜单中选择“创建传统补间”命令，可以看到黑白色小球（较小）转变为图形元件，并自动吸附在“引导层”的路径之上；再在“小球 2”图层第 1 帧上右击，在弹出的快捷菜单中选择“创建传统补间”命令，可以看到黑黄色小球（较大）转变为图形元件，并自动吸附在“引导层”的路径之上，最后使用“选择工具”将两个小球移动到合适位置，并用“任意变形工具”调整小球渐变填充的方向与路径一致，如图 10-60 所示。

⑥ 在“引导层”第 30 帧，按键盘上的【F5】键，将引导层路径延续至第 30 帧；在“小球 1”和“小球 2”图层第 30 帧按键盘上的【F6】键，插入关键帧；然后将“小球 1”和“小球 2”图层第 30 帧的两个小球移动到合适位置，并用“任意变形工具”调整小球渐变填充的方向与路径一致，如图 10-61 所示。

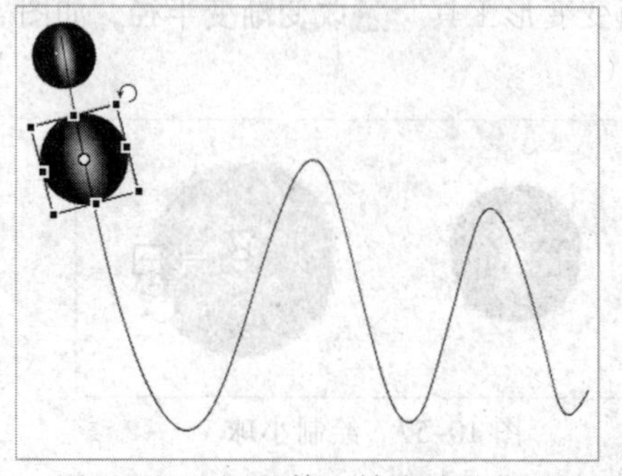

图 10-60 调整第 1 帧小球的位置

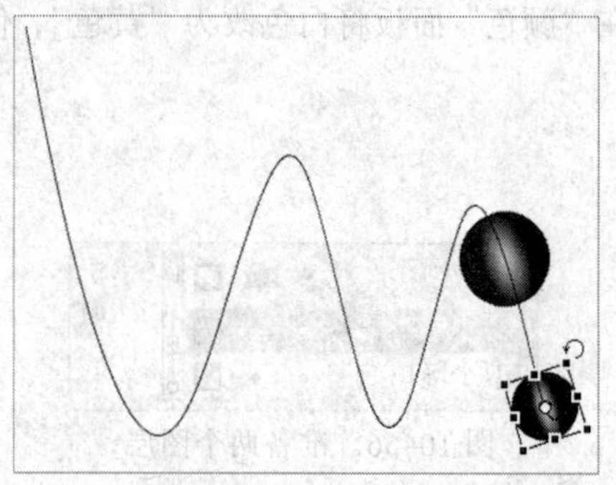

图 10-61 调整第 30 帧小球的位置

⑦ 分别单击“小球 1”和“小球 2”图层 1～30 帧中间的任意帧，在“属性”面板选中“调整到路径”复选框，使得小球在运动时渐变的方向始终与路径一致。

⑧ 测试动画，可以看到影片效果，黑白色小球（较小）和黑黄色小球（较大）按照“引导层”上的路径指引从左上角运行到右下角。并且，由两个小球所在的位置决定了小球同路线运行时，本来落后的黑白色小球逐渐超过了黑黄色小球跑到了前面。

10.6 遮罩动画

遮罩是一种有选择地显示和隐藏图层上内容的方法，遮罩能够控制显示和隐藏的区域，例如，制作一个圆形的遮罩，可以看到圆形区域内的内容，而圆形区域外的内容都会无法看到，从而产生了一种锁眼或聚光灯的效果，遮罩可以是形状、文字等对象。

Flash 中的遮罩效果采用的方法是将遮罩放置在一个图层上，称为“遮罩层”；把被遮罩的内容放在其他图层上，称为被遮罩层。

1. 遮罩动画示例一

本节将通过制作一个简单的遮罩动画，讲解遮罩层和被遮罩层的使用方法，以及遮罩动画的制作方法和步骤。

① 新建一个 Flash 文档，修改“舞台区”大小为 400 × 360 像素，将“图层 1”名称改为“图片”；执行“文件”→“导入”→“导入到舞台区”命令，将准备好的图片导入“舞台区”（图片要小于舞台，可以缩放）。打开“对齐”面板，单击“相对于舞台”按钮，再单击“水平中齐”、“垂直中齐”按钮（使其居于舞台中央），在第 24 帧按【F5】键插入普通帧。

② 在“图片”图层上方新建一个图层，修改名称为“遮罩”，单击“遮罩”图层第 1 帧，使用“椭圆工具”的“绘制对象”模式绘制一个无笔触、任意填充色的椭圆，在“对齐”面板设置对象居于舞台中央，如图 10-62 所示。

③ 在“遮罩”层的第 1 帧上右击，在弹出的快捷菜单中选择“创建补间动画”命令；单击“遮罩”层第 24 帧，使用“任意变形工具”将“舞台区”的椭圆放大，使之边框与图片大小相同，如图 10-63 所示。

图 10-62　制作遮罩

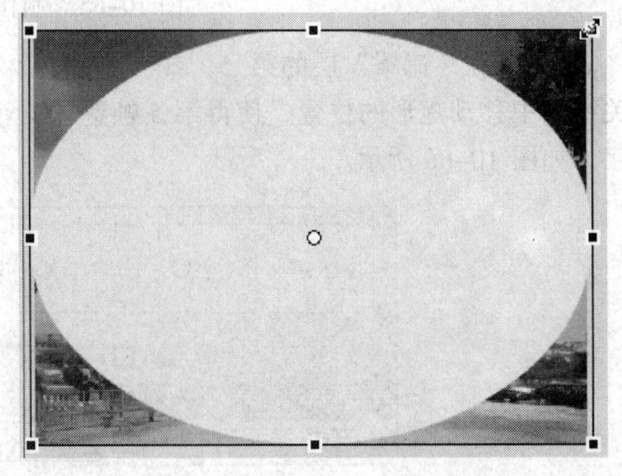
图 10-63　放大 24 帧的椭圆

④ 在“遮罩”层名称上右击，在弹出的快捷菜单中选择“遮罩层”命令，此时，“遮罩”图层转变为遮罩层，而“图片”图层转变为被遮罩层，“图片”图层自动向“遮罩”图层右下方缩进，两个层名称前的图标也相应发生变化，如图 10-64 所示，同时“遮罩”和“图片”图层自动锁定，遮罩效果出现，如果要修改图层中的内容需要解锁。

⑤ 测试动画，可以看到动画效果是图片内容从少到多逐步展示。

此动画中，是为“遮罩层”制作的补间动画效果，而“被遮罩层”没有制作动画，也可以为“被遮罩层”制作补间动画，从而获得更多更灵活的遮罩补间动画效果。

图 10-64　创建遮罩层

2．遮罩动画示例二

下面制作一个文字逐字显示的动画，制作步骤如下：

① 新建一个 Flash 文档，修改“舞台区”大小为 400×100 像素，将“图层 1”名称改为“文字”；选择“文本工具”在舞台上输入文字（如“白日依山尽”），设置格式为黑体、70 磅，使用“对齐”面板将其放置到舞台中央。

② 在 25 帧处按【F5】键插入普通帧，在“文字”图层上方新建一个图层，修改其名称为“遮罩”，在“遮罩”层的第 1 帧使用“矩形工具”绘制一个可以覆盖所有文字的矩形，并移到文字的左边，如图 10-65 所示。

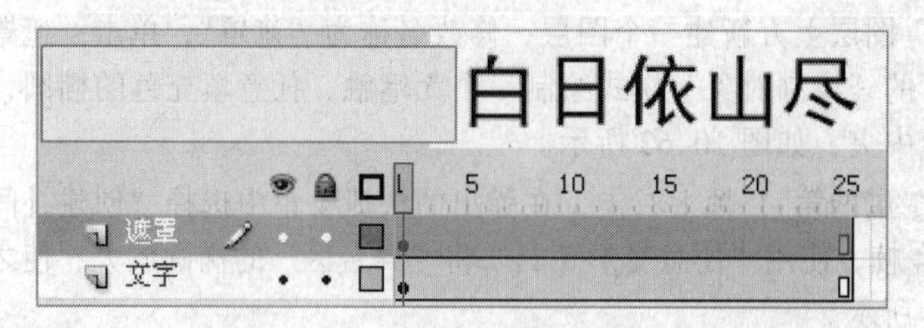

图 10-65　制作矩形遮罩

③ 分别在“遮罩”层的第 5、10、15、20、25 帧处按【F6】键插入关键帧；在插入的 5 个关键帧中移动矩形的位置，使得第 5 帧遮住 1 个字、第 10 帧遮住 2 个字...，第 25 帧遮住所有字，如图 10-66 所示。

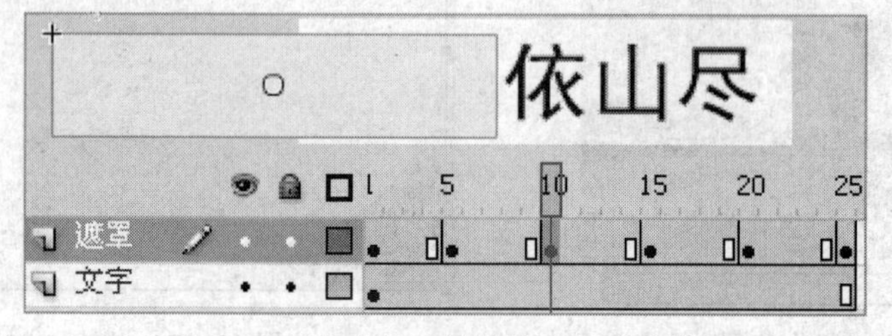

图 10-66　移动各个关键帧中矩形的位置

④ 在“遮罩”层名称上右击，在弹出的快捷菜单中选择“遮罩层”命令，此时，“遮罩”图层转变为遮罩层，而“文字”图层转变为被遮罩层，如图 10-67 所示。

图 10-67　创建遮罩层

⑤ 测试动画，可以看到动画效果是文字逐字显示的效果。

3. 注意事项

制作“遮罩动画”的其他一些注意事项如下：

- 在“舞台区”测试动画时，需将遮罩层和被遮罩层锁定，才可以看到遮罩效果（图层转换为遮罩层后，会自动锁定），否则看到的只是普通的补间动画效果；但图层不锁定，不影响导出后的动画影片的遮罩效果。
- 要修改锁定的遮罩层和被遮罩层上的对象，需要先解锁，修改完成后，建议再加锁，以获得直观的浏览效果。
- 遮罩动画中，一个遮罩层可以遮挡多个被遮罩层，操作方法和“引导层动画”类似，只需将其他需要被遮罩的层拖动缩进至遮罩层的右下方即变为被遮罩层。
- 遮罩层上起遮罩作用的对象的颜色对于遮罩效果不产生任何影响。
- 遮罩层不能够遮罩引导层动画，同样，引导层也无法引导遮罩层动画。

10.7　骨骼动画

Adobe Flash CS4中新增加了“骨骼工具”组，可以用来制作“骨骼动画”。“骨骼动画”也叫作“姿势动画”、“IK动画”，利用的是反向运动学（Inverse Kinematics，IK）原理。反向运动学是Flash CS4中的新特性，是一种数学运算，用于计算链接对象的方向和角度。

使用“骨骼工具”可以将多个元件使用关节点和骨骼链接起来，也可以在形状中创建骨架，利用骨骼为对象设置不同的姿势。从而在制作“骨骼动画”时，只需在起始关键帧中摆好对象的姿势，然后在结束关键帧中设置不同的姿势，Flash使用反向运动学计算出所有链接点的方向和角度，产生从第一种姿势到下一种姿势的补间动画。

①“骨骼工具”组共有两个工具，如图10-68所示，作用如下：

- “骨骼工具”用来创建骨骼和关节点将多个元件链接在一起，或在形状内部创建骨架。
- “绑定工具”用来编辑形状中的骨架中单个骨骼和形状控制点间的链接，修改骨架控制形状的方式。

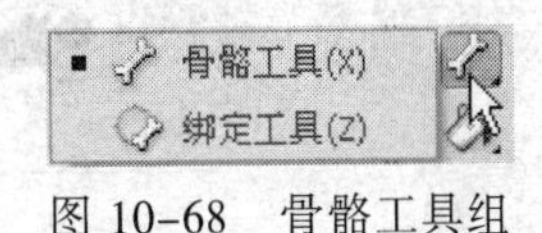

图10-68　骨骼工具组

②“骨骼工具”共有两种工作方式：

- 使用“骨骼工具”将多个元件对象使用骨骼相连，骨骼与骨骼之间的链接点称为关节点，从而使得多个元件形成一个元件链，拖动其中一个元件可以影响整体元件链的姿势效果。
- 使用“骨骼工具”在形状内部添加骨架，通过修改骨架链接方向和角度，控制形状的外观效果。

10.7.1　骨骼链接多元件

1. 使用“骨骼工具”链接元件

本节演示如何使用“骨骼工具”将多个元件链接起来形成骨架，以及怎样修改元件链的外观。

① 新建400×100像素的文档，使用“矩形工具”绘制一个矩形，并将其转换为元件，再使用“选择工具”按住【Ctrl】键拖动复制出5个矩形，并将它们排列整齐，如图10-69所示；

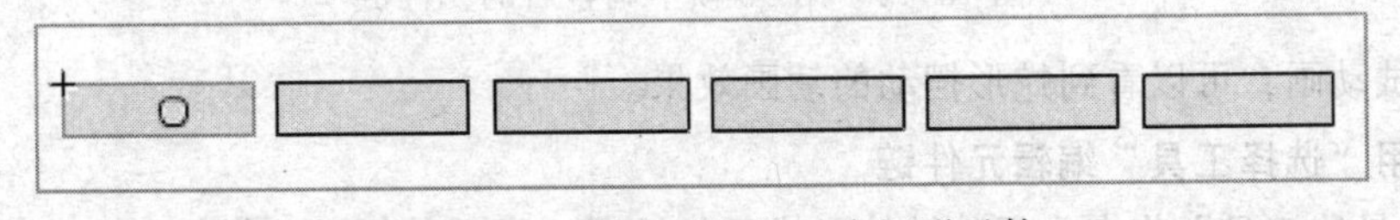

图10-69　“舞台区”的6个矩形元件

② 选择“骨骼工具”，当光标变为时，将光标指向第1个元件的中部，用左键拖向右侧第2个元件的中部拖出第1个骨骼；再将光标指向第2个元件的中部，用左键向第3个元件中部拖出第2个骨骼，用同样的方法拖动出其他关联骨骼，最终效果如图10-70所示。

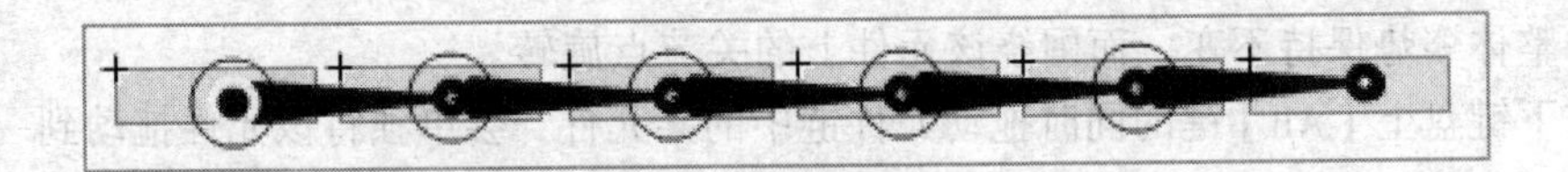

图10-70　通过骨骼和关节链接的元件链

注意：从拖动出第一个骨骼开始，与骨骼相连的元件就被分隔到一个新的图层中，该图层具有新的图标和名称（默认名称为“骨架_1”），称为姿势图层。本例中 6 个元件都被骨骼链接在一起，所以最终的效果为 6 个元件都被分隔到了“骨架_1”图层，而原“图层 1”内容为空，如图 10-71 所示。

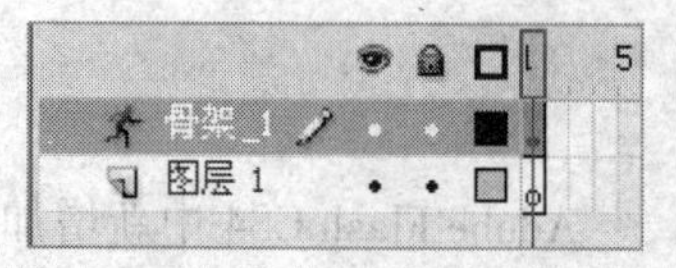

图 10-71　姿势图层“骨架_1”

③ 在第 10 帧、20 帧、30 帧按【F6】键插入姿势，使用“选择工具”分别调整第 10 帧、20 帧、30 帧中骨骼和元件的位置；调整后的第 10 帧、20 帧、30 帧中的内容如图 10-72、图 10-73、图 10-74 所示。

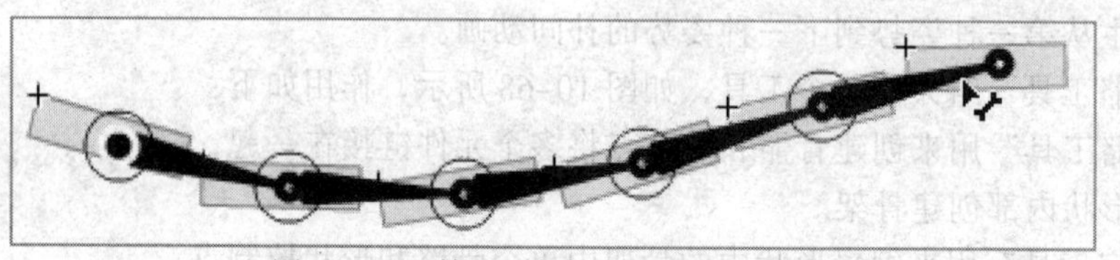
图 10-72　第 10 帧中调整后的元件链

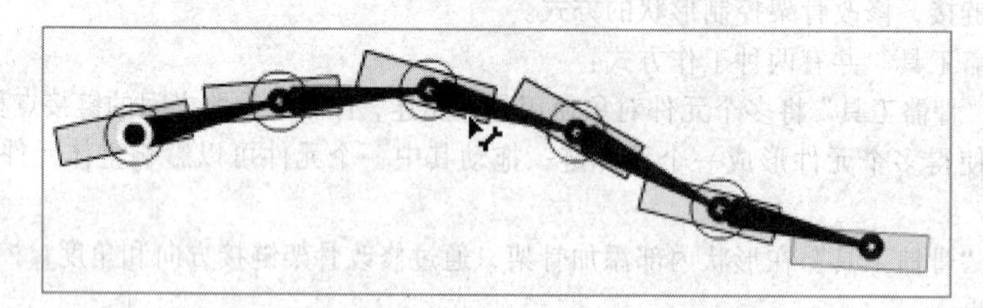
图 10-73　第 20 帧中调整后的元件链

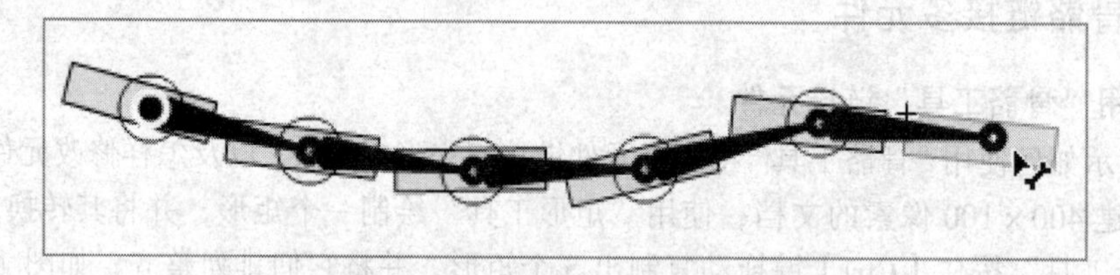
图 10-74　第 30 帧中调整后的元件链

④ 测试动画，可以看到蛇形摆动的动画效果。

2．使用“选择工具”编辑元件链

使用“骨骼工具”将多个元件链接形成元件链后，可以使用“选择工具”编辑元件链，具体方法如下：

- 拖动元件链中的任一元件都会带来整个元件链姿势的改变，改变的方向和角度以反向运动学的方法计算决定。
- 按下键盘上【Shift】键的同时拖动元件链中的某元件，会使该元件带领其向下关联的元件整体姿势保持不变，而围绕该元件上的关节点旋转。
- 按下键盘上【Alt】键的同时拖动元件链中的某元件，会单独将该元件拖动到一个新的位置，与该元件相连的骨骼会自动伸缩以适应元件的新位置。
- 单击某骨骼，可以选中该骨骼，“属性面板”将显示与该骨骼相关的属性，可以查看或设置该骨骼是否可以旋转，可以约束旋转角度和该骨骼可以移动的距离等内容。

10.7.2 形状内部创建骨架

使用“骨骼工具”在形状内部创建骨架的方法和使用“骨骼工具”链接多个元件的方法类似，本节以制作一个形状骨骼动画为例，讲解在形状内部创建骨骼的方法和制作骨骼补间动画的方法。

下面的示例是创建一个大象甩动鼻子的动画，具体操作步骤如下：

① 首先创建一个 500 × 300 像素的文档，绘制一个卡通大象（散状的）。

② 选择“骨骼工具”，当光标变为时，将光标指向大象鼻子靠近身体的一端，按下鼠标左键向鼻头方向拖动出第 1 个骨骼，如图 10–75 所示，此时大象的鼻子部分被分隔到一个新的图层“骨架_1”中，图层 1 中只剩大象的身子部分。

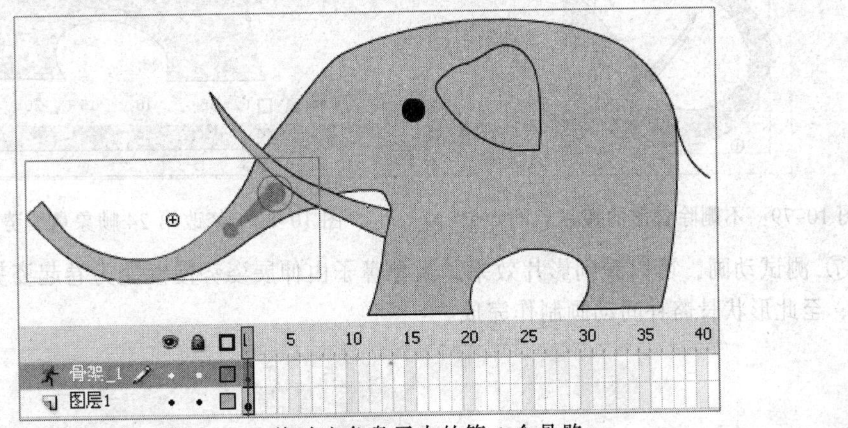

图 10–75 拖动出象鼻子中的第 1 个骨骼

③ 用同样的方法在继续在象鼻子中构建骨架，该骨架共包含 5 个骨骼，如图 10–76 所示。

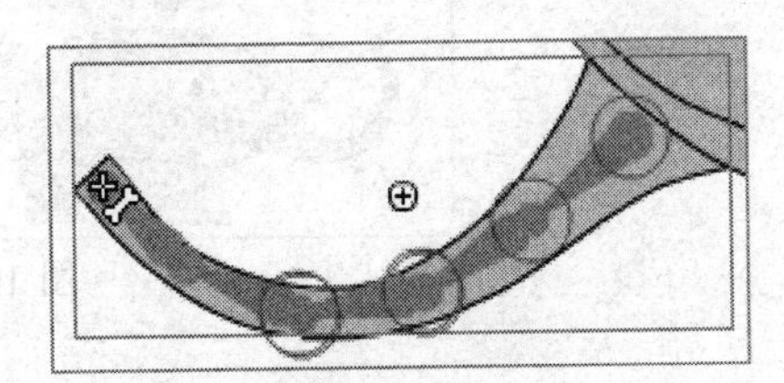

图 10–76 象鼻子中的骨架

④ 单击“图层 1”图层第 24 帧，按键盘上的【F5】键，将大象身体延续至第 24 帧，单击“骨架_1”图层第 24 帧，按键盘上的【F6】键，将该帧转换为“姿势关键帧”，单击“骨架_1”图层第 24 帧。

⑤ 在“骨架_1”图层的第 24 帧中，使用“绑定工具”单击第 1 个骨骼，与此骨骼绑定的 3 个控制点以黄色加亮形式显示，如图 10–77 中箭头所指的 3 个点，按住【Ctrl】键分别单击 3 个控制点从骨骼中删除，或者用鼠标左键圈住 3 个控制点，它们被加亮的黄框圈住将从骨骼中被删除（按住【Shift】键进行上面的操作可以像骨骼添加控制点），如图 10–78 所示。

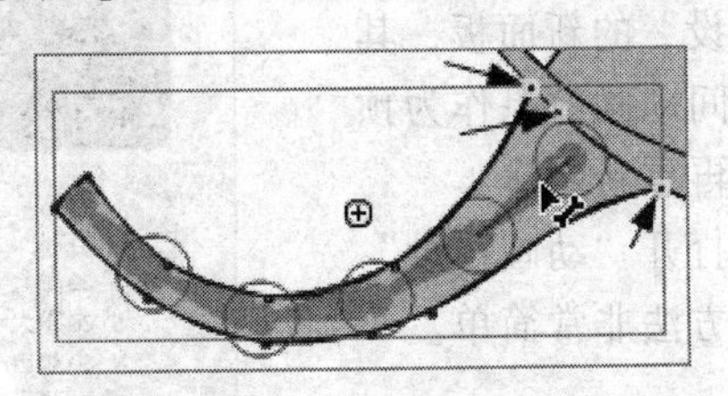

图 10–77 第 1 个骨骼的控制点

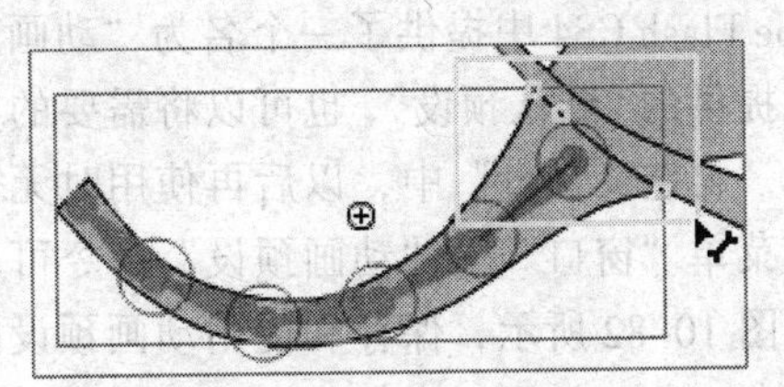

图 10–78 删除骨骼的控制点

注意：如果不删除此骨骼的控制点，当大象鼻子上卷时，大象的鼻子会与大象的身子分离，如图 10-79 所示。

⑥ 使用“选择工具”拖动大象鼻尖的骨骼，使大象鼻子卷起，如图 10-80 所示，“骨架_1”图层变为“姿势补间图层”，“姿势补间图层”使用的帧为酸橙色背景。

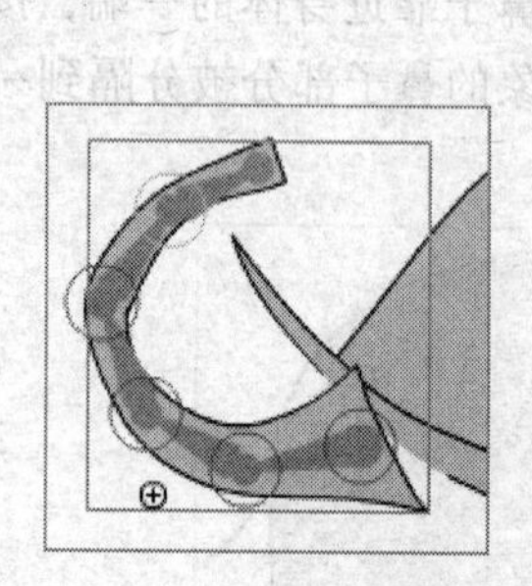

图 10-79　不删除骨骼的控制点的效果

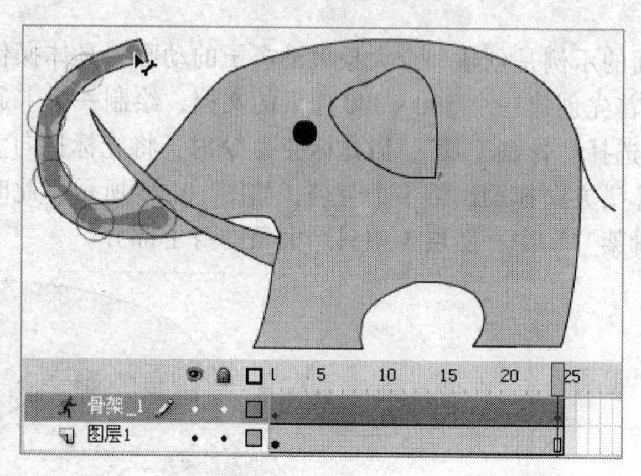

图 10-80　修改第 24 帧象鼻姿势

⑦ 测试动画，可以看到影片效果，大象鼻子由伸展姿势慢慢变为卷起姿势，如图 10-81 所示，至此形状骨骼补间动画制作完成。

图 10-81　形状骨骼动画效果图

10.8　动 画 预 设

本章前面几节内容介绍了多种补间动画效果的制作方法，在制作动画时，有一些补间动画效果会经常用到，但每次都需要重新制作，如模糊补间动画效果。

Adobe Flash CS4 中提供了一个名为“动画预设”的新面板，其中有系统提供的“默认预设”，也可以将需要的补间动画效果作为预设保存在“自定义预设”中，以后再使用时无需再重新制作。

使用菜单“窗口”→“动画预设”命令可以打开“动画预设”面板，如图 10-82 所示，保存和使用动画预设的方法非常简单。

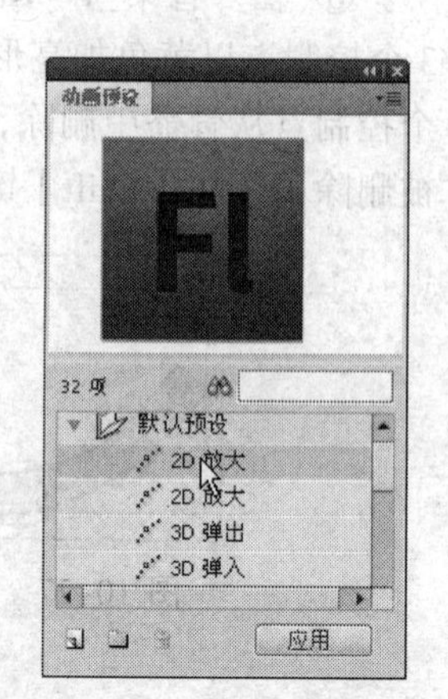

图 10-82　动画预设面板

1. 保存预设

在已经制作完成补间效果的 Flash 文档中，在“时间轴”中补间图层中的任意帧上右击，在弹出的快捷菜单上选择“另存为动画预设”命令，打开“将预设另存为”对话框，如图 10-83 所示，在该对话框中输入一个名称后单击“确定”按钮。该动画预设将出现在“动画预设”面板之中，如图 10-84 所示。

图 10-83　为动画预设命名

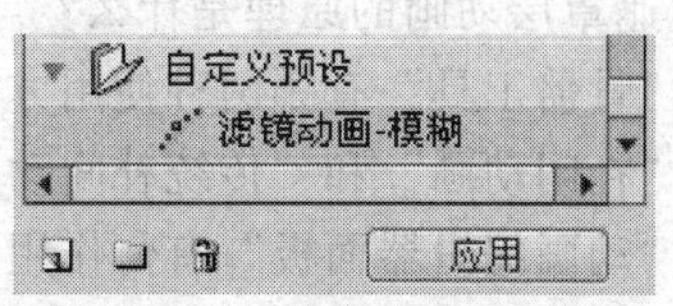

图 10-84　存储的动画预设

2. 使用预设

选取“舞台区”需要应用动画预设效果的对象，然后选择“动画预设”面板中的预设名称，单击“应用”按钮，该动画预设补间效果便会自动应用于选中的对象上。

通过图 10-82 可以看到，Flash 的“预设面板”提供了许多默认预设效果，使用这些预设，可以快速而方便地创作各种复杂的补间动画效果，可以大大节省制作相同动画补间的工作量。

练 习 题

一、填空题

1. Flash 动画分为________和________两大类。

2. 在 Flash 遮罩动画中，一个遮罩层可以遮挡________个被遮罩层。

3. 引导层中的路径，必须是________，否则不能起引导作用。

4. 引导层动画以________补间动画为基础。

5. 插入关键帧（属性关键帧、姿势关键帧）的快捷键是________，插入普通帧的快捷键是________，插入空白关键帧的快捷键是________。

二、选择题

1. 在 Flash CS4 中，可以创建的补间有：补间动画、形状补间和（　　）。

A. 遮罩动画　　B. 引导层动画
C. 传统补间　　D. 逐帧动画

2. 在 Flash CS4 中，“骨骼工具”用来创建骨骼和关节点将多个（　　）链接在一起，或在形状内部创建骨架。

A. 形状　　B. 文本
C. 元件　　D. 动画

3. 在 Flash CS4 中，使用“绑定工具”单击骨骼时，与此骨骼绑定的控制点以黄色加亮显示，按住（　　）键单击控制点可以将其从骨骼中删除。

A.【Shift】　　B.【Alt】
C.【Esc】　　D.【Ctrl】

4. 在 Flash CS4 中，“补间动画”要求动作对象为元件，如果所选的对象不是元件，Flash 将弹出对话框提示将所选内容转换为（　　）元件。

A. 按钮　　B. 图形
C. 形状　　D. 影片剪辑

三、思考题

1. 简述补间动画的原理。
2. 遮罩层动画的原理是什么？
3. “骨骼工具”有哪两种使用方法？如何操作？
4. “补间动画”和“传统补间动画”的异同点是什么？
5. “动画编辑器面板”有何作用？
6. 逐帧动画和补间动画各有什么优缺点？

四、上机操作题

1. 制作一个一行文字逐字出现的逐帧动画。
2. 使用遮罩层动画制作文字逐渐出现的动画。
3. 制作一个图片展示器，要求约每3秒换一张图片，图片出现和消失时，请分别应用Alpha效果、缩放效果、旋转效果、移动效果等，也可以同时应用多种效果，使用“补间动画”方式完成。
4. 使用“传统补间动画”方式重新实现第3题的动画效果。
5. 制作一个形状变化的补间动画。

第 11 章　元件与交互动画

本章主要介绍 Flash 中的元件、脚本语言 ActionScript 3.0 以及使用声音的方法。元件是 Flash 动画中的重要元素，在补间动画和传统补间动画中都占据重要地位，而且在创建交互性 Flash 影片时也往往需要元件的支持；ActionScript 3.0 是 Flash 脚本语言的最新版本，是 Flash 影片具有交互功能和一些特效的基础；使用声音可以使动画更具动感、更加活泼。

11.1　使 用 元 件

元件（symbol）是 Flash 动画中用于特效、补间动画或交互性功能的可重用资源。Flash 中的元件共有 3 种：图形元件、影片剪辑元件和按钮元件。

元件存储于“库面板”中，当把元件拖动到“舞台区”时，本质上，Flash 的操作是在“舞台区”创建一个该元件的副本，称作一个实例（instance），原始的元件仍然保存在“库”中，可以无限次地把“库面板”中的元件拖放到“舞台区”，创建它的多个实例，从而实现元件资源的重复使用。“舞台区”上的每个实例都可以单独修改、变形以及设置属性，而不会影响到“库”中的原始元件。

Flash 影片中的 3 种元件都有其特殊的应用场合，可以通过“库面板”中元件名称前的图标区分：图形、影片剪辑、按钮。图形元件和影片剪辑元件内部都可以制作补间动画，制作方法和上一章讲解的创建动画的方法相同。

11.1.1　元件类型

1．图形元件

图形元件是 Flash 中最基本元件的类型，可以应用于“补间动画”和“传统补间动画”。图形元件内部可以制作补间动画，其补间动画的时间轴和 Flash 影片的主时间轴是同步的。

图形元件是 Flash 中最不灵活的元件，其实例不支持 ActionScript 脚本语言，不能使用声音，不能应用滤镜和混合模式等特效。但是图形元件的时间轴和 Flash 影片主时间轴同步，在希望图形元件内部的动画与主时间轴同步时，图形元件是最有用的，一般情况下，建议使用影片剪辑元件。

2．影片剪辑元件

影片剪辑元件是 Flash 影片中功能强大而又灵活的元件，它可以应用于“补间动画”和“传统补间动画”。影片剪辑内部可以制作补间动画，并且拥有自己的时间轴。

影片剪辑元件的实例可以使用 ActionScript 脚本语言，可以应用滤镜和混合模式等特效，可以使用声音，这使得影片剪辑元件功能强大，能够利用特效丰富其外观，使用 ActionScript 可以使其产生特殊效果、与用户交互等。

影片剪辑元件基于上述原因在制作 Flash 影片中得到了广泛的应用。

3．按钮元件

按钮元件用于制作 Flash 影片中的交互性效果，当鼠标光标指向播放的影片中的按钮元件时，光标形状会变为手形，提示这是一个可以产生交互功能的按钮元件。按钮元件包含 4 个独特的关键帧，用于描述当鼠标与按钮交互时按钮的外观。为了使按钮真正能够与用户完成交互，需要为影片中的按钮实例编写 ActionScript 代码。

11.1.2 创建元件

创建元件的方法有多种，在上一章制作"补间动画"时，对于非元件的对象（如形状），Flash 会自动将其转换为影片剪辑元件，而"传统补间动画"会将其转换为图形元件，并将其存放于"库"中。

除此之外，创建元件最常用的方法有三种：

- 使用菜单"插入"→"新建元件"命令，弹出"创建新元件"对话框，输入元件名称并选择元件类型，进入元件编辑模式制作新创建的元件。
- 选中"舞台区"上现有的对象右击，在弹出的快捷菜单中选择"转换为元件"命令（或使用菜单"修改"→"转换为元件"命令），在弹出的"创建新元件"对话框中输入元件名称并选择元件类型，即可将选择的对象转换为选定类型的元件。
- 导入具有 GIF 动画的文件时，库中除了会导入 GIF 动画所用的所有静态图片外，还会产生一个相同动画效果的动画元件。

1．新建有动画效果的图形元件和影片剪辑元件

本节中将创建一个图形元件和一个影片剪辑元件，这两个元件的内部补间效果相同，通过该例来说明新建图形元件和影片剪辑元件的方法，以及图形元件和主动画共享时间轴与影片剪辑元件具有自己的时间轴的区别。

新建一个 Flash 文档，舞台区大小设为 300×400 像素。

（1）创建图形元件

①使用菜单"插入"→"新建元件"命令，弹出"创建新元件"对话框，如图 11-1 所示，为新创建的元件输入名称"图形元件-小球"，选择"图形"类型后，单击"确定"按钮。

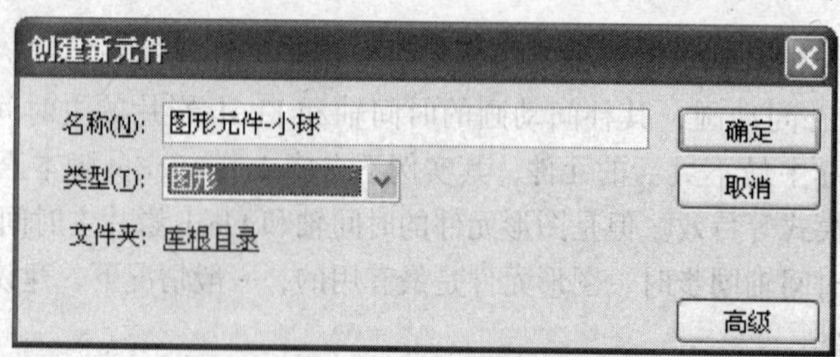

图 11-1 "创建新元件"对话框

② 新创建的元件名称将出现在"库面板"中，如图 11-2 所示，同时，"舞台区"变为没有边界的白色区域，中心有一个十字中心点，"舞台区"上方的水平条文本表明了现在处于新创建的图形元件内部，如图 11-3 所示。

③ 在图形元件中"图层 1"第 1 帧绘制一个笔触色为透明，填充为蓝色的正圆形状，使用"选择工具"选中正圆形状，在"属性"面板设置宽度、高度均为"50"，X 值为"-25"，Y 值为"-100"，如图 11-4 所示。

图 11-2　库面板中的元件名称

图 11-3　舞台区顶端文本

④ 右击“图层 1”第 1 帧，在弹出的快捷菜单中选择“创建补间动画”命令，在打开的“将所选内容转换为元件”对话框中单击“确定”按钮，“图层 1”转换为补间图层，修改可用补间帧长度为 20（默认为 24 帧），并单击第 20 帧，再单击“舞台区”的圆形，在“属性”面板设置 Y 值为“50”，如图 11-5 所示。

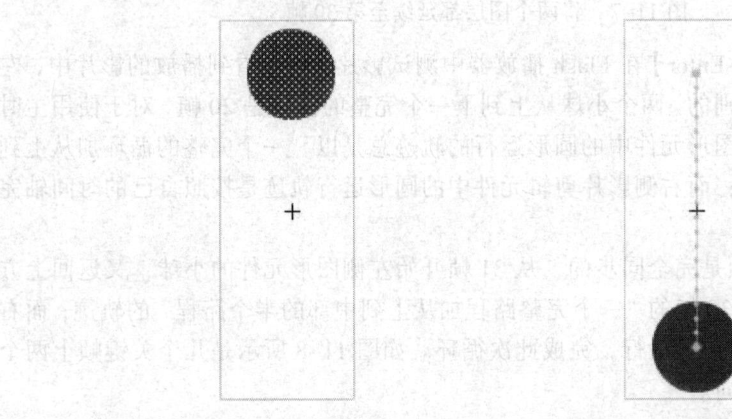

图 11-4　第 1 帧

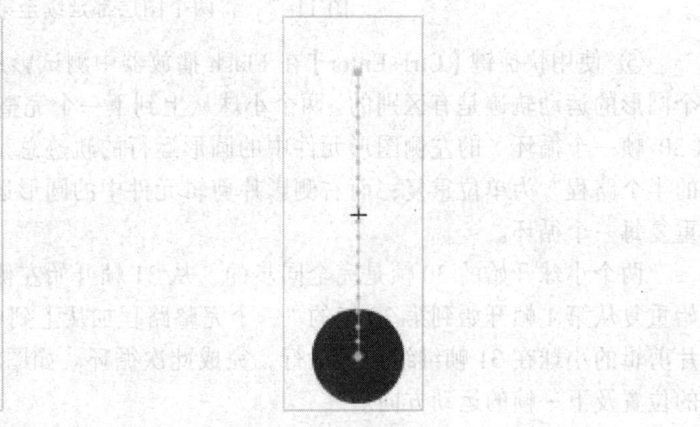

图 11-5　第 20 帧

⑤ 按键盘上的【Enter】键，可以看到元件在“舞台区”上的圆形按照轨迹线从上方运动到下方，运行帧数为 20 帧，图形元件内部圆形补间动画制作完成。

⑥ 至此，图形元件制作完成，单击“舞台区”上方顶端的文本“场景 1”（见图 11-3），返回 Flash 主动画制作界面。

（2）创建影片剪辑元件

创建影片剪辑元件的方法和创建图形元件的步骤完全相同，只需在第①步“创建新元件”对话框中将元件名称作以修改（如“影片剪辑-小球”），类型选择“影片剪辑”，其他设置和参数完全相同。

（3）测试两个元件的效果

现在，Flash 文档的“库面板”中存在有图形元件“图形元件-小球”和影片剪辑元件“影片剪辑-小球”。

① 将主动画（“舞台区”顶端文本只有“场景 1”标识）的“图层 1”修改名称为“图形元件层”，从“库面板”中将圆形图形元件拖动至该层第 1 帧的“舞台区”，并修改 X 和 Y 值分别为“100”和“200”，如图 11-6 所示（左侧）。

② 在“图形元件层”上方新建一个图层，修改名称为“影片剪辑层”，从“库面板”中将圆形影片剪辑元件拖动至主动画“舞台区”，修改 X 和 Y 值分别为“200”和“200”，如图 11-6 所示（右侧）。

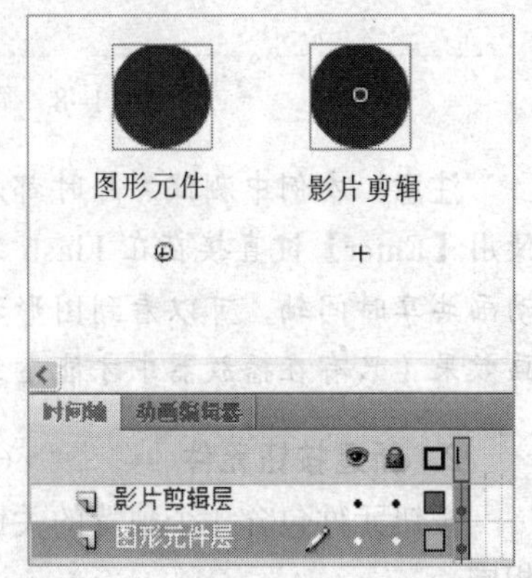

图 11-6　图形元件与影片剪辑

③ 使用快捷键【Ctrl+Enter】，在 Flash 播放器中测试影片，可以看到播放的影片中，左侧图形元件中的圆形保持不动，而右侧影片剪辑中的圆形从上至下运动。因为该动画的主时间轴

只有一个帧，左侧图形元件使用主时间轴，所以不会动；而右侧影片剪辑元件因为有自己的时间轴，所以小球自上至下的按照元件内部补间动画效果运行，不受主动画时间轴的控制。

④ 分别单击主动画两个图层的第30帧，按【F5】键，将各层第一帧效果顺延至第30帧，如图11-7所示。

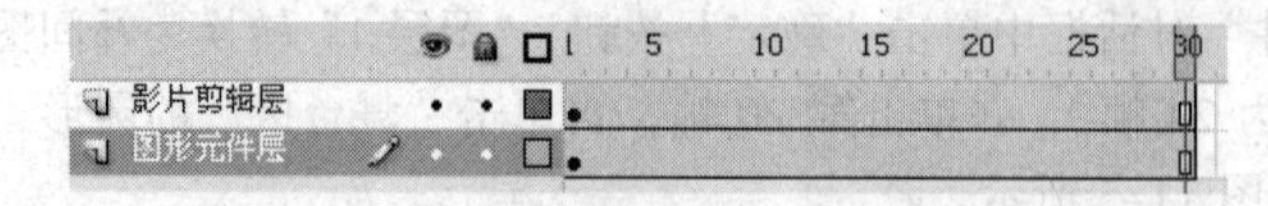

图11-7 将两个图层都延续至第30帧

⑤ 使用快捷键【Ctrl+Enter】在Flash播放器中测试影片，可以看到播放的影片中，左右两个圆形的运动轨迹是有区别的。两个小球从上到下一个完整的循环是20帧，对于使用主时间轴（30帧一个循环）的左侧图形元件中的圆形运行的轨迹总是以“一个完整的循环加从上到中部的半个路程”为单位重复；而右侧影片剪辑元件中的圆形运行轨迹是按照自己的时间轴完整地重复每一个循环。

两个小球开始的30帧是完全同步的，从31帧开始左侧图形元件的小球，又返回上方，开始重复从第1帧开始到第30帧的“一个完整路程加从上到中部的半个路程”的轨迹；而右侧影片剪辑的小球在31帧继续向下运行，完成此次循环。如图11-8所示是几个关键帧上两个小球的位置及下一帧的运动方向。

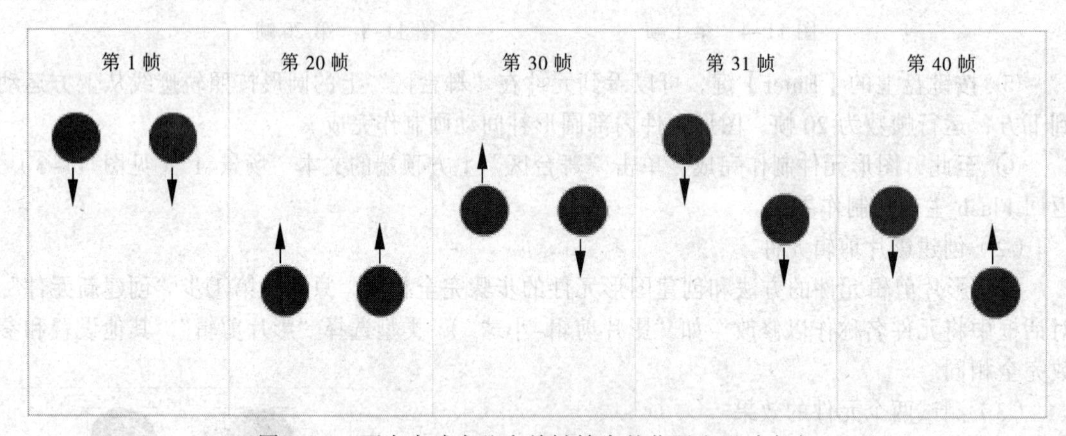

图11-8 两个小球在几个关键帧中的位置和运动方向

注意：本例中测试影片时都是使用快捷键【Ctrl+Enter】在Flash播放器中观看效果，如果使用【Enter】键直接在在Flash工作环境中的“舞台区”观看效果，那么，由于图形元件和主动画共享时间轴，可以看到图形元件的自有补间动画效果，而影片剪辑元件不显示自有补间动画效果（只有在播放器中才能看到影片剪辑元件的自有补间动画效果）。

2. 新建按钮元件

按钮元件包含4个独特的关键帧，用于描述当鼠标与按钮交互时按钮的外观，其功能各不相同。

- “弹起”关键帧：显示当鼠标未指向按钮时，按钮的外观。
- “指针经过”关键帧：显示当鼠标指向按钮，在按钮上悬停时，按钮的外观。
- “按下”关键帧：显示当鼠标在按钮上按下时，按钮的外观。

- "单击"关键帧：定义该按钮的可单击区域的范围，一般不需设置，其范围默认和按钮大小一致。

制作的按钮在"弹起"状态、"指针经过"状态和"按下"状态的外观如图 11-9 所示。

图 11-9　按钮三个状态的外观

下面讲解如图 11-9 所示按钮的制作步骤：

（1）创建按钮元件

新建 Flash 文档，执行菜单"插入"→"新建元件"命令，弹出"创建新元件"对话框，在打开的"创建新元件"对话框中输入名称"导航按钮"，选择"按钮"类型，然后单击"确定"按钮。

新创建的元件名称"导航按钮"将出现在"库面板"中；同时，"舞台区"变为没有边界的白色区域，中心有一个十字中心点，"舞台区"上方的水平条文本表明了现在处于新创建的按钮元件内部，如图 11-10 所示；并且，按钮元件内部的时间轴变为只有 4 个帧的状态，如图 11-11 所示。

图 11-10　舞台区顶端文本

图 11-11　按钮元件的时间轴

（2）制作按钮"矩形"图层的三个状态

① 将"图层 1"名称修改为"矩形"，单击该图层第 1 帧，即"弹起"帧，在"舞台区"绘制一个笔触色为透明的矩形，使用"选择工具"选中矩形，在"属性"面板设置大小：宽度为"175"、高度为"50"，位置 X 为"-85"、Y 为"-25"。

② 执行"窗口"→"颜色"命令打开"颜色"面板，使用"选择工具"在舞台上单击矩形，设置内部填充：类型为"线性"，渐变条色块共有 3 个，设置颜色值分别为"#BBD5E1"、"#4DA7CC"和"#BBD5E1"，中间的色块在 2/3 处，然后使用"渐变变形工具"将渐变逆时针旋转 90°，并将渐变宽度调成与按钮高度相同，如图 11-12 所示。

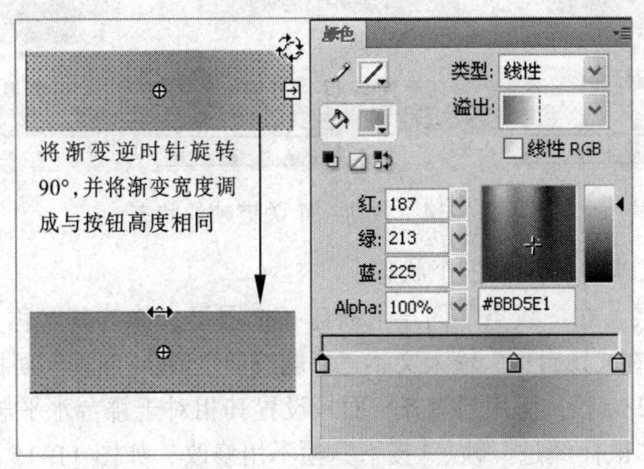

图 11-12　颜色面板

注意：在颜色面板的颜色框中输入颜色值后，一定要按【Enter】键确定，否则输入的颜色可能会无效。

③ 在“矩形”图层的“指针经过”帧按【F6】键插入关键帧，使用“选择工具”在舞台上单击矩形，使用“颜色”面板，将渐变色三个色块的值修改为：“#FFFFFF”、“#4DA7CC”、“#FFFFFF”，矩形填充上、下为白色，中间为深色，如图 11-13 左边部分所示。

在“矩形”图层的“按下”帧按【F6】键插入关键帧，使用“选择工具”在舞台上单击矩形，使用“颜色”面板，将渐变色三个色块的值修改为：“#4DA7CC”、“#BBD5E1”、“#4DA7CC”，矩形填充上、下为深色，中间为浅色，如图 11-13 右边部分所示。

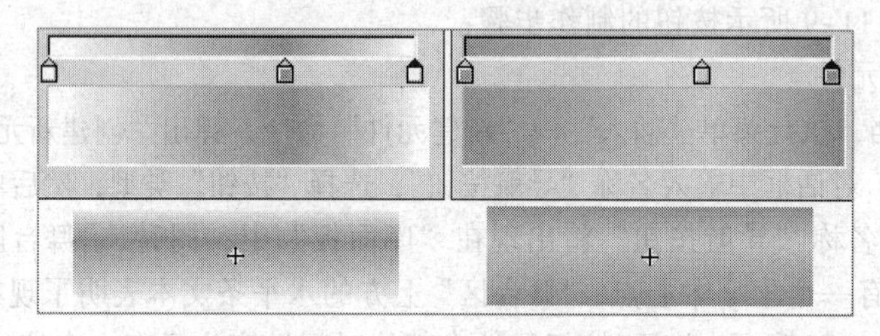

图 11-13 “指针经过”和“按下”二个关键帧的渐变填充颜色和效果

（3）制作按钮“线条”图层的三个状态

① 锁定“矩形”图层，在“矩形”图层上新建一个图层，改名为“线条”，在该图层中，为按钮在“弹起”和“按下”状态时添加位于矩形上、下边缘的两条线。

② 单击该图层第 1 帧，即“弹起”帧，在“舞台区”绘制一个笔触色为透明的矩形，使用“选择工具”选中矩形，在“属性”面板设置其大小：宽度为“175”、高度为“5”，位置 X 为“-85”、Y 为“-35”，设置填充色为“#AED8EA”；然后按快捷键【Ctrl+C】、【Ctrl+V】复制一个矩形，设置其位置 X 为“-85”、Y 为“30”。

③ 在“双线”图层的“按下”帧按【F6】键插入关键帧，然后在“指针经过”帧按【F7】键插入空白关键帧，最后选中“按下”帧设置其中的矩形填充色为“#48A4CB”。

此时按钮的“弹起”、“指针经过”和“按下”三个状态的效果如图 11-14 所示。

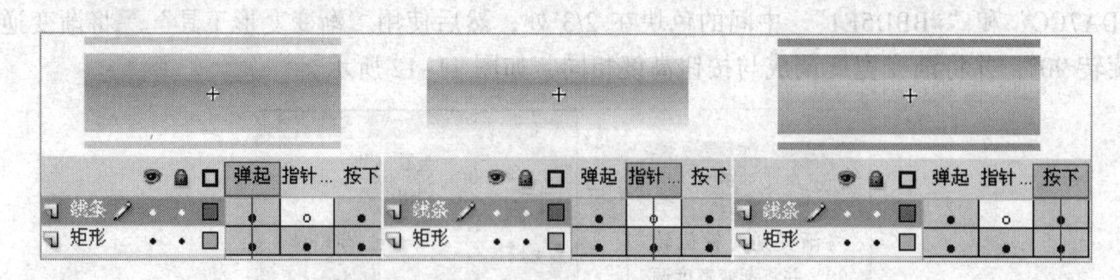

图 11-14 按钮三个关键帧的状态

（4）制作按钮“文本”图层的三个状态

锁定“线条”图层，在“线条”图层上新建一个图层，修改其名称为“文本”，单击“文本”图层“弹起”帧，在“舞台区”输入文本“导航按钮”，在“属性”面板设置：字体“黑体”、颜色“白色”、大小“28 点”；使用“对齐”面板设置其相对于舞台水平居中、垂直居中。因为文本无需变化，所以“鼠标经过”帧、“按下”帧不用修改，如图 11-15 所示。

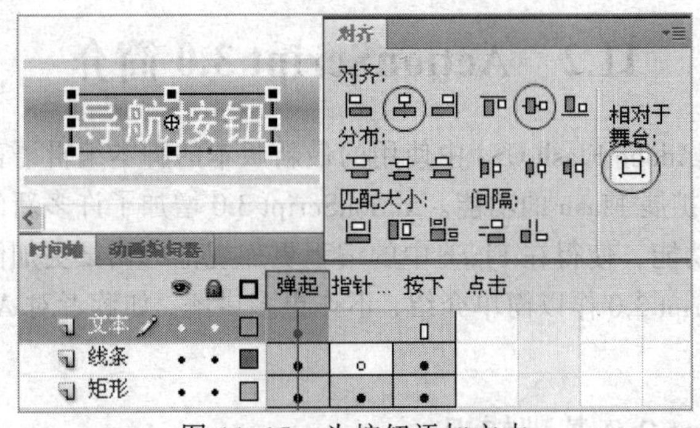

图 11-15　为按钮添加文本

至此，按钮元件制作完成。单击“舞台区”顶部的文字“场景 1”（见图 11-10），退出按钮制作状态，返回主影片，从“库面板”中将按钮元件“按钮 1”拖动至“舞台区”，按快捷键【Ctrl+Enter】，在 Flash 播放器中测试影片，可以看到鼠标指针移向按钮时的各种状态，效果如图 11-9 所示。将此 Flash 文档保存为“按钮.fla”文件。

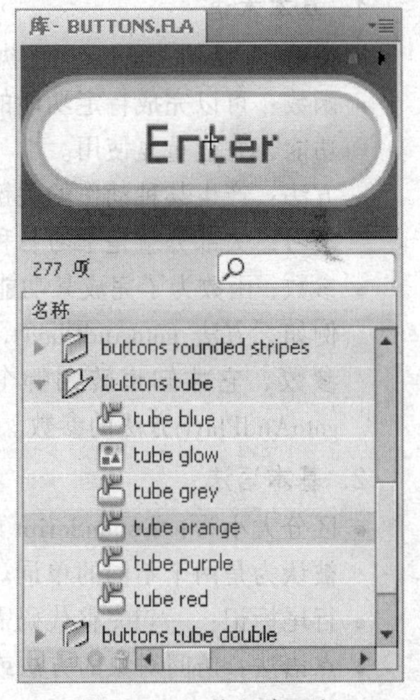

图 11-16　按钮库面板

注意：按钮的状态效果必须在 Flash 播放器中播放时才能看到，在“舞台区”无法看到。

3．使用“公用库”中的按钮

虽然自己可以创建 Flash 影片中的按钮元件，但使用别人已经制作完成、效果奇特的按钮可以大大节省创建影片的时间，Flash 中提供了大量可以直接使用的各种形态的按钮，存放于 Flash 的公共库中，通过公共库的“按钮库”面板可以获得。

选择菜单“窗口”→“公用库”→“按钮”命令，可以打开“按钮库”面板，如图 11-16 所示。

使用“按钮库”中的按钮的方法非常简单，单击“按钮库”面板左侧的▶按钮，或双击文件夹按钮打开文件夹，选中其中的按钮，在面板上部可以预览其效果，选择好满意的按钮，直接从“按钮库”面板拖动至影片“舞台区”即可。

11.1.3　修改元件

修改元件一般有两种方法：

1．在“库面板”中修改

在“库面板”中双击元件名前的图标，即可进入元件编辑模式，“舞台区”上方文本会有相应的提示（见图 11-10）。

2．在“舞台”上修改

对于“舞台区”上按钮的“实例”，如果对其效果不满意时，可以直接在“舞台区”双击该元件的“实例”，直接进入元件的编辑模式。在这种元件编辑模式下，可以在编辑元件的同时，仍然能看到主影片“舞台区”上其他的对象（半透明显示）。

11.2 ActionScript 3.0 简介

ActionScript 3.0 是 Adobe Flash CS4 中使用的最新版本的脚本编辑语言，该语言内容简单、功能强大，可以极大地扩展 Flash 的功能。ActionScript 3.0 增加了许多新的特性，并且摒了旧版本 ActionScript 的一些功能，使得在 Flash 中的编程更加规范，调试更加简单。

本节只对 ActionScript 3.0 作以简单介绍，不作更多讲解，如读者对 ActionScript 感兴趣，请参阅其他相关资料。

11.2.1 ActionScript 3.0 基础知识

本小节简要介绍 ActionScript 中的一些基础知识。

1. 基本术语

- 关键字：ActionScript 用于执行特定任务的保留字符串，如“true”关键字用于表示逻辑真。
- 函数：可以完成特定功能的一组语句，通过一个指定的名称可以引用使用这组语句完成功能，并能重复使用。
- 方法：产生某种动作的关键字，在 ActionScript 中功能强大，初学者对于 ActionScript 的学习，大部分就是学习各种对象的方法。
- 参数：函数为了完成某功能，或方法为执行某种操作，往往需要靠参数提供更多的信息，例如，方法 gotoAndPlay()，是用来转到某个特定的帧去播放影片的方法，必须给它提供参数，它才知道转到哪个帧或什么帧，代码 gotoAndPlay(5)括弧中的数字 5，就是 gotoAndPlay()方法的参数。

2. 基本语法

- 区分大小写：ActionScript 严格区分代码的大小写，例如，play 和 Play 在 ActionScript 中被认为是两个不同的单词。
- 行尾标记：一句完整代码需用“;”结尾，告诉 ActionScript 该代码行已结束。
- 点语法：访问对象的方法或属性等内容时，需要使用“.”来分隔元件名称和方法或元件与属性。
- 逗号和双引号：两个或以上参数使用逗号“,”分隔；字符串需要用双引号“""”扩起来。
- 圆括弧和花括弧：参数一般放在圆括弧中；而一组关联语句可以放在花括弧中，例如函数的代码。
- 注释语句：对于代码中的注释类语句，ActionScript 在执行时会忽略。单行注释用双斜杠“//”开始即可，多行注释放在起始“/*”符号和结束“*/”符号之间即可。

注意：语法中提到的符号都是指英文状态的半角符号。

3. 动作面板

Flash 中的 ActionScript 脚本需要在“动作面板”中书写，通过菜单“窗口”→“动作”命令，可以打开“动作面板”，如图 11-17 所示。

该窗口集代码编写、语句提示、语法检查、调试、格式化等功能于一体，功能强大，使用方便。

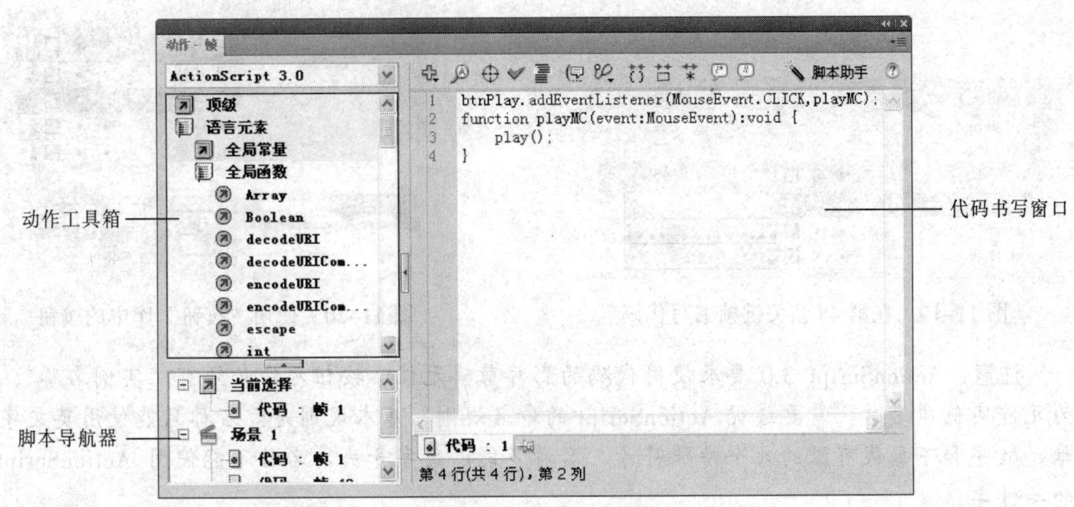

图 11-17　动作面板

11.2.2　制作交互动画

打开上一章制作的“卡通汽车.fla”文档，使用快捷键【Ctrl+Enter】测试效果，可以看到卡通汽车沿路线从舞台左侧运行到右侧，而后重复从左到右运动的动画。

下面对此动画添加交互功能。首先会在“舞台区”增加一个按钮元件实例，然后使用 ActionScript 控制影片播放效果，当影片播放到最后一帧，也就是汽车运行到右侧时，停止动画播放，汽车也就停止在舞台右侧；接下来增加按钮的事件代码，使得单击按钮时，可以使动画再次从第 1 帧开始播放。

注意：ActionScript 3.0 要求代码书写在关键帧中，不再支持以前版本中的影片剪辑和按钮代码。

1. 为动画添加交互功能

为动画添加交互功能的操作步骤如下：

① 在“Car”图层上方新建一个图层，修改其名称为“代码”，如图 11-18 所示，该层专门用于书写 ActionScript 代码。

② 单击“代码”层第 48 帧，按【F6】键，插入关键帧，在“动作面板”中输入代码“stop();”，如图 11-19 所示。

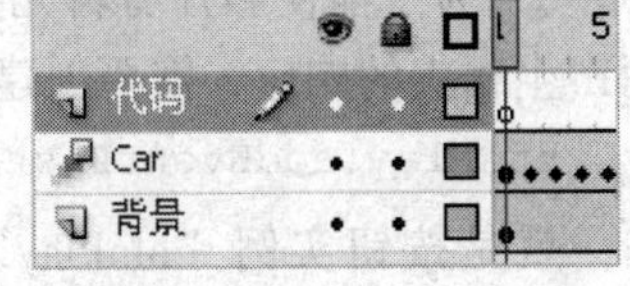

图 11-18　新建“代码”图层

③ 按快捷键【Ctrl+Enter】，在 Flash 播放器中观看影片，卡通汽车从左侧运行到右侧后停止，影片不再自动重复循环播放，原因即是在第 48 帧关键帧的代码“stop();”起了作用。

④ 在“Car”图层上方新建一个图层，修改其名称为“按钮”，单击“按钮”图层第 1 帧，从“按钮库面板”(“窗口”→“公用库”→“按钮”)中将“playback rounded”文件夹下的“rounded green play”按钮拖至“舞台区”的左上角，使用“任意变形工具”将其尺寸调整得大一些，并在“属性面板”将“舞台区”的按钮实例命名为“btnPlay”，如图 11-20 所示。

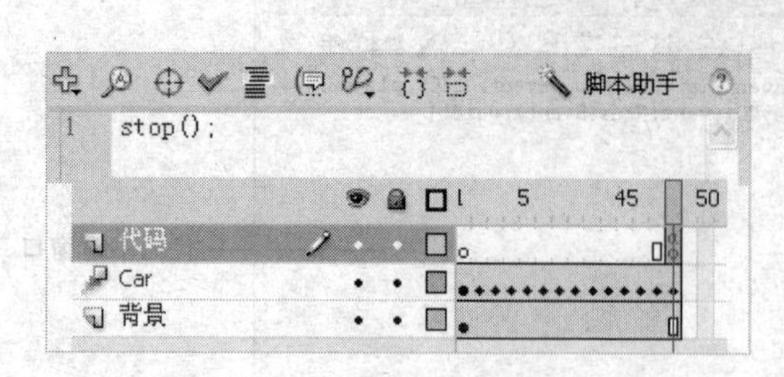

图 11-19　在第 48 帧关键帧书写代码

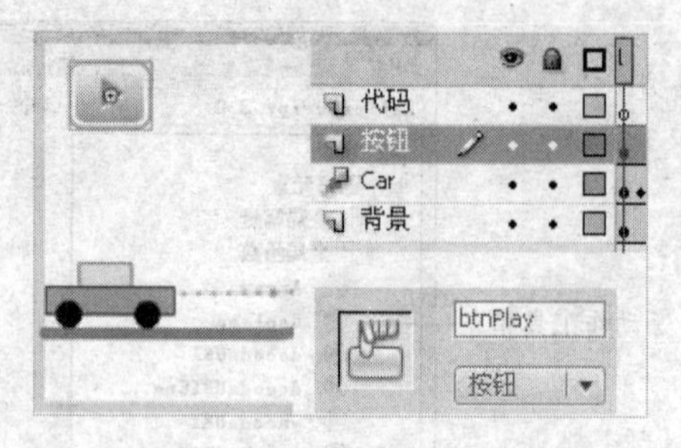

图 11-20　使用“按钮”库中的按钮

注意：ActionScript 3.0 要求使用代码的影片剪辑元件、按钮元件必须有“实例名称”；为元件实例命名时，需要遵循 ActionScript 的命名规则，基本规则是：名称只能使用英文字母、数字和下画线有限的几个特殊符号，名称不能以数字开头，名称不能使用 ActionScript 的关键字。

⑤ 单击“代码”层第 1 帧，输入能够使按钮接收鼠标的单击而重新播放影片的代码，代码如下：

```
btnPlay.addEventListener(MouseEvent.CLICK,playMC);
function playMC(event:MouseEvent):void
{
    play();
}
```

⑥ 按快捷键【Ctrl+Enter】，在 Flash 播放器中观看影片，卡通汽车从左侧运行到右侧后停止，单击“舞台区”左上角的按钮，影片将重新播放，卡通汽车再次从左侧运行到右侧后停止。

2. 相关知识

ActionScript 3.0 的代码要书写于关键帧中，书写了代码的关键帧图标为，在空心圆圈或黑圆点上加了一个 α 符号标识。

① 用于直接控制帧的操作，直接写在帧代码中即可，如本例中的代码“stop();”，影片播放到第 48 帧时自动执行，停止影片的继续播放。

② 为了能使影片剪辑元件实例或按钮元件实例接收鼠标的单击、双击或滑过的事件，从而产生相应的响应，需要创建该实例检测事件的侦听器，本例代码：

```
btnPlay.addEventListener(MouseEvent.CLICK,playMC);
```

就是按钮实例“btnPlay”的侦听器，“addEventListener()”是侦听命令，括弧中的参数“MouseEvent.CLICK”表示侦听鼠标单击事件，参数“playMC”是侦听器侦听到事件后执行的函数，下面的代码即是该函数：

```
function playMC(event:MouseEvent):void
{
    play();
}
```

函数由“function”关键字定义，“playMC”是用户为函数起的函数名，函数名后括弧中的参数表示该函数接收的是鼠标事件，“void”表明该函数无返回值，“{}”中的语句为函数体，此处的“play()”语句的含义是播放影片。

③ ActionScript 3.0 中用于创建侦听器侦听鼠标引发的事件代码有：

- 鼠标单击：MouseEvent.CLICK。
- 鼠标双击：MouseEvent.DOUBLE_CLICK。
- 鼠标移过：MouseEvent.MOUSE_MOVE。
- 鼠标按下：MouseEvent.MOUSE_DOWN。
- 鼠标抬起：MouseEvent.MOUSE_UP。
- 鼠标在对象上：MouseEvent.MOUSE_OVER。
- 鼠标离开对象：MouseEvent.MOUSE_OUT。

④ ActionScript 3.0 中常用于影片中导航的代码有：

- 停止影片播放：stop()。
- 播放影片：play()。
- 转到指定的帧数或帧标签位置后播放影片：gotoAndPlay(帧数或帧标签)。
- 转到指定的帧数或帧标签位置后停止影片：gotoAndStop(帧数或帧标签)。
- 转到下一帧并停止播放影片：nextFrame()。
- 转到上一帧并停止播放影片：prevFrame()。

11.3　为动画添加声音

为 Flash 动画添加声音，可以使影片更加引人入胜。Flash 支持 MP3、WAV、AIFF 这 3 种常见的声音格式，声音文件导入 Flash 中后，会被存放于“库面板”中。Flash 动画影片中可以使声音独立于时间轴连续播放，或使用时间轴将动画与音轨保持同步，也可以向按钮添加声音使按钮具有更强的互动性，通过声音淡入淡出还可以使音轨更加优美。

11.3.1　导入声音文件

选择菜单“文件”→“导入到库”命令，打开“导入到库”对话框，浏览到保存有声音文件的文件夹，选择要导入的声音文件后，单击“打开”按钮，即可将声音文件导入到库中。导入到“库面板”中的声音文件用一个小喇叭的图标标识，单击它后，在“库面板”上方的预览窗口会显示声音的波形图，如图 11-21 所示，单击预览窗口右上角的“播放”按钮，可播放声音，收听效果。

图 11-21　库面板中的声音

11.3.2　将声音添加到时间轴

在 Flash 影片中使用声音可采用两种模式：事件和音频流。“事件”声音必须完全下载后才能开始播放，除非明确停止，它将一直连续播放。“音频流”声音在前几帧下载了足够的数据后就开始播放，音频流是和时间轴同步的，便于处理声音和“舞台区”动画的对应效果。

1. 将声音添加到时间轴

将声音加入到时间轴，这样就可以在播放影片的同时播放声音了。操作步骤一般为：

① 在 Flash 文档中新建一个图层，该图层专门用于放置声音，如图 11-22 所示，“音乐”图层专门用于放置声音对象。

② 选中放置声音的图层关键帧，从“库面板”中将选中的声音拖至舞台区，舞台区无任何显示，但放置了声音的关键帧图标发生变化，如需向后面的帧中延续声音，单击相应的帧后，按【F5】键即可，如图 11-23 所示，已经使用的帧中有声音波形图显示。

图 11-22 “音乐”层

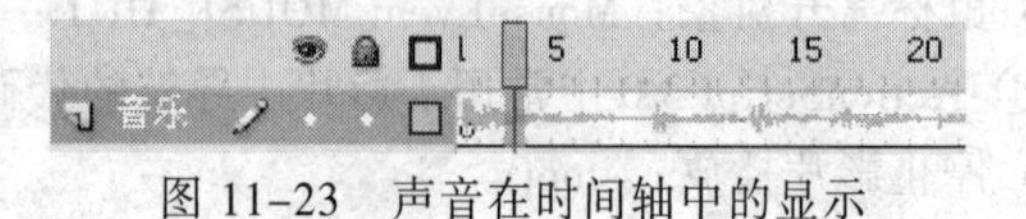

图 11-23 声音在时间轴中的显示

③ 测试影片，可以听到有声音播放。

注意：如需在影片中放置多个声音文件，以产生声音混在一起的效果，应把新的声音文件放置于新的图层。

2. 设置声音的属性

单击存放声音的图层中的任意使用帧，在“属性面板”可以设置与声音相关的属性，如图 11-24 所示，简要介绍如下：

图 11-24 声音主要属性

（1）名称

从“名称”后的下拉列表框中可以选择使用本文档库中的其他声音文件替换当前图层中的声音文件。

（2）效果

从“效果”后的下拉列表框中可以选择应用于当前声音上的特效选项，包括：

- “无”：不对声音文件应用效果，选择此选项将删除以前应用的效果。
- “左声道”/“右声道”：只在左声道或右声道中播放声音。
- “从左到右淡出”/“从右到左淡出”：会将声音从一个声道切换到另一个声道。
- “淡入”：在声音的持续时间内逐渐增加音量。
- “淡出”：在声音的持续时间内逐渐减小音量。
- “自定义”：允许使用“编辑封套”创建自定义的声音淡入和淡出点。

选择了“自定义”选项，或者单击后面的“编辑声音封套”按钮，可以打开“编辑封套”对话框，如图 11-25 所示，使用该对话框，可以自定义设置使用声音的效果，可以设置淡入淡出，截取声音段，等等。

（3）同步

“同步”后的下拉列表框中共有 4 个选项：“事件”、“开始”、“停止”和“数据流”。

声音的“同步”属性是指触发和播放声音的方式。“事件”和“开始”选项用于特定的时间触发的声音（如单击按钮时，一般是较短的声音）。“事件”和“开始”选项的唯一区别是，当声音开始播放后，再次触发该声音播放时，“事件”同步选项的声音会再次播放和还没有播放完的声音产生重叠的效果，而“开始”同步选项的声音不会再次播放，不会产生叠音的效果。“停止”选项用于使声音停止，很少用到。“数据流”同步选项非常有用，它把声音同步到时间轴上，播放效果由时间轴的帧决定，在需要制作画面和声音同步的效果时，“数据流”选项是最适合的。

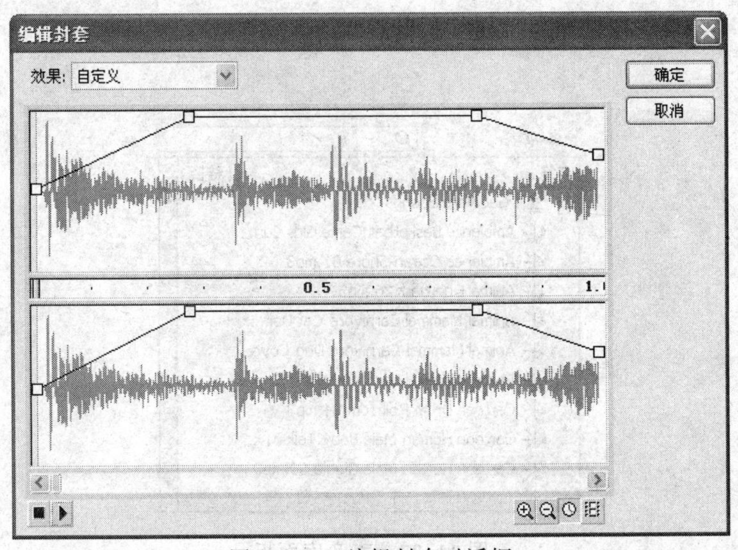

图 11-25　编辑封套对话框

（4）重复

“重复”选项可以设置声音在影片中播放的次数，还可以设置为永远循环。

11.3.3　为按钮添加声音

本小节通过实例讲解为“按钮”元件增加单击按钮时播放声音的效果，步骤如下：

① 打开上一章保存的“按钮.fla”文件，在“库面板”中双击导航按钮前的图标，进入按钮编辑状态。

② 在“时间轴”所有图层上新建一个图层“声音”，如图 11-26 所示。

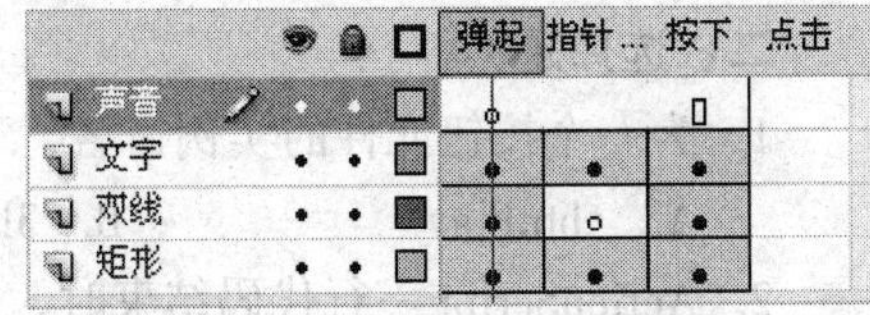

图 11-26　增加“声音”层

③ 单击“声音”图层的“按下”帧，按【F6】键，将该帧转换为关键帧，然后将“库面板”中导入的声音文件“Beep.mp3”拖入该帧的“舞台区”。

④ 单击“舞台区”上方的“场景 1”按钮，返回主动画，按快捷键【Ctrl+Enter】测试影片，在 Flash 播放器中，单击按钮，则会听到“哔” 的一声响，即“Beep.mp3”的声音。

⑤ 为按钮添加声音效果到此结束。

11.3.4　使用声音库

除了使用导入的方法将声音文件导入 Flash 文档外，Adobe Flash CS4 的公用库中提供了大量的声音文件，制作动画时可以直接使用，选择菜单“窗口”→“公用库”→“声音”命令，可以打开“声音库”面板，如图 11-27 所示，在该面板中，浏览并试听效果，对于需要的声音，直接拖到“舞台区”使用即可。

图 11-27　声音库面板

练　习　题

一、填空题

1. Flash 中的元件有________、________、________三种类型。
2. 按钮元件有 4 个独特的关键帧，分别是________、________、________、________。
3. ActionScript 用于执行特定任务而保留的字符串称为________。

二、选择题

1. 为一个按钮元件的实例命名，下面的名称错误的是（　　）。

   A. _btnPlay　　B. 3btnPlay　　C. btnPlay6　　D. Play

2. ActionScript 一行代码结束时，应使用的结束符号为（　　）。

   A. .　　B. ;　　C. 。　　D. ,

3. ActionScript 中为一行代码作注释的注释符为（　　）。

   A. //　　B. /*　　C. */　　D. "

三、思考题

1. 什么是元件，它和实例之间有什么区别？
2. 元件的编辑方法有几种？各有什么特点？
3. 简述图形元件和影片剪辑元件的异同点及适用场合。
4. 什么是 ActionScript 的侦听器？有什么作用？
5. Flash 中常用的声音文件有哪几种？
6. 声音属性“同步”中的“事件”和“开始”有什么区别？
7. 使用 Flash 制作一首动画音乐 MV，在声音属性“同步”中选择哪个选项比较合适？为什么？

8. 如何在 Flash 中编辑声音剪辑的长度？

9. Flash 动画中可以使用的声音主要有哪几种来源？

四、上机操作题

1. 制作一个用于比对效果的图形元件和影片剪辑元件。

2. 制作一个按钮元件。

3. 制作一个 Flash 图片浏览器。要求影片中至少有 5 张图片，4 个按钮（“第一张”按钮、“最后一张”按钮、“上一张”按钮、“下一张”按钮），单击不同的按钮产生相应的浏览照片的效果。

4. 制作一首简单的歌曲音乐 MV。

5. 制作一个带有单击声音的命令按钮。

第 12 章　网站开发实例之 Flash 篇

本章主要讲解使用 Flash CS4 制作网页动画的方法，这里介绍两个动画的制作方法，它们是：网页顶端的“横幅”动画、网页主体部分的“菜品展示”动画。

12.1　制作横幅动画

使用 Flash 制作一个诙谐的横幅，随着一只拿笔的手的移动“人是铁、饭是钢。一顿不吃额的慌!”逐步显示出来。

12.1.1　准备工作

在动手制作横幅动画前，先准备好所需要的图片素材，并将它们导入到 Flash 文档中，调整好文档的大小，操作方法如下：

① “手”的图片已经在“实例之 Fireworks 篇”中处理好，保存在“D:\菜谱网站素材\公共类\网页动画\素材\横幅”文件夹中。

② 还需要一张动画背景图片，在“资源管理器”中打开“D:\菜谱网站素材\公共类\网页模板\导出的模板\主页\images”文件夹，在“缩略图”模式下找到为“横幅”预留位置的图片“main_r4_c2.jpg”，将其复制到“D:\菜谱网站素材\公共类\网页动画\素材\横幅”文件夹中，如图 12-1 所示。

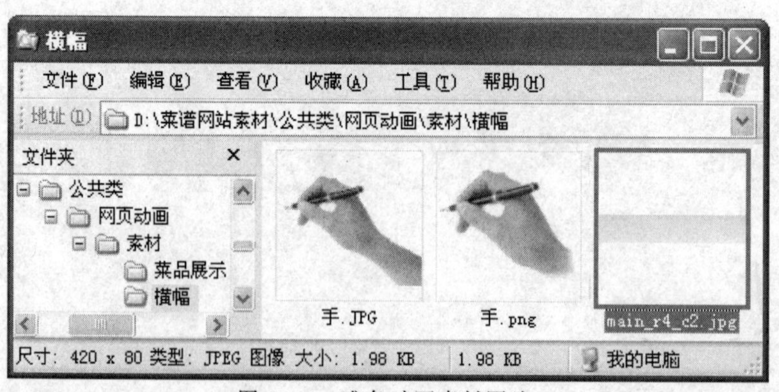

图 12-1　准备动画素材图片

③ 启动 Flash CS4，在“菜单栏”右边选择“传统”模式，建立新文档。

④ 执行“文件”→“导入”→“导入到库”命令，将图片“main_r4_c2.jpg”和“手.png”导入到库，从库面板将图片“main_r4_c2.jpg”拖到“舞台”上，作为动画的背景。

⑤ 执行“修改”→“文档”命令，打开“文档属性”对话框，在“匹配”处选择“内容”，再单击“确定”按钮，使文档大小与背景图片大小相同，如图 12-2 所示。

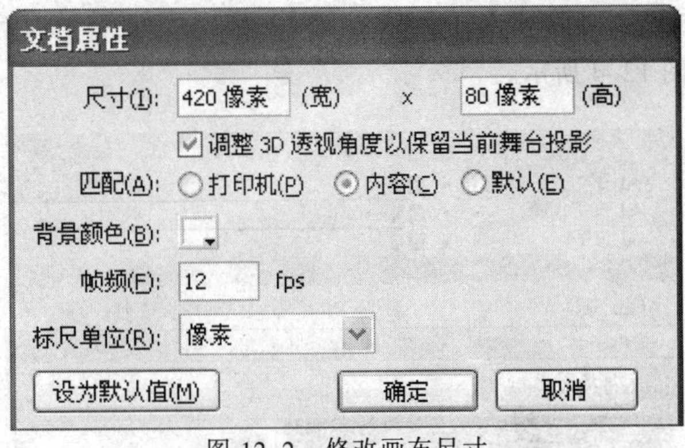

图 12-2　修改画布尺寸

12.1.2　制作动画

下面讲解横幅动画的具体制作过程。

① 单击“时间轴”底部的“新建”按钮，建立图层 2、图层 3、图层 4，然后进行如下操作：

- 双击“图层名”进行换名，“图层 1”→“背景”、“图层 2”→“文字 1”、“图层 3”→“文字 1 遮罩”、“图层 4”→“手”，如图 12-3 所示。
- 选择“文字 1” 层：使用“文本”工具T，在左上角输入文字“人是铁、饭是钢。”，大小为 30 点，字体（系列）为叶根友钢笔行书简体，如图 12-3 所示。
- 选择“文字 1 遮罩” 层：使用“矩形”工具，绘制“矩形”（用作遮罩），其大小要能完全覆盖文字，将其放在文字的左边，如图 12-3 所示。
- 选择“手”层：从库面板将图片“手. png”拖到“舞台”上，选择“任意变形”工具，按住【Shift】键（保持长宽比），将“手”调整到合适的大小，并将其放在“矩形”的右边，如图 12-3 所示。

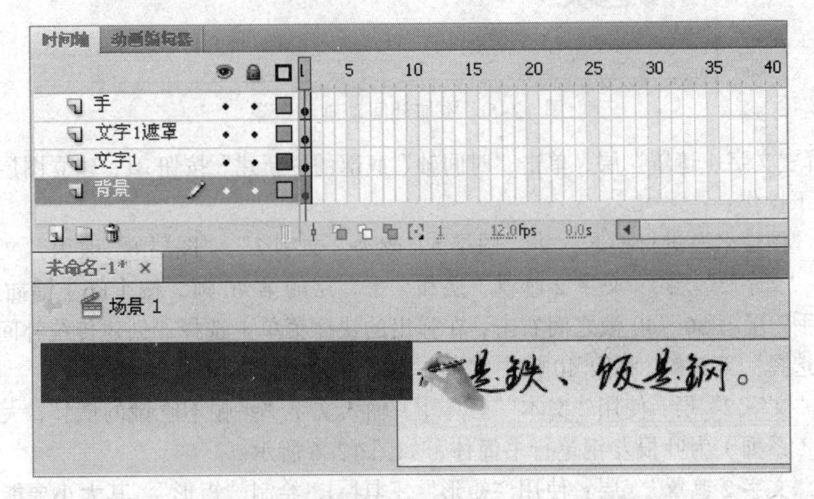

图 12-3　添加图层及对象

② 在时间轴的第 100 帧处，按住鼠标左键从上向下拖动的同时选中 4 个图层的第 100 帧，按【F5】键插入帧；再同时选中“文字 1 遮罩”层和“手”层的第 30 帧，按【F6】键插入关

键帧，使用“选择”工具，按住【Shift】键（保持水平）在舞台上向右拖动矩形和手，使矩形完全覆盖文字，如图 12-4 所示。

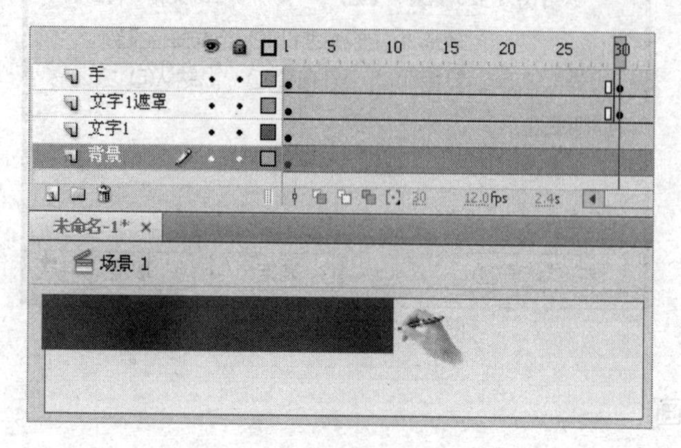

图 12-4　编辑关键帧中对象的位置

③ 添加补间：选择“手”和“文字 1 遮罩”层的第 1～到 30 帧之间的任意帧右击，在弹出的快捷菜单上选择“创建传统补间”命令；在“文字 1 遮罩”图层名上右击，在弹出的快捷菜单上选择“遮罩层”命令，如图 12-5 所示。

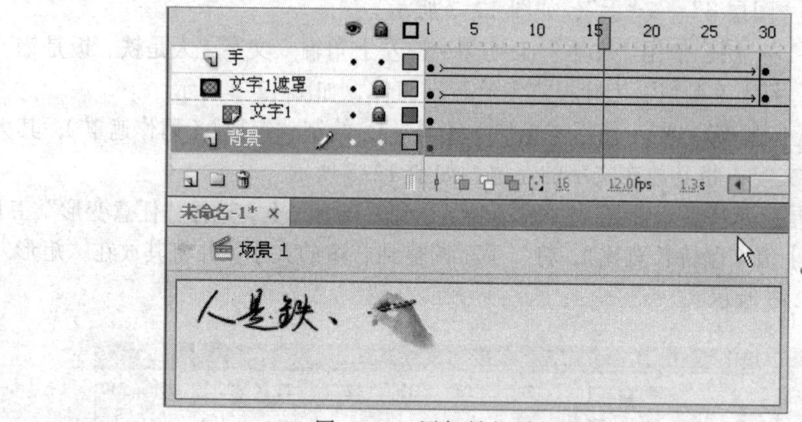

图 12-5　添加补间动画和遮罩

④ 选择“文字 1 遮罩”层，单击“时间轴”底部的“新建”按钮，建立图层 5、图层 6，然后进行如下操作：

- 双击“图层名”进行换名，将“图层 5”改为“文字 2”、“图层 6”改为“文字 2 遮罩”。
- 选中“文字 2”层、“文字 2 遮罩”层和“手”层的第 40 帧，按【F6】键插入关键帧。
- 在“手”层第 30～40 帧之间右击，在弹出的快捷菜单上选择“创建传统补间”命令；使用“选择”工具，将第 40 帧中“手”向左下移动，如图 12-6 所示。
- 选择“文字 2”层：使用“文本”工具T，输入文字“一顿不吃饿的慌!”，大小为 30 点，字体（系列）为叶根友钢笔行书简体，如图 12-6 所示。
- 选择“文字 2 遮罩” 层：使用“矩形”工具，绘制“矩形”，其大小要能完全覆盖文字，将其放在文字的左边，如图 12-6 所示。

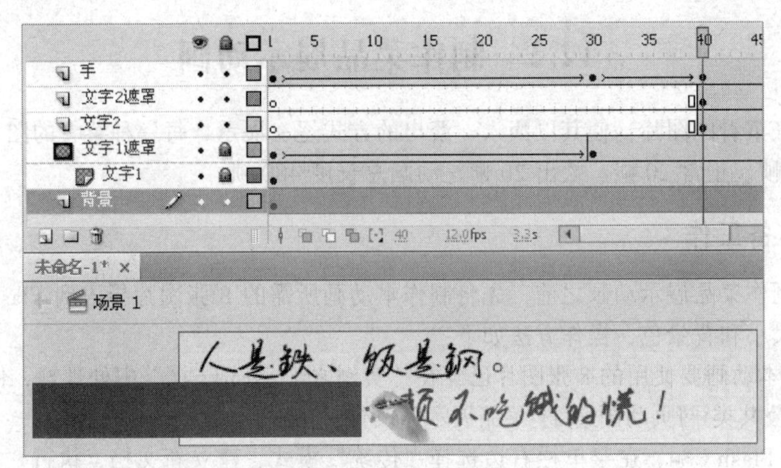

图 12-6　添加第 2 行文字

⑤ 选中上面 2 层的第 70 帧，按【F6】键插入关键帧，使用“选择”工具，按住【Shift】键向右拖动矩形和手，使矩形完全覆盖文字。

⑥ 添加补间：选择“手”和“文字 2 遮罩”层第 40～70 帧之间的任意帧右击，在弹出的快捷菜单上选择“创建传统补间”命令；在“文字 2 遮罩”图层名上右击，在弹出的快捷菜单上选择“遮罩层”命令，结果如图 12-7 所示。

⑦ 第 70～100 帧之间的空白帧是为了使 70 帧的内容停留 30 帧（30/12=2.5 秒）。

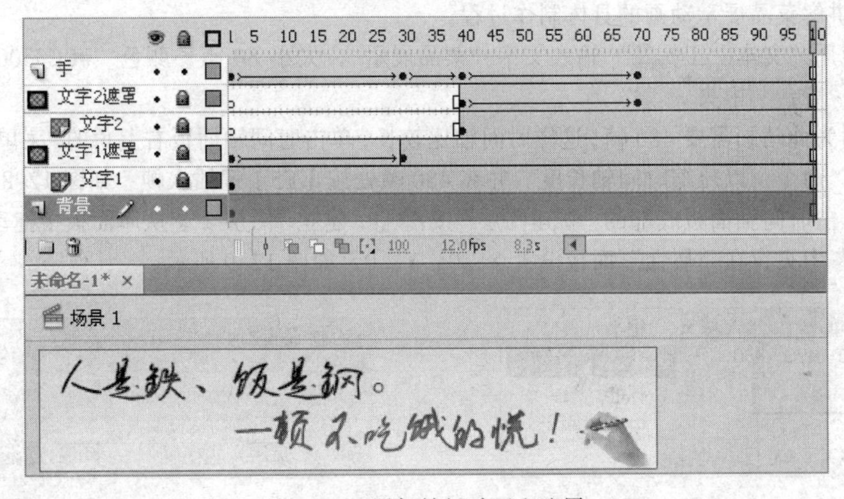

图 12-7　添加补间动画和遮罩

12.1.3　导出影片

动画制作完成后，测试并导出影片文件，操作方法如下：

① 执行“文件”→“保存”命令，将做好的动画以“hengfu.fla”为名保存在“D:\菜谱网站素材\公共类\网页动画\作品”文件夹中。

② 执行“控制”→“测试影片”命令，将会在与源文件（hengfu.fla）相同的文件夹中生成同名的影片文件“hengfu.swf”。

12.2 制作菜品展示动画

精选 8 张菜肴的图片，使其以淡入、淡出的方式逐一展示，每一种菜肴的图片展示 60 帧，其中淡入 20 帧、正常 20 帧、淡出 20 帧，动画总长度 480 帧。

12.2.1 准备工作

在动手制作菜品展示动画之前，先将制作本动画所需的 8 张图片导入到 Flash 文档中，调整好文档的大小和背景色，操作方法如下：

① 制作本动画要使用的 8 张图片已经在“实例之 Fireworks 篇”中处理好，保存在“D:\菜谱网站素材\公共类\网页动画\素材\菜品展示”文件夹中。

② 启动 Flash CS4，在菜单栏右边选择“传统”模式，建立新文档，执行“文件”→“保存”命令，以“zhanshi.fla”为名将其保存在“D:\菜谱网站素材\公共类\网页动画\作品”文件夹中。

③ 执行“文件”→“导入”→“导入到库”命令，将 8 张图片导入到库。

④ 执行“修改”→“文档”命令，打开“文档属性”对话框，修改尺寸为：宽 530 像素、高 420 像素，背景颜色为“#F0F9DB”。

12.2.2 制作动画

下面讲解菜品展示动画的具体制作过程。

① 使用“文本”工具T，输入文字“菜品展示”，大小 80 点，颜色“#CC3300”，将其位置调整到“舞台”中央。

② 因为此动画需要 480 帧，这样时间轴比较长，单击时间轴面板右上角的“菜单”按钮，选择“小”命令，以压缩时间轴长度。并在 480 帧处按【F5】键插入帧，如图 12-8 所示。

③ 单击时间轴面板底部的“新建图层”按钮，建立“图层 2”。从库面板中拖动“tu1.jpg”到“舞台”中央，在“属性”面板设置 X：0、Y：0，如图 12-9 所示。

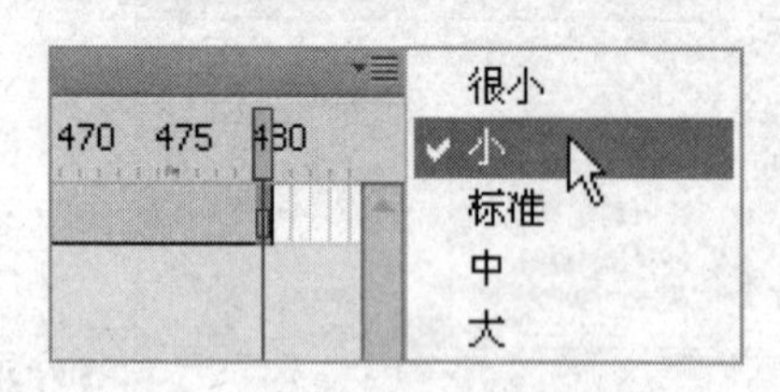

图 12-8 压缩时间轴长度

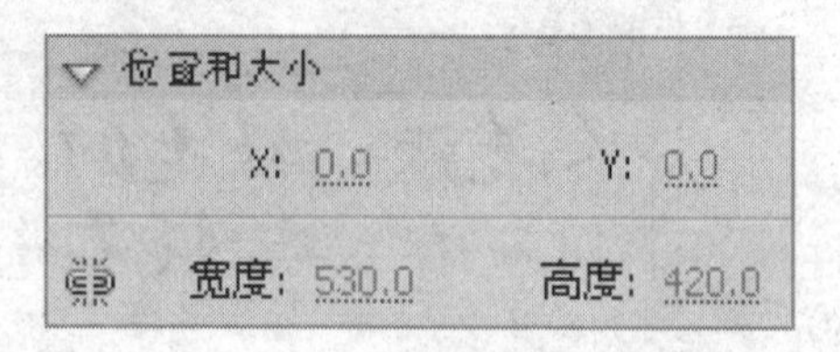

图 12-9 设置图片位置

④ 然后在“图层 2”进行如下操作：

- 同时选中（按住【Ctrl】键）或分别选中 20 帧、40 帧、60 帧，按【F6】键插入关键帧。
- 在两个关键帧之间的任意帧上右击，在弹出的快捷菜单中选择“创建传统补间”命令，如图 12-10 所示。

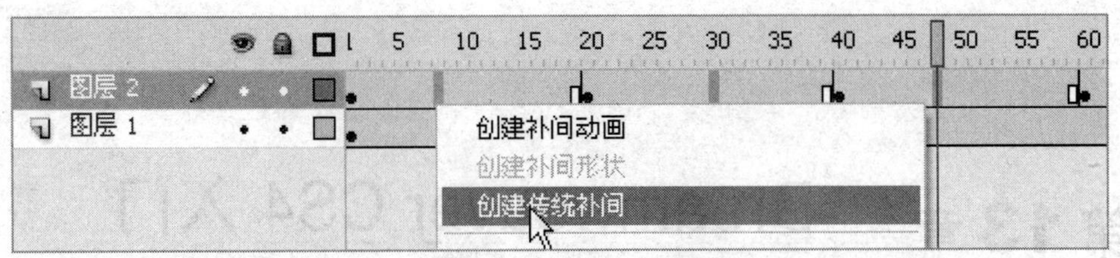

图 12-10　创建传统补间

- 在时间轴面板上选择第 1 帧，再在“舞台”上单击“图片”，然后，将“属性”面板上“色彩效果”中的“样式”改为 Alpha，并设 Alpha 值为 0%，使图片透明，如图 12-11 所示；用同样的方法，将第 60 帧中的图片也设为透明。

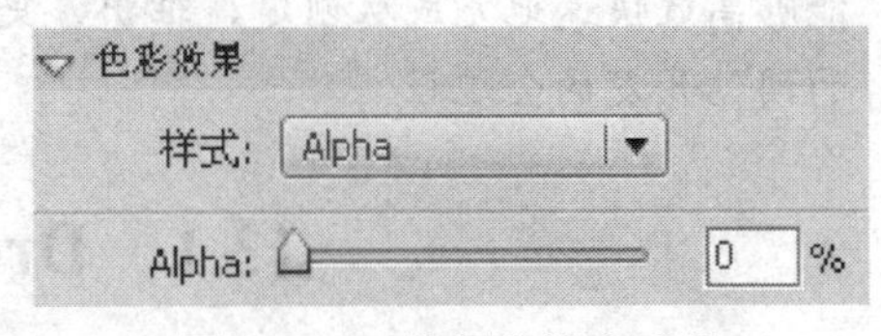

图 12-11　将图片设为透明

⑤ 选中第 61 帧，按【F6】键插入关键帧，在库面板拖动“tu2.jpg”到“舞台”中央，在“属性”面板设置的 X：0、Y：0，然后进行如下操作：

- 分别选中 80 帧、100 帧、120 帧，按【F6】键插入关键帧。
- 在每两个关键帧之间右击，在弹出的快捷菜单中选择“创建传统补间”命令。
- 将 61 帧和 120 帧中的图片设为透明。

⑥ 用上面的方法制作“tu3.jpg”～“tu8.jpg”的动画效果。

12.2.3　导出影片

动画制作完成后，测试并导出影片文件，操作方法如下：

执行“控制”→“测试影片”命令，将会在源文件（zhanshi.fla）所在文件夹中生成与源文件同名的影片文件“zhanshi.swf”，预览效果如图 12-12 所示。

图 12-12　制作菜品展示动画效果

练　习　题

参照本章内容制作网页中使用的 Flash 影片，也可以直接按照本章的内容制作。

第 13 章 Dreamweaver CS4 入门

Dreamweaver CS4 是一款用来制作网站的专业的可视化开发工具，使用该工具可以使用户能够高效快速地完成从创建、维护、更新基本网站到应用了各种先进技术和各种高级应用程序的网站开发的全过程。

13.1 Dreamweaver CS4 简介

Dreamweaver 软件作为标准的可视化网页编辑工具，为从事网页设计的人们所熟知。自其推出 Dreamweaver 1 以来，一直致力于创造更简便的开发流程、更人性化的操作和更专业的功能。经过了 Dreamweaver 2、Dreamweaver 3、Dreamweaver 4、Dreamweaver MX、Dreamweaver MX 2004、Dreamweaver 8、Dreamweaver CS3 等一系列越来越成熟的版本后，Adobe Dreamweaver CS4 是目前最新的版本。

13.1.1 Dreamweaver CS4 的运行

Dreamweaver CS4 在界面方面的变动很大。按照安装向导安装完成 Dreamweaver CS4 之后，第一次启动 Dreamweaver CS4 时，会弹出一个对话框，如图 13-1 所示。用户可以选择默认编辑器，这样 Adobe Dreamweaver CS4 会自动设置所选文件类型为默认编辑器，当用户双击相应类型的文件时，会自动启动 Dreamweaver CS4 进行编辑。

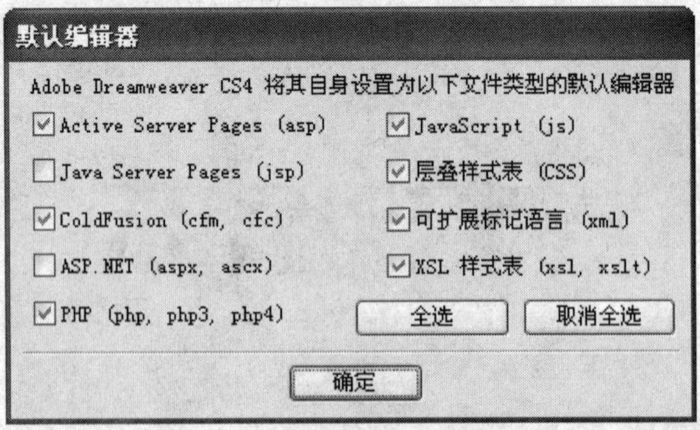

图 13-1 默认编辑器对话框

Dreamweaver CS4 包含多种工作区布局，这些工作布局并没有本质的区别，依照用户的使用习惯而定，分别适合于不同工作内容的开发人员和设计人员。Dreamweaver CS4 默认选择为“设计器”模式。本书中，以“设计器”布局来讲解 Dreamweaver CS4 中的各种操作方法。

如果要切换工作区布局，选择菜单“窗口”→“工作区布局”下的相应命令，即可改变布局方式。

13.1.2　Dreamweaver CS4 的工作环境

当启动 Dreamweaver CS4 之后，会显示欢迎界面，并允许用户从中选择新建、打开或以其他方式创建文档，然后就可以打开编辑窗口。如果不希望每次启动软件或关闭所有文档时都显示欢迎界面，可以在欢迎界面中选择“不再显示”复选框即可，欢迎界面如图 13-2 所示。

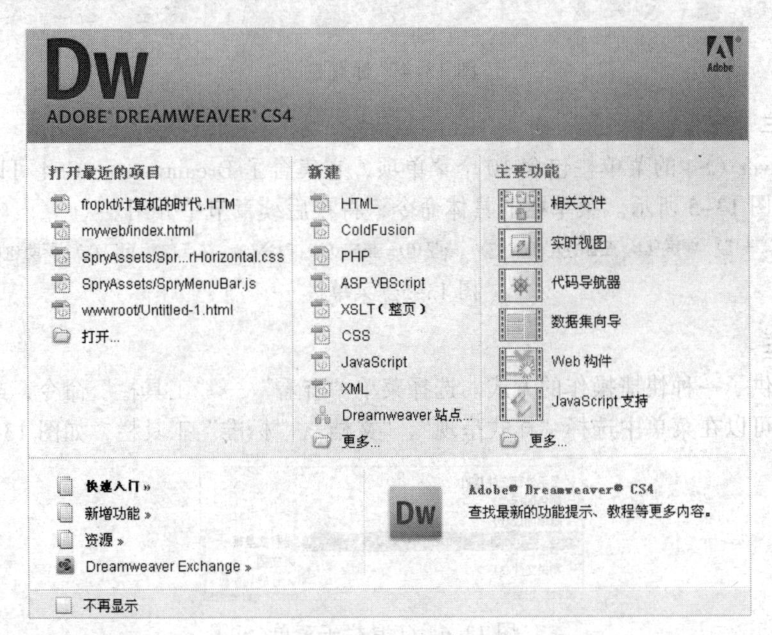

图 13-2　欢迎界面

打开编辑窗口，Dreamweaver CS4 的工作界面如图 13-3 所示，是一个集成的工作环境，包括标题栏、菜单栏、文档窗口、属性检查器（属性面板）、状态栏、面板组等，下面先作一些简单的介绍，以便于认识 Dreamweaver CS4 的工作环境。

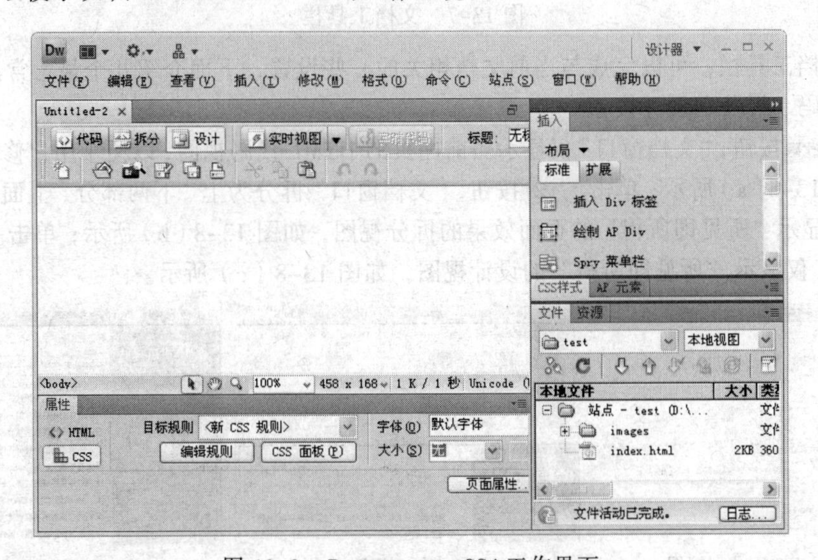

图 13-3　Dreamweaver CS4 工作界面

1. 标题栏

在 Dreamweaver CS4 窗口的顶部是标题栏，标题栏不再显示以前版本中显示的“Adobe Dreamweaver CS4”或者如网页标题、所在目录以及文件名称，取而代之的是几个常用的导航图标，如图 13-4 所示。如果窗口足够宽时标题栏和菜单栏会合二为一。

图 13-4　标题栏

2. 菜单栏

Dreamweaver CS4 的菜单栏包含 10 个菜单项，它集合了 Dreamweaver CS4 可以完成的所有基本功能，如图 13-5 所示。菜单栏的具体命令，将在后续章节中介绍。

文件(F)　编辑(E)　查看(V)　插入(I)　修改(M)　格式(O)　命令(C)　站点(S)　窗口(W)　帮助(H)

图 13-5　菜单栏

3. 工具栏

工具栏提供了一种快捷操作的方式。选择菜单“查看”→“工具栏”命令，或在已有的工具栏上右击，可以在菜单中选择“样式呈现”、“文档”、“标准”工具栏，如图 13-6 所示。

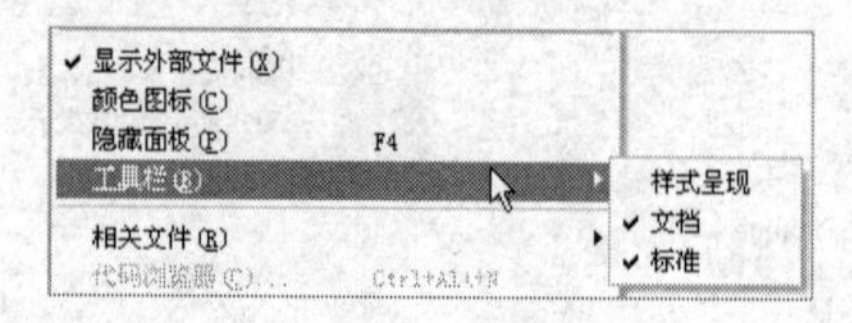

图 13-6　工具栏子菜单

在默认状态下，Dreamweaver CS4 只显示“文档”工具栏，如图 13-7 所示。

图 13-7　文档工具栏

使用文档工具栏，可以完成与当前文档相关的一些设置，下面介绍几个最为常用的工具。

（1）代码、拆分和设计按钮

单击代码按钮，“文档窗口”仅显示当前网页的 HTML 代码视图，以便于用户修改其 HTML 代码，如图 13-8（a）所示；单击拆分按钮，“文档窗口”拆分为上、下两部分，上面显示 HTML 代码，下面显示“所见即所得”的页面效果的拆分视图，如图 13-8（b）所示；单击设计按钮，“文档窗口”仅显示“所见即所得”的设计视图，如图 13-8（c）所示。

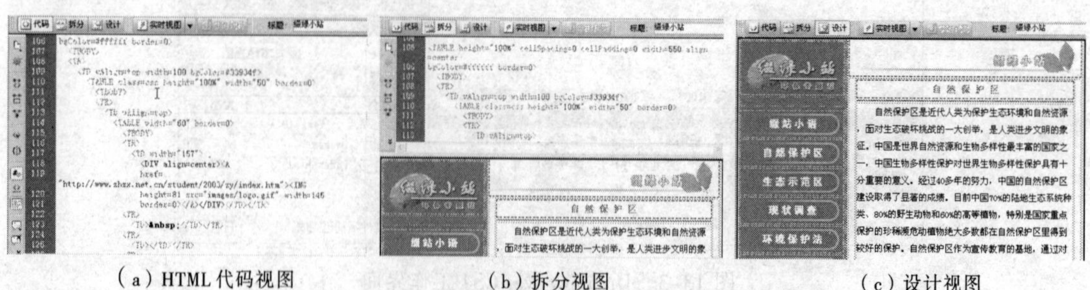

（a）HTML 代码视图　　（b）拆分视图　　（c）设计视图

图 13-8　文档窗口的三种视图

（2）标题文本框

用户可以在文档工具栏的标题文本框 标题: 缀绿小站 里输入文本，使用浏览器浏览该网页时，此处的文本将显示在浏览器的标题栏中，如图 13-9 所示。

图 13-9　IE 标题栏文字

（3）在浏览器中预览按钮

使用文档工具栏的按钮，可以直接在浏览器中浏览当前编辑的网页，当单击该按钮时，会弹出如图 13-10 所示的菜单。

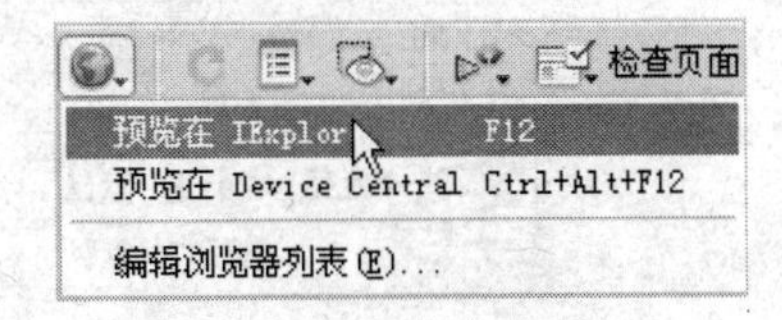

图 13-10　预览菜单

选择“预览在 IExplor”命令，可以打开当前计算机的默认浏览器来浏览页面（使用快捷键【F12】可以达到同样的功能）。

4．文档窗口

文档窗口是制作、编辑网页文件的主窗口，是 Dreamweaver CS4 的主要工作区域，在文档窗口顶端，是文档窗口标题栏，如图 13-11 所示，用于显示当前打开网页文档的文件名；如果网页文档窗口处于最大化状态，还可以通过在该标题栏的文件名上单击切换文档。

图 13-11　文档窗口

5．状态栏

状态栏位于文档窗口的下方，提供了正在创建的网页文档的相关信息，如图 13-12 所示。

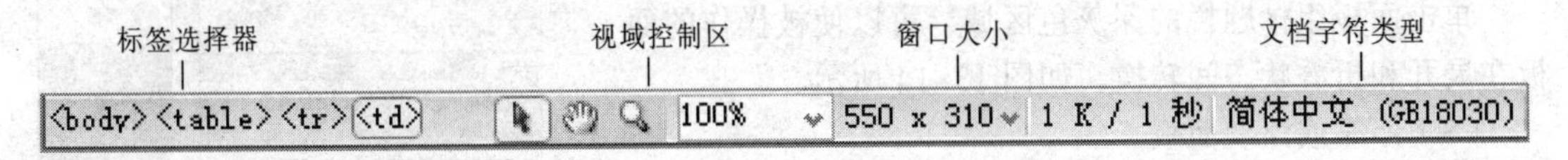

图 13-12　状态栏

- 标签选择器：显示环绕当前选定内容的标签的层次结构。单击该层次结构中的任何标签以选择该标签及其全部内容。单击<body>标签可以选择文档的整个正文。
- 视域控制区：用来设置文档显示的比例，可以用“手形工具”拖动浏览其他未显示区域的内容。
- 窗口大小：显示当前窗口大小，允许用户将文档窗口的大小调整到预定义或自定义的尺寸。
- 文档字符类型：显示当前文档的字符集类型，可以在“首选参数”对话框的“新建文档”类中修改“默认编码”。

6. “属性”面板

网页中的内容都可以称为对象，对象都有属性，比如文字有字体、颜色、字号等，图像有宽、高、链接等。用户可以在“属性”面板中设置对象的属性。

“属性”面板一般位于 Dreamweaver CS4 工作环境的下方，用于显示和设置当前文档、当前选中对象的属性，如图 13-13 所示。属性面板的设置项目会根据对象的不同而不同，使用起来非常方便。

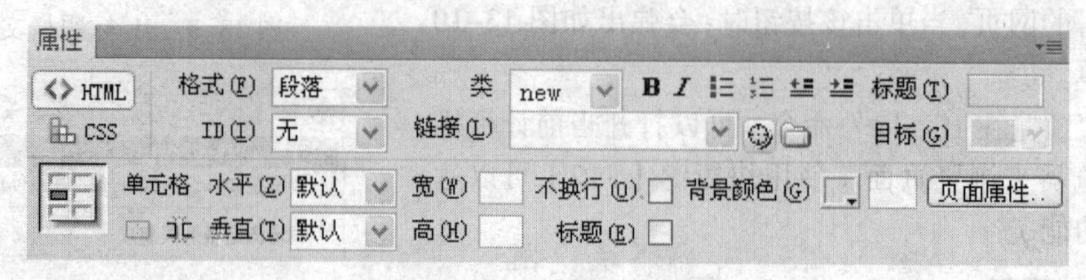

图 13-13 “属性”面板

可以通过以下三种方式对“属性”面板外观进行基本操作和设置：

- 双击“属性”二字，可以展开或折叠“属性”面板。
- 拖动“属性”二字，可以改变“属性”面板的位置。
- “属性”面板共有两行，双击右下角空白处，可以设置其显示一行或两行。

7. 面板和面板组

在 Dreamweaver CS4 工作环境的右侧，是一组面板的集合，称之为面板组，如图 13-14 所示。面板组中每个面板都集成了不同类型的功能，在操作中的使用频率比较高。

面板组中的各面板可以处于展开或折叠状态，也可以处于停靠或浮动状态。下面介绍面板和面板组的基本操作。

（1）展开或收缩面板组

面板组可以展开或收缩为图标，只需要单击“面板组控制”按钮，就可以展开或收缩面板组，如图 13-14 所示，左边为展开模式、右边为收缩模式。

（2）展开或折叠面板

单击面板组标题栏的深灰色区域，可以使被操作的面板在展开和折叠状态间转换，如图 13-14 所示。

（3）停靠或浮动面板

使用鼠标拖动面板标题栏，可以把面板从面板组中拖出来，作为单独的窗口放置在 Dreamweaver 工作界面的任意位置上。同样，使用相同的方法可以将单独面板拖回默认状态。如图 13-15 所示。

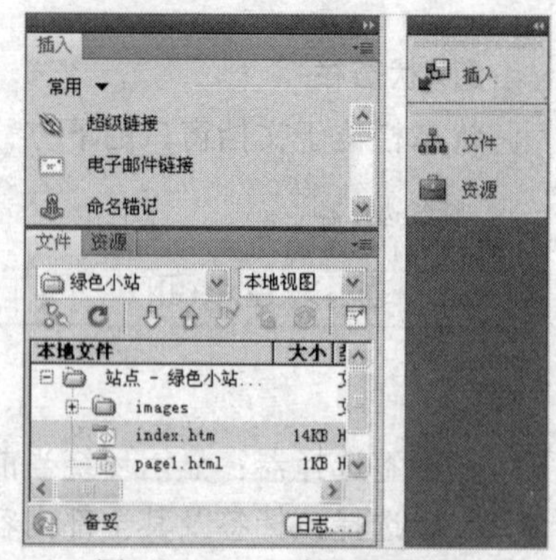

图 13-14 面板和面板组

（4）关闭或打开面板

如果要关闭面板，单击面板标题栏右边的“面板组控制按钮”，在弹出的菜单中选择“关闭”命令即可，如图 13-15 所示。

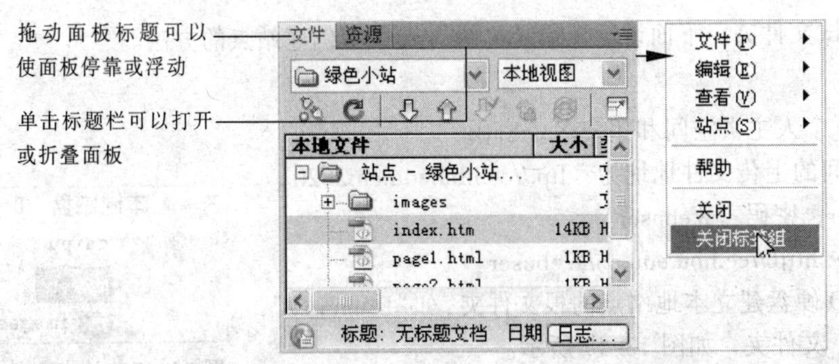

图 13-15 操作面板和面板组

如果要打开屏幕上没有的面板组或面板，单击“窗口”菜单，然后从弹出的菜单中选择要打开的面板名称。

与以往的 Dreamweaver 版本相比，CS4 版本中没有了插入工具栏，转而设计了一个插入面板。该面板中包含 8 类对象的快捷控制按钮，默认显示为“常用”面板，单击类别选择按钮 常用 ▼ ，在弹出菜单中选择所需类别来进行切换，如图 13-16 所示。

图 13-16 插入面板

其实，插入一个对象，就是插入一段相应的 HTML 代码。插入面板的具体应用方法将在后续章节中详细介绍。

13.2 使用 Dreamweaver CS4 建立站点

网站开发之前应先建立站点，站点是存放网站文件的文件夹，可以建立在硬盘的任意位置。建立站点便于对网页和素材的管理，避免因移动位置而造成链接错误。本节主要介绍如何使用 Dreamweaver CS4 创建一个静态站点，并利用工具快速管理站点内的页面和素材。

13.2.1 定义站点

一个站点（site）是一个文件夹，其中存储了一个网站所包含的所有文件。Dreamweaver 提供了强大的站点创建和管理功能。有两种建立站点的方法，一种是使用“站点定义向导”，可以逐步完成设计过程；另一种是使用“站点定义”对话框的“高级”选项卡，它可以根据需要分别设置本地、远程和测试文件夹。下面讲解使用“高级”选项卡创建站点的方法。

1. 准备工作

① 假设申请了以下个人主页空间和用户名、密码：

- 已经申请个人空间的上传文件地址为：ftp://cc.hbu.edu.cn:2020。
- 用户名：WebUser，密码：Webuser。
- 个人空间的域名：http://cc.hbu.edu.cn/Webuser。

② 使用“学号”在D硬盘建立本地站点的根文件夹，如“D:\myweb”，并在其下建立“images”文件夹，如图13-17所示。

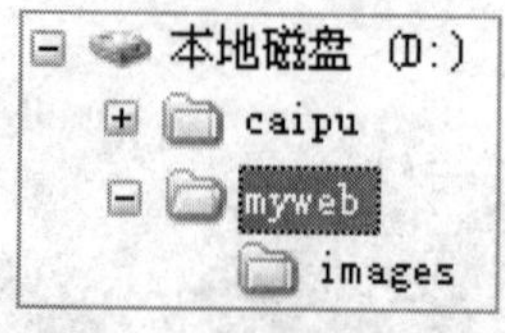

图13-17 站点文件夹

2. 建立本地站点

在菜单栏中选择“站点”→“新建站点”命令，弹出“站点定义为”对话框，在“高级”选项卡中，建立本地信息，如图13-18所示。

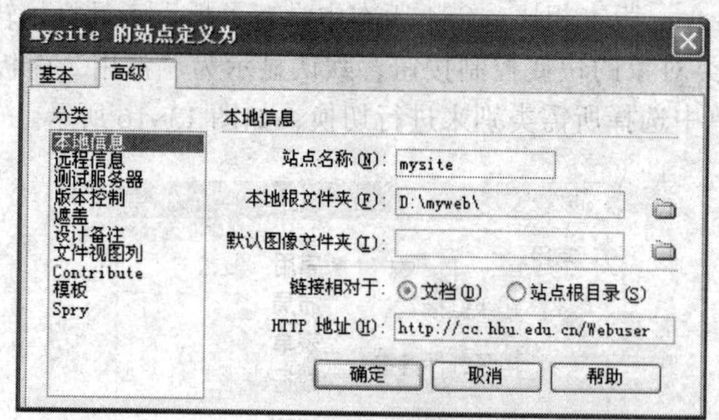

图13-18 建立本地站点

① 输入“站点名称”，如mysite，它只在管理本地站点时有用，在浏览器中看不到。

② 设置“本地根文件夹”，单击其右边的浏览按钮，选择D盘根目录上的“myweb”文件夹。如果事先没有建立本地站点的根文件夹，可以直接在文本框中输入，但容易出错。

③ 设置“HTTP 地址”，如果只建立本地站点，可以不设置此项，单击“确定”按钮就可以建立本地站点。

3. 设置远程信息

在“站点定义为”对话框的“分类”栏选择“远程信息”选项，如图13-19所示。

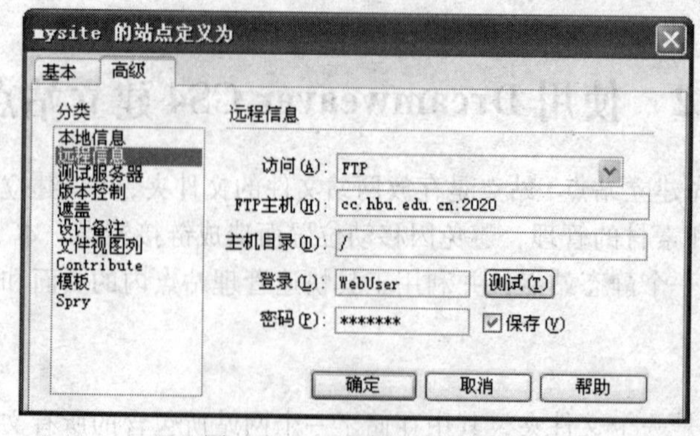

图13-19 设置远程信息

① 选择“访问”方式为 FTP。

② 输入“FTP 主机”地址，如 ftp://cc.hbu.edu.cn:2020。

③ 设置“主机目录”，如果此站点是建立在“个人空间”的根目录下，输入“/”即可，否则，输入相应路径。

④ 输入用户名：WebUser，密码：Webuser。

⑤ 单击“测试”按钮，如果测试成功弹出如图 13-20 所示信息框，如果测试失败弹出如图 13-21 所示的信息框。

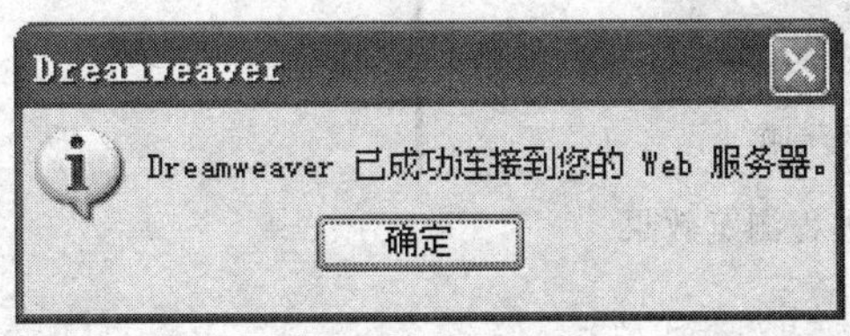

图 13-20　测试成功

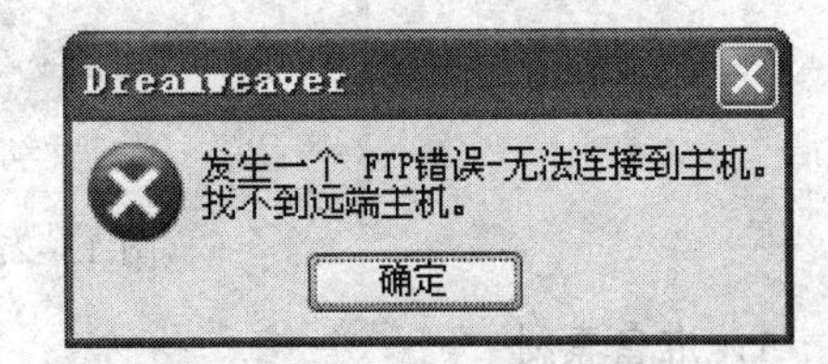

图 13-21　测试失败

⑥ 设置好“远程信息”后，就可以直接在 Dreamweaver CS4 将本地站点上传到服务器上，也可以从服务器下载到本地。

4．设置测试服务器

在“站点定义为”对话框的“分类”栏选择“测试服务器”选项，如图 13-22 所示，操作如下：

① 选择“访问”方式为 FTP，设置与“远程信息”相同。

② 设置“URL 前缀”，与建立本地站点中的“HTTP 地址”设置相同。

③ 设置好“测试服务器”后，按 【F12】键，就可以将网页上传到服务器上预览。

注意：如果没有个人主页空间，将不能建立“远程信息”和“测试服务器”。

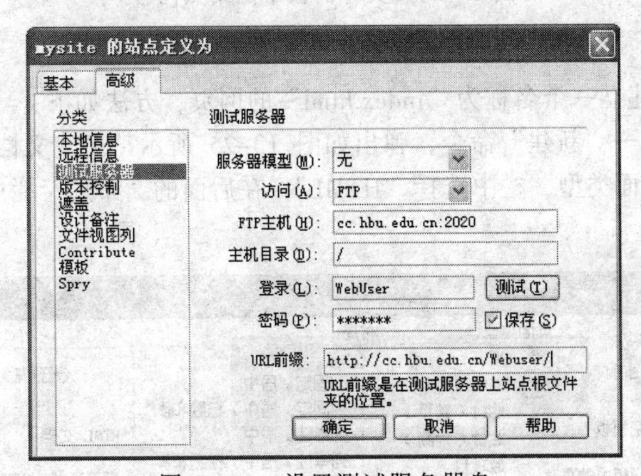

图 13-22　设置测试服务器息

13.2.2　建立网页

这里在前面创建的网站中，制作一个最简单的包含文字和图片的网页，并把它传输至远程 Web 服务器，使用 IE 来浏览它，效果如图 13-23 所示。由于 Dreamweaver CS4 是一个所见即所得的网页制作工具，所以制作一个网页的过程将会很简单。具体制作步骤如下：

图 13-23 网页远程浏览效果

1. 准备素材

使用资源管理器，将图片素材文件“dog.jpg”，复制到 images 文件夹下，如果在 Dreamweaver CS4 的“文件”面板中看不到它，按“刷新”按钮进行刷新，如图 13-24 所示。

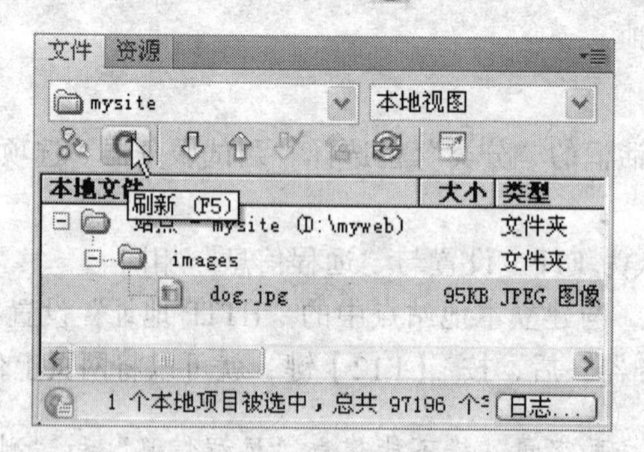

图 13-24 文件面板中的站点内容

2. 建立网页文件

在网站根目录下建立一个名称为“index.html”的网页，方法如下：

① 执行“文件”→“新建”命令，弹出如图 13-25 所示“新建文档”对话框。在左侧选择“空白页”，在“页面类型”栏中选择“HTML”，在后面的“布局”栏中选择“无”，然后单击“创建”按钮。

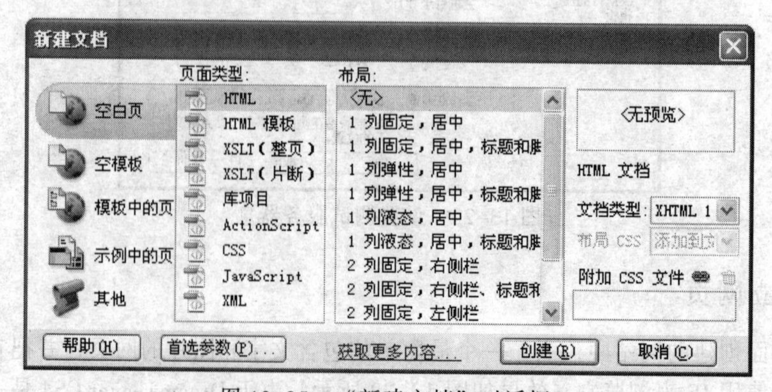

图 13-25 “新建文档”对话框

② 在 Dreamweaver CS4 的文档窗口出现了一个名称为“Untitled-1”的空白网页，执行“文件”菜单→“保存”命令，以“index.html”为名保存在站点根目录下，如图 13-26 所示。

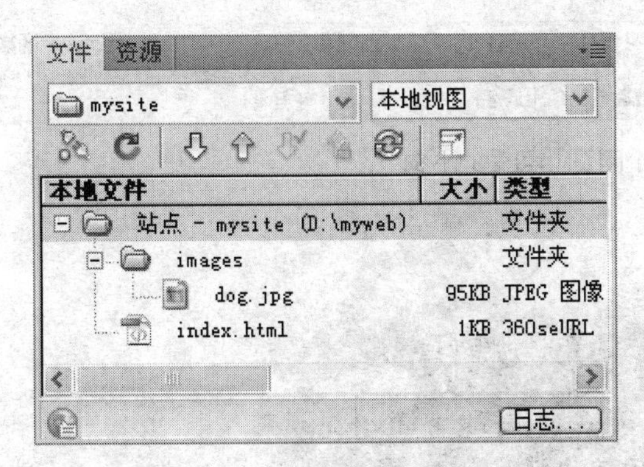

图 13-26　将网页存在网站根目录下

3. 建立网页内容

① 在网页中输入文字“我的第一个网页---可爱的小狗”，然后按【Enter】键换行。

② 将“文件”面板中的“dog.jpg”图片拖入网页中，如图 13-27 所示，在弹出的“图像标签辅助功能属性”对话框中的“替换文本”处，输入“迷你腊肠犬”，如图 13-28 所示。

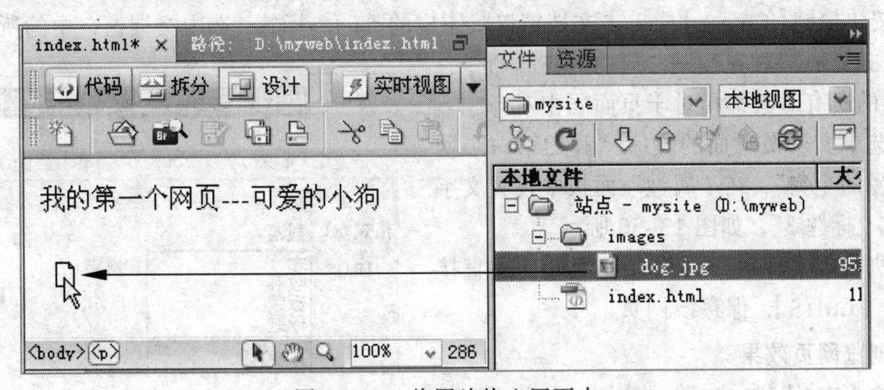

图 13-27　将图片拖入网页中

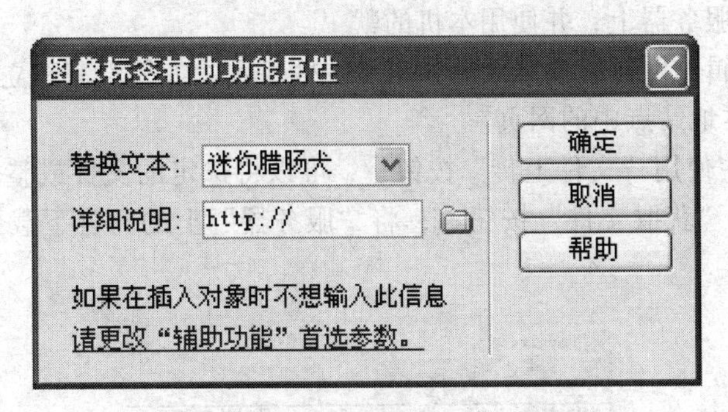

图 13-28　输入替换文本

注意：如果不想输入“替换文本”，可以单击“取消”按钮，或按【Esc】键。在浏览网页时，当鼠标移到图片上时，“替换文本”会出现在鼠标指针右下方。

③ 按【Enter】键换行，输入落款“X X院　X X X制作”，在文档工具栏的“标题”处输入“我的第一个网页”，如图 13-29 所示。

图 13-29　格式化之前的网页内容

4. 格式化网页

① 按快捷键【Ctrl+A】或单击文档窗口状态栏的<body>标签，选中文档窗口中的所有内容。执行“格式”→“对齐”→“居中对齐”命令，使文档中的所有对象都相对于页面居中对齐。

② 选中文档最上面的文字“我的第一个网页---可爱的小狗”，在“属性”面板中设置文字的格式为“标题 3”，如图 13-30 所示。

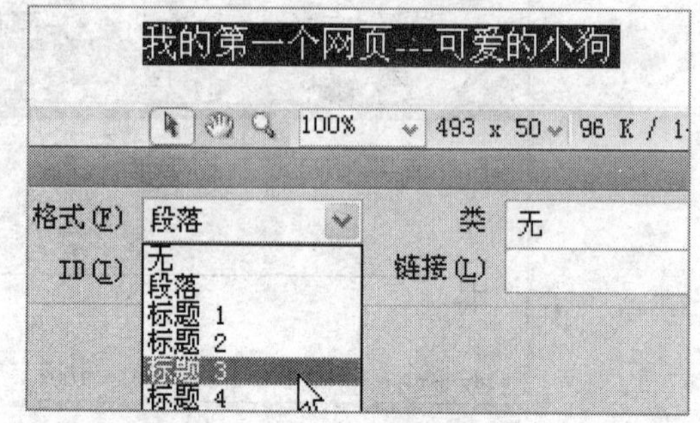

图 13-30　设置文字格式

③ 执行“文件”→“保存”命令，或直接按快捷键【Ctrl+S】，保存该网页。

5. 浏览网页效果

① 按【F12】键，Dreamweaver 会自动将网页及相关文件上传到服务器上，并使用本机的默认浏览器浏览当前编辑的网页，预览效果如图 13-23 所示。如果没有建立“远程信息”和“测试服务器”，则预览本地站点中的网页。

② 在文件面板中使用“文件上传”按钮，可以将选定的文件或整个站点上传到“服务器”上，也可以使用“获取文件”按钮，将“服务器”上的内容下载到本地，如图 13-31 所示。

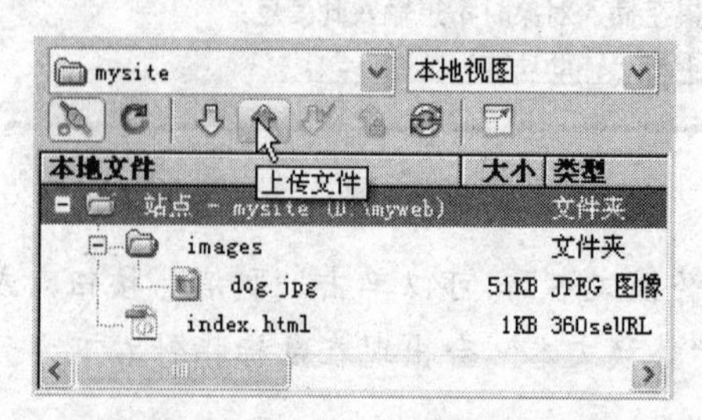

图 13-31　上传、下载网站内容

练　习　题

一、填空题

1. 一个站点（site）是一个________，其中存储了一个网站所包含的所有________。

2. 用户使用________面板可以管理组成站点的文件和文件夹。它提供了本地磁盘上全部文件的视图，非常类似于 Windows 资源管理器。

3. 用 Dreamweaver 制作网页完成后，在浏览器中预览的快捷键是________。

二、选择题

1. 在 Dreamweaver 中制作网站，必须定义一个（　　），它可以定义在计算机上的任意位置。

A. 本地站点　　B. 远程站点
C. FTP 站点　　D. 公网站点

2. （　　）集合了 Dreamweaver 提供的所有基本功能。

A. 标题栏　　B. 菜单栏
C. 状态栏　　D. 属性面板

3. 用 Dreamweaver 定义站点时，使用高级选项卡，必须要设定的信息是（　　）。

A. 本地信息　　B. 远程信息
C. 测试服务器　　D. 站点地图布局

4. 文档窗口的显示视图不包括（　　）。

A. 拆分视图　　B. 代码视图
C. 布局视图　　D. 设计视图

三、思考题

1. 文档窗口的三种视图各有什么特点？
2. 如何定义站点？
3. 怎样新建网页？

四、上机操作题

仿照 13.2 节的例子，使用 Dreamweaver CS4 建立站点并制作一个简单的网页。

第 14 章 使用常用对象制作网页

在第 13 章中，介绍了网站和网页的开发流程，并且制作了一个简单页面。本章将详细介绍使用 Dreamweaver CS4 在网页中应用文字、图片、Flash 动画、超链接等对象，以及页面属性的设置。在制作网页前要先建立站点，可以只创建本地站点。

14.1 使用文本

文本是网页中不可或缺的元素，网页中的文本用来传达网页包含的各种信息与提示。网页中文本的格式，对于表现文本的内容有相辅相成的作用。

14.1.1 添加文本

启动 Dreamweaver CS4，打开或创建要编辑的网页，然后添加文本。一般向网页中添加文本主要有下面几种情况：

1. 输入文本

与一般的文字处理软件没有区别，在 Dreamweaver CS4 的“设计”视图中选好文字插入点，直接输入文本。

2. 粘贴文本

在其他应用程序中复制文本，然后在 Dreamweaver CS4 的“设计”视图中选好插入点，执行“编辑”→“粘贴”命令或按快捷键【Ctrl+V】即可，粘贴过来的文本不保留原有格式，只保留“换行符”(非“段落标记”)。

注意：要想保留原有的某些格式可以执行“编辑”→“选择性粘贴”命令。

3. 导入文本

在 Dreamweaver CS4 的“设计”视图中选好插入点，执行“文件”→“导入”→“Word 文档或 Excel 文档”命令，将 Word 文档或 Excel 文档中的内容导入到网页中。

4. 插入特殊字符

要向网页中插入特殊字符，可以使用“插入”面板中的“字符”菜单来实现。

① 打开“字符面板”，进行如下操作：

a. 在“插入”面板中单击“类别选择”按钮 常用▼，选择“文本”切换至“文本”类别，如图 14-1 所示。

b. 单击“文本”类别中最下方“字符”选项的下拉按钮 ▼，弹出“特殊字符”下拉菜单，即可插入所需字符，如图 14-2 所示。

② 插入“空格”：在 Dreamweaver 的“代码”视图中“空格”显示为“ ”，默认状态下只能插入一个“空格”，而不能插入“连续空格”，插入“连续空格”的方法如下：

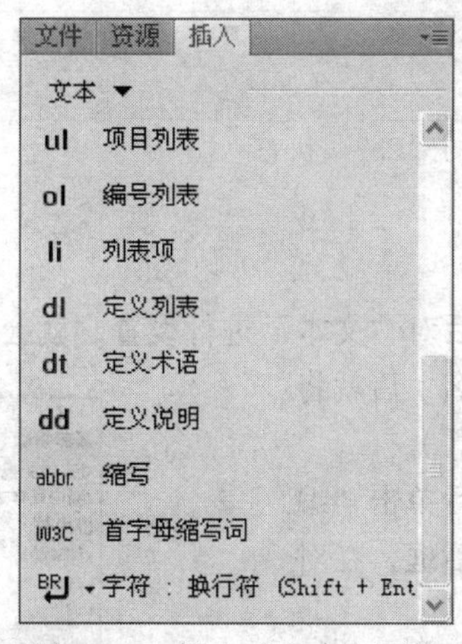

图 14-1 插入“文本”面板

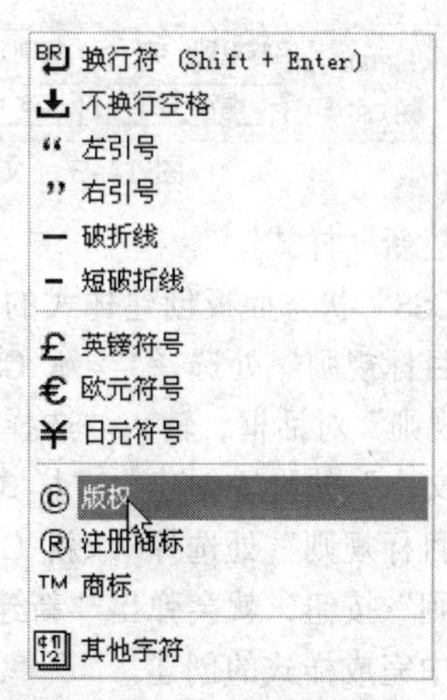

图 14-2 “字符”菜单

- 单击“字符”菜单中的“不换行空格”命令，连续插入“空格”。
- 为了更方便地插入“连续空格”，可以执行“编辑”→“首选参数”命令，打开“首选参数”对话框，在“常规”分类中选中“允许多个连续的空格”选项，这时就可以使用“空格键”随意插入“空格”了。

③ 文本的换行。在 Dreamweaver CS4 中除了随着窗口宽度自动调整文本宽度的换行外，有两种强制换行方法，分别是段落（<p>、</p>）和换行符（
）。

- 段落：段落之间有段间距，所以两个段落之间有明显的空白，只要按【Enter】键就可以划分段落。
- 换行符：使用“换行符”换行后，不会增加行间距，而是与段落内的行间距相同，添加“换行符”的方法有两种。
  - 单击“字符”菜单中的“换行符”命令插入“换行符”。
  - 按快捷键【Shift+Enter】插入“换行符”。

④ 如果要插入更多的特殊字符，可以单击“字符”菜单中的“其他字符”命令，打开“插入其他字符”对话框，插入相应的字符。

14.1.2 文本的样式

从 Dreamweaver CS4 版本开始，不再自动生成内置样式，对文本属性修改时都会生成新样式或修改已应用的样式，使得样式的使用更加规范。并且“属性”面板分为“HTML”和“CSS”两种面板状态。在“属性”面板左上角有两个按钮：HTML 和 CSS，单击它们可以切换“属性”面板状态。它们都可以为“文本”添加样式，有关 CSS 样式表更详细的内容见第 15 章。

注意：有两种选择文本的方式，一种是选中“文本”，使操作只对“选中部分”起作用；另一种是将插入点放在文本的某个段落中，则操作对“整个段落”起作用。

1. 使用“CSS”状态面板

在“CSS”状态面板：可以对文本进行“应用样式”、“修改样式”以及“取消应用的样式”等操作，如图 14-3 所示。

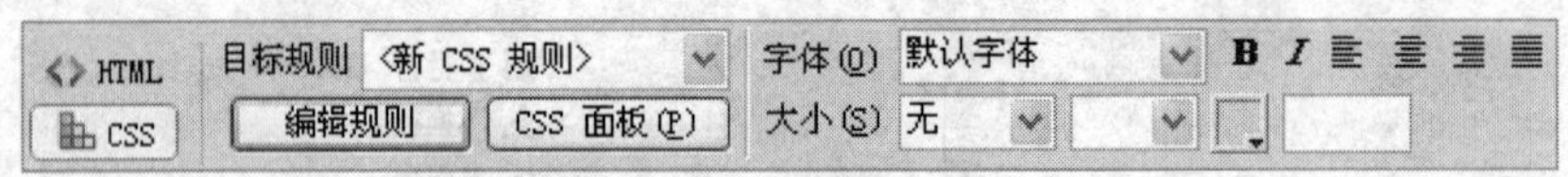

图 14-3　文本“属性”面板的“CSS”状态

（1）创建新“样式”

使用“CSS”状态面板创建样式的两种方法：

- 在“目标规则”处选择“<新 CSS 规则>”，然后对“文本”进行设置，就会弹出“新建 CSS 规则”对话框，输入“选择器名称”（样式名）后就将对“文本”的设置创建为“样式”（详见第 15 章）。
- 在“目标规则”处选择“<新 CSS 规则>”，然后单击“编辑规则”按钮，就会弹出“新建 CSS 规则”对话框，在对话框中完成样式的创建。

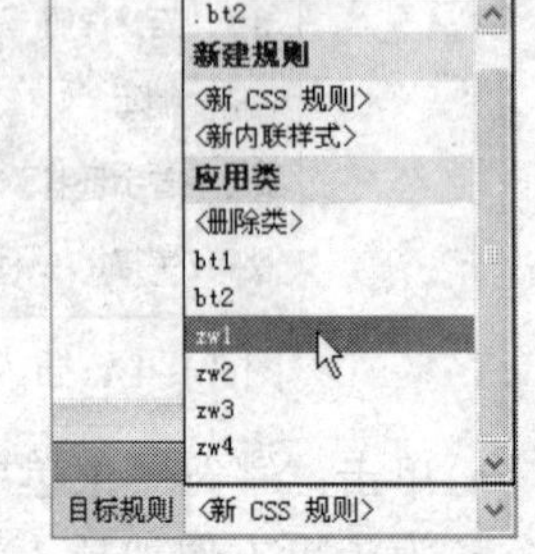

图 14-4　“CSS”状态的样式

（2）应用“样式”

如果该网页附加了“样式表文件”或创建了“仅限该文档”的样式，可以在“目标规则”处为“文本”选择一个或多个样式，如图 14-4 所示。

（3）修改“样式”

若“文本”应用了样式，此时修改“文本”的字体、字号、颜色、对齐方式等，将会更新样式。

（4）取消应用“样式”

在“目标规则”处选择“<删除类>”，如果应用了多个样式，每次取消一个样式。

（5）内联样式

在“目标规则”处选择“<内联样式>”，就可以直接对文件的字体、字号、颜色，加粗、倾斜，对齐方式等进行设置，设置结果直接嵌入所选文本上，不生成“样式”。

2．使用“HTML”状态面板

在“HTML”状态面板中，可以“附加样式表”，对文本进行“应用样式”、“取消应用的样式”，“添加超链接”（在本章后面介绍）等操作，如图 14-5 所示。

图 14-5　文本“属性”面板的“HTML”状态

① 附加样式表：在“类”处选择“附加样式表”，在打开的“链接外部样式表”对话框中找到样式表文件进行链接（详见第 15 章）。

② 应用“样式”：如果该网页附加了“样式表文件”或创建了“仅限该文档”的样式，可以在“类”处为“文本”选择样式，如果选择了多个只保留最后一个，如图 14-6 所示。

③ 取消应用“样式”：在“类”处选择“无”，如果应用了多个样式，每次取消一个样式。

14.1.3　文本与段落设置

图 14-6　“HTML”状态的样式

在“CSS”状态面板中，可以为选中的“文本”或整个“段落”设置字体、字号、颜色，加粗、倾斜，对齐方式；如果已经应用了“样式”，则会修改“样式”，否则会建立“新样式”。

在“HTML”状态面板中，可以为选中的“文本”设置加粗、倾斜格式；而“项目列表、编号列表，文本凸出、文本缩进”只对当前段落或选中段落起作用，“HTML”状态面板不能修改或创建“样式”，它会将格式的“标记”直接嵌入所选内容或段落的“代码”中。

1．文本设置

文本设置在“CSS”状态面板中进行，主要是对“文本”已经应用的样式进行修改，下面介绍修改的方法。

（1）设置“字体”

设置字体的方法比较简单，但是对于初装的 Dreamweaver，字体列表中只有“默认字体”和一些英文字体，如图 14-7 所示，这就需要编辑字体列表，方法如下：

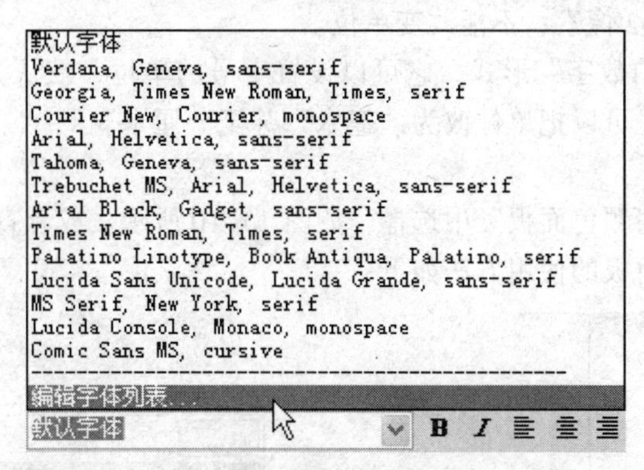

图 14-7　默认的字体列表

- 在“CSS”状态面板的“字体”处单击按钮，在弹出的字体列表中选择“编辑字体列表”选项，打开“编辑字体列表”对话框，如图 14-8 所示。

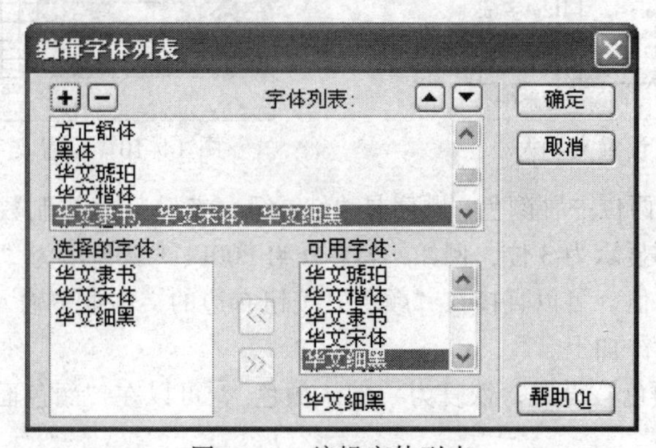

图 14-8　编辑字体列表

- 单击“编辑字体列表”对话框中的“添加字体组合”按钮，添加一条空白字体列表；在“可用字体”列表中，选择需要的字体，然后单击按钮将其添加到“选择的字体”列表中（可以添加多个字体作为“字体组合”）；如果选错，在“选择的字体”列表中将其选中，然后单击按钮将其移出“选择的字体”列表。
- 选择好一个“字体组合”后，再单击“添加字体组合”按钮，开始添加下一个“字体组合”。
- 如果要删除“字体列表”中的“字体组合”，将其选中后，单击“删除字体组合”按钮。

- 单击“编辑字体列表”对话框中的▲、▼按钮可以上下移动选中的“字体组合”在“字体列表”中的位置。

注意：“字体组合”的作用是，当为网页中某文本指定了“字体组合”时，访问该网页的计算机会按照“字体组合”中给定的顺序查找用户计算机上安装的字体，如果找不到，将使用默认字体。

（2）设置“字号”（大小）

字号列表中有“阿拉伯数字”和“文字”两种形式，如图 14-9 所示。使用方法如下：

- 如果使用“文字”形式，它们的大小是固定的。“xx-small”（极小）相当于 8 像素；“xx-large”（极大）相当于 32 像素，不能改变单位。
- 如果使用“阿拉伯数字”形式，它可以设置字号的单位，默认为“像素”；如果嫌“36 像素”还不够大，可以把单位改为“毫米”甚至“厘米”。

（3）设置“颜色”

文本的颜色可以在“颜色面板”中选择，如图 14-10 所示。或者直接在“颜色”按钮右边的文本框中输入，颜色面板的使用方法如下：

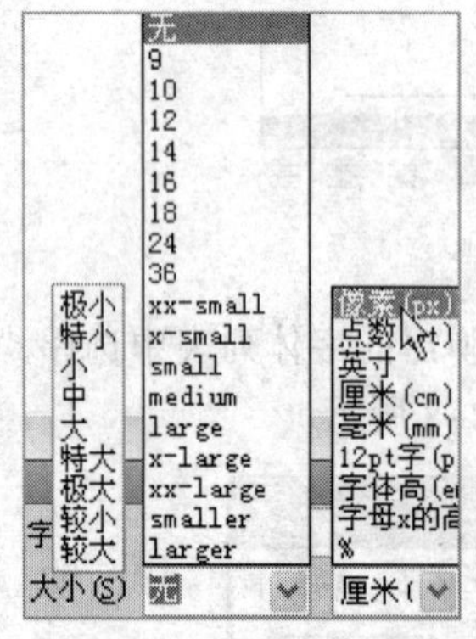

图 14-9　设置文字大小

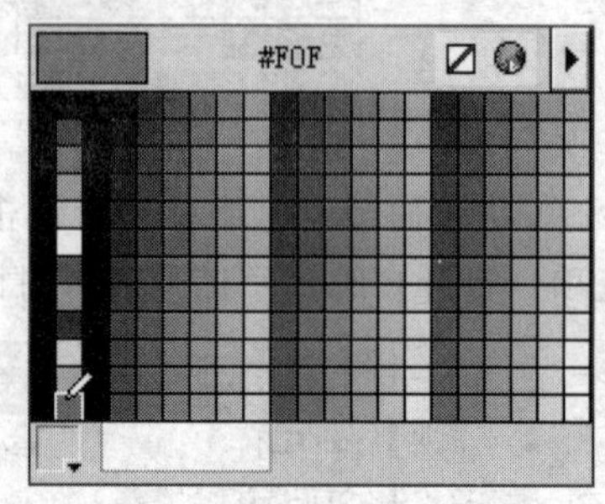

图 14-10　设置文字颜色

- 颜色是由 6 位（两位一种颜色，顺序是“红、绿、蓝”）十六进制数组成，在“颜色面板”中选择的颜色都显示为 3 位，例如，紫色（#FF00FF）就显示为“#F0F”。
- 如果知道颜色的值，可以直接在“颜色”按钮右边的文本框中输入该值，“#”可以不输入，系统会自动添加上。
- 如果想去掉“颜色”设置，恢复为“默认颜色”，可以在“颜色面板”中单击“默认颜色”☒按钮。

（4）设置“字形”（样式）

文本字形有“正常”、“加粗”、“倾斜”3 种，默认为“正常”。单击“加粗”**B**、“倾斜”*I*按钮，就可以对文本添加或取消“加粗”、“倾斜”效果。

（5）设置“对齐方式”

文本的“对齐方式”有 4 种，单击相应按钮就可以进行设置。

2．段落设置

段落设置在“HTML”状态面板中进行，主要是对段落添加项目列表、编号列表，或进行文本凸出、文本缩进等设置。

① 设置与修改“列表”的方法如下：

- 设置“项目列表”、“编号列表”的方法差不多，这里以设置“编号列表”为例进行讲解，如图 14-11 所示。

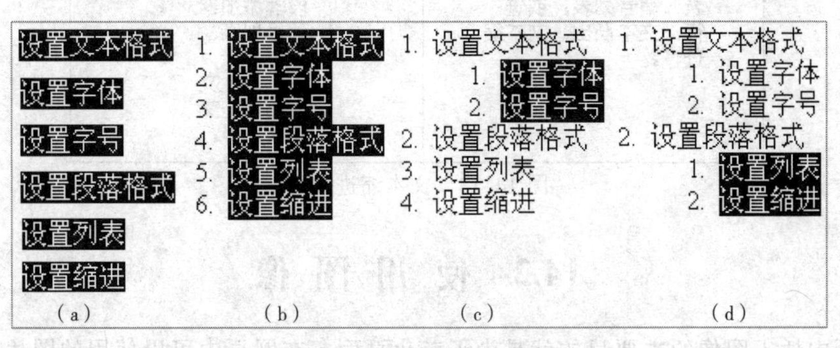

图 14-11　设置编号列表

> ➢ 设置列表：选择好文本（见图 14-11（a）），然后单击“编号列表”按钮（见图 14-11（b））。
>
> ➢ 嵌套列表：选择二级列表内容，然后单击“文本缩进”按钮（见图 14-11（c）），再选择另一个二级列表内容，然后单击“文本缩进”按钮（见图 14-11（d））。

- 修改“列表”属性：选择“列表内容”，执行“格式”→“列表”→“属性”命令，在“列表属性”对话框中选择好“样式”后，单击“确定”按钮，如图 14-12 所示。

注意：对于一级列表，修改一个其他的会自动修改；对于二级列表，一次只能修改一组，需要分别修改。

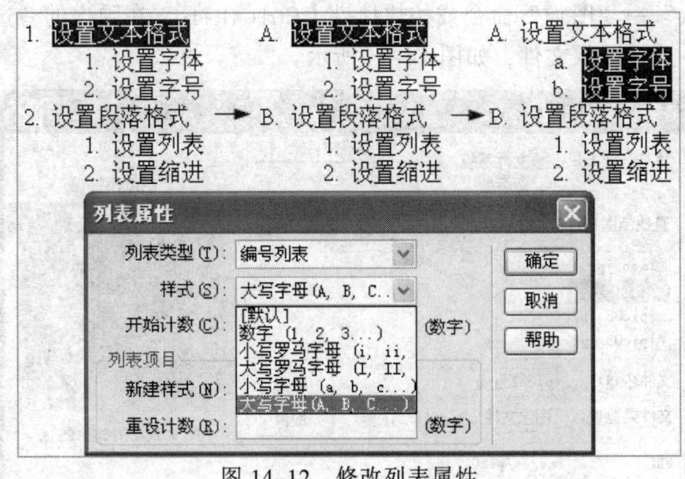

图 14-12　修改列表属性

② 设置文本 “缩进”与“凸出”的方法如下：

- 文本的“缩进”与“凸出”的对象是“段落”，将插入点放在某个段落，或选中段落（一个或几个），单击“文本缩进”按钮进行文本缩进；单击“文本凸出”按钮，取消一次“文本缩进”，如图 14-13 所示。
- 在设置与修改“列表”时也用到了文本“缩进”与“凸出”，使用文本“缩进”可以对列表进行“嵌套”，使用文本“凸出”可以“取消嵌套”。

文本缩进一次	文本缩进两次
段落设置主要是对段落添加：项目列表、编号列表，或进行：文本凸出、文本缩进”。	段落设置主要是对段落添加：项目列表、编号列表，或进行：文本凸出、文本缩进”。

图 14-13　文本缩进效果

14.2　使 用 图 像

在网页中插入图像的主要目的就是为了美化页面，在网页中可以使用的图片类型主要有 JPG、GIF、PNP 几种图像格式；BMP 格式的图像不能用于网页中，可以转成 JPG 格式再应用。

14.2.1　插入图像

在 Dreamweaver 中插入图像时，Dreamweaver 会自动在 HTML 源代码中生成对该文件的引用，所以该图像文件必须位于当前站点中，否则 Dreamweaver 会询问是否要将此文件复制到当前站点中，如果不复制到当前站点中，在发布网站到互联网时会造成文件丢失。

1. 插入当前站点中的图像

启动 Dreamweaver CS4，打开或创建要编辑的网页，可以使用下面三种方法之一向网页中插入图像：

- 执行“插入”→“图像”命令或按快捷键【Ctrl+Alt+I】，在弹出的“选择图像源文件”对话框中，选择图像文件，如图 14-14 所示。

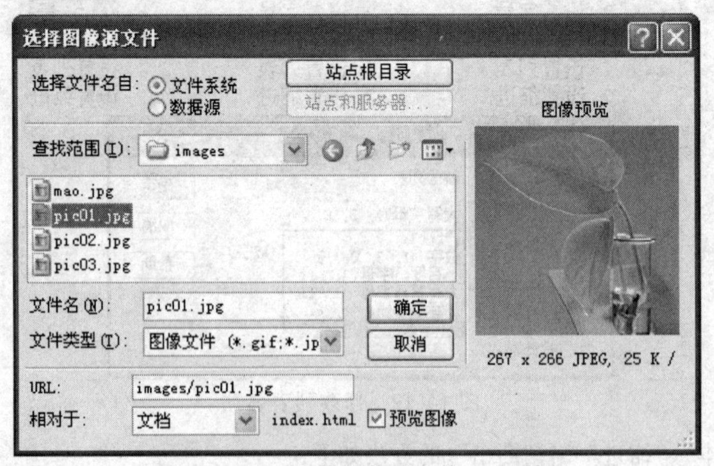

图 14-14　“选择图像源文件”对话框

- 单击插入面板中“常用”对象中的“图像”按钮 图像：图像（如果按钮当前状态不是“图像”，可以单击 按钮，在弹出的菜单中，选择 图像 命令），在弹出的“选择图像源文件”对话框中，选择图像文件，如图 14-14 所示。
- 直接从“文件”面板中将图像文件拖到网页指定的位置。

默认情况下，上述三种方法都会弹出“图像标签辅助功能属性”对话框，在该对话框中可以输入“替换文本”，也可以按“取消”按钮或按【ESC】键关闭该对话框。

要关闭此对话框，还可以执行“编辑”→“首选参数”命令，在“首选参数”对话框中，选择“辅助功能”分类，取消“图像”前的复选框。

2．插入当前站点之外的图像

如果要插入的图像文件不在当前站点之内，则会弹出如图 14-15 所示的对话框，提示使用的文件不在站点文件夹中，是否将其复制到站点文件夹中，单击“是”按钮（否则上传网站到服务器时会丢失图像文件），将弹出如图 14-16 所示的对话框，在该对话框中选择图像文件的存放位置。

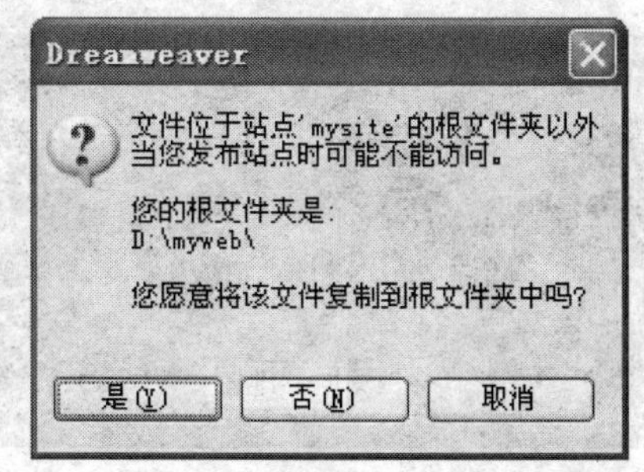

图 14-15　复制图片到站点内

图 14-16　选择图片保存位置

14.2.2　设置图像属性

选中图像，属性面板将显示该图像的相关属性，如图 14-17 所示。下面对图像的操作都需要在选中图像的基础上进行。

图 14-17　图像“属性”面板

1．设置图像大小

设置图像大小的方法和注意事项如下：

① 图像的宽度和高度以像素为单位，直接输入“宽”和“高”的值就可以修改图像的大小，但容易造成图像的比例失调。

② 按住【Shift】键，再拖动图像右下角的“控制点”改变图像大小，可以保持图像的长、宽比例不变。

③ 修改过图像大小后，图像的“宽”和“高”的值变“粗”，并出现“重设大小”按钮，如图 14-17 所示，单击它可以恢复图像的真实大小。

④ 一般在修改图像大小时，主要是将大图修改为小图；如果将小图变为大图，图像质量一般会变差，所以在搜集网页素材时一定要保存大图，不要保存缩略图。

⑤ 如果将一张大尺寸的图像改成小尺寸图像来使用，为了提高网页的加载速度、减小占用的磁盘空间，可以单击“重新取样”按钮，按照网页中的图像对站点文件夹的图像文件进行更新。

2. 源文件

① “源文件”右边的文本框中显示了图像文件相对网页文件的位置。

② 通过文本框右边的“浏览文件”按钮或“指向文件”按钮可以更换图像文件。

3. 替换

① “替换”就是插入图像时在“图像标签辅助功能属性”对话框中输入的“替换文本”，可以在“替换”处添加、修改和删除“替换文本”。

② “替换文本”的作用：当图像无法正常显示时，图片位置将显示“替换文本”，如图 14-18 所示；如果图片正常显示，光标指向图片稍等片刻，在光标所在的位置会显示“替换文本”，如图 14-19 所示。

图 14-18 图像无法显示

图 14-19 图像正常显示

4. 编辑图像

编辑图像包括设置图像编辑器、图像优化、裁剪图像以及调整图像，操作方法如下：

① “编辑”按钮：当没有与图像编辑软件建立关联时，编辑按钮显示为，此时单击该按钮会打开“首选参数”对话框，在“文件类型/编辑器”分类中，对常用图像文件类型 JPG、GIF、PNG 等选择图像编辑软件，如 Fireworks CS4，选择完成后，此按钮显示为Fw，单击此按钮就会打开 Fireworks CS4，对图像编辑完成后，会将结果返回到 Dreamweaver CS4 中。

② “图像编辑设置”按钮：单击此按钮将打开“图像预览”对话框对图像进行优化，使用方法同 Fireworks CS4。

③ “裁剪”按钮、“亮度/对比度”按钮和“锐化”按钮可以对图像进行简单的修改。

5. 原始

用于指定与图像文件相关联的 Photoshop（PSD）或 Fireworks（PNG）源文件，可以更新图像文件，使用方法如下：

① 用鼠标左键拖动“指向文件”按钮到“文件”面板要链接的 PNG 或 PSD 文件上，就会打开“图像预览”对话框。

② 在“图像预览”对话框中，对图像进行优化后，单击“确定”按钮，会打开“保存 Web 图像”对话框，将其保存在网站文件夹中就可完成对图像文件的更新。

6. 边距与对齐

边距与对齐是用来设置图像与文字的关系的，具体含义如下：

① “边距”：有“水平边距”和“垂直边距”，用来设置图像与文本的距离。

② “对齐”：对齐方式有很多种，除了“左对齐”和“右对齐”可以使图像对应多行文本外，其他“对齐”方式都是图像与其所在一行的文本对齐。

③ 在图 14-20 中，水平边距、垂直边距均为 10 像素，图的左边部分为“左对齐”方式，图的右边部分为“居中”方式。

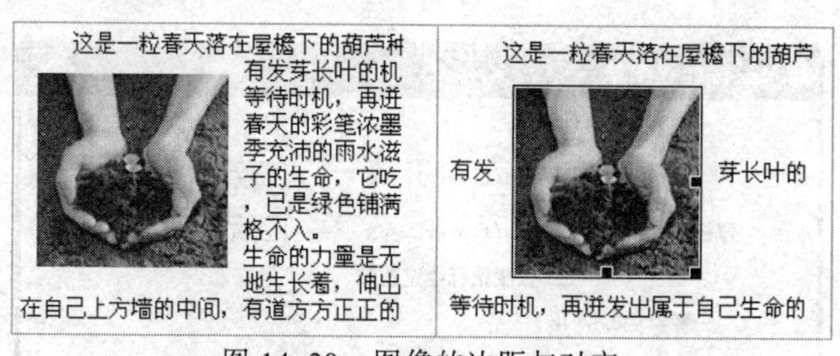

图 14-20　图像的边距与对齐

7. 边框

边框用来为图像添加边框，默认值为“空”，此时图像没有边框；边框的粗细以像素为单位；边框颜色与文本颜色一致，默认为黑色，可以在“页面属性”面板中指定；或使用样式表来设置颜色（样式中文本的颜色）。

注意：如果为图像添加了超链接，即使边框为“空”，也会显示 2 像素的边框，颜色与超链接一致。

14.2.3　创建鼠标经过图像

“鼠标经过图像”是一种图像交互技术，在浏览器中，使用光标指向某图像时，它将变换为另外的一张图像。它使用了原始图像（鼠标未指向时显示）和变换图像（鼠标指向时显示）两张图像，两个图像尺寸应该一致，“变换图像”的尺寸将由“原始图像”尺寸决定，具体操作方法如下：

① 使用如图 14-21 所示素材图像创建“鼠标经过图像”，图中左边部分为“原始图像”、右边部分为“变换图像”。

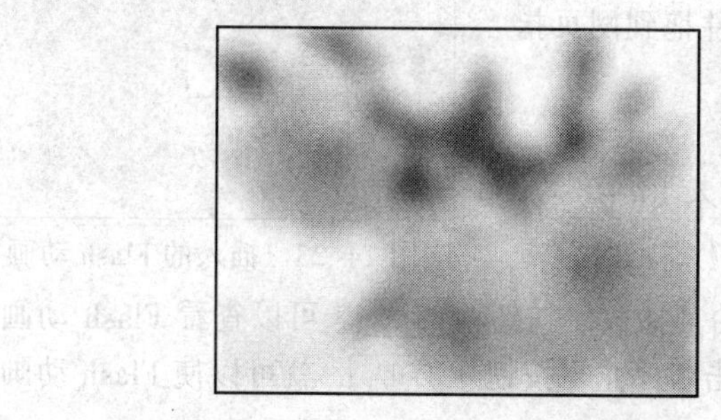

图 14-21　素材图片

② 选好插入点后，执行“插入”→“图像对象”→“鼠标经过图像”命令（也可以使用插入面板），打开“鼠标经过图像”对话框

③ 在弹出的“插入鼠标经过图像”对话框中，进行相关的设置。

- “原始图像”：鼠标未指向时显示的图像，单击“浏览”按钮，弹出“图像选择”对话框，选择“原始图像”，如图 14-22 所示。
- “鼠标经过图像”：鼠标指向时显示的图片，单击“浏览”按钮，弹出“图像选择”对话框，选择“变换图像”。

- “替换文本”：同上一节的“图像”属性中的“替换”。
- “按下时，前往的 URL”：用来设置超链接。

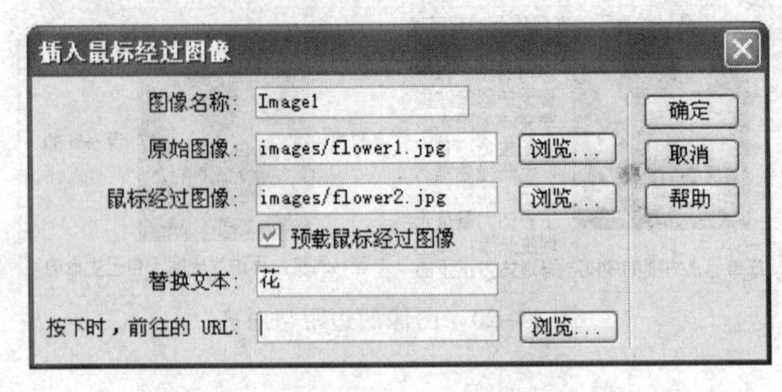

图 14-22 “鼠标经过图像”对话框

14.3 使用 Flash 动画

目前 Flash 动画是继 GIF 格式动画之后网上最流行的动画格式，由于制作简单、效果华丽、文件小，从而得到了广泛应用。

14.3.1 插入 Flash 动画

Flash 动画的插入、查看方法如下：

1．插入 Flash 动画的方法

在网页中插入 Flash 动画与插入图像的方法类似，有三种插入方法。

- 执行“插入”→“媒体”→“SWF”命令。
- 单击“插入”面板上“常用”对象中“媒体”按钮上的图标▾，在弹出的菜单中，选择“SWF”命令。
- 直接从“文件”面板中将 Flash 影片文件拖到网页指定的位置。

2．查看 Flash 动画

① 插入的 Flash 动画在默认情况下显示一个 SWF 文件占位符，如图 14-23 所示，不会自动播放。

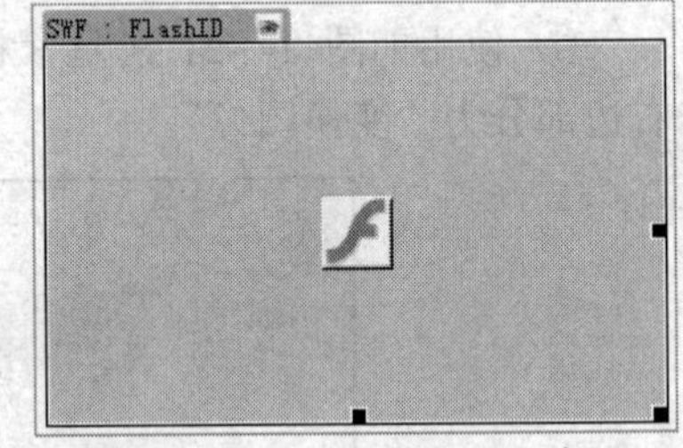

图 14-23 插入的 Flash 动画

② 单击如图 14-24 所示“属性”面板上的“播放”按钮［播放］。可以查看 Flash 动画的效果，如图 14-25 所示。播放完毕后一般再单击“停止”按钮［停止］，就可以使 Flash 动画处于“停止状态”。

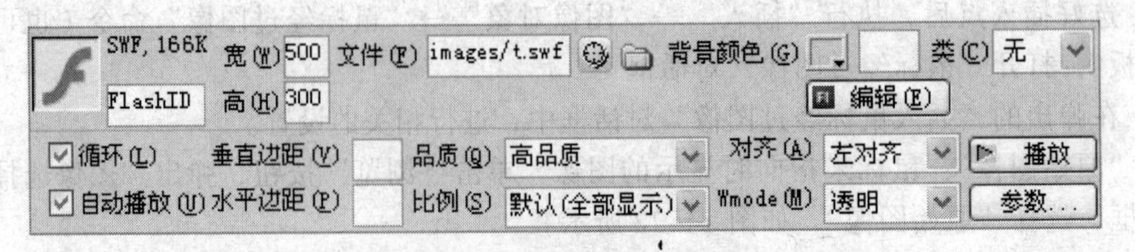

图 14-24 Flash 属性面板

图 14-25　查看 Flash 动画效果

3. 辅助文件

从 Dreamweaver CS4 开始，插入 Flash 动画时会建立辅助文件“swfobject_modified.js”和“expressInstall.swf”。保存网页时会在网站根目录下创建文件夹“Scripts”，将上述两个文件保存在其中。

14.3.2　设置 Flash 动画

插入 Flash 动画后，可以在“属性”面板中设置其播放方式、大小、对齐方式等属性，方法如下：

① 插入的 Flash 动画一般不需要进行设置，保持默认的属性即可，如：“循环”和“自动播放”选项处于“选中状态”。

② 其他诸如大小、边距、对齐等属性的设置方法与图像一样。

14.4　使用超链接

超链接是网页中最重要、最基本的元素之一。网站中的一个个网页都是通过超链接的形式关联到一起的。如果网页之间都是彼此独立的，那么网站是无法运行的。

14.4.1　相关概念

1. 超链接的“源端点”与“目标端点”

超链接由两部分组成，即超链接的“源端点”与“目标端点”。

① 超链接的“源端点”是指有超链接的一端，由它来响应鼠标单击的操作；超链接的“源端点”可以是文本、图像、图像上的“热点”。

② 超链接的“目标端点”是指要跳转或打开的文件；超链接的“目标端点”可以是网页、图像、多媒体文件、可下载软件、命名锚记等。

2. 超链接的路径

① 绝对路径：到达被链接文件完整的链接地址（包括 Http://），主要用来链接其他网站中的文件。例如 http://www.adobe.com/support/dreamweaver/contents.html。

② 文档相对路径：以当前网页所在位置为起点到被链接文件经过的路径。常用于链接站内文件，它是 Dreamweaver 的默认链接形式。例如 dreamweaver/contents.html。

注意：在相对路径中经常使用“../”，它代表返回上一级文件夹。

③ 站点根目录相对路径：从站点根文件夹到被链接文件经由的路径。它以一个“/”开始，表示站点根文件夹。例如/support/dreamweaver/contents.html。

注意：站点根目录相对路径只能由服务器来解释，在客户端都是失效的；也就是说，只有发布到网站上才能正常使用，在本地预览时会将“/”作为磁盘的根文件夹而发生错误。

在建立站点时默认的是“链接相对于：文档”，即“文档相对路径”；可以改为“链接相对于站点根目录”，即“站点根目录相对路径”，如图 14-26 所示。

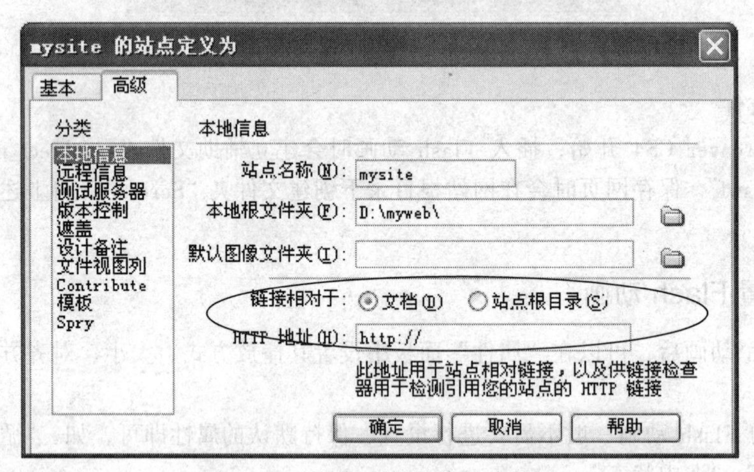

图 14-26 设置“超链接的路径”

14.4.2 文本链接

“文本超链接”是最常用的超链接方式，创建方法主要有两种：使用“属性”面板和使用“超级链接”对话框。

1. 使用“属性”面板

使用“属性”面板设置文本超链接的方法如下：

① 在“属性”面板单击 HTML 按钮切换到“HTML”状态面板，如图 14-27 所示。选中要建立超链接的文本。

图 14-27 文本的“HTML”状态面板

② 使用下面三种方法之一设置超链接地址，前两种用于链接站点内的文件：

- 单击“浏览文件”按钮，打开“选择文件”对话框，选择好需要链接的文件，单击“确定”按钮。
- 打开“文件”面板，找到要链接的文件，用鼠标左键拖动“指向文件”按钮到“文件”面板中的要链接的文件上，如图 14-28 所示。
- 如果要链接到一个网站，直接在“链接”处输入地址，如 http://www.sina.com。

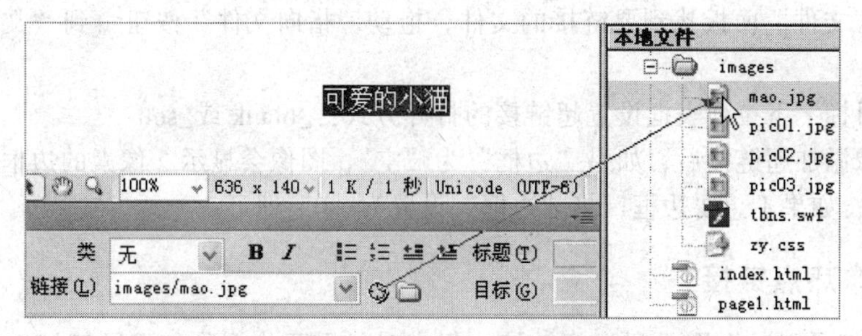

图 14-28　使用“指向文件”按钮创建超链接

③ 在“目标”下拉列表框中可以设置超链接的打开方式：

- _self：在当前浏览器窗口打开链接的网页，此为默认选项。
- _blank：在新建浏览器窗口打开链接的网页。
- _parent、_top：用于框架页，不常用。

④ “标题”相当于图片的“替换文本”，当鼠标移到链接上时显示的文本。

2. 使用“超链接”对话框

使用“超链接”对话框设置文本超链接的方法如下：

① 选择需要创建超链接的文本。

② 执行“插入”→“超级链接”命令，打开“超级链接”对话框，如图 14-29 所示。

③ 在“超级链接”对话框中：“文本”处为前面选中的文本；单击“浏览文件”按钮，打开“选择文件”对话框，选择好需要链接的文件；在“目标”处设置超链接对象的打开方式；输入“标题”(可以不输入)，单击“确定”按钮。

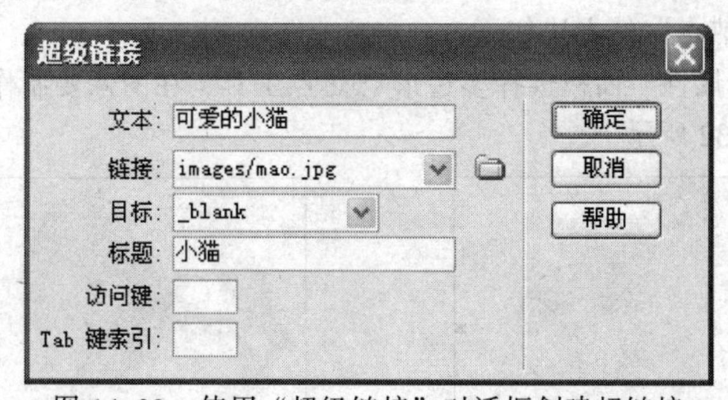

图 14-29　使用“超级链接”对话框创建超链接

14.4.3　图像链接

图像超链接也是最常用的超链接方式，它只能使用“属性”面板来创建，方法与文本超链接的创建方法完全相同。具体操作方法如下：

① 选中需要创建超链接的图像，其“属性”面板如图 14-30 所示。

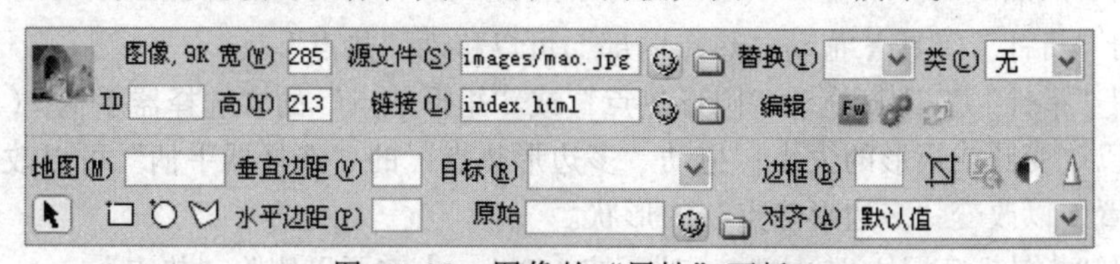

图 14-30　图像的“属性”面板

② 打开“文件”面板找到要链接的文件，拖动“指向文件”按钮到“文件”面板要链接的文件上。

③ 在“目标”下拉列表框设置超链接的打开方式：_blank 或_self。

④ 为图像添加超链接后，如果“边框”为“空”，图像会显示 2 像素的边框，颜色与超链接的颜色相同；如果不想要边框，将“边框”设置为“0”即可。

14.4.4 图像热点链接

图像超链接是对整个图像添加超链接，但有时候需要将图像的不同区域链接到不同的地址，就需要使用图像热点。

1. “热点”的概念

所谓“热点”，就是在图像上绘制多个区域，单击不同区域时可以触发不同的操作，每个区域就叫作一个“热点”。

2. “热点”工具

选中图像后“属性”面板左下角会出现“热点”工具，如图 14-30 所示。如果选中图像后“属性”面板上看不到“热点”工具，是因为“属性”面板被折叠，双击“属性”面板的空白位置即可展开折叠的“属性”面板。

3. 绘制“热点”

① 绘制“圆形热点”或“矩形热点”：选中图像后在“属性”面板选择圆形或矩形热点工具，在图像上拖动鼠标就可以绘制出浅蓝色的“圆形热点”或“矩形热点”，无需切换直接就可以绘制下一个“热点”，如图 14-31 所示。

② 绘制“多边形热点”的方法如下：

- 选中图像后在“属性”面板选择多边形热点工具，在图像要制作“热点”的区域周围单击，如图 14-32 所示

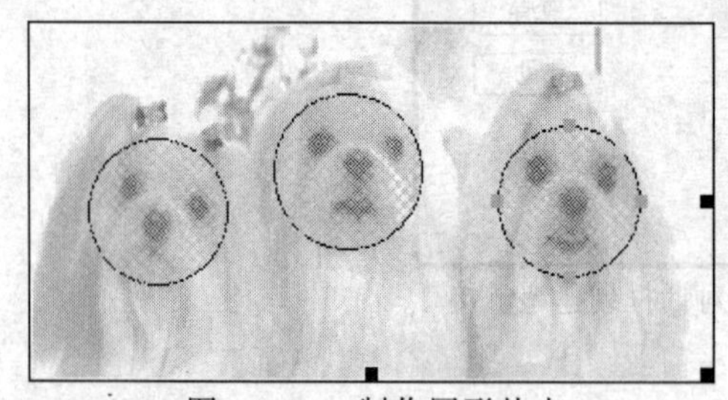

图 14-31 制作圆形热点

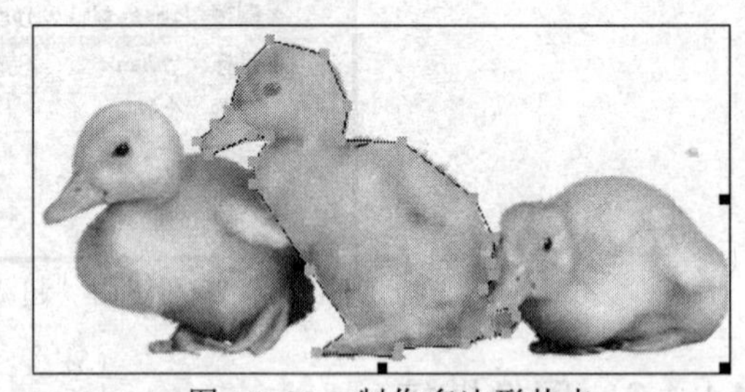

图 14-32 制作多边形热点

- 使用“指针”工具单击图像的空白处闭合“热点”。
- 再重新选择多边形热点工具，开始绘制下一个“热点”。

3. 编辑“热点”

① 使用“指针”工具拖动“热点内部”可以移动“热点”。

② 使用“指针”工具拖动“圆形热点”或“矩形热点”的“选择器手柄”（轮廓上的小矩形块）可以改变圆或矩形的大小；拖动“多边形热点”的“选择器手柄”可以改变“选择器手柄”的位置，以改变“多边形热点”的形状。

③ 使用“指针”工具选中“热点”，按【Delete】键可以删除“热点”。

4. 为“热点”添加链接

使用“指针”工具，单击选中要添加链接的热点，在“属性”面板设置要链接的文件或网站，选择打开方式，输入替换文本，如图 14-33 所示。

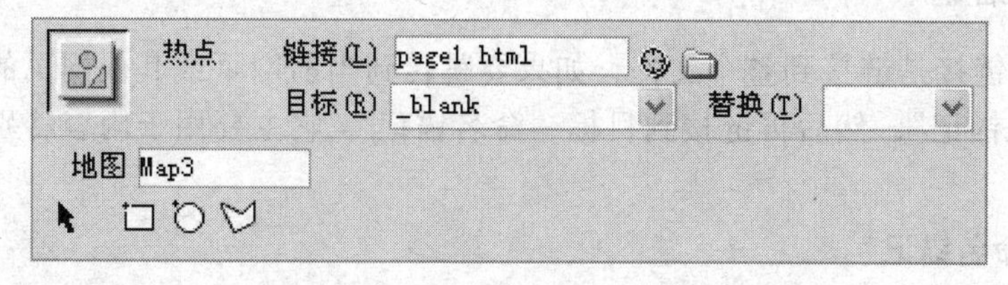

图 14-33　为“热点”添加链接

5. “热点”的应用

如图 14-34 所示为一张动物园导游图，单击“熊”所在区域时，链接到介绍“熊”的页面“bear.html”；单击“大象”所在区域时，链接到介绍“大象”的页面 elephant.html；单击“大猩猩”所在区域时，链接到介绍“大猩猩”的网页“gorilla.html”……要求在新窗口打开链接网页，替换文本为动物名称。下面介绍具体的制作方法。

① 为图像制作“多边形热点”的方法如下：

- 选中图像后在“属性”面板选择多边形热点工具，在图像上“熊”的周围单击，使用“指针”工具单击图像的空白处使其闭合。
- 再重新选择多边形热点工具，制作“大象”的热点、“大猩猩”的热点…，如图 14-35 所示。

图 14-34　动物园导游图

图 14-35　添加多边形热点

② 为“热点”添加超链接和替换文本的方法如下：

- 使用“指针”工具单击“熊”上的“多边形热点”，在“属性”面板（见图 14-36）拖动“指向文件”按钮指向“文件”面板中的页面“bear.html”（如果还没有建立“bear.html”网页，可以直接输入网页地址）。

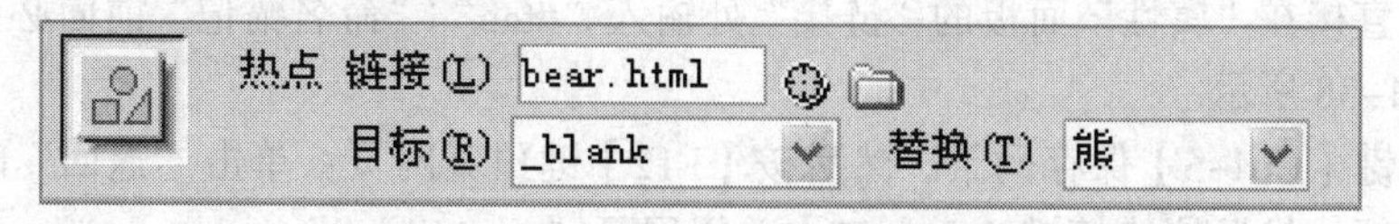

图 14-36　为“热点”添加链接

- 在“目标”下拉列表框中选择“_blank”，“替换”下拉列表框中输入“熊”。
- 用同样的方法设置其他“热点”。

14.4.5 命名锚记

前面讲的超链接是链接到整个文件，如果要跳转到当前网页或其他网页的指定位置，就需要创建“命名锚记”，然后再链接到目标“命名锚记”，它主要用于内容特别多的“多屏”网页。

1. 创建“命名锚记”

① 打开要创建“命名锚记”的网页，如“page4.html”，将插入点置于顶部标题的左边。

② 执行“插入”→“命名锚记”命令或单击“插入”面板上“常用”对象中的“命名锚记”按钮，弹出“命名锚记”对话框。

③ 在“命名锚记”对话框的“锚记名称”文本框中输入锚记名“top”（只能用字母或数字），单击“确定”按钮，会在插入点出现一个“命名锚记”符号。

④ 使用上述方法在下面 3 个小标题的左边分别插入命名锚记：part1、part2、part3，如图 14-37 所示（为了便于截图，示例网页的内容较少）。

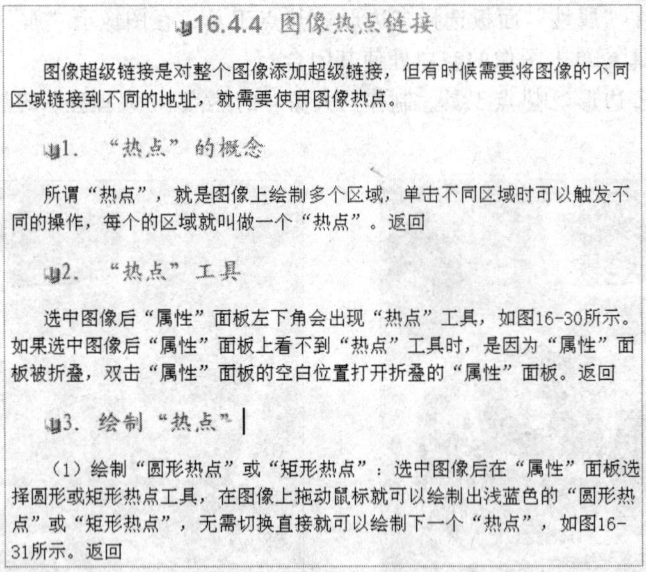

16.4.4 图像热点链接

图像超级链接是对整个图像添加超级链接，但有时候需要将图像的不同区域链接到不同的地址，就需要使用图像热点。

1. “热点”的概念

所谓“热点”，就是图像上绘制多个区域，单击不同区域时可以触发不同的操作，每个的区域就叫做一个“热点”。返回

2. “热点”工具

选中图像后“属性”面板左下角会出现“热点”工具，如图16-30所示。如果选中图像后“属性”面板上看不到“热点”工具时，是因为“属性”面板被折叠，双击“属性”面板的空白位置打开折叠的“属性”面板。返回

3. 绘制“热点”

（1）绘制“圆形热点”或“矩形热点”：选中图像后在“属性”面板选择圆形或矩形热点工具，在图像上拖动鼠标就可以绘制出浅蓝色的“圆形热点”或“矩形热点”，无需切换直接就可以绘制下一个“热点”，如图16-31所示。返回

图 14-37 创建“命名锚记”

2. 链接到目标“命名锚记”

（1）链接当前网页中的“命名锚记”

- 在网页“page4.html”中，选中要建立超链接的文本“返回”，在“属性”面板拖动“指向文件”按钮指向网页顶部的“命名锚记”：top。
- 也可以直接在“属性”面板的“链接”处输入“#top”（“命名锚记”前面必须输入“#”），如图 14-38 所示。
- 按快捷键【Ctrl+S】保存网页，然后按【F12】键预览网页：单击“返回”时，会回到网页的顶部。最后按快捷键【Ctrl+W】关闭网页“page4.html”。

注意：因为示例网页内容较少，在预览网页时将浏览器窗口调小一点，否则如果一屏就能显示整个网页，将看不到"命名锚记"的效果。

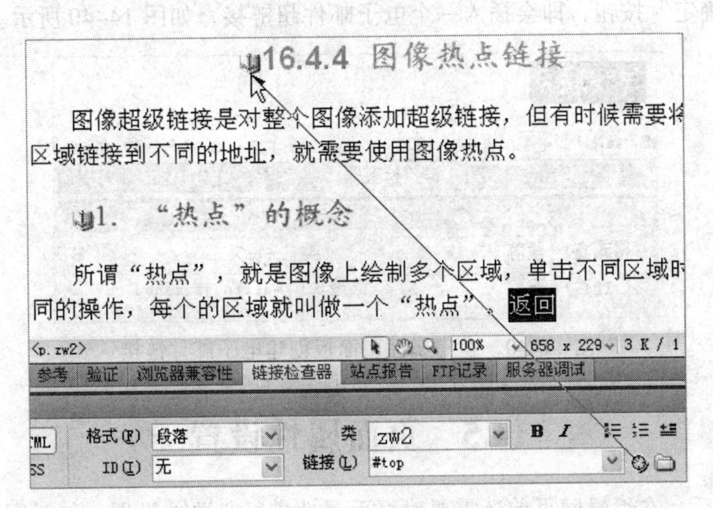

图 14-38　创建页内"命名锚记"链接

（2）链接其他网页中的"命名锚记"

- 打开或新建网页"index.html"，选中要建立超链接的文本"四. 图像热点链接"，在"属性"面板拖动"指向文件"按钮指向"文件"面板中的目标网页"page4.html"。
- 在"属性"面板的"链接"地址后面的下拉列表框中输入"#part3"，如图 14-39 所示。

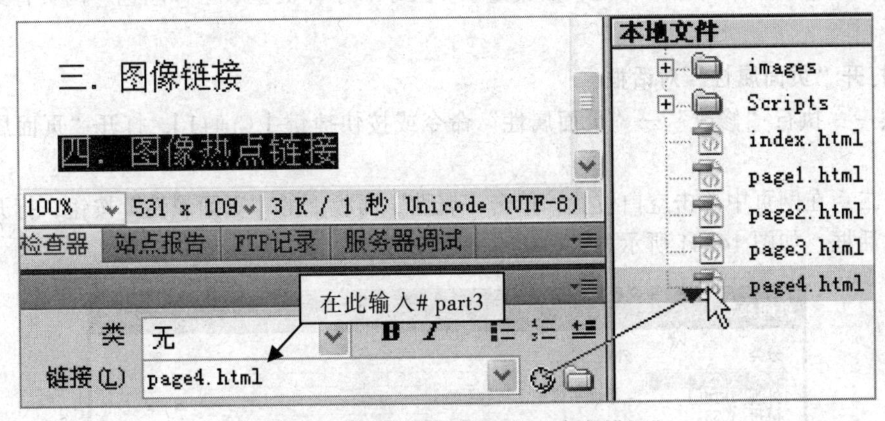

图 14-39　链接其他网页中的"命名锚记"

- 按快捷键【Ctrl+S】保存网页，然后按【F12】键预览网页：单击文本"四. 图像热点链接"，会打开网页"page4.html"并定位到"3. 绘制"热点"处。最后按快捷键【Ctrl+W】关闭网页"index.html"。

14.4.6　电子邮件链接

电子邮件链接是指超链接的目标是一个邮箱地址，单击邮件链接，会自动打开客户端默认的电子邮件处理程序，例如 OutLook Express 或 Foxmail 等，邮件编辑窗口的收件人设置栏中会自动写上收件人的地址。创建方法如下：

① 在文档窗口中选中要创建超链接的文本，如“与我联系”。

② 在“属性”面板的“链接”处输入电子邮件地址，如“mailto:jszx@hbu.cn”。

③ 单击“确定”按钮，即会插入一个电子邮件超链接，如图 14-40 所示。

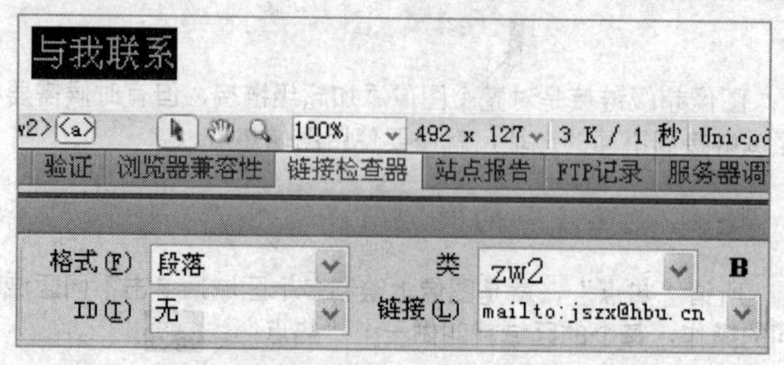

图 14-40　在“属性”面板创建电子邮件链接

14.5　页面属性设置

创建网页之后，在编辑网页前还需要对页面属性进行必要的设置，如对网页的背景颜色、背景图像、文本颜色、文字大小、超链接效果等外观显示效果进行总体上的控制，这些设置可以通过“页面属性”对话框来实现。

14.5.1　设置“外观”属性

外观主要包括页面的基本属性，如页面字体大小、字体类型、字体颜色、网页背景样式、页边距等。

1. 打开“页面属性”对话框

方法一：执行“修改”→“页面属性”命令或按快捷键【Ctrl+J】，打开“页面属性”对话框。

方法二：在网页中单击空白位置，单击“属性”面板上的“页面属性”按钮，打开“页面属性”对话框，如图 14-41 所示。

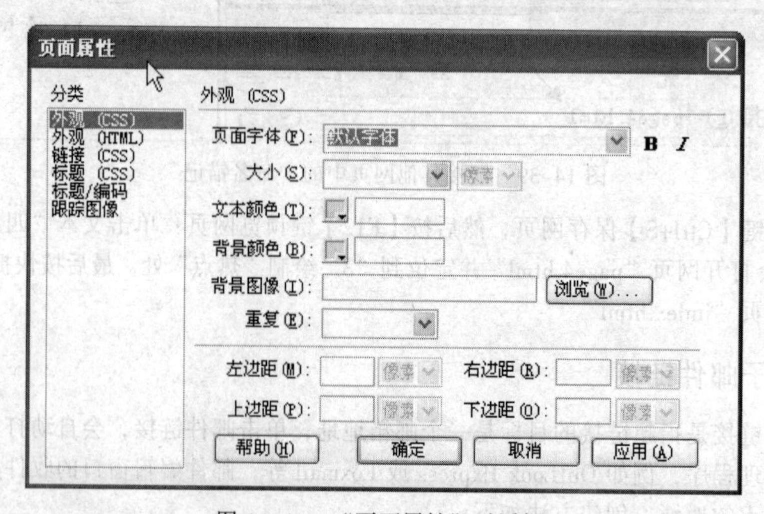

图 14-41　“页面属性”对话框

2．外观（CSS）与外观（HTML）

① 选择“外观（CSS）”：使用标准的 CSS 样式来进行设置。

② 选择“外观（HTML）”：使用传统方式（非标准）来进行设置。

③ 分别使用“外观（CSS）”与“外观（HTML）”设置页面的背景色、背景图片、左边距、上边距，所生成的代码如图 14-42 所示。“外观（HTML）”的代码直接嵌入到了标签中。

```
<style type="text/css">
<!--
body {
    background-color: #9C0;
    background-image: url(bj1.JPG);
    margin-left: 0px;
    margin-top: 0px;
}
-->
</style>
```

使用“外观（CSS）”

```
<body bgcolor="#99CC00"
background="bj1.JPG"
leftmargin="0" topmargin="0">
```

使用“外观（HTML）”

图 14-42　“外观（CSS）”与“外观（HTML）”对比

④ 当“外观（CSS）”与“外观（HTML）”发生冲突时“外观（CSS）”优先，即“外观（CSS）”起作用。所以一般使用外观（CSS）设置网页属性。

3．使用外观（CSS）设置网页属性

在如图 14-41 所示的“页面属性”对话框的“外观（CSS）”分类中设置如下内容：

① 页面字体：指定在页面中使用的字体，除了专门指定了字体的文本，默认字体为“宋体”。

② 文字大小：指定在页面中使用的文字大小，除非专门指定了文字的大小，默认大小“16 像素”。

③ 文本颜色：指定在页面中使用的文本颜色，除非专门指定了文本的颜色，默认颜色为“黑色”。

④ 背景颜色：设置页面的背景颜色，单击“背景颜色”框并从颜色选择器中选择一种颜色，背景色默认为“白色”。

⑤ 背景图像：设置网页的背景图案。

- 单击“浏览”按钮，在弹出的“选择图像源文件”对话框中，选择需要的背景图像文件。也可以直接在“背景图像”后的文本框中输入图像文件的路径。
- 重复：指定背景图像在页面上的显示方式，共有不重复、重复、横向重复、纵向重复 4 种方式，默认为“重复”。

⑥ 网页边距：设置网页中文字、图片等对象距浏览器上、下、左、右边框的距离。

- 默认的左边距为 10 像素、上边距为 15 像素。
- 一般设置“左边距”和“上边距”为“0”。

14.5.2　设置“链接”属性

“页面属性”对话框中的“链接（CSS）”类别，主要是设置与页面中的超链接相关的显示效果，如图 14-43 所示。

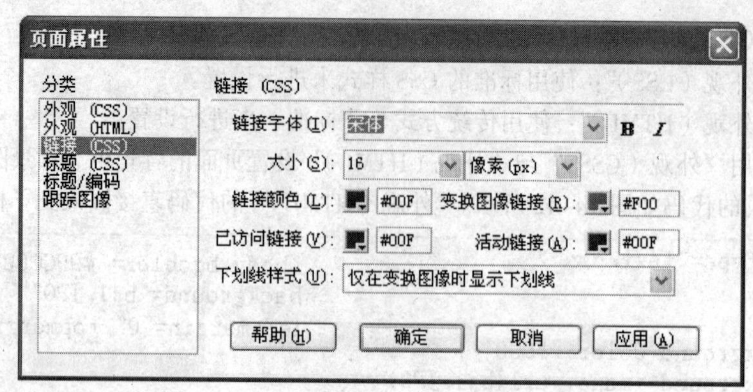

图 14-43　页面属性“链接（CSS）”类别

1. 链接字体、大小

用于设置超链接 4 种状态的统一的字体、字号（大小），此处不能分开设置不同状态的字体、字号。

2. 超级链接各种状态的颜色

单击“颜色选取框”按钮，选择需要的颜色，也可以在文本框中直接输入颜色代码（3 位或 6 位均可以）。超链接的 4 种状态如下：

- “链接颜色”：设置网页中超链接文字的颜色（默认蓝色）。
- “变换图像链接”：设置网页中鼠标位于超链接文字上时超链接文字的颜色。
- “已访问链接”：设置网页中访问过的超链接文字的颜色。
- “活动链接”：设置网页中已激活的超链接文字的颜色。

3. 下画线样式

可以在“下画线样式”下拉列表框中选择超链接文字下画线的显示方式：

- 始终有下画线（默认）。
- 始终无下画线。
- 仅在变换图像时显示下画线。
- 变换图像时隐藏下画线。

注意：要想为超链接的 4 种状态指定不同的字体、字号，或者指定 2 套超链接的外观，无法在“页面属性”对话框完成，需要使用 CCS 样式表。

练　习　题

一、填空题

1. 要使网页中的文本换行不换段，在按下【Enter】键之前，必须先按下________键。
2. 在 Dreamweaver 中超链接由________和________两部分组成。
3. 在浏览器中，默认的中文标准字体是________。
4. 在网页中插入 Flash 动画，其扩展名是________。
5. 网页默认的字体是________，文本的默认大小是________。
6. 网页的默认背景颜色是________，文本的默认颜色是________。

7. 应用样式时，在属性面板中的________下拉列表框中选择要使用的样式名。

二、选择题

1. 在 Dreamweaver 中的“属性”面板设置文字大小时可以设置单位，(　　) 不是有效的单位。

A. 像素　　B. 厘米　　C. 米　　D. 毫米

2. 在网页中最为常用的两种图像格式是 (　　)。

A. JPEG 和 GIF　　B. JPEG 和 PSD　　C. GIF 和 BMP　　D. BMP 和 PSD

3. 在 Dreamweaver 中超链接的路径有三种，(　　) 不属于其中之一。

A. 绝对路径　　B. 站点根目录绝对路径

C. 文档相对路径　　D. 站点根目录相对路径

4. 在 Dreamweaver 中，想要使用户在单击超链接时，弹出一个新的网页窗口，需要在超链接中定义“目标”的属性为 (　　)。

A. _parent　　B. _blank　　C. _top　　D. _self

5. 网页默认的超链接颜色是 (　　)。

A. 绿色　　B. 红色　　C. 黑色　　D. 蓝色

6. 网页默认的上边距是 (　　)，左边距是 (　　)。

A. 10 像素　　B. 20 像素　　C. 5 像素　　D. 15 像素

三、思考题

1. 为什么网页中的字体要采用组合字体？
2. 如何在网页中插入特殊符号，如©、®等？
3. 如何在网页中使用空格键插入多个连续的空格？
3. 命名锚记的作用是什么？
4. 何时使用图像热点链接？
5. 如何改变超链接的外观？

四、上机操作题

1. 制作一个如图 14-20 左边效果的网页，其中图片使用“鼠标经过图像”。
2. 制作一个包含文字、图片、超级链接、Flash 动画等对象的网页，参考图 14-44。
3. 制作一个简单的网页：设置上边距、左边距为 0，并为网页添加背景图片。

上海迪士尼乐园

2009年11月4日8时30分，上海市人民政府新闻办公室受权宣布：上海迪士尼项目申请报告已获国家有关部门核准。

据有关部门透露，在国家有关部委的关心与指导下，上海迪士尼乐园项目经过中美双方多年接触和谈判，本着互惠互利的原则，于2009年初签订了合作框架协议，并按有关程序向国家有关部门上报了项目申请报告。

上海迪士尼乐园项目的谈判已历经十余年。今年1月9日，美国迪士尼公司总部曾通过媒体发表声明称，迪士尼与上海市政府正式签署上海主题公园的框架协议，并按有关程序向国家有关部门上报了项目申请报告。10月底，这一项目正式获批，标志着下一步将进入实质性启动阶段。目前，项目中 美双方正就合作的具体内容和细节进行深入磋商。

上海迪士尼乐园将是全球第6个、中国第2个迪士尼乐园。据悉，上海迪士尼乐园将不但拥有与全球迪士尼旅游目的地度假区一致的设施，还将具有中国本土的神奇特

图 14-44　示例网页

第 15 章　CSS 样式表

CSS（cascading style sheets，层叠样式表），是一套网页样式设计标准。CSS 样式是网页设计者制作网页时经常使用的工具，利用它统一定制网页文字、表格、背景等多种网页元素，可以设计出更加丰富多彩的网页效果，并能够迅速地将样式应用于整个网站的多个网页上，可以提高网页制作效率、方便统一网页风格。

15.1　CSS 基础

本节主要是简单介绍 CSS 的优点、组成规则、应用范围和在网页中插入 CSS 规则的方法，使大家对 CSS 有个大致的了解，更详细的内容将在下一节介绍。

15.1.1　CSS 的优点

采用 CSS 技术，可以有效地对页面的布局、字体、颜色、背景和其他效果实现更加精确的控制。把网页上的内容结构和格式控制相分离，使得网页可以只由内容构成，而将所有网页的格式控制指向某个 CSS 样式表文件，这样做的好处是：

- 简化了网页的格式代码，外部的样式表还会被浏览器保存在缓存里，加快了下载显示的速度。
- 只要修改保存着网站格式的 CSS 样式表文件就可以改变整个站点的风格特色，在修改页面数量庞大的站点时，显得格外有用。

15.1.2　CSS 规则

1. CSS 规则的组成

CSS 规则由两部分组成：选择器和声明。选择器是标识已设置格式元素的术语，例如 p、body、类名称，而声明块则用于定义样式属性。例如下面的 CSS 规则中，“.bt1” 是选择器，大括号“{}”之间的所有内容都是声明块（可以将下列代码写在一行）。

```
.bt1
{
    font-family: "黑体";
    font-size: 24px;
    color: #00F;
    text-align: center;
}
```

每个声明都由属性和值组成，在上例规则中的 font-family、font-size、color、text-align 为“属性”； "黑体"、24px、#00F、center 为“值”。

2. CSS 样式类型

使用 Dreamweaver CS4 创建样式时，在“新建 CSS 规则”对话框中，“选择器类型”有以下 4 种：

① 类样式：可以让用户将样式属性应用于页面上的任何元素，所有类样式均以句点（.）开头，上例中的“.bt1”就属于“类样式”。

② ID 样式：在一个页面中只能使用一次，所以针对性更强，以井号（#）开头。例如，定义 ID 样式：red 和 green，在“属性”面板按下 HTML 按钮，在“属性”面板的“ID”下拉列表框中选择：red 或 green，如图 15-1 所示。

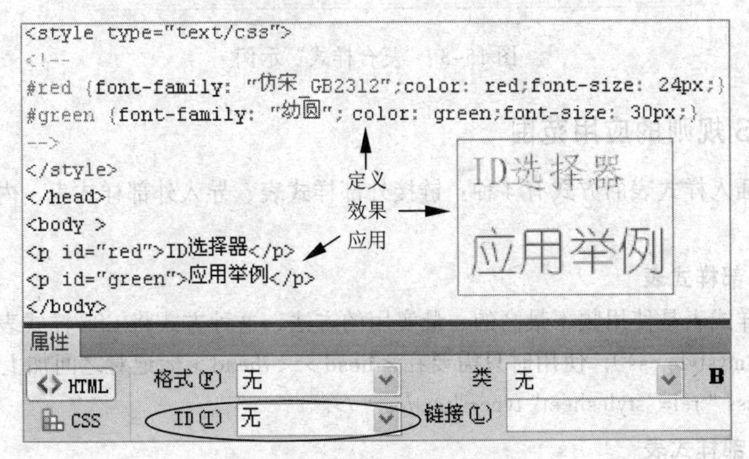

图 15-1　“ID 样式”示例

③ 标签样式：重新定义特定标签的格式。例如，重新定义 p 标签（段落标记）的 CSS 样式后，除了应用“类样式”（如：.zw1）、“复合样式”（如：p.zw）或“ID 样式”的文本或段落，所有段落的文本都会按新样式更新，如图 15-2 所示。

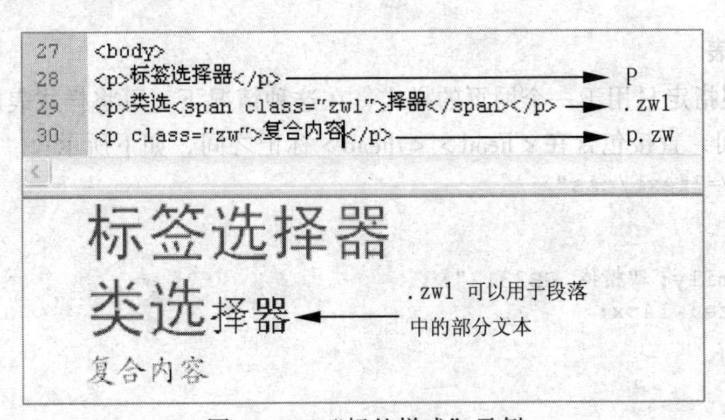

图 15-2　“标签样式”示例

④ 复合样式：重新定义特定元素组合的格式。例如，重新定义表格中 h1 标签的 CSS 样式后，每当 h1 标题出现在表格单元格内时，就会应用样式 td h1，如图 15-3 所示。上例中的“p.zw”也是复合样式。

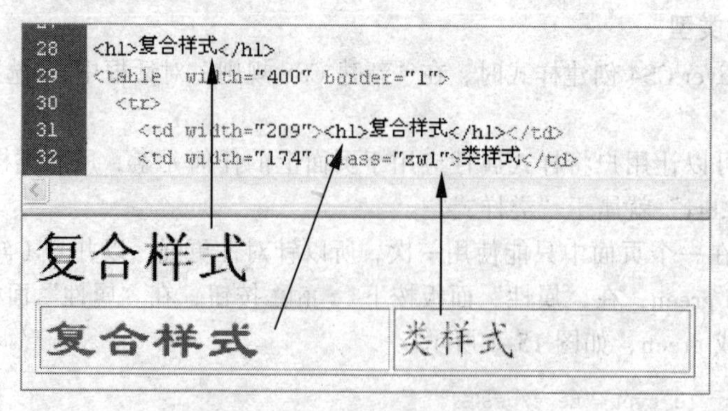

图 15-3 “复合样式”示例

15.1.3 CSS 规则的应用范围

在页面中插入样式表的方式有 4 种：链接外部样式表、导入外部样式表、内部样式表、内联样式。

1．链接外部样式表

链接外部样式表是使用频率最高的、最实用的方法，这种方式将 CSS 样式表保存为一个样式表文件（如 mystyle.css），使用时只需要在 < head > < /head > 标记对之间加上链接代码<link href=" mystyle.css " rel="stylesheet" type="text/css" />。

2．导入外部样式表

是指在内部样式表的< style >里导入一个外部样式表，导入时用“@import”标记，使用时只需要在 < head > < /head > 标记对之间添加如下代码：

```
<style type="text/css">
   @import url("mystyle.css ");
</style>
```

3．内部样式表

有时可能希望指定只用于一个网页的样式，在这种情况下，可将样式表放在标签<style>和</style>标记对之间，直接包含在 < head > < /head > 标记之间，如下所示：

```
<style type="text/css">
   .zw
{
   font-family: "楷体_GB2312";
   font-size: 14px;
}
</style>
```

4．内联样式

内联样式是直接在 HTML 标记里加入 style 参数，而 style 参数的内容就是 CSS 的属性和值。

```
<body >
  <p style="font-family: '黑体'; font-size: 18px; color: #F00;">内联样式</p>
  <p style="font-family: '幼圆'; font-size: 16px; color: #00F;">应用举例</p>
</body>
```

15.1.4　在网页中插入 CSS 规则

上面讲了 CSS 规则的应用范围，下面介绍一下如何在 Dreamweaver CS4 中使用 CSS 规则。

1. 链接外部样式表

① 在 CSS 样式面板的底部单击“附加样式表”按钮，打开“链接外部样式表”对话框，如图 15-4 所示。

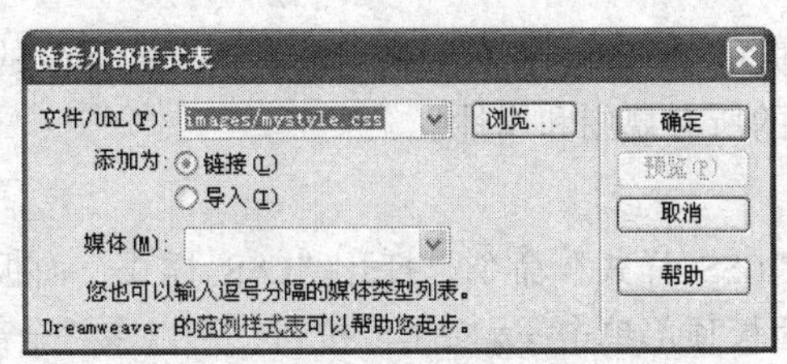

图 15-4　“链接”或“导入”CSS 样式表

② 在该对话框中单击“浏览”按钮，选择需要链接的样式表文件（如 mystyle.css）。

③ 在该对话框中选中“添加为”右边的“链接”单选按钮。

2. 导入外部表样式表

导入外部样式表与链接外部样式表类似，区别是在“添加为”处选中“导入”单选按钮，如图 15-4 所示。

3. 内部样式表

在 CSS 样式面板的底部单击“新建 CSS 规则”按钮，打开“新建 CSS 规则”对话框，在“选择定义规则的位置”处选择“仅限该文档”，如图 15-5 所示。

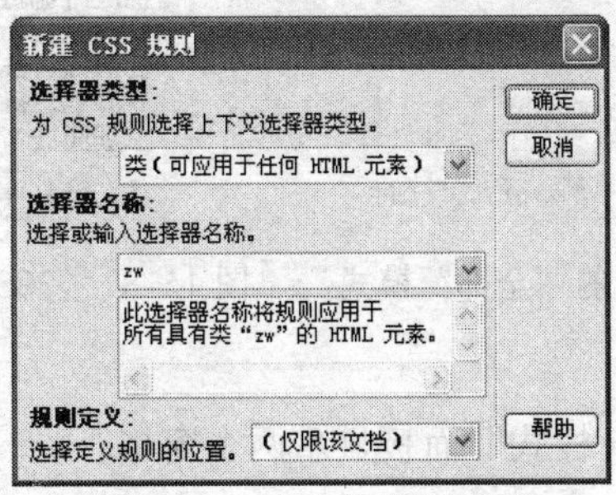

图 15-5　建立内部样式表

4. 内联样式

选中要添加样式的文本，在“属性”面板单击 CSS 按钮，在“属性”面板的“目标规则”处选择“<内联样式>”，然后进行字体、字号、颜色等属性的设置，如图 15-6 所示。

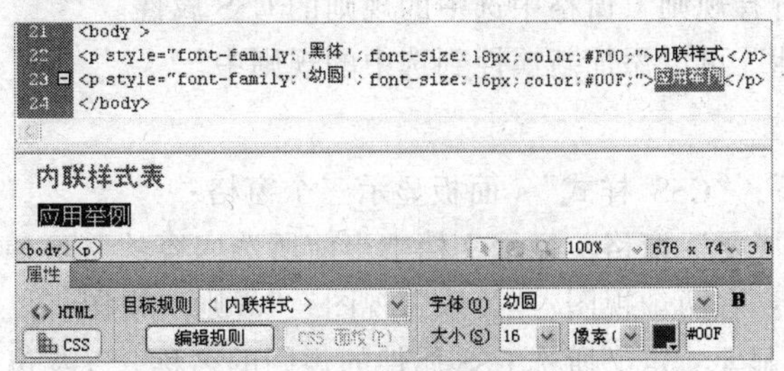

图 15-6　建立内联样式

15.2 使用 CSS 样式表

在前面章节对 CSS 样式表的概念和应用已经有了一些了解，但是还不够详细和系统，这里将对 CSS 的创建、修改、应用等内容做进一步的系统讲解，有些内容可能会重复。

15.2.1 CSS 样式面板

使用“CSS 样式”面板可以编辑、查看影响当前所选页面元素的 CSS 规则和属性，也可以编辑、查看网页文档可用的所有规则和属性。

1. 模式选择

① 执行“窗口”→“CSS 样式”命令，打开“CSS 样式”面板。

② 在“CSS 样式”面板顶部单击全部或正在按钮，可以在“全部”和“正在”两种模式之间切换，如图 15-7、图 15-8 所示，默认使用“全部”模式。

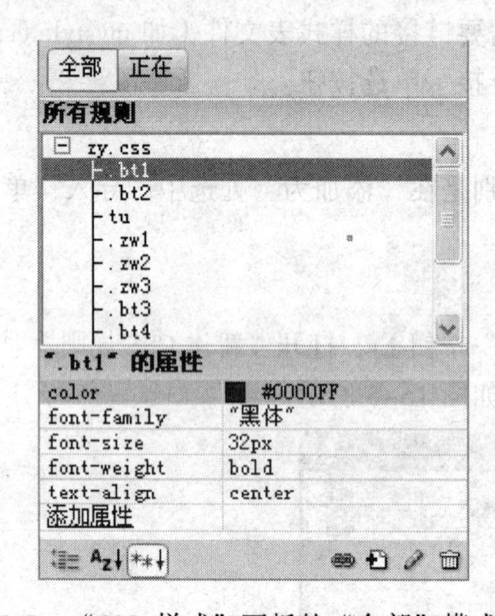

图 15-7 “CSS 样式”面板的“全部”模式

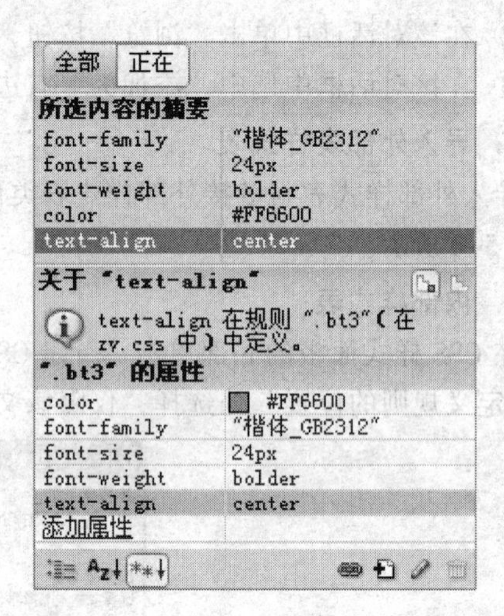

图 15-8 “CSS 样式”面板的“正在”模式

2. “全部”模式

在“全部”模式下，“CSS 样式”面板显示两个窗格：

（1）“所有规则”窗格

- 显示当前文档中定义的规则以及附加到当前文档的样式表中定义的规则的列表。
- 双击选中的规则可以打开“CSS 规则定义”对话框对其进行修改。

（2）“属性”窗格

- 可以编辑在“所有规则”窗格中选中的规则的 CSS 属性。
- 单击“添加属性”可以添加新属性到选中的规则中。

3. “正在”模式

在“正在”模式下，“CSS 样式” 面板显示三个窗格：

① “所选内容的摘要”窗格：显示文档中当前所选内容的 CSS 属性。

② “规则”窗格：有两个视图：“关于”视图、“规则”视图。

- “关于”视图：显示、定义所选 CSS 属性的规则的名称，以及包含该规则的文件的名称。

- “规则”视图：显示直接或间接应用于当前所选内容的所有规则的层叠。
- 单击、按钮可以在两种视图之间切换。

③ “属性”窗格的作用如下：

- 可以编辑选中的 CSS 属性。
- 单击“添加属性”按钮可以为当前所选内容添加 CSS 属性。

4．CSS 样式面板按钮和视图

在“全部”和“正在”模式下，“CSS 样式”面板底部左侧区域都包含三个改变“属性”窗格视图的按钮，它们依次是“类别”视图、“列表”视图和“设置属性”视图。一般使用默认的“设置属性”视图即可，无须改变。

在“全部”和“正在”模式下，“CSS 样式”面板底部右侧区域都包含四个按钮。

- “附加样式表”按钮：打开“链接外部样式表”对话框。选择要链接到或导入到当前文档中的外部样式表，如图 15-4 所示。
- “新建 CSS 规则”按钮：打开“新建 CSS 规则”对话框，可在其中选择要创建的样式类型，如图 15-5 所示。
- “编辑样式”按钮：打开“CSS 规则定义”对话框，可在其中编辑当前文档或外部样式表中的样式。
- “删除”按钮：
  - 在“全部”模式下可以删除选定的规则或属性；可以删除（分离）附加的样式表。
  - 在“正在”模式下可以删除选定的属性。

15.2.2 创建 CSS 样式表

在 Dreamweaver CS4 的“新建文档”对话框中，可以按照示例页创建 CSS 样式表文件，但对初学者来说这种方法不够直观。一般都是先建立一个网页，然后使用“CSS 样式”面板来制作样式表文件。

1．新建 CSS 规则

打开“CSS 样式”面板，单击“CSS 样式”面板底部的“新建 CSS 规则”按钮，打开“新建 CSS 规则”对话框。

2．设置“新建 CSS 规则”对话框

在如图 15-9 所示的“新建 CSS 规则”对话框中进行如下设置：

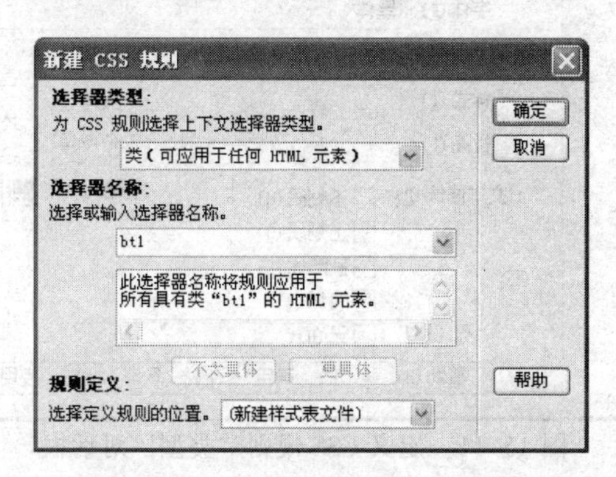

图 15-9　“新建 CSS 规则”对话框

- 选择器类型：类（可应用于任何 HTML 元素）。
- 选择器名称：bt1（样式表中的第 1 个 CSS 规则，设置标题属性）。
- 规则定义的位置：新建样式表文件。
- 单击“确定”按钮，弹出“将样式表另存为”对话框。

3. 保存样式表文件

在如图 15-10 所示的“将样式表另存为”对话框中进行如下设置：

- 将样式表文件保存在网站根文件夹下的 image 文件夹中。
- 将样式表文件命名为“mystyle.css”。
- 单击“保存”按钮，弹出“CSS 规则定义”对话框。

注意：Dreamweaver CS4 中文版下的“CSS 规则定义”对话框没有汉化，需要使用汉化补丁进行汉化（http://www.winour.cn/upload/2009/6/resources.rar）。

图 15-10 “将样式表另存为”对话框

4. 定义 CSS 规则

在如图 15-11 所示的“CSS 规则定义”对话框中，设置“.bt1”样式的规则。

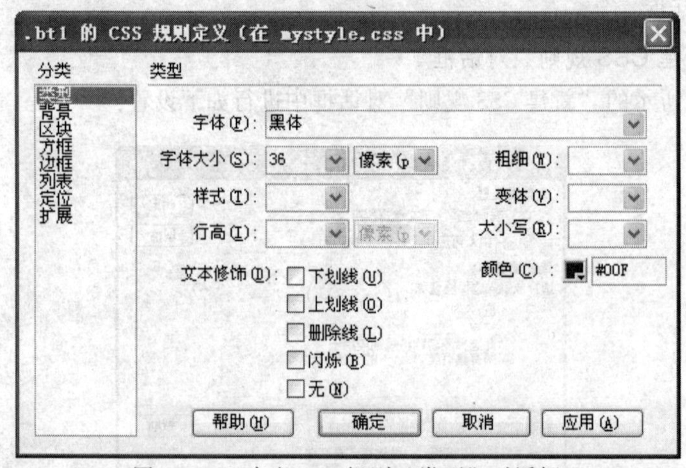

图 15-11 定义 CSS 规则“类型”对话框

- 选中“CSS 规则定义”对话框中“分类”列表框中的“类型”选项，进行设置：字体“黑体”、字体大小“36 像素”、颜色“#00F”（蓝色）。
- 选中“CSS 规则定义”对话框中“分类”列表框中的“区块”选项，进行设置：文本对齐“居中”，如图 15-12 所示。设置完成后，单击“确定”按钮。

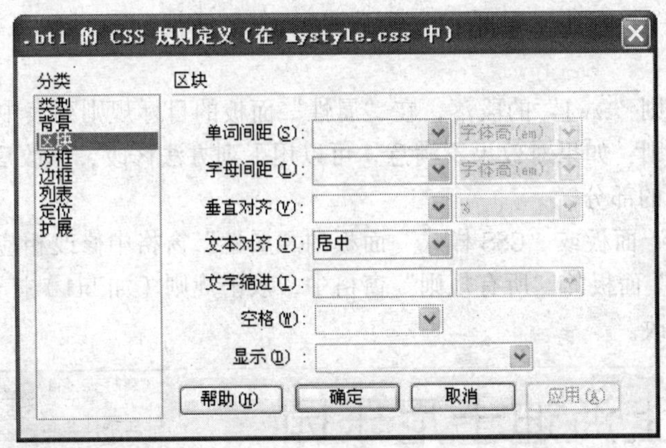

图 15-12　定义 CSS 规则“区块”对话框

5．建立其他 CSS 规则

继续单击“CSS 样式”面板底部的“新建 CSS 规则”按钮，打开“新建 CSS 规则”对话框。在如图 15-9 所示的“新建 CSS 规则”对话框中进行如下设置：

- 选择器类型：类（可应用于任何 HTML 元素）。
- 选择器名称：zw1（设置“正文”属性）。
- 规则定义的位置：mystyle.css。

在如图 15-11 所示的“CSS 规则定义”对话框中，设置“.zw1”样式的规则：

- 选中“CSS 规则定义”对话框中“分类”列表框中的“类型”选项，进行设置：字体“宋体”、字体大小“18 像素”、颜色“#066”、行高“25 像素”（适当增加段落内部的行间距）。
- 选中“CSS 规则定义”对话框中“分类”列表框中的“区块”选项，进行设置：文字缩进“36 像素”（首行缩进 2 字符）。
- 选中“CSS 规则定义”对话框中“分类”列表框中的“方框”选项，进行设置：上边界、下边界均为“5 像素”（缩小段落之间的间距），如图 15-13 所示。

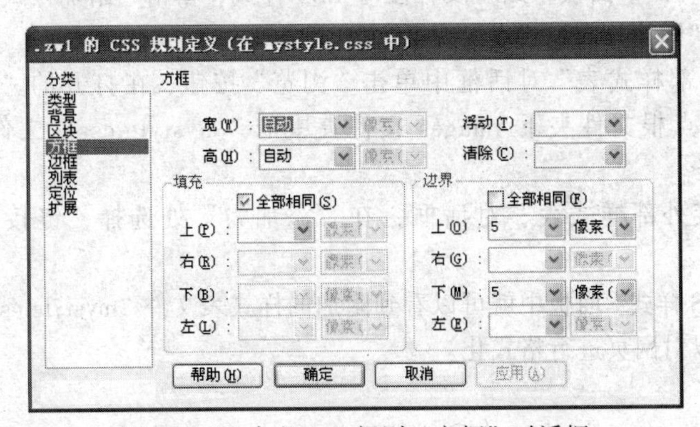

图 15-13　定义 CSS 规则“方框”对话框

6. 应用、修改 CSS 规则

如图 15-14 所示，前面创建的 CSS 规则“.bt1”、“.zw1”已出现在“CSS 样式”面板中。

① 应用 CSS 规则：

将插入点放在“上海迪士尼乐园”所在行，在“属性”面板的目标规则列表中选择“.bt1”。

- 选中要应用规则“.zw1”的段落，在“属性”面板的目标规则列表中选择“.zw1”。

② 修改 CSS 规则：如果对效果不满意，可以用下列方法修改，修改后的效果会直接更新网页中使用 CSS 规则的部分。

- 直接在“属性”面板或“CSS 样式”面板的“属性”窗格中修改相应属性。
- 在“CSS 样式”面板的“所有规则”窗格中，双击规则（如.bt1）打开“CSS 规则定义”对话框进行修改。

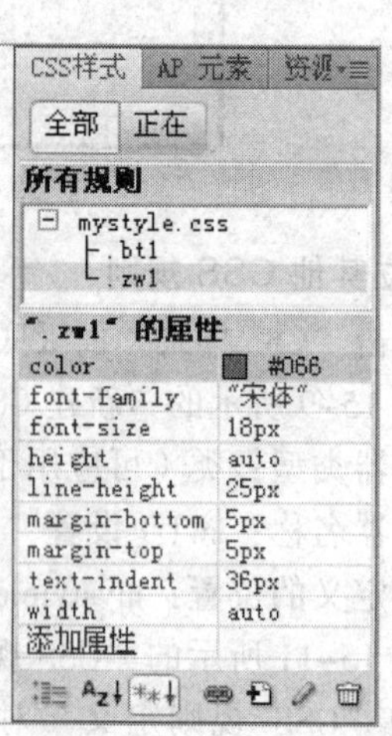

图 15-14 应用 CSS 规则

③ 网页格式化完成后执行“文件”→“全部保存”命令或单击“标准”工具栏上的“全部保存”按钮，将网页和样式表文件保存好。

7. 将样式表应用到其他网页

① 打开或新建需要使用样式表文件的网页。

② 打开“CSS 样式”面板，此时没有任何 CSS 样式，单击“附加样式表”按钮，弹出如图 15-15 所示的“链接外部样式表”对话框。

③ 在“链接外部样式表”对话框中单击“浏览”按钮，在打开的“选择样式表文件”对话框中，选择站点根文件夹下 images 文件夹中的“mystyle.css”文件，单击“确定”按钮。

④ 回到“链接外部样式表”对话框，在“添加为”处选择“链接”，单击“确定”按钮。

⑤ 此时在“CSS 样式”面板中就可以看到附加的样式表文件“mystyle.css”及其下面的 CSS 规则了，使用它可以对网页进行格式化。

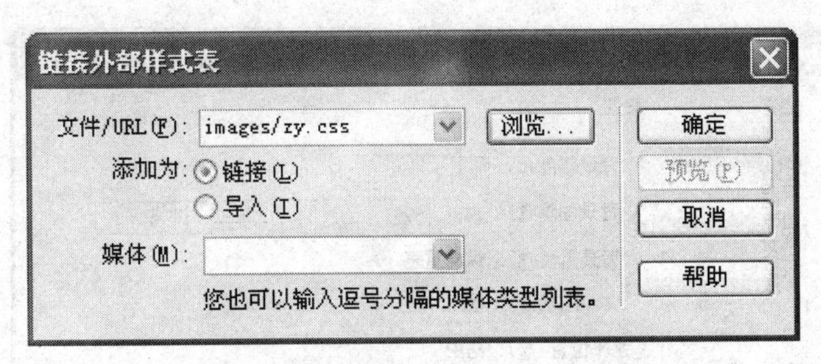

图 15-15　“链接外部样式表”对话框

15.3　CSS 样式表应用举例

CSS 规则非常强大，不需要编写任何代码就可以制作出实用的、具有特殊效果的网页，下面讲解几个制作实例。

15.3.1　固定网页背景

在“网页属性”对话框中可以设置网页的背景图像，但是背景图像和网页上的内容是一起上下移动的，下面使用 CSS 样式制作固定背景的效果。

1. 制作要点

在 CSS 规则“背景”对话框中设置：附加“固定”、纵向重复、水平居中对齐、垂直顶端对齐。

2. 制作方法

① 打开或新建网页。

② 打开“CSS 样式”面板，单击“CSS 样式”面板底部的“新建 CSS 规则”按钮，打开“新建 CSS 规则”对话框。

在如图 15-9 所示的“新建 CSS 规则”对话框中进行如下设置：

- 选择器类型：标签（重新定义 HTML 元素）。
- 选择器名称：在列表框中选择“body”。
- 规则定义的位置：新建样式表文件。
- 设置完成后，单击“确定”按钮，弹出 “将样式表另存为”对话框。

③ 在“将样式表另存为”对话框中进行如下设置：

- 将样式表文件保存在网站根文件夹下的 image 文件夹中。
- 样式表文件名为“example1.css”。
- 单击“保存”按钮，弹出 “CSS 规则定义”对话框。

④ 在“CSS 规则定义”对话框中，重新定义“body”的规则：

- 选中“CSS 规则定义”对话框中“分类”列表框中的“背景”选项，进行设置：背景图像选择事先存放在网站根文件夹下的 image 文件夹中的背景图像文件“gdbj.jpg。”
- 其他设置如图 15-16 所示。

⑤ 制作完成后会立即更新网页，全部保存后，按【F12】键预览网页效果。

注意： 网页内容必须超过一屏，否则看不出效果，也可以调小浏览器窗口预览效果。

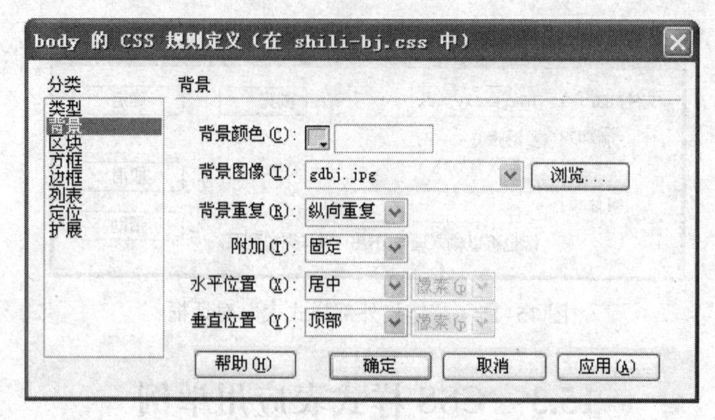

图 15-16　定义 CSS 规则“背景”对话框

15.3.2　制作单像素表格线

使用表格属性的边框添加表格线时，即使使用 1 像素的边框，表格线也显得很粗（实际为两条线并在一块为 2 像素），下面介绍制作真正 1 像素的表格线。

1. 制作要点

设置表格属性：间距 1 像素（边框的粗细）、填充任意，设置单元格背景为“白色”（可以自定，但不能透明），使用 CSS 样式设置表格背景为“蓝色”（边框的颜色，在 CS4 之前可以直接在表格属性中设置表格背景色）。

2. 制作方法

① 打开或新建网页，编辑好表格的内容：

- 在表格内任意单元格上右击，在弹出的快捷菜单中选择“表格”→“选择表格”命令，如图 15-17 所示。在“属性”面板设置表格属性：填充 3、间距 1、边框 0。

名称	地点	建成时间
洛杉矶迪士尼乐园	美国洛杉矶	1955
华特迪士尼世界	美国奥兰多	1971
欧洲迪士尼乐园	法国巴黎	1983
东京迪士尼度假区	日本东京	1992
香港迪士尼度假区	中国香港	2005

表格(B)　选择表格(S)
段落格式(P)　合并单元格

图 15-17　选择表格

- 选中所有单元格，在“属性”面板设置单元格背景色为“白色”。

② 建立 CSS 样式，有重新定义 table 标签和创建一个新样式“.bgx”两种方法。

- 重新定义 table 标签。单击“CSS 样式”面板底部的“新建 CSS 规则”按钮，打开“新建 CSS 规则”对话框，在该对话框中进行设置。

➢ 选择器类型：标签（重新定义 HTML 元素）；选择器名称：在列表框中选择“table”；规则定义的位置：新建样式表文件。

➢ 单击“确定”按钮，弹出“将样式表另存为”对话框。将样式表文件保存在网站根文件夹下的 image 文件夹中；样式表文件名为“example2.css”；单击“保存”按钮，弹出“CSS 规则定义”对话框。

➢ 选中“CSS 规则定义”对话框中“分类”列表框中的“背景”选项，进行设置：背景色为“红色”（也可以自选颜色，作为表格线的颜色）。

- 创建一个新样式“.bgx”。单击“CSS 样式”面板底部的“新建 CSS 规则”按钮，打开“新建 CSS 规则”对话框，在该对话框中进行设置。

➢ 选择器类型：类（可应用于任何 HTML 元素）；选择器名称中输入 bgx；其他与“重新定义 table 标签”相同。

③ 应用样式格式化表格：

- 重新定义 table 标签后，网页中的所有表格会自动以新规则更新表格，表格线已更新为 1 像素红线。
- 使用样式“.bgx”，如果已重新定义 table 标签，将无法直接测试样式“.bgx”，可以使用下面的方法：

➢ 在“CSS 样式”面板中选择样式“.bgx”，在其下面的属性窗格修改“background-color”为“蓝色”。

➢ 选中整个表格（可以单击文档窗口状态栏上的 table 标签），在“属性”面板的“类”列表中选择“bgx”。

④ 全部保存后，按【F12】键预览网页效果，如图 15-18 所示，左边表格的属性设置为：填充 3、间距 0、边框 1，未使用 CSS 样式；右边的属性设置为：填充 3、间距 1、边框 0，并应用样式“.bgx”。

注意：重新定义 table 标签的方法比较简单，但是它会自动应用到网页中的所有表格，将表格背景设为“红色”；而使用样式“.bgx”比较灵活，只在需要时应用。

名称	地点	建成时间
洛杉矶迪士尼乐园	美国洛杉矶	1955
华特迪士尼世界	美国奥兰多	1971
欧洲迪士尼乐园	法国巴黎	1983
东京迪士尼度假区	日本东京	1992
香港迪士尼度假区	中国香港	2005
上海迪士尼乐园	中国上海	在建

名称	地点	建成时间
洛杉矶迪士尼乐园	美国洛杉矶	1955
华特迪士尼世界	美国奥兰多	1971
欧洲迪士尼乐园	法国巴黎	1983
东京迪士尼度假区	日本东京	1992
香港迪士尼度假区	中国香港	2005
上海迪士尼乐园	中国上海	在建

图 15-18 表格线效果对比

15.3.3 使用两套超链接样式

一般在同一网页中超链接的外观都是一样的，但当超链接文本的背景颜色不同时，会使超链接的效果变差，那么，能不能在同一网页中使用不同的超链接外观呢？使用 CSS 样式可以轻松地解决此问题。

在制作前，再熟悉一下超链接的 4 种状态，不同的超链接状态可以使用不同的字体、字号、颜色。超链接的 4 种状态是：

- a:link：正常的超链接的状态（默认为蓝色）。
- a:visited：访问过的超链接的状态（默认为紫色）。
- a:hover：鼠标移上超链接的状态（也叫交换图像状态）。
- a:active：选中超链接的状态（也叫活动状态，一般不会出现）。

超链接 4 种状态在 CSS 样式表中顺序不同时，在浏览网页时会有不同的超链接外观，一般采用上面的顺序即可。

注意：在第 14 章设置“页面属性”中介绍过设置超链接的方法，不过“页面属性”只能改变颜色，不能改变字体和字号，而且一个网页只能使用相同的超链接设置。

1. 制作要点

制作两套超链接样式：

- 第一套在“白色”背景上使用。a:link、a:visited 为蓝色，a:hover、a:active 为“红色”，4 种状态均为：宋体、12 像素，鼠标移上时显示下画线。
- 第二套在“浅蓝色”背景上使用。a.b:link、a.b:visited 为白色，a.b: hover、a.b:active 为“黄色”，4 种状态均为：宋体、12 像素，鼠标移上时显示下画线。

2. 制作方法

（1）打开或新建网页

- 插入一个 1 行 2 列宽度 400 像素的表格，设置右边单元格背景色为“#0066FF”；
- 左边单元格中插入一个 2 行 1 列、宽度 200 像素的表格，在两行中分别输入：百度搜索引擎、google 搜索引擎。
- 右边单元格中插入一个 2 行 1 列宽度、200 像素的表格，在两行中分别输入：清华大学网站、北京大学网站。

（2）建立第一套样式表

- 打开“CSS 样式”面板，单击“CSS 样式”面板底部的“新建 CSS 规则”按钮，打开“新建 CSS 规则”对话框。
  - ➢ 选择器类型：复核内容（基于选择的内容）。
  - ➢ 选择器名称：在列表中选择 a:link。
  - ➢ 规则定义的位置：新建样式表文件。
  - ➢ 设置完成后，单击“确定”按钮，弹出“将样式表另存为”对话框。
- 在“将样式表另存为”对话框中进行如下设置：
  - ➢ 将样式表文件保存在网站根文件夹下的 image 文件夹中。
  - ➢ 将样式表文件命名为“example3.css”。
  - ➢ 单击“保存”按钮，弹出“CSS 规则定义”对话框。
- 选中“CSS 规则定义”对话框中“分类”列表框中的“类型”选项，进行设置：宋体、12 像素、蓝色，如图 15-19 所示。

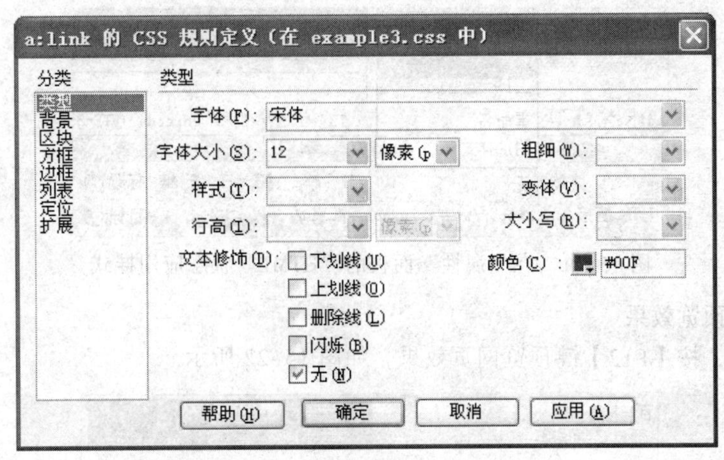

图 15-19　设置 a:link 样式

- 单击“CSS 样式”面板底部的“新建 CSS 规则”按钮，按照“制作要点”中第一套样式的要求制作 a:visited、a:hover 和 a:active 三种状态，其中 a:hover 状态在文本修饰处选择“下画线”，另外两个状态选择“无”。

（3）建立第二套样式表

- 打开“CSS 样式”面板，单击“CSS 样式”面板底部的“新建 CSS 规则”按钮，打开“新建 CSS 规则”对话框。
  - ➢ 选择器类型：复核内容（基于选择的内容）。
  - ➢ 选择器名称：在列表中选择 a:link 后，改为 a.b:link。其他 3 种状态分别改为 a.b:visited、a.b: hover、a.b:active。
- 制作方式同第一套，有关参数按照“制作要点”中第二套样式的要求设置。

（4）应用样式格式化超链接

- 将“属性”面板切换到“HTML”状态，为文本添加超链接，如图 15-20 所示。
  - ➢ 可以看到第一套超链接样式已经自动被应用到超链接对象文本上。
  - ➢ 但右边表格中的超链接效果不好，看不清楚。

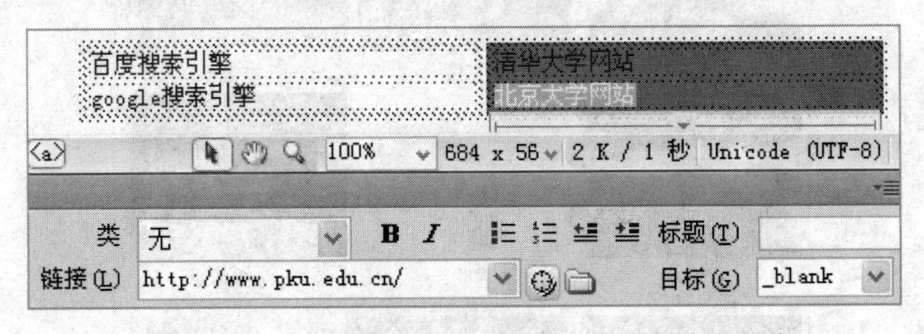

图 15-20　在“属性”面板的“HTML”状态添加超链接

- 为右边的超链接更换第二套超链接样式：
  - ➢ 分别选中文本“清华大学网站”、“北京大学网站”，在“属性”面板的“HTML”状态下，在“类”列表框中选择“b”，应用第二套样式，如图 15-21 所示。

图 15-21　在“属性”面板的“HTML”状态应用样式

（5）保存并预览效果

全部保存后，按【F12】键预览网页效果，如图 15-22 所示。

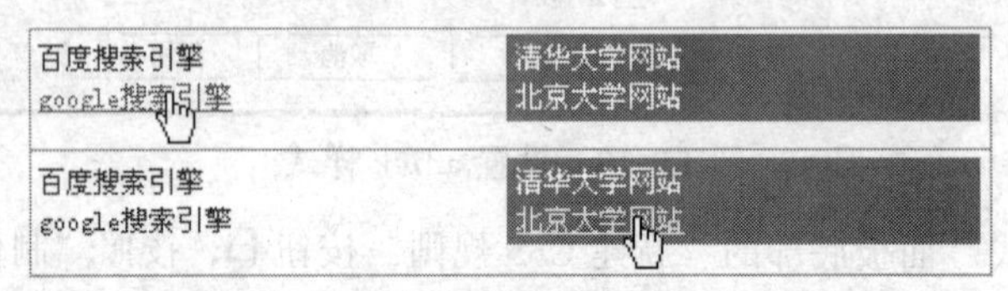

图 15-22　两套样式在浏览器中的效果

15.3.4　使用滤镜制作特效

滤镜大多数是应用到图像，也有几个能用在文本上，还有些滤镜只有在表格的单元格上才能起作用。如图 15-23 所示是一些常用滤镜的效果。

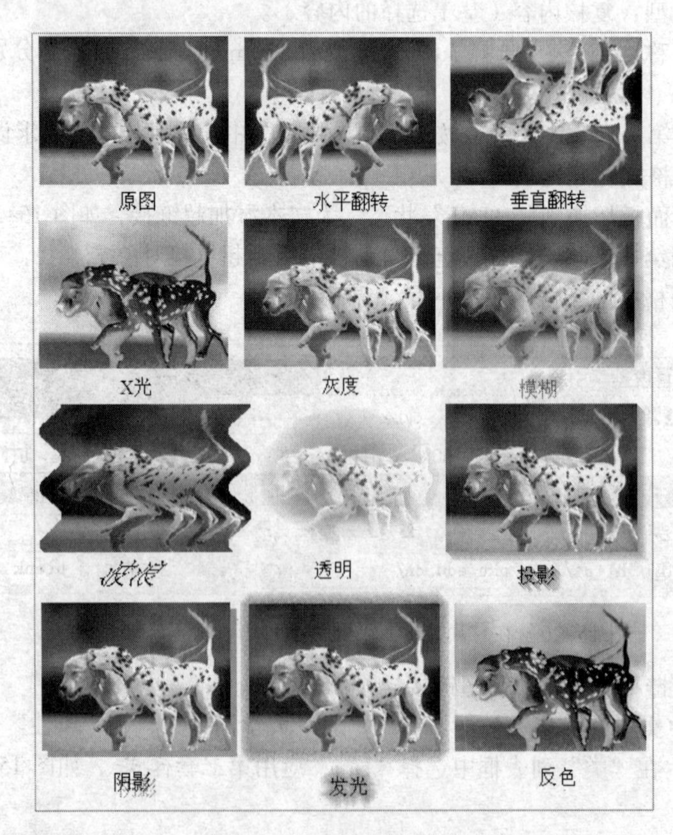

图 15-23　常用滤镜效果

1. 制作方法

① 使用滤镜效果时也要先定义 CSS 规则，CSS 规则的定义方法前面已经重复了很多次了，这里简单讲一下制作要点。

② 下面以建立“发光”滤镜规则为例说明建立滤镜的方法：

- 打开“CSS 样式”面板，单击“CSS 样式”面板底部的“新建 CSS 规则”按钮，打开“新建 CSS 规则”对话框。
  - 选择器类型：类（可应用于任何 HTML 元素）；选择器名称中输入 fg；规则定义的位置：example4.css。
- 选中“CSS 规则定义”对话框中“分类”列表框中的“扩展”选项，进行设置：
  - “分页”用于打印，“光标”是鼠标指针形状，都不需要设置。
  - 在“滤镜”列表中选择的滤镜没有具体参数，需要在文本框中修改，如图 15-24 所示。当参数较多时设置起来不是太方便，可以在别处编辑好后，粘贴过来。
  - 图 15-23 中“发光”滤镜的参数为：Glow(Color="#6699CC",Strength="10")。

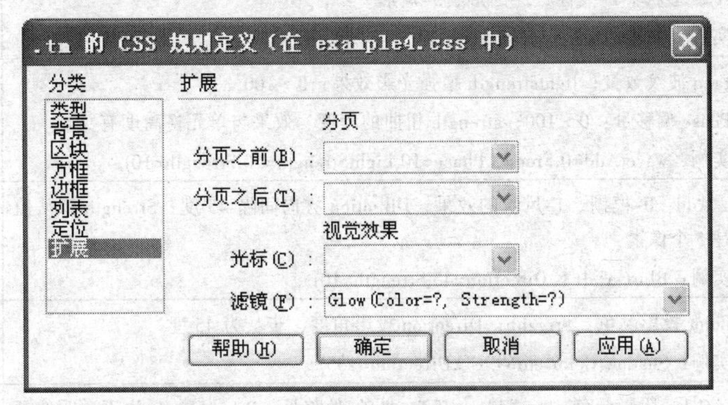

图 15-24　在 CSS 规则定义对话框中设置滤镜

③ 应用样式格式化图像或文本：

- 将“图像”或“文本”放在表格中，选中“图像”或“文本”；
- 在文档窗口的状态栏上单击其所在单元格的标签“<td>”选中单元格，如图 15-25 所示；

图 15-25　选择图像所在单元格

- 在“属性”面板的目标规则列表中选择规则“fg”。

④ 全部保存后，按【F12】键查看效果。

2．常用滤镜的参数和用法

CSS 常用的滤镜都可以用在图像上，也有少量的滤镜可以用在文本上，如：投影、阴影、发光、波浪。还有些滤镜不能直接添加在“图像”或“文本”，而需要添加到表格的单元格上，表 15-1 给出了 11 个滤镜的参数和用法，表中实例的效果如图 15-23 所示。

表 15-1　常用滤镜参数

滤镜名	参数	应用对象
FlipH 垂直翻转	无参数	图像
FlipV 水平翻转	无参数	图像
Xray X 光片	无参数	图像
Gray 灰度	无参数	图像
Invert	无参数	单元格（图像）
Alpha 透明	Opacity 透明度：0～100；finishopacity 渐变的透明效果：0～100，可选；style 形状：1-线性、2-圆形、3-矩形 实例：Alpha(Opacity=100,Style=2)	图像
Wave 波浪	Freq 波纹数量；lightstrength 增强光影效果：0～100 Phase 偏移量：0～100；strength 扭曲的程度。效果与单元格高度有关 实例：wave(Add=0,Freq=3,Phase=10,LightStrength=50,Strength=10)	单元格（图像、文本）、图像
Blur 模糊	Add：0-模糊、1-风吹的效果；Direction 方向间隔 45 度；Strength 默认值是 5 个像素 实例：Blur(Add=1, Direction=45,Strength=10)	单元格（图像、文本）
Shadow 投影	Color 投影颜色：#rrggbb；Direction 投影角度，步长为 45 度 实例：Shadow(Color=#6699CC,Direction=135)	单元格（图像、文本）
DropShadow 阴影	Color 阴影颜色：#rrggbb；offx”、“offy 偏移量；Positive：1-为不透明像素加阴影、0-阴影颜色加在透明是像素 实例：DropShadow(Color=#6699CC,OffX=5,OffY=5,Positive=1)	单元格（图像、文本）
Glow 发光	Color 发光颜色：#rrggbb；strength 发光强度（范围） 实例：Glow(Color=#6699CC,Strength=10)	单元格（图像、文本）

注意：应用对象中的“单元格（图像、文本）”表示 CSS 样式加在单元格上，单元格内的“图像”和“文本”产生滤镜效果。

练　习　题

一、填空题

1. 创建 CSS 样式时，选择器的类型有________、________、________和________。

2. 采用 CSS 技术，可以有效地对页面的________、________、________、________和其他效果实现更加精确的控制。

3. 在页面中插入样式表的方法有 4 种：________、________、________、________。

4. 应用样式时，在“属性”面板“CSS”状态中的________下拉列表框中选择要使用的样式名。

二、选择题

1. 关于 CSS，以下叙述错误的是（　　）。

A. CSS 的中文意思是层叠样式表，简称样式表

B. CSS 可以精确地控制网页里的每一个元素

C. 一个 HTML 网页文件只能应用一个 CSS 文件

D. CSS 文件可以单独保存而不必和 HTML 文件合并在一起

2. 将一个已经存在的样式表文件引入到某个未定义 CSS 样式的网页文件中时，需要做的操作是（　　）。

A. 新建样式　　B. 应用样式

C. 新建样式表文件　　D. 附加样式表文件

3. CSS 规则中，定义网页字体样式的“分类”是（　　）。

A. 区块　　B. 类型　　C. 扩展　　D. 列表

4. CSS 规则中，背景图不随网页内容滚动是由（　　）项目来设定的。

A. 背景图像　　B. 背景颜色　　C. 附加　　D. 背景重复

三、思考题

1. 什么是 CSS？CSS 的作用是什么？

2. 仅用于当前文档的 CSS 样式和外部链接 CSS 样式有何区别？

3. 如何在一个网页中使用不同的超链接外观？

4. 如何编辑修改 CSS 样式？

5. “CSS 样式”面板中有哪两种模式？

四、上机操作题

1. 新建一个网页，内容自定，创建外部 CSS 样式表文件格式化网页，样式包括：

（1）大标题采用“隶书”字体、大小 40 像素、红色、粗体、水平居中；

（2）正文采用“宋体”、12px、首行缩进 2 字符（24 px）；

（3）设置背景图像，并且背景图像不随网页内容滚动。

2. 新建一个网页，在网页中制作一个课表，参照 15.3.2 节介绍的方法，使用 CSS 内部样式表，将表格线格式化成 1 像素的红线。

3. 新建一个网页，参照“15.3.4 节介绍的方法，创建外部 CSS 样式表文件，制作图像的透明、投影、发光、模糊效果。

第16章 网 页 布 局

为了将网页制作得整齐、美观，在向网页中插入元素前需要进行网页的布局。网页布局是网页制作最重要的操作之一，通常使用表格、框架和 AP Div 进行布局。当然，更专业的网站会采用 CSS+DIV 进行布局，它的技术难度较大，本书将不作介绍。

16.1 表 格 布 局

表格是网页布局中极其重要的工具，在设计网页时可以使用表格定位网页元素。在 Dreamweaver CS4 中可以方便地创建表格、编辑表格以及设置表格属性等。

16.1.1 插入表格

1. 插入表格

插入表格的具体方法如下：

① 在 Dreamweaver CS4 的“设计”视图中选好插入点。

② 执行“插入”→“表格”命令或单击“插入”面板“常用”类别中的表格按钮，将弹出“表格”对话框，如图 16-1 所示。

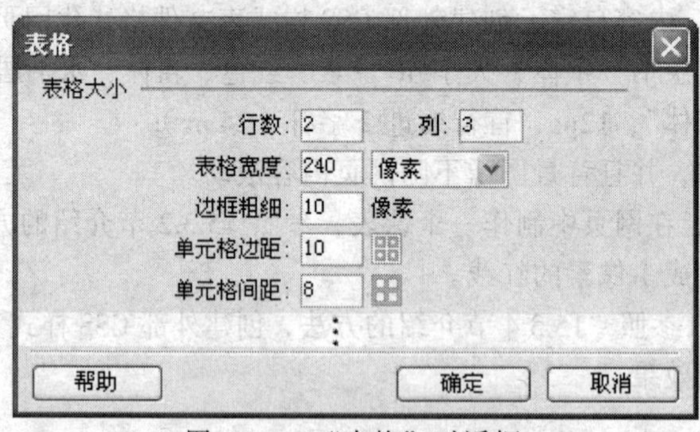

图 16-1 “表格”对话框

③ 在“表格”对话框中，设置表格的各个参数，如图 16-1 所示。

- 表格宽度：可以是以“像素”为单位的“绝对宽度”或者以“百分比”为单位的“相对宽度”（相对浏览器窗口的宽度）。
- 边框粗细：指定的是表格外边框的宽度，以像素为单位；如果为“0”，在设计视图中表格线以“虚线”显示，在浏览器中不显示。
- 单元格边距和单元格间距：默认为“空”，此时单元格边距为 1 像素，单元格间距设置为 2 像素。
- 表格参数的含义及在设计视图的表格外观如图 16-2 所示。

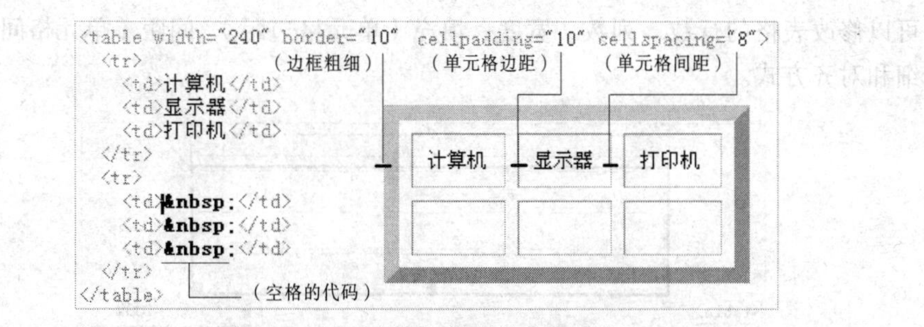

图 16-2　“表格”代码及参数含义

提示：如果在设计视图不显示边框粗细为“0”的“虚线”，可执行“查看”→“可视化助理”→“表格边框”命令。

2．表格标记

表格中包括“行”和“列”，在代码视图中使用不同的标记，了解这些标记对以后制作网页非常有用。

- 表格标记：<table>；行标记：<tr>；单元格标记：<td>。
- 前面创建的表格代码如图 16-2 所示。

16.1.2　设置表格和单元格的属性

要设置表格和单元格的属性，首先要会选择表格和单元格，下面介绍常用选择和设置表格、单元格的方法。

1．设置表格属性

（1）选择表格

可以使用下面的方法之一选择表格，如图 16-3 所示。

- 将鼠标移到表格左上角，当鼠标指针右下方出现⊞时单击；将鼠标移到表格线上，当鼠标指针变为+||+或÷时单击鼠标。
- 将插入点放在表格的任意单元格中，然后在“文档”窗口左下角的标签选择器中单击“<table>”标签。
- 将插入点放在表格中，单击表格标题菜单，选择“选择表格”命令。
- 将插入点放在表格中，执行“修改”→“表格”→“选择表格”命令。

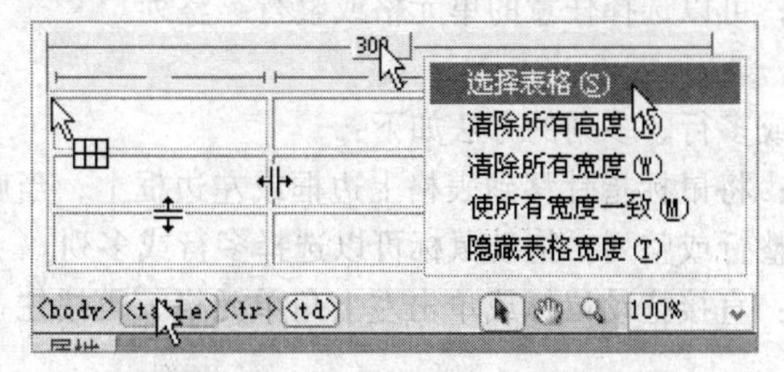

图 16-3　选择“表格”的操作

（2）设置表格属性

选中整个表格后，表格的下边缘和右边缘出现选择柄，此时可以在“属性”面板设置表格属性，如图 16-4 所示。

• 可以修改表格的行数、列数、宽度、填充（单元格边距）、间距（单元格间距）、边框粗细和对齐方式。

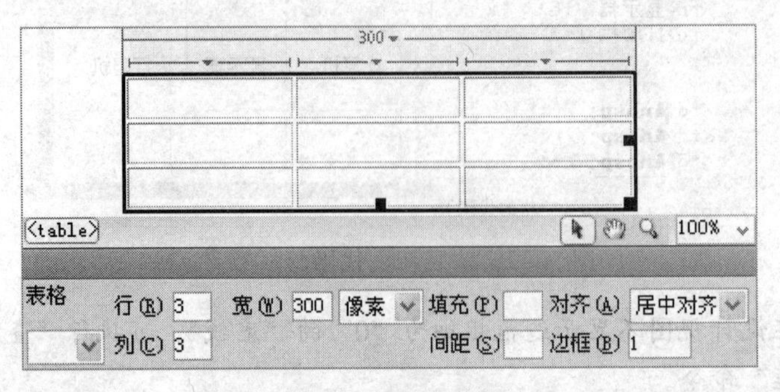

图 16-4　设置表格属性

• 在 Dreamweaver CS4 之前的版本还可以在“属性”面板修改表格的背景色、背景图片和边框颜色，而在 CS4 中可以通过 CSS 样式来设置，参见第 15 章。
• 如果对代码视图有一定的了解后，也可以直接在代码视图或拆分视图中直接添加代码，下面以设置表格的背景色为例介绍操作方法，如图 16-5 所示。
• 单击“文档”工具栏中的切换按钮，切换到代码视图或拆分视图。
• 将插入点放在“table”之后，按“【Space】键”会弹出“标签”列表。
• 双击“标签”列表中的“bgcolor”会弹出“颜色面板”，选取所需颜色。

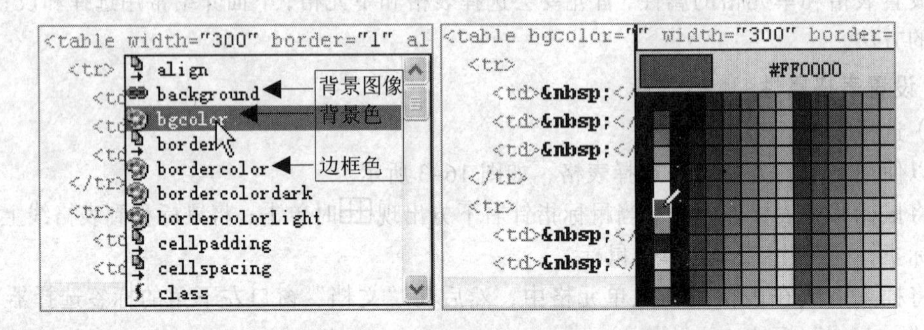

图 16-5　在代码视图添加表格属性

2. 设置单元格属性

设置单元格属性前，可以选择任意的单元格或整行、整列。

（1）选择单元格

选择任意的单元格或多行、多列的方法如下：

• 选择多行、多列：将鼠标指针移到表格上边框或左边框上，当属性指针变为↓或➡时，单击就可以选择整行或整列，拖动鼠标可以选择多行或多列。
• 选择连续单元格：直接拖动鼠标或单击左上角单元格、再按住【Shift】键单击右下角单元格。
• 选择不连续单元格：按住【Ctrl】键单击，按住【Ctrl】键还可以选择不连续的多行或多列。
• 选择单个单元格：按住【Ctrl】键单击要选择的单元格。

（2）设置单元格属性

选择好单元格后就可以在“属性”面板设置单元格属性，“属性”面板有“HTML”和“CSS”两种状态，但单元格属性是在“属性”面板下半部分，在两种状态下是相同的，如图 16-6 所示。

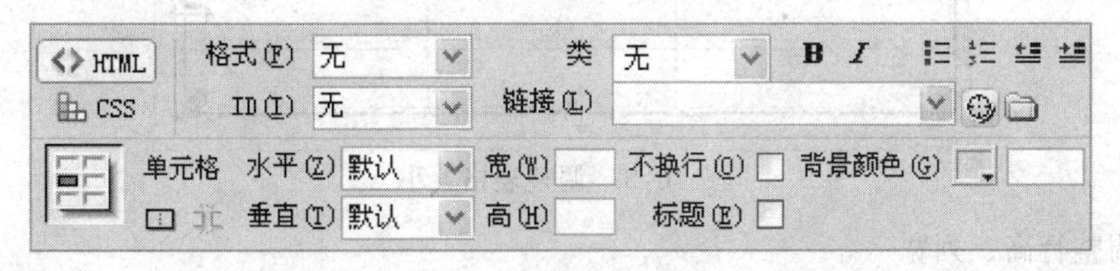

图 16-6　设置单元格属性

- 合并单元格按钮：可将所选的多个连续单元格合并为一个单元格。
- 拆分单元格按钮：可将一个单元格分成两个或者更多的单元格，单击此按钮将弹出如图 16-7 所示的“拆分单元格”对话框，在该对话框中可设置拆分行或列以及拆分的数量。

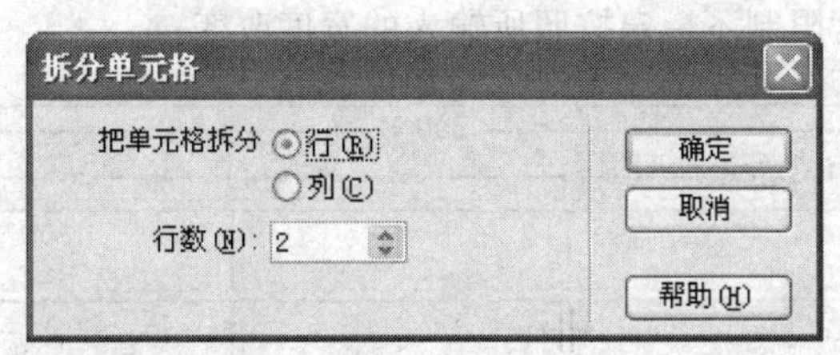

图 16-7　拆分单元格对话框

- 水平：设置单元格内对象的水平对齐方式，包括默认、左对齐、右对齐和居中对齐等对齐方式，单元格默认为“左对齐”。
- 垂直：设置单元格内对象的垂直对齐方式，包括：默认、顶端、居中、底部和基线等对齐方式，默认为“居中对齐”。
- 宽和高：设置单元格的宽度和高度，可以使用百分比或像素，如 33%或 100（像素二字可以不输入，直接输入数字）。
- 不换行：设置单元格文本是否换行。如果选中该复选框，则当输入的数据超出单元格宽度时，单元格会调整宽度来容纳数据；如果没有设置单元格宽度，即使选中该复选框，也会增加列宽。
- 背景颜色：设置所选单元格的背景颜色。
- 背景图像：利用 Dreamweaver CS4 不能直接设置，可以通过 CSS 样式来设置；也可以使用代码视图添加。

在将插入点放在“td”后，按【Space】键，在弹出的“标签”列表中双击“background”，再单击“浏览”按钮 浏览... ，找到用于背景的图像文件即可，参照图 16-5。

16.1.3　编辑表格

1. 调整表格大小及行高、列宽

（1）调整表格大小

选中表格，该表格周围会出现选择柄，拖动选择柄即可以改变表格的大小，如图 16-8 所示。

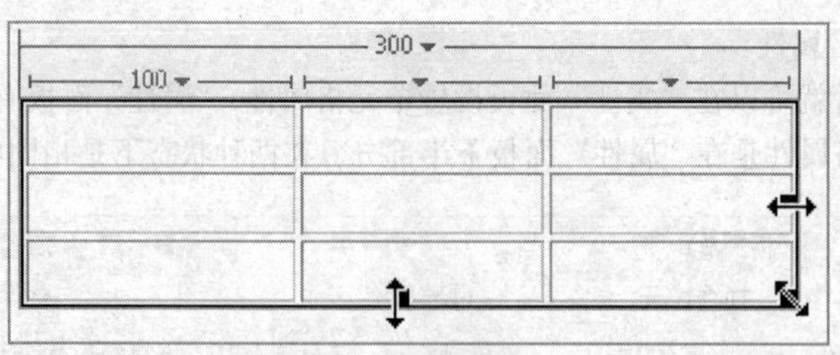

图 16-8　调整表格大小

（2）调整行高、列宽

将插入点放在表格任意位置，鼠标移到表格线上，当鼠标指针变为÷或+||+即可以调整表格的行高或列宽，如图 16-9 所示。

- 默认情况下，改变列宽时表格的宽度不变，这样就会改变相邻列的宽度，要保持其他列的宽度不变，拖动时按住【Shift】键。
- 也可以直接在“属性”面板输入高度，改变光标所在单元格的行高；但列宽受表格宽度和其他单元格宽度限制不一定按照所输入的宽度改变。

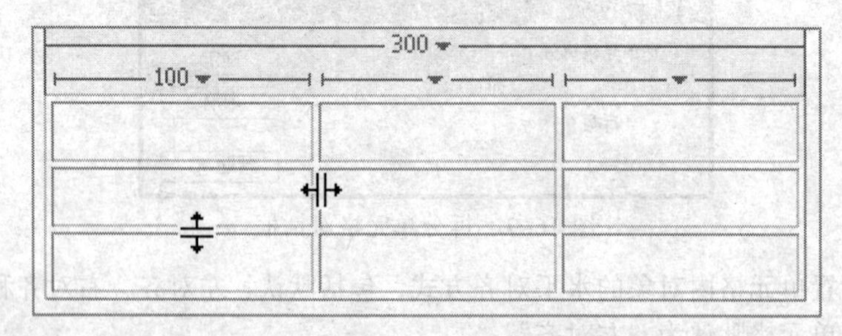

图 16-9　调整行高、列宽

2．添加、删除行、列

（1）插入一行、一列

- 在某个单元格上右击，在弹出的快捷菜单中选择“表格”选项，然后在级联菜单中选择“插入行”或“插入列”命令，如图 16-10 所示。

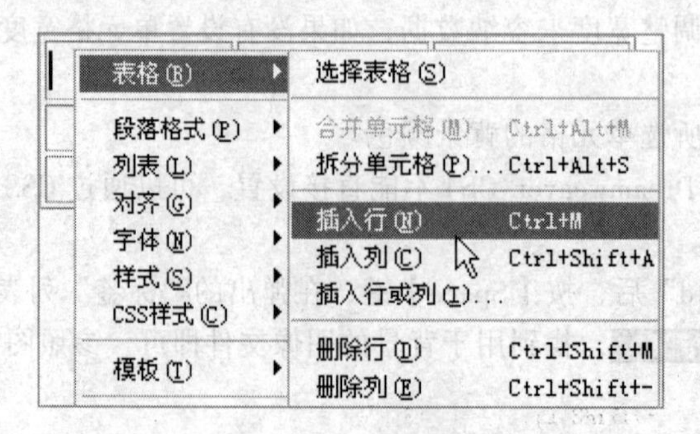

图 16-10　表格菜单

- 或将插入点放在某个单元格中，执行“修改”→“表格”命令，在弹出的级联菜单中选择“插入行”或“插入列”命令。
- 此时插入的行在当前行上方，插入的列在当前列的左侧。

（2）插入多行、多列

- 要想插入多行、多列，选择插入的位置，在上述级联菜单中选择“插入行或列”命令，弹出“插入行或列”对话框，如图 16-11 所示；

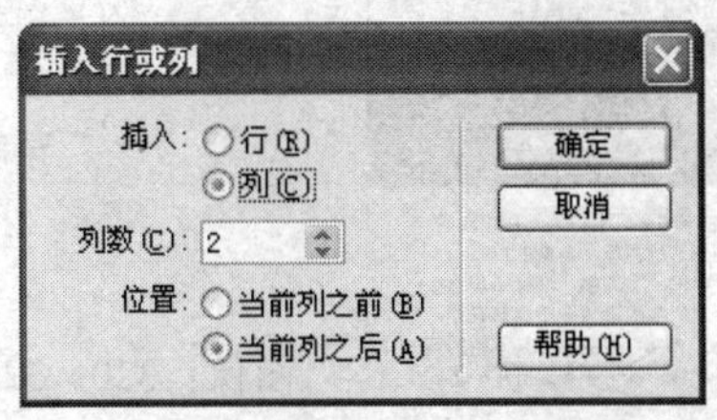

图 16-11　“插入行或列”对话框

- 在“插入行或列”对话框中可以设置：插入行或列，插入的行数或列数，插入的位置。

（3）删除行、列

选择好要删除的行或列（可以是多行、多列），在如图 16-10 所示表格菜单中选择“删除行”或“删除列”命令。

3．拆分、合并单元格

（1）拆分单元格

将插入点放在要拆分的单元格中：

- 单击“属性”面板中的“拆分单元格为行或列”按钮，弹出“拆分单元格”对话框。
- 在拆分单元格”对话框中选择要拆分为“行”还是“列”，以及拆分的“行数”或“列数”，如图 16-12 所示。

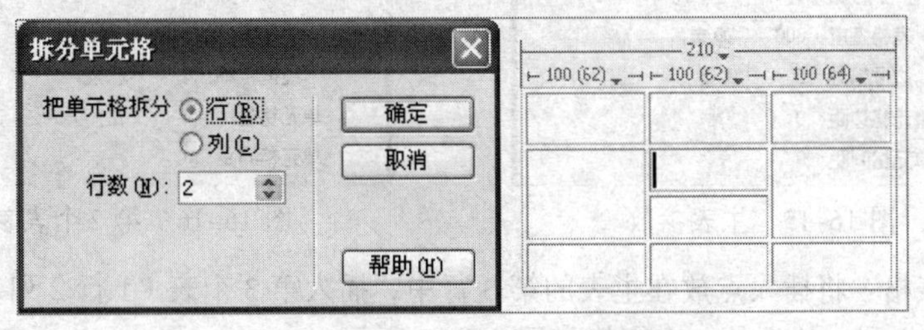

图 16-12　拆分单元格

（2）合并单元格

选中要合并的连续单元格，单击“属性”面板中的“合并单元格”按钮。

16.1.4　嵌套表格

嵌套表格是指嵌套在另一个表格的单元格中的表格。网页的布局有时会很复杂，如果使用一个表格既要控制总体布局，又要兼顾细节，容易引起行高、列宽等的冲突，给表格的制作带来困难。如果不使用嵌套表格，只能制作一些非常简单的网页。

1．制作嵌套表格

将插入点放在要嵌套表格的单元格中，执行“插入”→“表格”命令，在“表格”对话框中设置好表格参数。

2．应用举例

使用表格嵌套布局如图 16-13 所示的网页，各部分的数据如图 16-14 所示。

图 16-13 网页实例

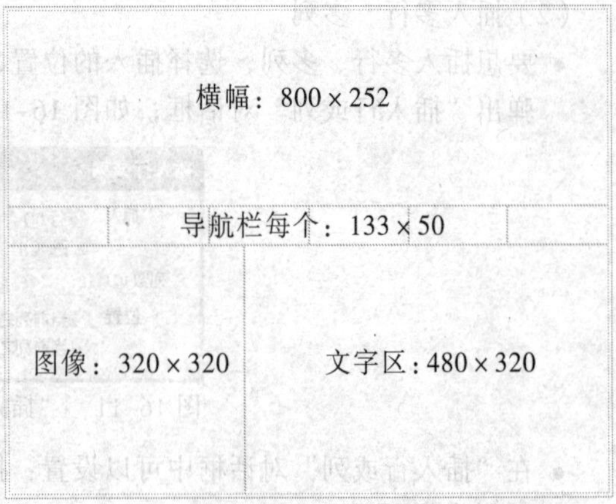

横幅：800×252

导航栏每个：133×50

图像：320×320　　文字区：480×320

图 16-14 布局表格

（1）插入表格

- 第 1 个表格（主表）：建立新网页并保存为“index.html”，执行“插入”→“表格”命令，表格参数如图 16-15 所示，在“属性”面板设置表格对齐方式为“居中对齐”。
- 第 2 个表格：将插入点放在主表的第 2 行中，插入第 2 个表格，表格参数如图 16-16 所示，表格宽度 100%表示与主表同宽。

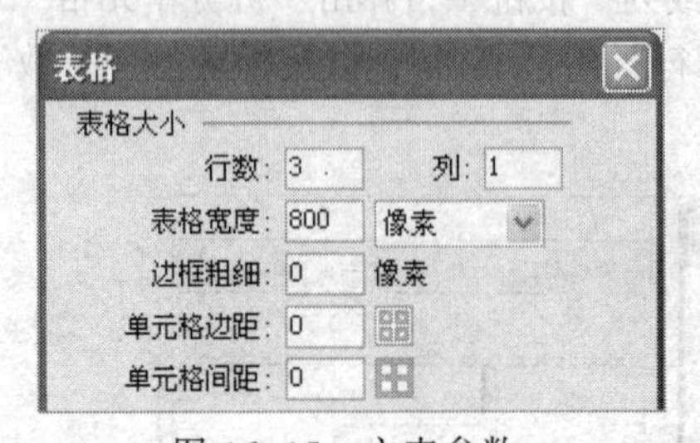

图 16-15 主表参数

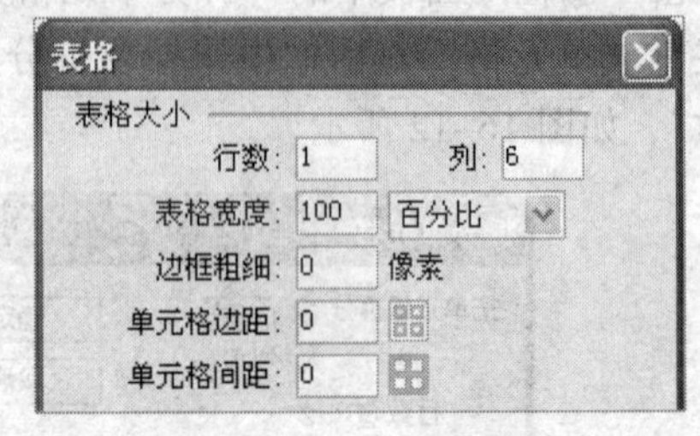

图 16-16 第 2 个表参数

- 第 3 个表格：将插入点放在主表的第 3 行中，插入第 3 个表（1 行 2 列），其他参数与第 2 个表格相同。插入的 3 个表格如图 16-17 所示。

图 16-17 表格嵌套效果

（2）调整表格的行高、列宽

在单元格中插入图像时，当单元格的宽度、高度不够时会自动增加行高、列宽。

① 主表的第 1 行不需要设置行高，插入“横幅”会被“横幅”撑开（自动增加单元格的高度以容纳图像）。

② 设置第 2 个表 6 个单元格的属性。选中 6 个单元格，在“属性”面板设置：

- 宽度 133、高度 50（只要输入大于 133 的数就会将 6 个单元格设置成相同大小，第 6 个为 135，因为不能有小数；如果不设置单元格的宽度，输入时会出现如图 16-18 所示的情况，全部输入完后会自动调整好）；

• 水平对齐方式为居中对齐，垂直对齐方式为默认。

③ 设置第 3 个表格的左边单元格的属性：此单元格要插入的图像为 320×320，单元格目前的宽度为 400，需要在“属性”面板设置单元格的宽度为 320、高度为 320（高度可以不设由图像撑开）。

图 16-18　不设置单元格宽度情况

（3）添加内容

布局完成后，就可以向各个单元格中添加内容了。

16.2　AP Div 布局

在 Dreamweaver 8 以及更低版本中，AP Div 元素用“层”来称呼，从 CS3 版本开始，AP Div 元素替代了使用已久的层概念。AP Div 元素是绝对定位元素，分配有绝对位置（坐标），利用 AP Div 元素可以实现精确定位，便于设计更复杂的网页布局，AP Div 元素可以作为容器，里面可以放置表格、图片及其他网页元素，并可将 AP Div 元素叠加使用，轻松控制 AP Div 元素的显示或隐藏。

16.2.1　创建 AP Div 元素

在网页中创建 AP Div 元素的方法有绘制 AP Div 元素和插入 AP Div 元素两种。绘制的 AP Div 元素带有坐标，其位置相对于浏览器的左上角固定；插入 AP Div 元素时可以将插入点放在表格的单元格中，这样插入的 AP Div 元素就可以随着表格浮动。

1. 绘制 AP Div 元素

① 选择“插入”面板上的“布局”选项卡，单击“绘制 AP Div”按钮，如图 16-19 所示，鼠标指针会变为十字形，在文档中拖动鼠标绘制 AP Div 元素。

② 绘制的 AP Div 元素位置相对文档窗口或浏览器窗口是固定的，带有坐标如图 16-20 所示，左 50 px、上 100 px。

图 16-19　“绘制 AP Div”

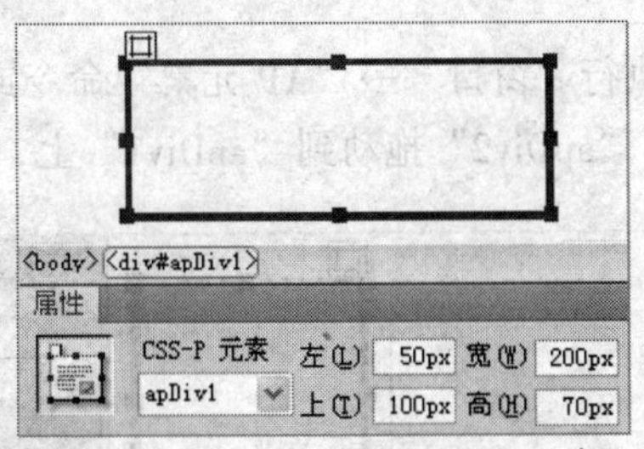

图 16-20　绘制的“AP Div 元素”

2. 插入 AP Div 元素

① 插入的 AP Div 元素是没有坐标的，其位置是由插入点的位置决定的，如果将其插入到表格的单元格中，AP Div 元素会随着表格浮动。

- 制作一个 1 行 2 列、宽度 440 像素、边框为 1 像素的表格。
- 在“属性”面板设置表格属性，对齐方式为居中对齐。
- 将插入点放在左边的单元格中，设置单元格属性：水平为左对齐、垂直为顶端对齐、宽度 240 像素、高度 130 像素。

② 将插入点放在左边单元格中，执行“插入”→“布局对象”→“AP Div”命令，就可以在插入一个 AP Div 元素，插入的 AP Div 元素没有坐标，其位置随着单元格移动，如图 16-21 所示。

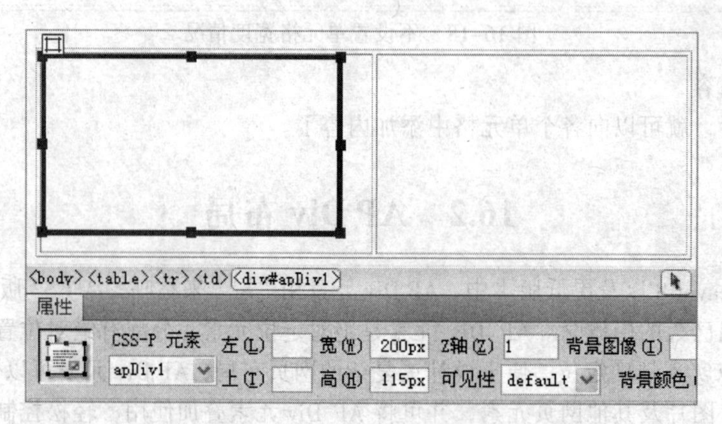

图 16-21　插入的“AP Div 元素”

注意：插入的 AP Div 元素默认大小为宽 200、高 115，可以执行“编辑”→“首选参数”命令，打开“首选参数”对话框，在“AP 元素”分类中修改。

3. 嵌套 AP Div 元素

嵌套 AP Div 元素就是在一个 AP Div 元素中创建另一个 AP Div 元素。嵌套通常用于将 AP Div 组合在一起。嵌套的子 AP Div 元素随其父 AP Div 元素一起移动，并且可以设置为继承其父级的可见性。制作嵌套 AP Div 元素有以下几种方法：

① 将插入点置于已经创建的 AP Div 元素中，执行“插入”→“布局对象”→“AP Div”命令。

② 拖动“插入”面板上的“布局”选项卡中的“绘制 AP Div”按钮到已存在的 AP Div 元素中。

③ 执行“窗口”→“AP 元素”命令或按【F2】键打开“AP 元素”面板，按住【Ctrl】键的同时将“apDiv2”拖动到“apDiv1”上，如图 16-22 所示。

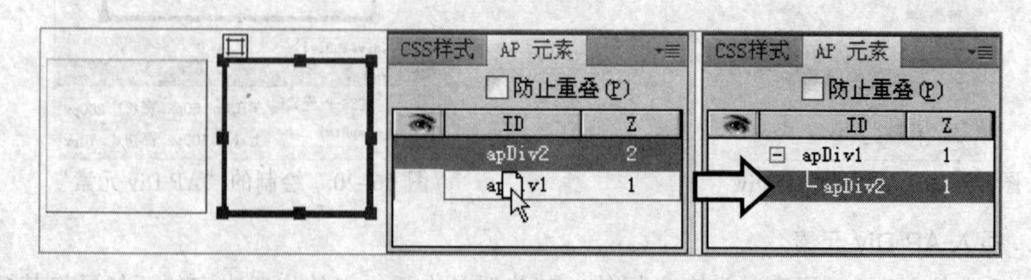

图 16-22　将“apDiv2”变为“apDiv1”的子元素

16.2.2　编辑 AP Div 元素

创建 AP Div 元素后，可以移动 AP Div 元素的位置，修改 AP Div 元素的大小，或对 AP Div 元素的叠放次序、显示、隐藏等属性进行设置。

1. 选择 AP Div 元素

只有选中 AP Div 元素后，才能对 AP Div 元素进行各种设置，选中 AP Div 元素的方法有下面几种。

（1）使用鼠标直接在文档中选择 AP Div 元素

- 在文档窗口中，单击 AP Div 元素内的任何位置，AP Div 元素的边框线会由灰色变为蓝色，同时在 AP Div 元素的左上角会出现选中柄标记，单击该标记，即可选中 AP Div 元素。
- 按住【Shift】键，单击其他 AP Div 元素可以选择多个 AP Div 元素。

（2）使用“AP 元素”面板选择 AP Div 元素

- 执行“窗口”→“AP 元素”命令或按【F2】键打开“AP 元素”面板，在“AP 元素”面板单击 AP Div 元素名称即可选中“AP 元素”，特别是隐藏的“AP 元素”。
- 按住【Shift】键可以选择多个 AP Div 元素。

2. 移动 AP Div 元素

移动 AP Div 元素是针对绘制的 AP Div 元素；插入的 AP Div 元素绝对不能移动，否则就会出现坐标。

① 选中 AP Div 元素后，可以使用鼠标或键盘移动 AP Div 元素的位置。

- 鼠标操作：使用鼠标左键拖动 AP Div 元素左上角的选中柄标记。
- 键盘操作：直接按键盘上的【↑】、【↓】、【←】、【→】方向键，每按一次移动 1 个像素，按住【Shift】键再按方向键一次移动 10 像素。

② 选中“AP 元素”面板上的“防止重叠”选项，可以防止 AP Div 元素的重叠，如图 16-23 所示。

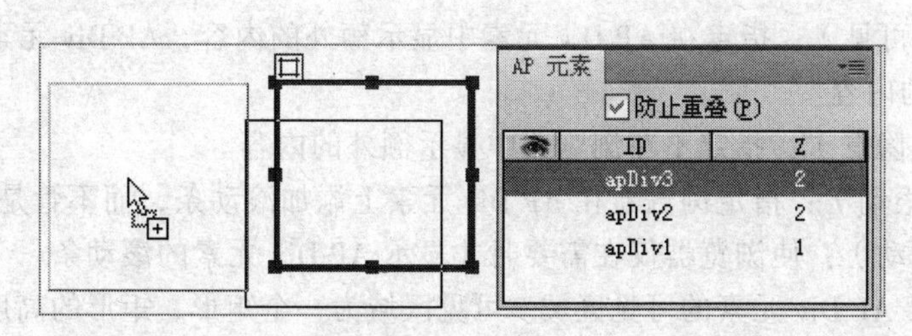

图 16-23　选中“AP 元素”面板上的“防止重叠”选项

3. 设置 AP Div 元素属性

选中 AP Div 元素后，可以在“属性”面板或“AP 元素”面板中，对 AP Div 元素的各种属性进行设置。

（1）使用“属性”面板

“属性”面板如图 16-24 所示。

- CSS-P 元素编号：用于给 AP Div 元素指定一个唯一的名称，以便在“AP Div 元素”面板中标识该 AP Div 元素。

- 位置（左、上）：指定 AP Div 元素的左上角相对于页面左上角的位置；如果是嵌套 AP Div 元素，则为相对于父 AP Div 元素左上角的位置。

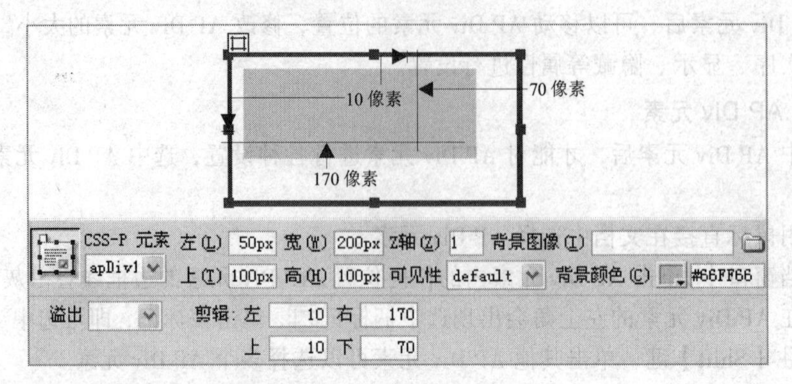

图 16-24 "AP Div 元素"属性

- 大小（宽、高）：指定 AP Div 元素的宽度和高度（单位为像素）。
- Z 轴：确定 AP Div 元素的堆叠顺序；值大的 AP Div 元素在上层。改变值的大小可以更改 AP Div 元素的堆叠顺序；在"AP Div 元素"面板拖动也可以堆叠顺序。
- 可见性：指定该 AP Div 元素是否"可见"。包括以下 4 个选项：
  ➢ default（默认）：不指定可见性属性，默认为"继承"，无嵌套时为"可见"。
  ➢ inherit（继承）：使用该 AP Div 元素父级的"可见性"。
  ➢ visible（可见）：显示这些 AP Div 元素的内容，而不管父级的显示状态是什么。
  ➢ hidden（隐藏）：隐藏这些 AP Div 元素的内容，而不管父级的显示状态是什么。
- 背景图像：指定 AP Div 元素的背景图像。
- 背景颜色：指定 AP Div 元素的背景颜色。默认背景颜色为透明色。
- 溢出：控制当 AP Div 元素中的内容超过 AP Div 元素的指定大小时如何在浏览器中显示 AP Div 元素。包括 4 个选项：
  ➢ visible（可见）：指定在 AP Div 元素中显示额外的内容，AP Div 元素会通过延伸来容纳额外的内容。
  ➢ hidden（隐藏）：指定不在浏览器中显示额外的内容。
  ➢ scroll（滚动）：指定浏览器在 AP Div 元素上添加滚动条，而不管是否需要。
  ➢ auto（自动）：使浏览器仅在需要时才显示 AP Div 元素的滚动条。
- 剪辑：定义 AP Div 元素的可见区域。可见区域为一个矩形，矩形的高度为"下-上"、宽度为"右-左"，如图 16-24 所示。

（2）使用"AP 元素"面板设置 AP Div 元素属性

"AP 元素"面板，可以用于快速设置 AP Div 元素的常用属性，包括可见性、AP Div 元素名称和 Z 轴等。

- 设置 AP Div 元素的可见性：单击"AP Div 元素"面板中的每个 AP Div 元素名称左侧区域，会出现眼睛图标，如图 16-25 所示。反复单击，会在空白、睁眼、闭眼 3 个图标间切换。
  ➢ 空白：表示 AP Div 元素的可见性为默认。

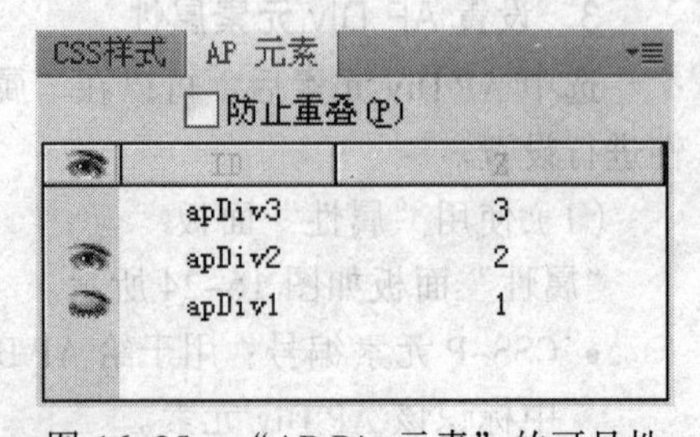

图 16-25 "AP Div 元素"的可见性

➢睁眼：表示 AP Div 元素的可见性为显示。

➢闭眼：表示 AP Div 元素的可见性为隐藏。

➢“隐藏”的 AP Div 元素，无法在文档窗口中选中，必须通过“属性”面板的“可见性”属性进行设置。

- 更改 AP Div 元素名称：双击“名称”列 AP Div 元素的名称，使其进入编辑状态，然后输入新名称，按【Enter】键完成改名。
- 更改 AP Div 元素的堆叠次序：在“AP Div 元素”面板中，使用鼠标左键拖动要改变堆叠次序的 AP Div 元素。
- “防止重叠”设置：“AP Div 元素”面板中有一个“防止重叠”复选框。将其选中后，将不能把某个 AP Div 元素移动到与其他 AP Div 元素重叠的位置。

16.2.3　AP Div 元素与表格

1．将 AP Div 元素转化为表格

利用 AP Div 元素定位网页对象比较灵活、方便，这是它的优点；但它在浏览器中显示时，会受到浏览器窗口大小变化的影响，定位不固定，很容易跑位，影响布局。所以，在网页设计中不妨先利用 AP Div 来布局，利用 AP Div 的易操作性先将各个对象进行定位，然后将 AP Div 转化为表格，从而保证使用低版本浏览器能够正常浏览页面。在页面中把 AP Div 转化为表格的具体操作步骤如下：

① 利用 AP Div 定位好网页对象元素，选中所有要转换为表格的 AP Div，如图 16-26 所示。

② 选择菜单“修改”→“转换”→“将 AP Div 转换为表格”命令，将会弹出“将 AP Div 转换为表格”对话框，如图 16-27 所示。

图 16-26　选中要转换的 AP Div

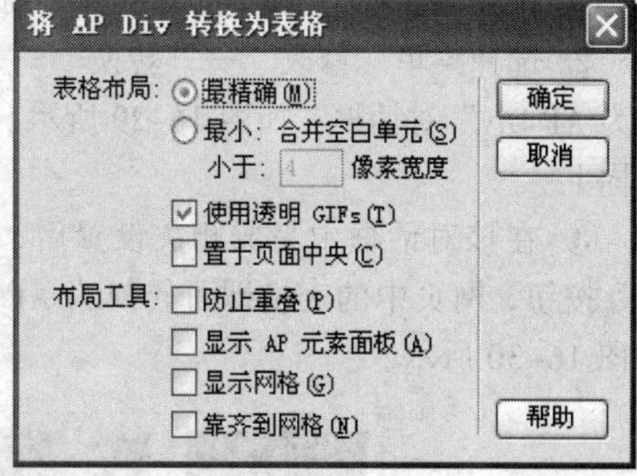

图 16-27　“将 AP Div 转换为表格”对话框

- “最精确”：选中该单选钮会严格按照 AP Div 的排版布局生成表格，但表格的结构会非常复杂。
- “最小：合并单元格”：选中该单选钮将设置如果 AP Div 定位在指定数目的像素内，则 AP Div 的边缘应对齐。这样结果表中将包含较少的空行和空列，但可能不与页面的布局精确匹配。
- “使用透明 GIFs”：选中该复选框，会在转化的空白单元格中插入透明的 GIF 格式图像，包括表格的最后一行，支撑表格的长、宽，避免表格因无内容而缩小为最小状态。
- “置于页面中央”：选中该复选框，结果表格会相对页面居中对齐，否则为左对齐。

- “布局工具”包括以下 4 个选项：
  - ➢“防止重叠”：选择本项可防止 AP Div 重叠。
  - ➢“显示 AP 元素面板”：选择本项，转换完成后显示“AP 元素”面板。
  - ➢“显示网格”：选择本项，在转换完成后显示网格。
  - ➢“靠齐到网格”：选择本项，启用靠齐到网格功能。

③ 设置好“将 AP Div 转换为表格”对话框后，单击“确定”按钮，布局页面中的 AP Div 就被转换为表格形式的布局页面，如图 16-28 所示。

图 16-28 转换 AP Div 到表格后的效果

2. 将表格转化为 AP Div 元素

Dreamweaver CS4 能够把 AP Div 元素转换为表格，相反它也能够将表格转换为 AP Div 元素，具体操作步骤如下：

① 打开要转换为 AP Div 元素的页面（无需选择表格）。

② 选择菜单“修改”→“转换”→“将表格转换为 AP Div 元素”命令，打开“将表格转换为 AP Div”对话框，如图 16-29 所示。各选项含义同上。

③ 在该对话框中完成相关设置后，单击“确定”按钮，网页中的表格即可转换为 AP Div 元素，如图 16-30 所示。

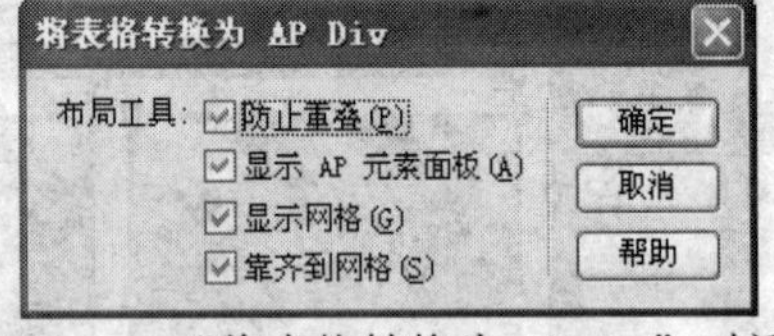

图 16-29 “将表格转换为 AP Div”对话框

图 16-30 转换表格为 AP Div 元素

16.3 框架布局

16.3.1 框架布局

使用框架（Frame）技术，可以将不同的页面文档在同一个浏览器窗口中显示出来。也就是说，整个浏览器窗口可以被分为几个不同的部分，每个部分独立地显示一个网页文件，这样每个部分就成为一个框架。

框架集：即框架的集合，它是用于在一个文档窗口显示多个页面文档的框架结构。框架集定义了框架数、框架的尺寸、载入到框架的网页等内容。

使用框架可以将网页中相对固定的部分，如网页大标题（横幅）和导航栏、内容分离开，便于更新；但是难以实现不同框架中各个页面元素精确地对齐，特别是当浏览器的分辨率改变时难以保持网页的整体效果，所以框架技术目前很少使用了。

内部框架不同于框架，具有很大的灵活性，它既有框架的特点，又便于精确定位网页元素，使用起来非常灵活，下面介绍内部框架的使用方法。

16.3.2 内部框架

内部框架可以将一个 HTML 文件嵌入到另一个 HTML 网页中显示。内部框架使用<iframe>标记来表示，它不同于普通框架的最大特征是 HTML 文件可以自由、独立地嵌入到另一个 HTML 文件中的任何位置，与这个 HTML 文件内容相互融合，成为一个整体。

1. 插入内部框架

Dreamweaver CS4 支持可视化插入内部框架，具体方法如下：

① 把光标定位到要插入内部框架的位置（一般为表格的单元格中）；

② 在“插入”面板选择“布局”选项卡，再单击其中的“IFRAME”按钮 IFRAME，系统自动在当前光标处插入一个<iframe></iframe>标记对，并把视图切换到拆分视图下。

2. 设置内部框架的属性

仅插入<iframe>标记是无法显示网页的，还需要为<iframe>标记定义属性，<iframe>标记的属性说明如表 16-1 所示。

表 16-1 内部框架的属性列表

属　　性	用　　途
src=""	定义内部框架网页文件的位置，可以是相对地址，也可以是绝对地址
name=""	定义对象名称，以便其他对象利用
id=""	定义 ID 选择符
height=""　width=""	定义内部框架的高度和宽度，取值为正整数（单位为像素）或百分数
noresize	指定内部框架不可调整尺寸
frameborder=0、1	定义是否显示边框，取值为 0 或 1，0 表示不显示，1 表示显示
border=""	定义内部框架的边框宽度，取值为正整数和 0，单位为像素
bordercolor=""	定义内部框架的边框颜色，color 可以是 RGB 值（#RRGGBB），也可以是颜色名
align=left、right、center	定义内部框架与其他对象的对齐方式

续表

属　　　性	用　　　途
framespacing=""	定义相邻内部框架的间距，取值为正整数和 0，单位为像素
hspace="" vspace=""	定义内部框架的内边界大小，hspace 表示左右边界大小，vspace 表示上下边界大小。取值为正整数和 0，单位为像素
marginheight="" marginwidth=""	定义内部框架的外边界大小，marginheight 表示左右边界大小，marginwidth 表示上下边界大小。取值为正整数和 0，单位为像素

3. 应用举例

制作一个“名花欣赏”网页，单击左边导航栏按钮，在右边的内容区中显示相应的网页。制作方法如下：

① 使用 Fireworks CS4 制作模板，将放置内部框架的区域制作成切片，然后导出成网页，在 Dreamweaver CS4 中将其打开。

② 将放置内部框架处的图片删除，并设置单元格对齐方式为水平左对齐、垂直顶端对齐，将插入点放在单元格中。

③ 在“插入”面板选择“布局”选项卡，再单击其中的“IFRAME”按钮 IFRAME，系统将自动在当前光标处插入一个<iframe></iframe>标记对。

④ 按【F9】键打开“标签检查器”面板设置内部框架的属性，如图 16-31 所示。

- frameborder=0：不显示边框。
- height="300"、width="390"：内部框架的高度、宽度。
- marginheight="0" 、marginwidth="0"：内部框架的外边界为 0。
- name="hua"：内部框架的名称。
- src="images/hy.gif"：内部框架的初始内容。

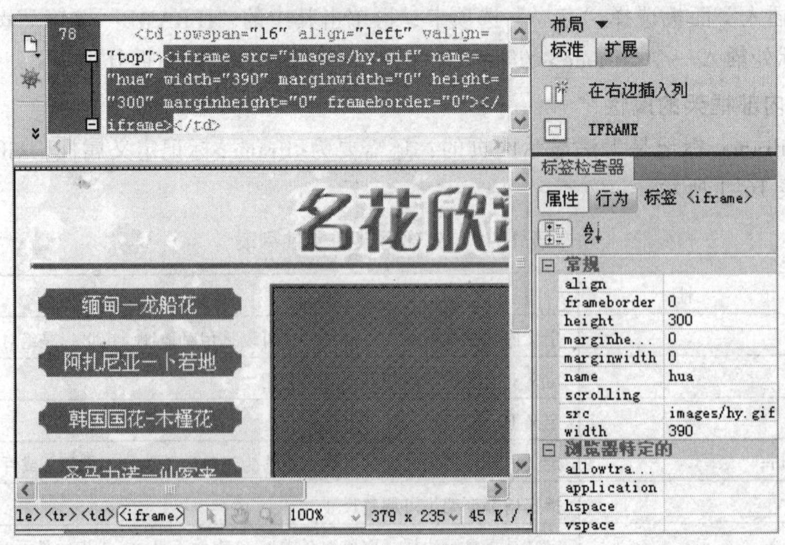

图 16-31　制作内部框架

⑤ 为左边的导航栏的各个按钮建立链接，在“目标”处输入“hua”（内部框架的名称），如图 16-32 所示。

图 16-32　网页效果

练　习　题

一、填空题

1. 表格设计中的“间距”的含义是________。
2. 如果不希望表格宽度随窗口大小而变化，一般应该以________为单位定义表格宽度。
3. 要把一个单元格变换为两个单元格，使用到的操作为________。
4. ________是在另一个表格的单元格中的表格。
5. 创建 AP Div 元素的方法有两种，分别是________和________。
6. 内部框架的 HTML 代码标记是________。
7. AP Div 元素可以包含________、________或其他任何可在 HTML 文档正文中放入的内容，而内部框架是将________嵌入在另一个 HTML 网页中显示。

二、选择题

1. 在 Dreamweaver 中，表格的宽度可以被设置为 100%。这意味着（　　）。
   A. 表格的宽度是固定不变的
   B. 表格的宽度会随着浏览器窗口大小的变化而自动调整
   C. 表格的高度是固定不变的
   D. 表格的高度会随着浏览器窗口大小的变化而自动调整
2. 在 Dreamweaver 中，可以通过单击标签选择器中的（　　）来选取表格中的单元格。
   A. <table>标记　　B. <tr>标记
   C. <td>标记　　D. <tc>标记
3. 把两个或者多个单元格合并为一个单元格的操作是（　　）。
   A. 删除单元格　　B. 合并单元格
   C. 选择单元格　　D. 拆分单元格
4. 在单元格中，输入的文字或对象同单元格边缘之间的距离称为（　　）。
   A. 填充　　B. 间距　　C. 行距　　D. 列间距

5. AP Div 元素的（　　）属性，表示隐藏 AP Div 元素的内容。

A. Default　　B. Inherit　　C. Visible　　D. Hidden

6. 当文档中有很多 AP Div 元素产生重叠的时候，可以使用（　　）更改 AP Div 元素的堆叠顺序。

A. 历史记录　　B. “AP Div 元素”面板

C. 属性检查器　　D. “行为”面板

三、思考题

1. 表格的边框、间距、边距的含义是什么?
2. 使用表格将分成 4 部分的图片进行无缝拼接，应如何设置表格属性?
3. 怎样在表格中合并和拆分单元格?
4. 给出至少两种选择表格的方法。
5. 什么是 AP Div 元素? AP Div 元素的作用是什么?
6. 插入和绘制两种方法产生的 AP Div 元素有什么区别?
7. 如何实现 AP Div 元素与表格的互相转换?
8. 内部框架的作用是什么?

四、上机操作题

1. 参照图 16-13 使用表格嵌套的布局方法制作一个网页。
2. 参照图 16-32 使用内部框架制作一个与之结构类似的网页。

第 17 章 使用行为制作网页特效

在制作网页的过程中为了丰富网页内容，可以通过为网页添加特殊效果，修饰网页外观、增强站点的功能、提高站点的吸引力。在 Dreamweaver 中既可以使用内置的 JavaScript 行为，也可以自己编写 JavaScript 代码或者下载免费的 JavaScript 代码来制作网页特效。

17.1 网 页 行 为

使用 JavaScript 程序预定义一系列的页面特效工具，使用户可以方便地制作出许多网页效果（如动态页面效果、交互页面效果等），极大地提高了工作效率。

17.1.1 有关概念

行为是响应某一事件而采取的一个动作，与行为相关的有三个重要概念：对象（Object）、事件（Event）和动作（Action）。

1．对象

对象是产生行为的主体，很多网页元素都可以成为对象，如图片、文字、AP 元素、多媒体文件等，甚至整个页面也可称为对象。

2．事件

事件是触发动态效果的原因，它可以被附加到各种页面元素上，也可以被附加到 HTML 标记中。一个事件总是针对页面元素或标记而言的，例如，将鼠标移到图片上（onMouseOver）、把鼠标放在图片之外（onMouseOut）、单击鼠标（onClick），是与鼠标有关的三个最常见的事件。

3．动作

动作通常就是一段 JavaScript 代码，在 Dreamweaver 中内置了很多系统行为，可以自动在页面中添加 JavaScript 代码，免除用户编写代码的烦琐工作。

除了 Dreamweaver 内置的行为之外，用户也可以下载免费的 JavaScript 代码来制作网页特效。

17.1.2 使用“行为”面板

向网页中添加行为，需要在“行为”面板中进行，选择“窗口”→“行为”命令，打开“行为”面板，如图 17-1 所示。

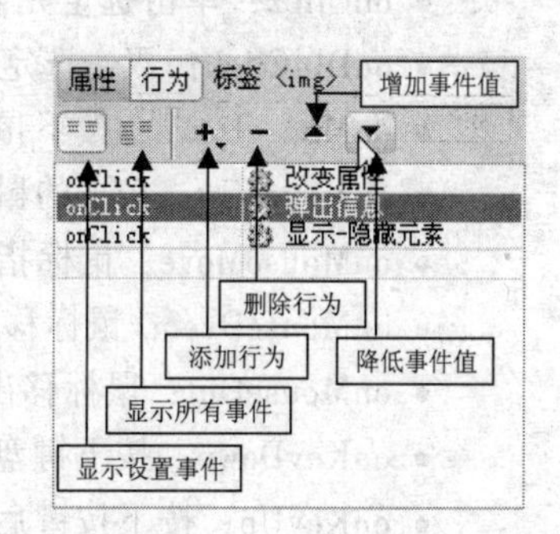

图 17-1 行为面板

1．“行为”面板

① 使用“行为”面板可以添加行为 +、删除行为 −。

② 当多个“行为”使用相同“事件”时，可以“增加事件值”▲和“降低事件值”▼（即改变优先级）。

③ 改变显示模式：显示所有事件，显示添加的所有事件。

2．添加与编辑行为

（1）选择目标对象

添加行为的第一步就是要选中行为的目标对象，这个目标对象指的是事件的目标对象。如果事件是在图像上单击，那么这里的目标对象就是网页中的图像。

选择目标对象，可以直接在网页的编辑区中进行。例如，拖动鼠标选中文本，或在图像上单击以选中图像等。也可以单击网页编辑窗口左下角状态栏上的标记，例如，要选中整个页面，可以单击“<body>”标记。

（2）添加行为

单击“行为”面板中的添加行为按钮，在弹出的行为菜单中单击某一个“行为”，即可添加相应的“行为”，如图 17-2 所示。

注意：当鼠标移到具有行为的目标对象上时，鼠标指针没有任何变化，这与我们的操作习惯不符。选中行为的目标对象，在“属性”面板的“链接”栏中输入#（内部链接标志），这样行为的目标对象就会具有超链接的外观（鼠标移上时出现手形鼠标指针）。

（3）修改事件

添加行为后，在“行为”面板中会显示默认的事件名称与动作名称，如果需要改变“事件”，先单击“事件名”，再单击其右边的下拉列表按钮 onMouseMove，选择新的“事件”，如图 17-3 所示。

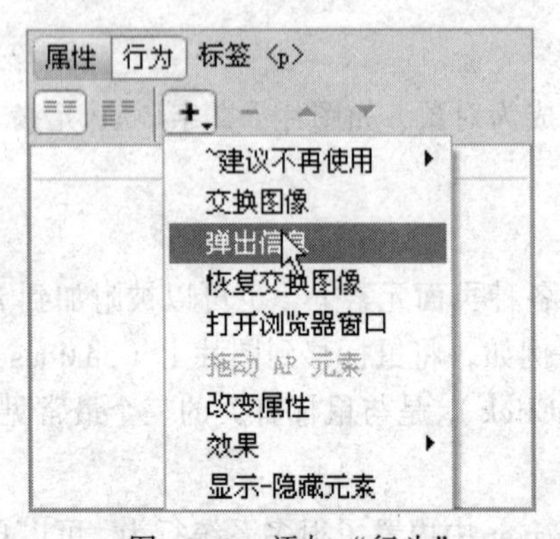

图 17-2 添加“行为”

图 17-3 修改行为“事件”

常用事件的作用如下所示。

- onClick：单击选定元素（如文字、超链接、图片、动画等）将触发该事件。
- onDblClick：双击选定元素将触发该事件。
- onMouseDown：按下鼠标键不必释放鼠标键时触发该事件。
- onMouseUp：按下的鼠标键被释放时触发该事件。
- onMouseMove：鼠标指针在对象上移动时触发该事件。
- onMouseOver：鼠标移入对象区域时触发该事件。
- onMouseOut：鼠标移出对象区域时触发该事件。
- onKeyDown：按下键盘上任何按键时即触发该事件。
- onKeyUp：按下按键后释放该键时触发该事件。

- onKeyPress：按下并释放任意按键时触发该事件，它相当于 onKeyDown 与 onKeyUp 事件的联合。
- onLoad：当图片或页面完成装载后触发该事件。
- onUnload：离开页面时触发该事件。

3．删除行为

① 要删除某个对象上的“行为”，先选中目标对象，然后在“行为”面板中选中要删除的“行为”。

② 单击“行为”面板中的“删除行为”按钮 即可。

17.2　使用内置行为

在 Dreamweaver CS4 中内置了许多行为，如弹出信息、打开浏览器窗口、交换图像、显示-隐藏元素等。下面介绍几种常用的内置行为的使用方法。

17.2.1　文本与行为

1．设置状态栏文本

在默认状态下，当鼠标移到具有超链接的元素时，浏览器的状态栏显示超链接的地址，可以通过添加“设置状态栏文本”行为改变超链接的显示内容。

① 在网页中插入一张海南风光图片，选中图片后单击“行为”面板中的添加行为 按钮，在弹出的行为菜单中选择“设置文本”下的“设置状态栏文本”命令。

② 在弹出的“设置状态栏文本”对话框中输入“海南风光”，单击“确定”按钮，如图 17-4 所示。

③ 保存后，按【F12】键预览，当鼠标移到图片上时，状态栏显示“海南风光”，如图 17-5 所示。

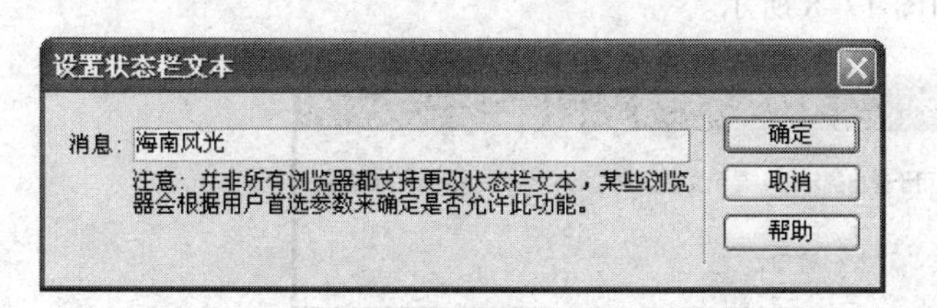

图 17-4　“设置状态栏文本”对话框

图 17-5　在浏览器中预览的效果

注意：在添加“设置状态栏文本”行为时，如果不选择对象，行为会被添加到整个页面上。

2．设置容器的文本

“设置容器的文本”行为是将网页上现有容器中的内容替换为指定的内容；该容器可以是具有 ID 属性的表格、Div 标签、AP 元素。

① 建立一个 1 行 1 列的表格，在单元格中输入文本（如：行为的三要素是什么？），插入点放在单元格中，在“属性”面板的“ID”栏中输入"td1"。

② 将插入点放在单元格中，单击“行为”面板中的添加行为+按钮，在弹出的行为菜单中选择“设置文本”下的“设置容器的文本”命令。

③ 在弹出的“设置容器的文本”对话框中选择容器，td"td1"，单击“确定”按钮，如图 17-6 所示。在弹出的“新建 HTML”栏中输入要替换的文本，如图 17-7 右边部分所示。

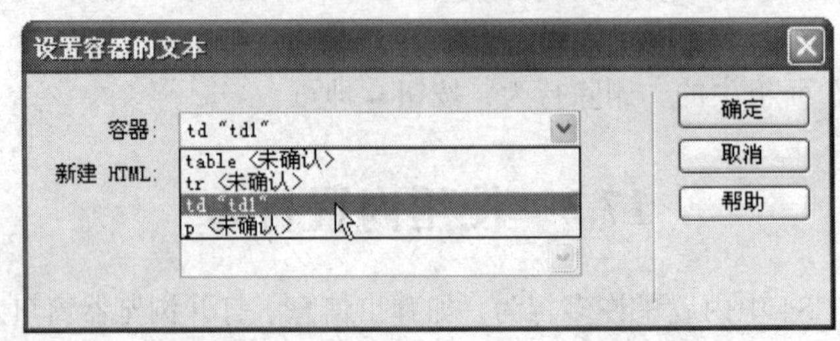

图 17-6 “设置容器的文本”对话框

④ 将事件改为单击鼠标（onClick），保存后，按【F12】键预览，在单元格范围内单击时，更新单元格中的内容，如图 17-7 所示。

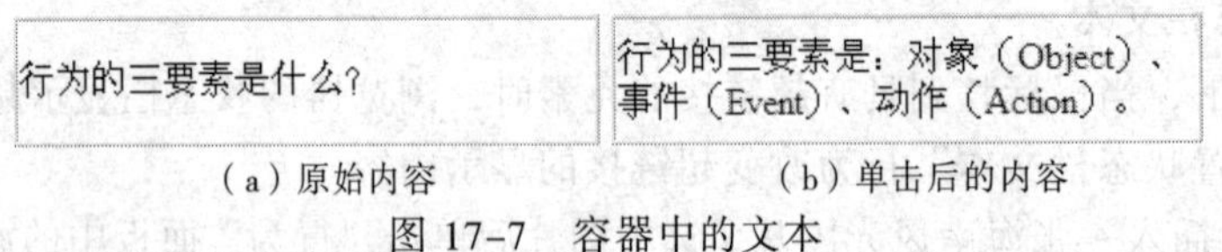

（a）原始内容　（b）单击后的内容

图 17-7 容器中的文本

17.2.2 窗口与行为

1. 弹出信息

“弹出信息”行为只能用于弹出提示框，显示文字信息内容，不能为用户提供选择。“弹出信息”行为可以添加到任何网页元素上，选择“<body>”标签可以添加到整个网页上。

① 选中要添加“弹出信息”行为的对象，单击“行为”面板中的添加行为+按钮，在弹出“行为菜单”中选择“弹出信息”命令。

② 在弹出的“弹出信息”对话框中输入要弹出的信息，注意在输入时要使用【Enter】键换行，否则弹出的信息窗口会很宽，如图 17-8 所示。

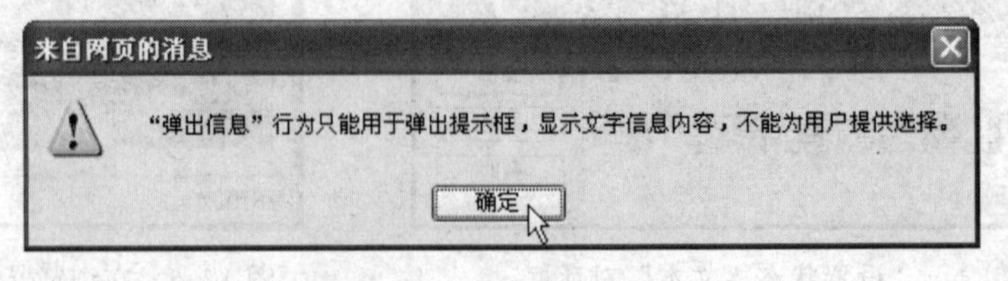

图 17-8 弹出的信息窗口

2. 打开浏览器窗口

使用“打开浏览器窗口”行为，可以在一个新的窗口中打开链接（可以是网站、网页、图片、Flash 动画、Word 文档、Excel 文档等）。并且可以指定浏览器窗口的大小、工具栏和滚动条等属性。

① 选中要添加“打开浏览器窗口”行为的对象（可以是任何网页元素），单击“行为”面板中的添加行为+按钮，在弹出的行为菜单中选择“打开浏览器窗口”命令。

② 在弹出的“打开浏览器窗口”对话框中，进行如图 17-9 所示设置。

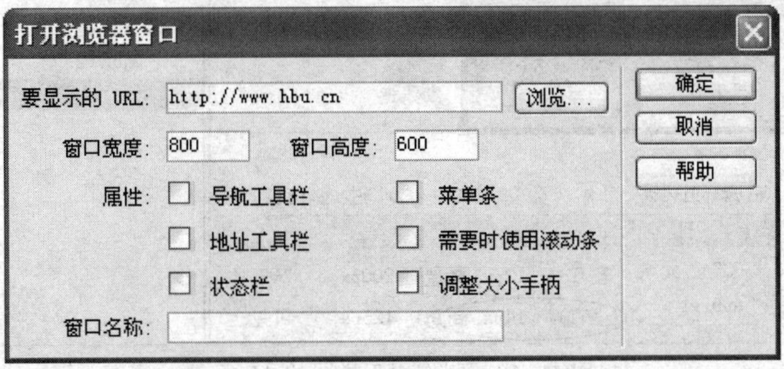

图 17-9　“打开浏览器窗口”对话框

- 要显示的 URL：可以在此文本框中输入要打开的网站的网址，或单击“浏览”按钮选择文件。
- 窗口宽度、高度：指定弹出的新窗口的尺寸（单位是像素）。
- 属性复选框：可以根据需要设置弹出的新窗口是否包含导航工具栏、菜单条、地址工具栏、滚动条、状态栏等。
- 窗口名称：指弹出的新窗口的名称，不是网页标题。

③ 如果将“打开浏览器窗口”行为添加到“<body>”标签的“onLoad”事件上，在打开网页时会自动弹出窗口。

注意：指定浏览器窗口的大小、工具栏和滚动条等属性对标签式浏览器（如遨游浏览器）无效。

17.2.3　AP 元素与行为

1. 拖动 AP 元素

使用“拖动 AP 元素”行为可以拖动“AP 元素”的位置，下面以制作拼图游戏为例讲该行为的添加方法。

① 首先使用 Fireworks CS4 对用于拼图的图片（400×250 像素）进行切片（分成 4 块，每块 200×125 像素），然后导出。

② 打开 Dreamweaver CS4 新建网页，按【Enter】键增加几个空行，保存网页为“pintu.html”。

③ 制作用于拼图的 AP 元素：

- 选择“插入”面板上的“布局”选项卡，单击“绘制 AP Div”按钮，在文档的左上角拖动鼠标绘制“AP Div 元素”，然后在“AP Div 元素”中插入一个图片。
- 在“AP 元素”面板选中“防止重叠”复选框，再绘制另外 3 个 AP Div 元素，并插入其他 3 个图片，在“属性”面板将 4 个“AP Div 元素”的纵坐标（上）设置成相同大小（或者使用“修改”→“排列顺序”→“上对齐”命令），使它们在一条水平线上，如图 17-10 所示。

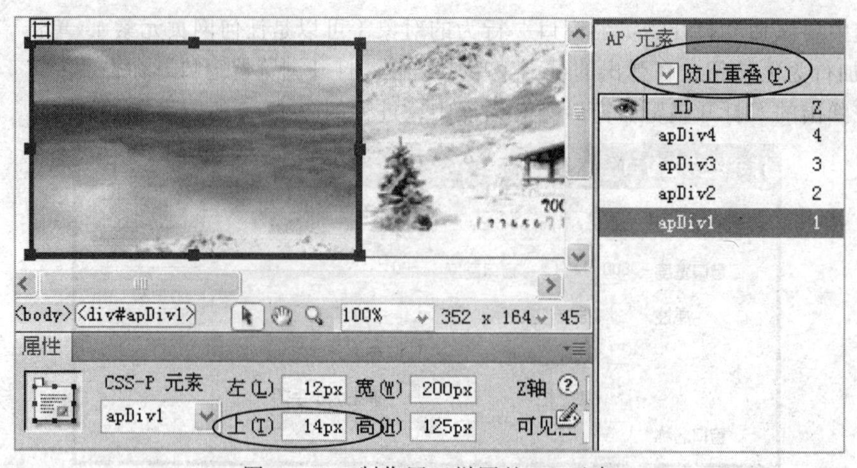

图 17-10 制作用于拼图的 AP 元素

注意：如果使用插入的“AP 元素”，只有插入在单层表格的第一个单元格中的“AP 元素”可以拖动。

④ 制作拼图用的表格：

- 在“AP 元素”的下面插入一个 1 行 1 列、宽度 800 像素的表格，设置单元格水平居中对齐。
- 再在单元格中插入一个 2 行 2 列的表格，宽度 400 像素，边框、间距、填充全为 0。
- 设置第一个单元格宽度 200 像素、高度 125 像素，设置 2 行 1 列的单元格高度 125 像素。
- 将单元格背景色设置成不同的颜色，如图 17-11 所示。

图 17-11 制作用于拼图的表格

⑤ 添加“拖动 AP 元素”行为：

- 在文档窗口的底部选择<body>标签，然后在“行为”面板单击“添加行为”按钮，选择“拖动 AP 元素”行为，如图 17-12 所示。
- 在弹出的“拖动 AP 元素”对话框中选择 div"apDiv1"，单击“确定”按钮，如图 17-13 所示，将事件有由 onLoad（载入）改为 onMouseOver（鼠标移上）。
- 用同样的方法添加另外 3 个“拖动 AP 元素”行为。

图 17-12　添加“拖动 AP 元素”行为

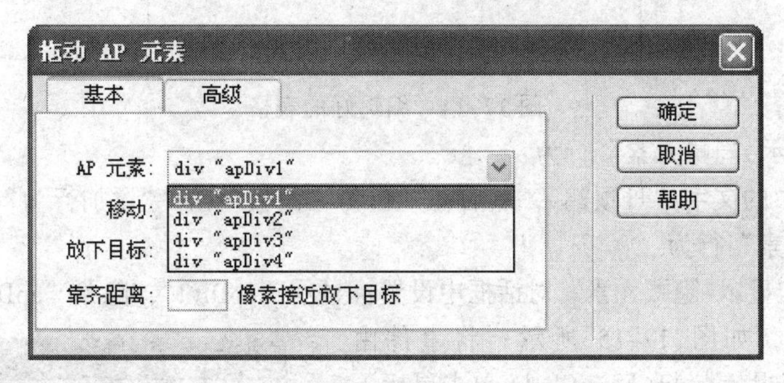

图 17-13　选择要拖动的“AP 元素”

2．显示－隐藏元素

使用“显示-隐藏元素”行为可以显示、隐藏 AP Div 元素，下面以制作“中国珍稀鸟类欣赏”网页为例进行说明。

① 准备 4 张中国珍稀鸟类图片，使用 Fireworks CS4 将它们的大小处理成 320×250 像素。

② 在第一行输入“中国珍稀鸟类欣赏”，设置好字体、字号，居中对齐。

③ 编辑表格：

- 创建一个 2 行 4 列、宽度 320 像素的表格，边框、填充为 0，间距 1 像素，表格居中对齐。
- 设置表格背景色为“黑色”（可以使用 CCS 样式表设置表格背景，或在代码视图添加表格背景）；设置所有单元格背景为“白色”。
- 设置第 1 行所有单元格宽度为 80 像素，单元格高度为 30 像素。
- 合并第 2 行所有单元格，并设置单元格高度为 250 像素，在“属性”面板中设置单元格为垂直顶端对齐。
- 在第 1 行输入文字，如图 17-14 所示。

④ 插入 AP 元素：

- 将插入点放在第 2 行，执行“插入”→“布局对象”→“AP Div”命令，将“丹顶鹤”的图片插入到 AP 元素中。
- 在“AP 元素”面板中隐藏“apDiv1”，再插入“apDiv2” 将“朱鹮”的图片插入到 AP 元素中。
- 用上面的方法插入“apDiv3”、“ apDiv4”。
- 在“AP 元素”面板中显示“apDiv1”，隐藏“apDiv2”、“apDiv3”、“ apDiv4”。

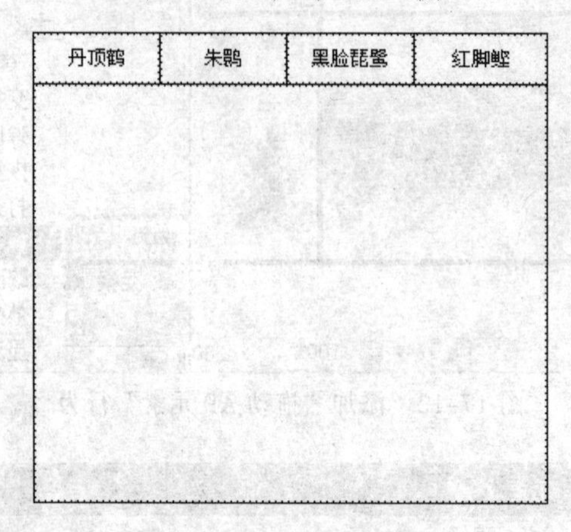

图 17-14　编辑好的表格

⑤ 添加“显示-隐藏元素”行为：

- 选中表格中的文字“丹顶鹤”，然后在“行为”面板单击 “添加行为”按钮，选择“显示-隐藏元素”行为。
- 在弹出的“显示-隐藏元素”对话框中设置：显示“apDiv1”，隐藏“apDiv2”、“apDiv3”、“apDiv4”，如图 17-15 所示；将事件由 onFocus（获得焦点）改为 onClick（单击鼠标）。
- 用同样的方法为“朱鹮”、“黑脸琵鹭”、“红脚鲣”分别添加“显示-隐藏元素”行为，用于显示“apDiv2”、“apDiv3”、“apDiv4”。

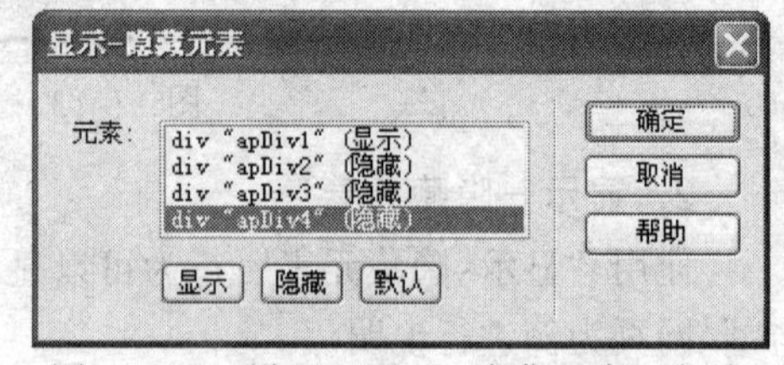

图 17-15　设置“显示-隐藏元素”行为

⑥ 为了符合操作习惯，分别在表格中选择“丹顶鹤”、“朱鹮”、“黑脸琵鹭”、“红脚鲣”，在“属性”面板的“链接”下拉列表框中输入“#”，把它们的外观设置成超链接形式，预览效果如图 17-16 所示。

图 17-16　最终效果

17.3　使用 JavaScript 代码

Dreamweaver 提供的行为是有限的，如果需要其他特效，可以自己编写或者从网上下载 JavaScript 特效代码，添加适当的应用代码，即可制作出丰富多彩的动感网页效果。

这里以使用网上搜索的特效代码实现网页特效为例介绍其使用方法。在网上搜索到的网页特效代码分两种，一种是包含网页特效的完整网页的代码，一种是指明插入到相应位置的代码片段。

17.3.1　水中倒影特效

1. 特效代码

```
<!--将以下代码加入 HTML 的<Body></Body>标记对之间-->
<IMG
src=http://qq.a.5d6d.com/userdirs/c/1/bkmr/attachments/month_0907/090724
11071bacff283a17341c.jpg id=reflect ><BR>
<SCRIPT language=JavaScript>
function f1()
{
setInterval("mdiv.filters.wave.phase+=10",100);
}
if (document.all)
{
document.write('<imgid=mdivsrc="'+document.all.reflect.src+'"
style="filter:wave(strength=3,freq=3,phase=0,lightstrength=30)     blur()
flipv()">')
window.onload=f1
}
</SCRIPT>
```

2. 插入代码

① 编辑好准备插入“水中倒影特效”的网页，将要插入特效的单元格设置为垂直顶端对齐，根据准备好的图片尺寸设置好单元格的宽度、高度。将插入点放在单元格中，切换到“拆分”视图。

② 复制“水中倒影特效”代码，在代码中选中单元格中空格代码（ ），然后粘贴代码，如图 17-17 所示。

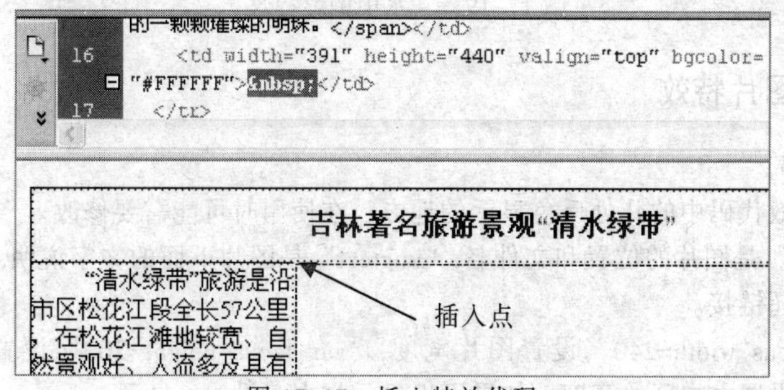

图 17-17　插入特效代码

3．更换图片

① 在网页中选中图片，在“属性”面板中拖动“源文件”处的“指向文件”按钮指向“文件”面板中事先准备好的图片即可，如图 17-18 所示。

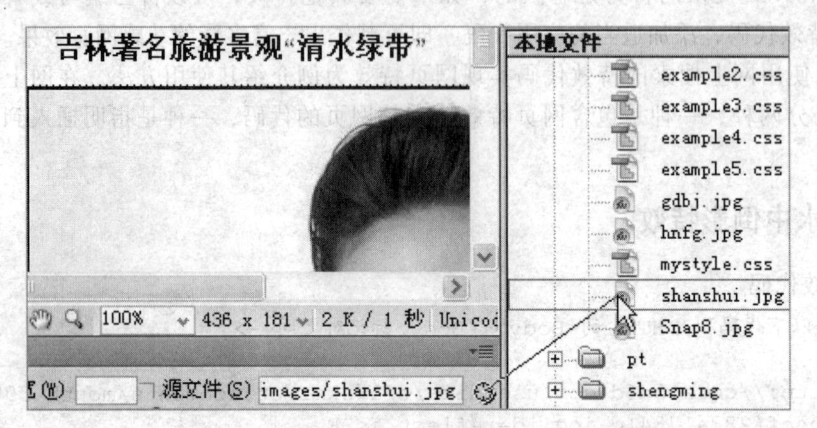

图 17-18　更换图片

② 保存后，预览效果，如图 17-19 所示。

图 17-19　“水中倒影特效”

17.3.2　滚动图片特效

1．特效代码

在下面的特效代码中的几处反色显示的地方，在使用时可能需要修改。

① “imgUrl”是图片的位置和文件名，“imgtext”是图片下面的文字说明，“imgLink”是加在文字说明上的超链接。

② “var focus_width=240”设置图片宽度，“var focus_height=200”设置图片高度，“var text_height=20”设置文本区的高度，如果不想显示文本，设为 0 即可。

③ “images/focus.swf”为播放图片的 Flash 影片文件，“#FFFFFF”为文本的背景色。

```
<script type="text/javascript">
imgUrl1="images/01.jpg";
imgtext1="精美水果 01"
imgLink1=escape("http://cc.hbu.cn");
imgUrl2="images/02.jpg";
imgtext2="精美水果 02"
imgLink2=escape("http://cc.hbu.cn");
imgUrl3="images/03.jpg";
imgtext3="精美水果 03"
imgLink3=escape("http://cc.hbu.cn");
imgUrl4="images/04.jpg";
imgtext4="精美水果 04"
imgLink4=escape("http://cc.hbu.cn");
imgUrl5="images/05.jpg";
imgtext5="精美水果 05"
imgLink5=escape("http://cc.hbu.cn");
var focus_width=240
var focus_height=200
var text_height=20
var swf_height = focus_height+text_height
var pics=imgUrl1+"|"+imgUrl2+"|"+imgUrl3+"|"+imgUrl4+"|"+imgUrl5
var links=imgLink1+"|"+imgLink2+"|"+imgLink3+"|"+imgLink4+"|"+imgLink5
var texts=imgtext1+"|"+imgtext2+"|"+imgtext3+"|"+imgtext4+"|"+imgtext5
document.write('<object
classid="clsid:d27cdb6e-ae6d-11cf-96b8-444553540000"
codebase="http://fpdownload.macromedia.com/pub/shockwave/cabs/flash/swfl
ash.cab#version=6,0,0,0" width="'+ focus_width +'" height="'+ swf_height
+'">');
document.write('<param name="allowScriptAccess" value="sameDomain"><param
name="movie" value="images/focus.swf"><param name="quality" value="high">
<param name="bgcolor" value="#FFFFFF">');
document.write('<param name="menu"value="false"><param name=wmode value=
"opaque">');
document.write('<param  name="FlashVars"  value="pics='+pics+'&links='+
links+'&texts='+texts+'&borderwidth='+focus_width+'&borderheight='+focus
_height+'&textheight='+text_height+'">');
document.write('</object>');
</script>
```

2. 插入代码

① 在 images 文件夹中准备好 5 张图片，文件名为“01.jpg”、“02.jpg”、“03.jpg”、“04.jpg”、“05.jpg”，并将 Flash 影片文件“focus.swf”放在 images 文件夹中。

② 编辑好准备插入“滚动图片特效”的网页，将要插入特效的单元格设置为水平、垂直居中对齐，设置单元格的宽度为 250 像素、高度为 230 像素。将插入点放在单元格中，切换到“拆分”视图。

③ 复制“滚动图片特效”代码，在代码中选中单元格中的空格代码（ ），然后粘贴代码。

④ 保存网页，预览效果，如图 17-20 所示。

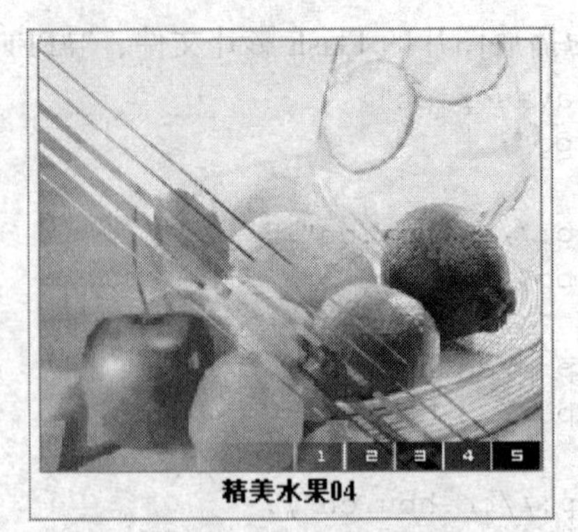

图 17-20　滚动图片特效

练　习　题

一、填空题

1. 在 Dreamweaver 中，行为是响应某一________而采取的一个________。

2. 对象是产生行为的________，很多网页元素都可以称为对象，如图片、文字、AP 元素、多媒体文件等，甚至整个________也可称为对象。

3. 在 Dreamweaver CS4 中内置了许多行为，如：弹出信息、________、________、显示-隐藏元素等。

二、选择题

1. 动作通常就是一段（　　）。

   A. HTML 代码　　B. JavaScript 代码和 HTML 代码
   C. JavaScript 代码　　D. 都不是

2. 下列关于行为的说法不正确的是（　　）。

   A. 行为即是事件，事件就是行为
   B. 行为是事件和动作的组合
   C. 行为是 Dreamweaver 预置的 JavaScript 程序库
   D. 使用行为可以改变对象属性、打开浏览器和显示、隐藏元素等

3. 下列（　　）不是访问者对网页的基本操作。

   A. onMouseOver　　B. onMouseOut　　C. onClick　　D. onLoad

三、思考题

1. 理解什么是行为、事件和动作。
2. 如何添加由事件引发的动作？
3. Dreamweaver CS4 预置的行为有哪些？

四、上机操作题

1. 制作一个网页，在网页打开时，自动弹出新窗口展示另一个网页。
2. 参照添加“拖动 AP 元素”行为的方法，制作拼图游戏。
3. 参照制作“中国珍稀鸟类欣赏”网页的方法，制作“花卉欣赏”网页。
4. 在网上搜索“飘动的图片”特效代码，制作包含“飘动的图片”特效的网页。

第 18 章 网站开发实例之 Dreamweaver 篇

本章主要讲解利用前面实例中收集的素材、制作的图片、网页模板和 Flash 动画素材，在 Dreamweaver CS4 中创建实例网站、制作各级网页的方法。

18.1 准 备 工 作

在前面的“实例之网站的规划与设计”和“实例之 Fireworks” 两章中详细地讲解了网站素材搜集、整理的方法和技巧。下面继续整理网站文件夹中的素材，为创建网站、制作网页做好准备。

18.1.1 图片与文字素材

制作栏目导航页和具体内容页所需的图片和文字素材，在前面已经搜集、处理好，这里再明确一下它们的用途。

下面以“水产类食谱”栏目加以说明，栏目文件夹“1shuichan”下有三个子文件夹：

- xiaotu：用来存放制作二级网页（栏目导航页）的各种菜肴的小图。
- datu：用来存放制作三级网页（内容页）的各种菜肴的大图。
- html：用来存放三级网页（内容页），每一种菜肴一个网页。

在“实例之 Fireworks”一章中对各栏目文件夹中的图片素材进行了处理，这里仍以“水产类食谱”栏目为例明确一下处理的结果。

1. 小图

小图的属性如下：

- 大小：宽度 160 像素、高度 120 像素。
- 文件名（scx：水产小）：scx01.jpg、scx02.jpg、scx03.jpg…。
- 位置：D:\caipu\1shuichan\ xiaotu。

2. 大图

大图的属性如下：

- 大小：宽度 400 像素、高度 300 像素。
- 文件名（scd：水产大）：scd01.jpg、scd02.jpg、scd03.jpg…。
- 位置：D:\caipu\1shuichan\ datu。

3. 文字

在每个栏目的素材文件夹中有一个“做法”文件夹（“D:\菜谱网站素材\1.水产类\做法”），用来存放各种菜肴的制作方法，如图 18-1 所示。

在制作网页时用“记事本”将其打开，复制、粘贴到内容网页中。

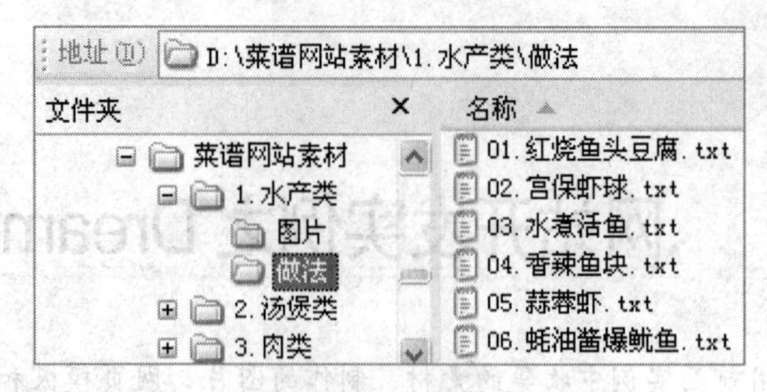

图 18-1 文字素材

18.1.2 公共素材

主要存放导航栏模板、各级网页模板、网页背景图片以及网页中使用的 Flash 动画等，下面进行整理。

1. 模板类

在“实例之 Fireworks”一章中制作了导航栏模板和三级网页的模板，他们存放在“D:\菜谱网站素材\公共类\网页模板\导出的模板”文件夹中。

每个模板包含一个“images”文件夹和一个网页，需要将他们复制到网站公共文件夹“D:\caipu\images”下的相应文件夹中，如图 18-2 所示。

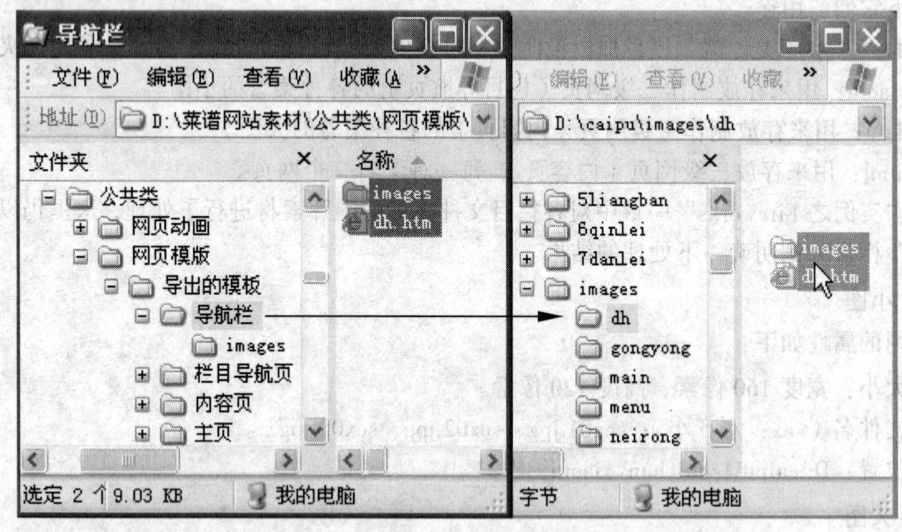

图 18-2 将导出的模板复制到网站文件夹中

复制时文件夹的对应关系为：“导航栏”→“dh”；“主页”→“main”；“栏目导航页”→“menu”；“内容页”→“neirong”。

2. 背景类

① 在“实例之 Fireworks”一章中制作各个模板时的“切片③”（大小：780 × 6 像素）都是要作为网页主体部分的背景图片使用的。

为了便于后期使用，将它们复制到“D:\caipu\images\gongyong”文件夹中，并重新对其命名，对应关系为：

- 主页模板："main_r6_c1.jpg" → "main_bj.jpg"。
- 栏目导航页模板："menu_r10_c1.jpg" → "menu_bj.jpg"。
- 内容页模板："neirong_r10_c1.jpg" → "neirong _bj.jpg"。

其中，"menu_r10_c1.jpg" 和 "neirong_r10_c1.jpg" 完全一样，可以共用一个。

② 在 3 个模板中预留了相同的"日期特效"的位置（切片①），将"主页"模板的"日期特效"背景图片"main_r2_c3.jpg"复制到"D:\caipu\images\gongyong"文件夹中，并将其重命名为"riqi.jpg"。

③ 在 3 个模板中都制作了相同的"版权"部分的背景（切片④），将"主页"模板的"版权"背景图片"main_r8_c1.jpg"复制到"D:\caipu\images\gongyong"文件夹中，并将其重命名为"banquan.jpg"。

④ 在"栏目导航页"模板中制作"栏目名"背景的切片（切片⑤），将"栏目导航页"模板的"栏目名"背景图片"menu_r6_c4.jpg"复制到"D:\caipu\images\gongyong"文件夹中，并将其重命名为"lanmuming.jpg"。

⑤ 在"内容页"模板中制作"菜肴名"背景的切片（切片⑤），将"内容页"模板的"菜肴名"背景图片"neirong_r6_c4.jpg"复制到"D:\caipu\images\gongyong"文件夹中，并将其重命名为"caiyaoming.jpg"。

3．Flash 动画

将"D:\菜谱网站素材\公共类\网页动画\作品" 文件夹中的 2 个 Flash 影片文件"hengfu.swf"和"zhanshi.swf"复制到"D:\caipu\images\gongyong"文件夹中。

4．日期特效

打开"百度"搜索引擎，输入关键字"带农历的日期时间代码"进行搜索，将其代码部分（<SCRIPT language=JavaScript>与</SCRIPT >之间的代码）粘贴到"记事本"中，以"日期特效.txt"为名保存到"D:\菜谱网站素材\公共类"文件夹中。

18.1.3　建立站点

关于建立站点的方法在第 2 章（2.2.1 定义站点）中进行了详细的介绍。在建立站点前如果已经申请了个人空间，可以建立"远程信息"和"测试服务器"，否则，只能建立本地站点。

1．服务器空间

本实例申请了服务器空间，相关信息如下：

- 服务器空间的上传文件地址：ftp://cc.hbu.edu.cn:2020。
- 用户名：WebUser，密码：Webuser。
- 服务器空间的域名：http://cc.hbu.edu.cn/Webuser。

2．本地站点文件夹

在前面进行网站设计和素材收集、整理时，已经建立了站点的文本文件夹，并准备好了相应素材，本地站点的根文件夹为"D:\caipu"。

3．建立本地站点

启动 Dreamweaver CS4，执行"站点"→"新建站点"命令，在弹出的"站点定义为"对话框的"高级"选项卡中，建立本地信息，如图 18-3 所示。

- 站点名称：caipu。

- 本地根文件夹：D:\caipu\。

注意：如果没有申请“服务器空间”只建立“本地站点”即可，不能设置“远程信息”和“测试服务器”。

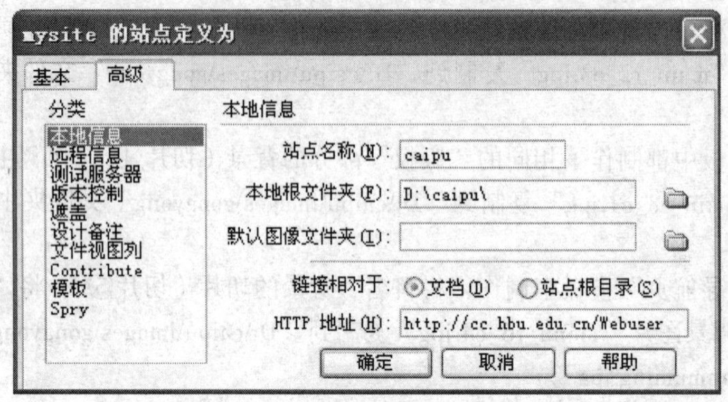

图 18-3　建立本地站点信息

4. 设置远程信息

在“站点定义为”对话框的“分类”栏选择“远程信息”选项，进行如图 18-4 所示的设置。

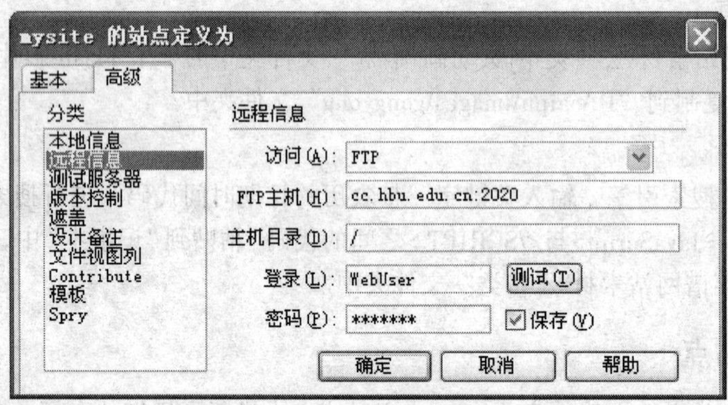

图 18-4　建立远程信息

- 选择“访问”方式：FTP。
- 输入“FTP 主机”地址：ftp://cc.hbu.edu.cn:2020。
- 设置“主机目录”，如果此站点是建立在个人空间的根目录下，输入“/”即可，否则，输入相应路径。
- 输入用户名：WebUser，密码：Webuser。
- 单击“测试”按钮，如果测试成功将弹出如图 18-5 所示信息框。

Dreamweaver

Dreamweaver 已成功连接到您的 Web 服务器。

确定

图 18-5　测试成功

5. 设置测试服务器

在“站点定义为”对话框的“分类”栏选择“测试服务器”选项，设置如图 18-6 所示。

- 选择“访问”方式为：FTP，设置与“远程信息”相同。
- 设置“URL 前缀”，与建立本地站点中的“HTTP 地址”设置相同。
- 设置好“测试服务器”后，按【F12】键，就可以将网页上传到服务器上进行预览。

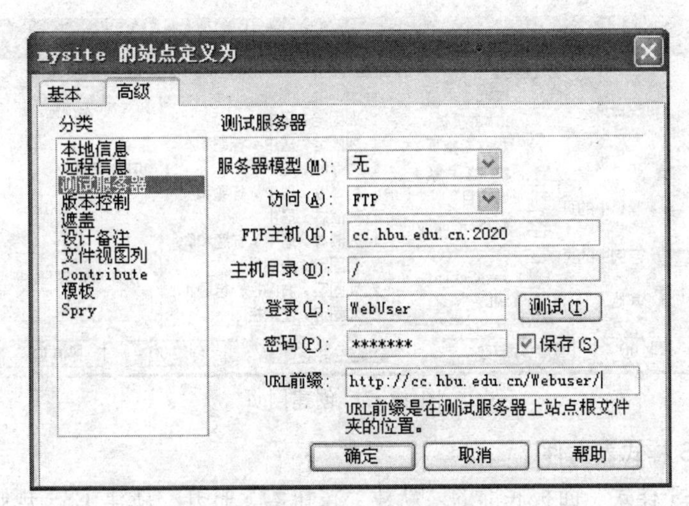

图 18-6　建立测试服务器

18.2　制作主页

网页的布局是制作网页的关键，本实例使用 Fireworks 制作网页模板，所以使得布局部分相对简单。但在格式化网页时，不像 Dreamweaver CS4 之前的版本可以随时在“属性”面板设置各种格式，而必须使用 CSS 样式进行统一的设置，使得制作的网页更便于修改和维护。

18.2.1　制作 CSS 样式表

在制作网页时，会用到大量的 CSS 样式来格式化网页，可以在编辑网页的过程中不断地向 CSS 样式表文件中添加新样式；但为了使制作过程更加清楚、有条理，我们先将“主页”（index.html）中用到的如表 18-1 所示的 5 个样式制作好，再制作“主页”。在创建 CSS 样式表前，需要先创建主页。

表 18-1　主页样式

样式名	用途	属性
body	用于设置页面属性	网页背景色：#F0F9DB，网页边距：上边距、左边距为 0
main_bj	主页主体部分的背景	背景图片“main_bj.jpg”
banquan_bj	所有网页版权部分的格式	默认字体、黑色、16 磅、居中，背景“banquan.jpg”
wangye_bk	所有网页的外边框	实线、1 像素、绿色（#009900）
riqi_gs	所有网页的日期特效格式	宋体、黑色、12 磅，右对齐，背景图片“riqi.jpg”

1. 创建主页（index.html）

① 执行“文件”→“新建”命令或使用快捷键【Ctrl+N】，打开“新建文档”对话框，使用默认设置（“空白页”中“HTML”类型、“无”布局），如图 18-7 所示。

② 执行“文件”→“保存”命令或使用快捷键【Ctrl+S】，打开“另存为”对话框，以“index.html”为名将新建的文档保存在网站根文件夹“D:\caipu”中。

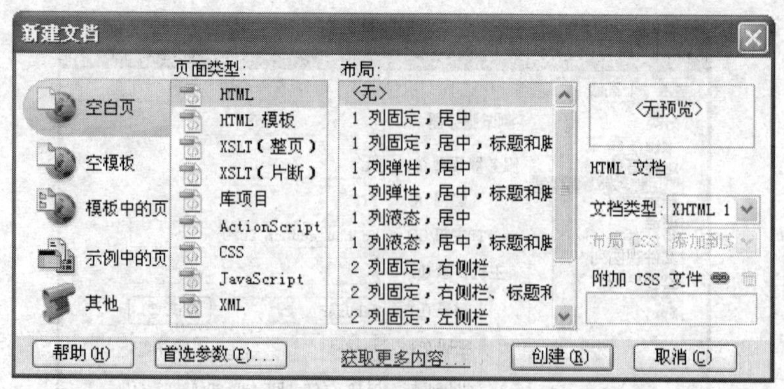

图 18-7　创建网页

2. 创建 CSS 样式表文件

① 单击“CSS 样式”面板底部的“新建”按钮，打开“新建 CSS 规则”对话框。在该对话框中进行如图 18-8 所示的设置，单击“确定”按钮，打开“样式表另存为”对话框。

② 在“样式表另存为”对话框中，将样式表保存在“D:\caipu\images\gongyong”文件夹中，文件名设为“caipu.css”，单击“保存”按钮，打开“CSS 规则定义”对话框。

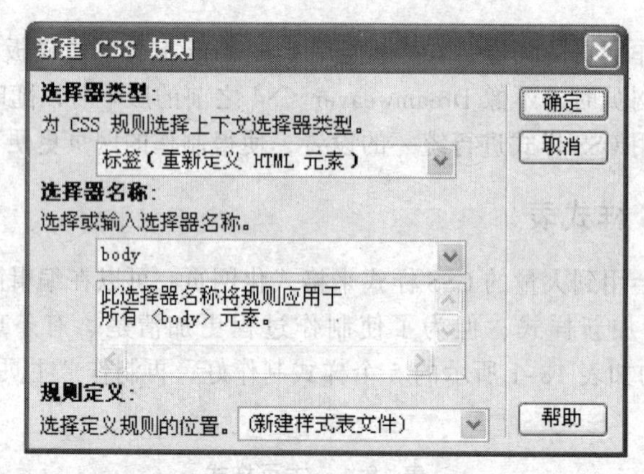

图 18-8　创建样式表文件

③ 在“CSS 规则定义”对话框中，定义“body”的属性：

- 在“分类”中选择“背景”选项，设置“背景色”为“#F0F9DB”。
- 在“分类”中选择“方框”选项，设置“边界”：上、左为 0，如图 18-9 所示。

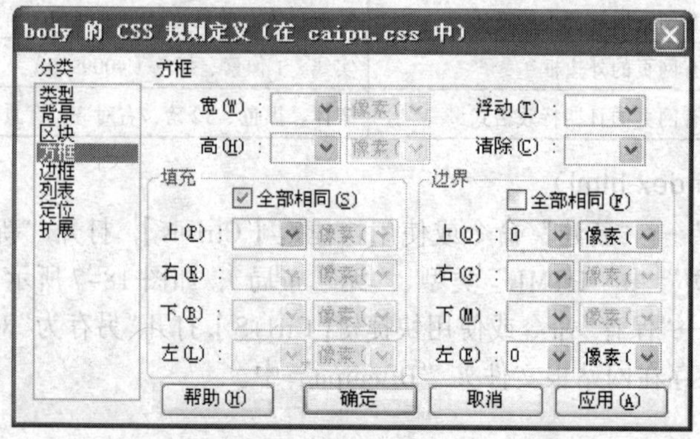

图 18-9　设置网页边距

3. 编辑 CSS 样式表

（1）添加“main_bj”样式

- 单击“CSS 样式”面板底部的“新建”按钮，打开“新建 CSS 规则”对话框。在该对话框中进行如图 18-10 所示的设置，单击“确定”按钮，打开“CSS 规则定义”对话框。

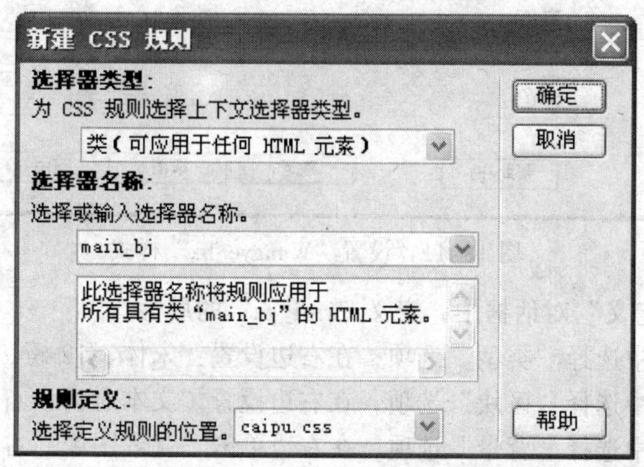

图 18-10　添加“main_bj”样式

- 在“CSS 规则定义”对话框中，定义“main_bj”的属性：在“分类”中选择“背景”选项，在右边区域单击“背景图像”右边的“浏览”按钮，选择图片“main_bj.jpg”作为背景图片。

（2）添加“banquan_bj”样式

- 单击“CSS 样式”面板底部的“新建”按钮，打开“新建 CSS 规则”对话框。在该对话框中进行设置：设置选择器类型为“类”、选择器名称为“banquan_bj”、规则定义的位置为“caipu.CSS”，单击“确定”按钮，打开“CSS 规则定义”对话框。
- 在 “CSS 规则定义”对话框中，定义“banquan_bj”的属性：
  - 在“分类”中选择“类型”选项，在右边设置：宋体、16 磅、黑色。
  - 在“分类”中选择“区块”选项，在右边设置“文本对齐：居中”。
  - 在“分类”中选择“背景”选项，在右边单击“背景图像”右边的“浏览”按钮，选择图片“banquan.jpg”作为背景图片。

（3）添加“wangye_bk”样式。

- 单击“CSS 样式”面板底部的“新建”按钮，打开“新建 CSS 规则”对话框。在该对话框中进行设置：设置选择器类型为“类”、选择器名称为“wangye_bk”、规则定义的位置为“caipu.css”，单击“确定”按钮，打开“CSS 规则定义”对话框。
- 在 “CSS 规则定义”对话框中，定义“Wangye_bk”的属性：在“分类”中选择“边框”选项，在右边进行如图 18-11 所示的设置。

（4）添加“riqi_gs”样式

- 单击“CSS 样式”面板底部的“新建”按钮，打开“新建 CSS 规则”对话框。在该对话框中进行设置：设置选择器类型为“类”、选择器名称为“riqi_gs”、规则定义的位置为“caipu.css”，单击“确定”按钮，打开“CSS 规则定义”对话框。

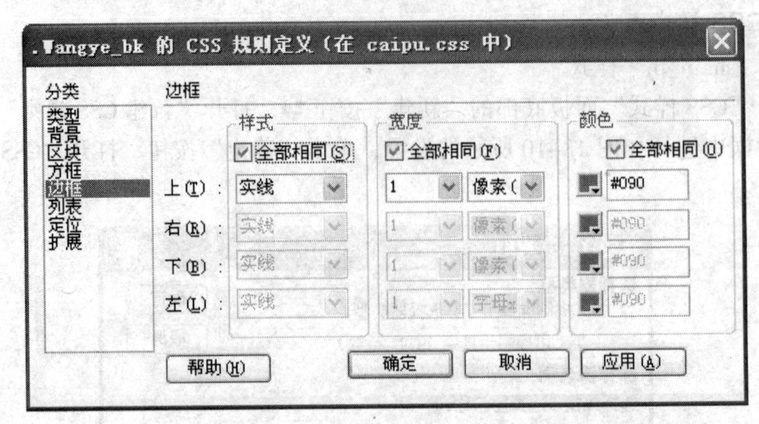

图 18-11　设置“Wangye_bk”样式

- 在“CSS 规则定义”对话框中，定义“riqi_gs”的属性：
  - ➢ 在“分类”中选择“类型”选项，在右边设置：宋体、12 磅、黑色。
  - ➢ 在“分类”中选择“区块”选项，在右边设置“文本对齐：右对齐”。
  - ➢ 在“分类”中选择“背景”选项，在右边单击“背景图像”右边的“浏览”按钮，选择图片“riqi.jpg”作为背景图片。

18.2.2　编辑主页

1. 插入模板

① 输入网页标题：在“标题”文本框中将“无标题文档”改为“家常菜谱主页”。

② 插入表格，此表格的作用是为网页添加一个绿色边框，操作方法如下：

- 执行“插入”→“表格”命令，打开“表格”对话框，设置为 1 行、1 列，宽度为 780 像素，边框粗细为 0 像素，单元格边距、间距为 0，单击“确定”按钮。
- 在“属性”面板设置对齐方式为居中对齐，“类”为“wangye_bk”，如图 18-12 所示。

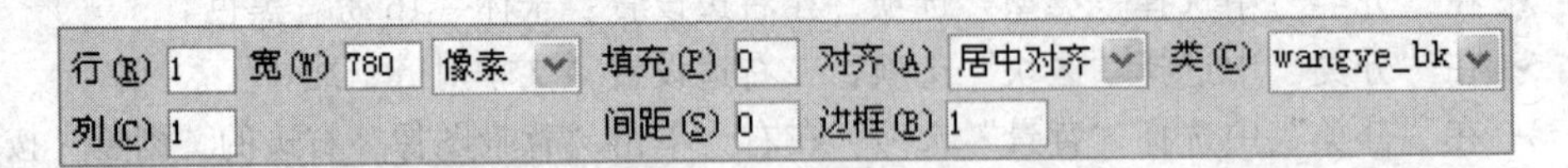

图 18-12　设置表格属性

③ 插入主页模板：将插入点放在表格中，执行“插入”→“图像对象”→“Fireworks HTML”命令，打开“插入 Fireworks HTML”对话框，单击“浏览”按钮，打开“选择 Fireworks HTML 文件”对话框，选择“D:\caipu\images\main\main.htm”,单击“打开”按钮，最后,单击“确定”按钮，如图 18-13 所示。

图 18-13　插入 Fireworks HTML 对象

2. 插入横幅动画

① 单击放置“横幅动画”位置的图片（main_r4_c2.jpg），按【Delete】键将其删除。

② 用鼠标左键从“文件”面板中将 images\gongyong 文件夹中的 Flash 动画“hengfu.swf”拖入单元格中，如图 18-14 所示。

注意：插入 Flash 影片文件后，系统会自动添加支持文件，当“全部保存”时会弹出“复制相关文件”对话框，单击“确定”后，会在站点的根文件夹下创建一个“Scripts”文件夹，存放相关支持文件。要想看到动画的效果，选中动画，在“属性”面板上单击 播放按钮即可。

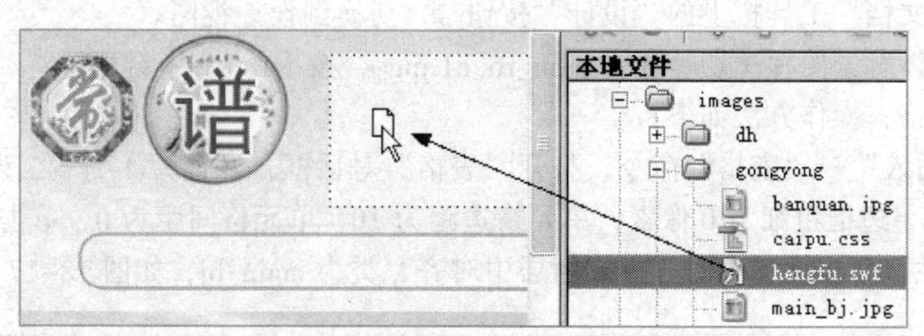

图 18-14　插入 Flash 影片文件

3. 编辑版权信息

① 单击“版权背景”图片（main_r8_c1.jpg），按【Delete】键将其删除。

② 将插入点放在单元格中，在“属性”面板选择“目标规则：banquan_bj”或“类：banguan-bj”。

③ 在单元格中输入“家常菜谱有限公司 版权所有 Copyright © 2009-2010 联系方式：jiachangcai@126.com”，如图 18-15 所示。

图 18-15　制作版权信息

4. 添加日期特效

① 单击放置“日期特效”位置的图片（main_r2_c3.jpg），按【Delete】键将其删除。

② 将插入点放在单元格中，在“属性”面板选择“目标规则：riqi_gs”。

③ 插入特效代码：

- 打开“D:\菜谱网站素材\公共类”文件夹中的“日期特效.txt”文件，按快捷键【Ctrl+A】、【Ctrl+C】复制其中的全部代码。
- 单击“文档”工具栏上的“拆分”按钮，切换到拆分视图，选中单元格中的“空格”代码“ ”，按快捷键【Ctrl+V】将“日期特效”代码粘贴到单元格中，如图 18-16 所示。插入“日期特效”后，在“设计视图”中没有变化，只有在浏览器中才能看到效果。

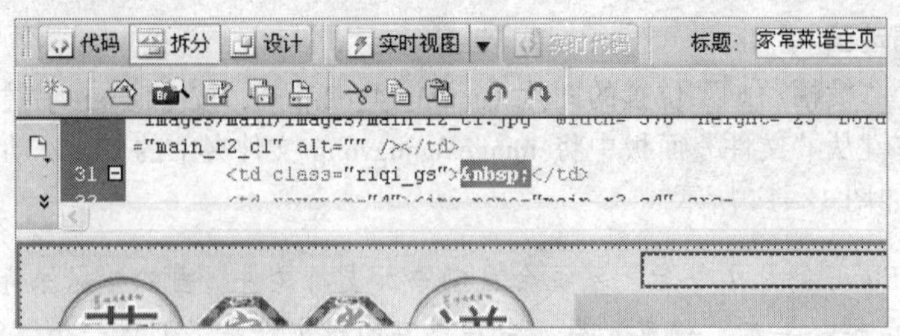

图 18-16　添加日期特效

5．制作网页主体

① 单击“文档”工具栏上的“设计”按钮，切换到设计视图。

② 单击主体背景图片（切片③：main_r6_c1.jpg），按【Delete】键删除。

③ 插入表格，操作方法如下：

- 执行“插入”→“表格”命令，打开“表格”对话框，设置为1行、2列，表格宽度为780像素，边框粗细为0像素，单元格边距为10，单元格间距为0，单击“确定”按钮。
- 在“属性”面板设置：对齐方式为居中对齐，类为main_bj，如图18-17所示。

行(R) 1　宽(W) 780 像素　填充(P) 10　对齐(A) 居中对齐　类(C) main_bj
列(C) 2　间距(S) 0　边框(B) 0

图 18-17　设置表格属性

④ 插入导航栏，操作方法如下：

- 将插入点放在刚插入的表格左边的单元格中，在“属性”面板输入单元格宽度：160像素；设置：水平居中对齐、垂直对齐方式为顶端对齐。
- 执行“插入”→“图像对象”→“Fireworks HTML”命令，打开“插入Fireworks HTML”对话框，单击“浏览”按钮，打开“选择Fireworks HTML文件”对话框，选择“D:\caipu\images\dh\dh.htm”，单击“打开”按钮，再单击“确定”按钮。
- 为导航栏添加超链接：
  - ➢ 在导航栏上选中“水产类食谱”按钮，在“属性”面板的“链接”处输入地址“1shuichan\sclsp.html”，“目标”下拉列表框设为空。
  - ➢ 按照上面的方法，参照表18-2的内容设置其他6个按钮的超链接。

表 18-2　导航栏链接

导　航　栏	链　接　地　址	导　航　栏	链　接　地　址
水产类食谱	1shuichan/sclsp.html	凉拌菜类	5liangban/lbcl.html
汤煲类食谱	2tangbu/tblsp.html	禽类食谱	6qinlei/qlspp.html
肉类食谱	3roulei/rssp.html	蛋类食谱	7danlei/dlsp.html
素食食谱	4sucai/sssp.html		

注意：导航栏上链接的是7个栏目的导航页，因为还没有创建，所以，要输入链接地址，不能用“选择”或“指向”的方法建立超链接。也可以在7个栏目的导航页建立好后再建立链接。

⑤ 插入菜品展示动画，操作方法如下：

- 将插入点放在右边单元格中，在“属性”面板设置单元格水平居中对齐。
- 用鼠标左键从“文件”面板中将 Flash 动画“zhanshi.swf”拖入到该单元格中。

⑥ 保存、预览网页：

- 执行“文件”→“保存全部”命令，将主页（index.html）、样式表（caipu.CSS）及其相关文件全部保存。
- 按【F12】键使用默认浏览器预览主页效果，可以在资源管理器中双击主页（index.html）进行预览，主页预览效果如图 18-18 所示。
- 预览没有问题后，执行“文件”→“关闭”命令或按【Ctrl+W】键关闭主页。

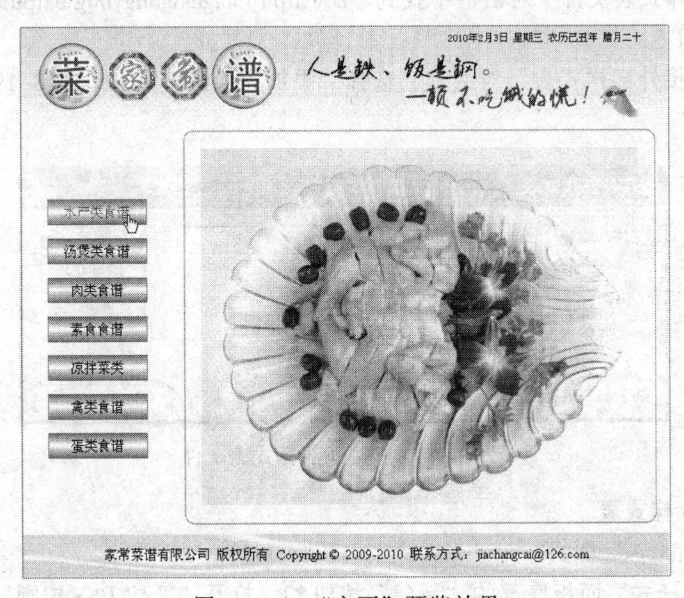

图 18-18 “主页”预览效果

18.3 制作导航页

本网站共有 7 个栏目，每个栏目都有一个导航网页，导航网页的位置、名称参考表 18-2 的内容，通过导航页可以浏览栏目中各种菜肴的制作方法。

18.3.1 添加 CSS 样式表

在制作主页时，已经创建了 CSS 样式表文件，其中许多样式可以直接用于导航页，但导航页还有一些自己的样式，如表 18-3 所示。

表 18-3 导航页样式

样式名	用途	属性
lmm_gs	用于栏目名的格式化	仿宋、24 磅、白色、居中，背景图片“lanmuming.jpg”
menu_bj	导航页主体部分的背景	背景图片“menu_bj.jpg”
a	设置超链接外观	a:link、a:visited、a:active：宋体、12 磅、黑色、无下画线；a:hover：宋体、12 磅、绿色（#090）、有下画线

1．创建水产导航页（sclsp.html）

① 执行“文件”→“新建”命令或使用快捷键【Ctrl+N】，打开“新建文档”对话框，使用默认设置（“空白页”中“HTML”类型、“无”布局）。

② 执行“文件”→“保存”命令或使用快捷键【Ctrl+S】，打开“另存为”对话框，以“sclsp.html”为名将新建的文件保存在网站文件夹“D:\caipu\1shuichan”中。

2．附加 CSS 样式表

① 单击“CSS 样式”面板底部的“新建”按钮，打开“链接外部样式表”对话框，单击“浏览”按钮，打开“选择样式表文件”对话框。

② 在“选择样式表文件”对话框中找到“D:\caipu\images\gongyong\caipu.css”样式表文件，单击“确定”按钮。

③ 回到“链接外部样式表”对话框，选择“添加为：链接”，如图 18-19 所示，单击“确定”按钮。

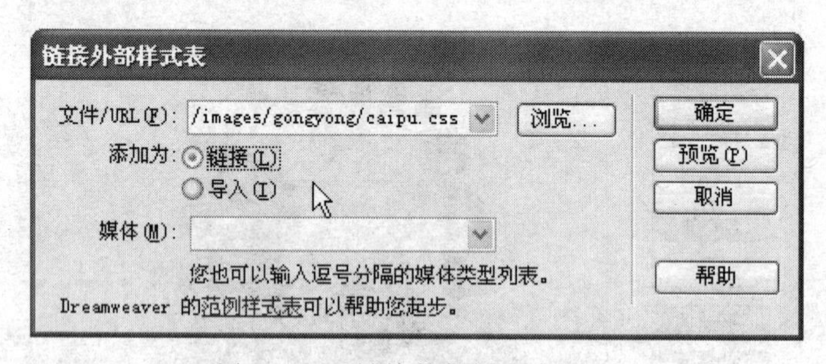

图 18-19　链接外部样式表文件

3．编辑 CSS 样式表

（1）添加“lmm_gs”样式

- 单击“CSS 样式”面板底部的“新建”按钮，打开“新建 CSS 规则”对话框。在该对话框中进行设置：设置选择器类型为“类”、选择器名称为“lmm_gs”、规则定义的位置为“caipu.css”，单击“确定”按钮，打开“CSS 规则定义”对话框。
- 在“CSS 规则定义”对话框中，定义“lmm_gs”的属性：
  - 在“分类”中选择“类型”选项，在右边设置：仿宋_GB2312、24 磅、白色。
  - 在“分类”中选择“区块”选项，在右边设置“文本对齐：居中”。
  - 在“分类”中选择“背景”选项，在右边单击“背景图像”右边的“浏览”按钮，选择图片“lanmuming.jpg”作为背景图片。

（2）添加“menu_bj”样式

- 单击“CSS 样式”面板底部的“新建”按钮，打开“新建 CSS 规则”对话框。在该对话框中进行设置：设置选择器类型为“类”、选择器名称为“menu_bj”、规则定义的位置为“caipu.css”，单击“确定”按钮，打开“CSS 规则定义”对话框。
- 在 “CSS 规则定义”对话框中，定义“main_bj”的属性：在“分类”中选择“背景”选项，在右边单击“背景图像”右边的“浏览”按钮，选择图片“menu_bj.jpg”作为背景图片。

（3）添加“超链接”样式（参照表 18-3）

- “a:link”（默认链接）属性：

➢ 单击“CSS 样式”面板底部的“新建”按钮，打开“新建 CSS 规则”对话框。在该对话框中进行设置：设置选择器类型为“复合内容”、选择器名称为“a:link”、规则定义的位置为“caipu.CSS”，单击“确定”按钮，打开“CSS 规则定义”对话框。

➢ 定义“a:link”的属性：在“分类”中选择“类型”选项，在右边设置：宋体、12 磅、黑色、文本修饰：无。

- “a:visited”（已访问链接）和“a:active”（活动链接）属性：“a:visited”和“a:active”的属性与“a:link”的属性完全一致。
- “a:hover”（交换图像链接）属性：

➢ 单击“CSS 样式”面板底部的“新建”按钮，打开“新建 CSS 规则”对话框。在该对话框中进行设置：选择器类型为“复合内容”、选择器名称为“a:hover”、规则定义的位置为“caipu.CSS”，单击“确定”按钮，打开“CSS 规则定义”对话框。

➢ 定义“a:hover”的属性：在“分类”中选择“类型”选项，在右边设置：宋体、12 磅、绿色（#090）、文本修饰：下画线。

18.3.2　编辑水产导航页

导航页与 18.2.2 节中制作主页的方法完全相同，主要区别是主体部分的右边区域有区别。

1．插入模板

① 输入网页标题：在“标题”文本框中将“无标题文档”改为“水产类食谱导航”。

② 插入表格，此表格的作用是为网页添加一个绿色边框，操作方法如下：

- 执行“插入”→“表格”命令，打开“表格”对话框，设置为 1 行、1 列，宽度为 780 像素，边框粗细为 0 像素，单元格边距、间距为 0，单击“确定”按钮。
- 在“属性”面板设置对齐方式为居中对齐，类：wangye_bk。

③ 插入主页模板：将插入点放在表格中，执行“插入”→“图像对象”→“Fireworks HTML”命令，打开“插入 Fireworks HTML”对话框，单击“浏览”按钮，打开“选择 Fireworks HTML 文件”对话框，选择“D:\caipu\images\menu \menu.htm”,单击“打开”按钮，最后,单击“确定”按钮。

2．插入横幅动画

① 单击放置“横幅动画”位置的图片（menu_r4_c5.jpg），按【Delete】键将其删除。

② 用鼠标左键从“文件”面板中将 Flash 动画“hengfu.swf”拖入单元格中。

3．编辑版权信息

① 单击“版权背景”图片（menu_r12_c1.jpg），按【Delete】键将其删除。

② 将插入点放在单元格中，在“属性”面板选择“目标规则：banquan_bj”。

③ 在单元格中输入：“家常菜谱有限公司 版权所有 Copyright © 2009-2010 联系方式：jiachangcai@126.com”。

4．添加日期特效

① 单击放置“日期特效”位置的图片（menu_r2_c6.jpg），按【Delete】键将其删除。

② 将插入点放在单元格中，在“属性”面板选择“目标规则：riqi_gs”。

③ 插入特效代码：

- 打开“D:\菜谱网站素材\公共类”文件夹中的“日期特效.txt”文件，按快捷键【Ctrl+A】、【Ctrl+C】复制其中的全部代码。
- 单击“文档”工具栏上的“拆分”按钮，切换到拆分视图，选中单元格中的“空格”代码“ ”，按快捷键【Ctrl+V】将“日期特效”代码粘贴到单元格中。

5．输入栏目名称

① 单击“文档”工具栏上的“设计”按钮，切换到“设计视图”。
② 单击放置“栏目名称”位置的图片（menu_r6_c4.jpg），按【Delete】键将其删除。
③ 将插入点放在单元格中，在“属性”面板选择“目标规则：lmm_gs”。
④ 在单元格中输入“水产类食谱”。

6．为“返回主页”添加超链接

选中“返回主页”按钮，在“属性”面板的“链接”处输入地址：../index.html（或拖动“链接”右边的“指向文件”按钮，指向“文件”面板中的 index.html），“目标”下拉列表框设为空。

7．制作网页主体

① 单击主体背景图片（menu_r10_c1.jpg），按【Delete】键将其删除。
② 插入表格，操作方法如下：
- 执行“插入”→“表格”命令，打开“表格”对话框，设置为 1 行、2 列，表格宽度为 780 像素，边框粗细为 0 像素，单元格边距、间距为 0，单击“确定”按钮。
- 在“属性”面板设置表格：对齐方式为居中对齐，类为 menu_bj。

③ 插入导航栏，操作方法如下：
- 将插入点放在刚插入的表格左边的单元格中，在“属性”面板输入单元格宽度：180 像素，设置单元格：水平居中对齐、垂直方向为顶端对齐。
- 执行“插入”→“图像对象”→“Fireworks HTML”命令，打开“插入 Fireworks HTML”对话框，单击“浏览”按钮；打开“选择 Fireworks HTML 文件”对话框，选择“D:\caipu\images\dh\dh.htm”，单击“打开”按钮，再单击“确定”按钮。
- 为导航栏添加超链接：
  - 在导航栏上选中“水产类食谱”按钮，在“属性”面板的“链接”处输入地址“sclsp.html”，“目标”为空。
  - 按照上面的方法，参照表 18-2 的内容设置其他 6 个按钮的超链接。

④ 制作栏目导航，操作方法如下。
- 插入、格式化表格：
  - 将插入点放在表格右边的单元格中，在“属性”面板设置“水平：居中对齐”。
  - 执行“插入”→“表格”命令，打开“表格”对话框，设置为 18 行、3 列，表格宽度：550 像素，边框粗细：0 像素，单元格边距：0、单元格间距：10，单击“确定”按钮。
  - 选中所有单元格，在“属性”面板设置单元格：水平居中对齐，如图 18-20 所示。

图 18-20　设置单元格水平居中对齐

- 向表格中添加内容：
  - 从“文件”面板中，将“1shuichan\xiaotu”文件夹中的图片“scx01.jpg”、“scx02.jpg”、“scx03.jpg”分别拖入表格第一行的 3 个单元格中，在拖入过程中会出现“图像标签辅助功能属性”对话框，可以选择“取消”或输入“替换文本”（浏览时鼠标指向图片时显示输入的替换文本）。
  - 在第二行输入相应菜肴的名称，名称可以在“D:\菜谱网站素材\1.水产类\图片”文件夹中查找，如图 18-21 所示。

图 18-21　查找菜肴名称

  - 按照上面的方法，再向第三行插入图片、第四行输入文字，直到完成所有 27 张图片和文字的布局。
  - 为“图片”和“菜名”建立超链接：
  - 链接的目标是各种菜肴的制作方法，它们存放在“1shuichan\html”文件夹中，文件名为“sc01.html”、“sc02.html”～“sc27.html”。
  - 为“菜名”添加超链接：选中“1.红烧鱼头豆腐”，在“属性”面板（在左上角单击 HTML 按钮）的“链接”处输入地址“html\sc01.html”；继续为其他“菜名”添加超链接直到为 27 个“菜名”全部添加完成。
  - 为“图片”添加超链接：选中第 1 个图片，在“属性”面板的“链接”处输入地址“html\sc01.html”，设置“边框：0”（否则，图片会加上边框），如图 18-22 所示；继续为其他图片添加超链接直到为 27 张“图片”全部完成。

图 18-22　为图片添加超链接

⑤ 保存、预览网页：

- 执行“文件”→“保存全部”命令，将“水产类食谱”导航页（sclsp.html）、样式表（caipu.CSS）及其相关文件全部保存。
- 按【F12】键使用默认浏览器预览“水产类食谱”导航页效果，效果如图 18-23 所示。

图 18-23　“水产类食谱导航页”预览效果

18.3.3　制作其他导航页

上一节制作了“水产类食谱”导航页，其他 6 个栏目的导航页可以在“水产类食谱”导航页的基础上进行修改。下面以“汤煲类食谱”为例讲解修改的方法。

1. 另存网页

① 确保已经将“水产类食谱”导航页（sclsp.html）保存妥当后，执行“文件”→“另存为”命令，以“tblsp.html”为名，将该网页重新保存在网站文件夹“D:\caipu\ 2tangbu”中。

② 当弹出询问是否要更新链接时，一定要选“是”，此时，主体部分右边的图片和超链接仍然是上一个栏目的内容，需要进行修改。

2. 修改标题与栏目名

① 在“文档”工具栏中将网页标题“水产类食谱导航”改为“汤煲类食谱导航”。

② 将栏目名称“水产类食谱”改为“汤煲类食谱”，如图 18-24 所示。

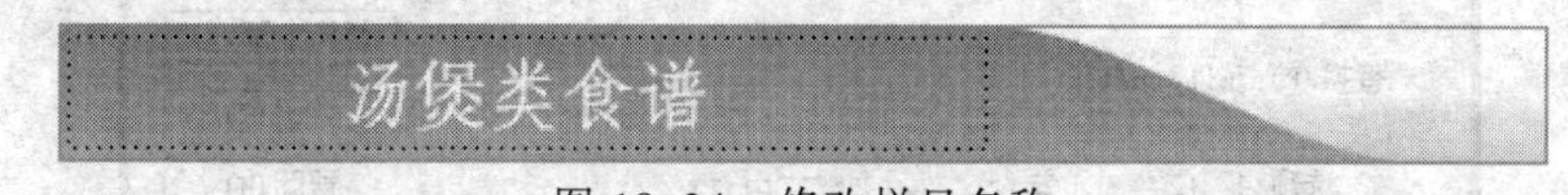

图 18-24　修改栏目名称

3. 修改栏目导航数量

“水产类食谱”有 27 种菜肴（表格为 18 行 3 列），“汤煲类食谱”有 18 种菜肴（表格为 12 行 3 列），需要将表格由 18 行 3 列改为 12 行 3 列，操作方法如下：

① 单击表格内任意位置，然后单击表格顶部的“菜单”按钮，在弹出菜单中选择“选择表格”命令，选择整个表格。

② 在“属性”面板中修改“表格属性”，将 18 行改为 12 行，如图 18-25 所示。

图 18-25　修改表格的行数

注意：第二个栏目的菜肴数量少，所以，将表格由 18 行改为 12 行，如果第三个栏目菜肴数量增加，再将表格修改为合适的行数即可。

4. 修改图片名称

现在显示的图片还是“水产类食谱”的图片，需要将他们替换成“汤煲类食谱”的图片。可以使用“查找和替换”进行替换，选中第一张图片，可以看到“属性”面板的“源文件”为“../1shuichan/xiaotu/scx01.jpg”，需要将其替换为“xiaotu/tlx01.jpg”，比较后可以看出将“../1shuichan/xiaotu/sc”替换为“xiaotu/tl”既可替换所有图片。

① 单击“文档”工具栏上的“代码”按钮，切换到“代码视图”。

② 按快捷键【Ctrl+F】打开“查找和替换”对话框，在“查找”处输入“../1shuichan/xiaotu/sc”，在“替换”处输入“xiaotu/tl”，单击“替换全部”按钮，如图18-26所示。

③ 单击“文档”工具栏上的“设计”按钮，切换到设计视图。

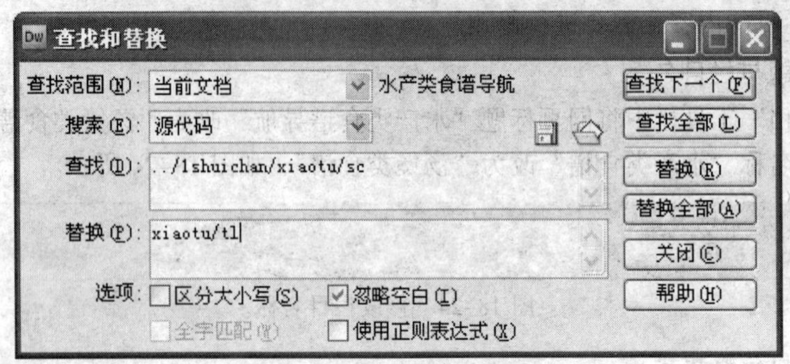

图18-26 批量修改图片名称

5. 修改菜肴名称

根据“D:\菜谱网站素材\2.汤煲类\图片”文件夹中图片的名称，修改表格中各种菜肴的名称。

6. 修改超级链接地址

现在图片和菜名上的超链接地址还是“水产类食谱”的菜谱，需要将它们替换成“汤煲类食谱”的菜谱。方法同上，选中第一张图片（或“1.红烧鱼头豆腐”），可以看到“属性”面板的“链接”为“../1shuichan/html/sc01.html”，需要将其替换为“html/tl01.html”，比较后可以看出将“../1shuichan/html/sc”替换为“html/tl”既可替换所有链接地址。

① 单击“文档”工具栏上的“代码”按钮，切换到代码视图；

② 按快捷键【Ctrl+F】打开“查找和替换”对话框，在“查找”处输入“../1shuichan/html/sc”，在“替换”处输入“html/tl”，单击“替换全部”按钮。

③ 单击“文档”工具栏上的“设计”按钮，切换到设计视图。

④ 保存、预览网页：

- 执行“文件”→“保存全部”命令，将“汤煲类食谱”导航页（tblsp.html）、样式表（caipu.CSS）及其相关文件全部保存。
- 按【F12】键使用默认浏览器预览“汤煲类食谱”导航页效果。

使用上述的方法制作：肉类食谱、素食食谱、凉拌菜类、禽类食谱、蛋类食谱等5个栏目的导航页，这里就不再赘述。

18.4 制作内容页

内容网页比较多，每个栏目都有十几个或几十个，先制作一个内容页，其他的内容页在其基础上修改即可。

18.4.1 添加CSS样式表

继续向CSS样式表文件添加内容页所需的样式，主要是格式化文字的样式，如表18-4所示。

表 18-4　导航页样式

样式名	用　途	属　性
cym_c(粗)	用于菜谱名的左边	楷体、20 磅、居中、粗细：粗体，背景图片“caiyaoming.jpg”
cym_x(细)	用于菜谱名的右边和线条	宋体、18 磅、居中、粗细：正常
neirong_bj	内容页主体部分的背景	背景图片“neirong_bj.jpg”
nr_c(粗)	用于内容的格式化	宋体、12 磅、黑色、粗细：粗体
nr_x(细)	用于内容的格式化	宋体、12 磅、绿色（#360）、行高 20，文字缩进 24，方框：填充 3、边界 0

1．创建水产类食谱——红烧鱼头豆腐（sc01.html）

① 执行“文件”→“新建”命令或使用快捷键【Ctrl+N】，打开“新建文档”对话框，使用默认设置（“空白页”中“HTML”类型、“无”布局）。

② 执行“文件”→“保存”命令或使用快捷键【Ctrl+S】，打开“另存为”对话框，以“sc01.html”为名，将该网页保存在网站文件夹“D:\caipu\1shuichan\html”中。

2．附加 CSS 样式表

① 单击“CSS 样式”面板底部的“新建”按钮，打开“链接外部样式表”对话框，单击“浏览”按钮，打开“选择样式表文件”对话框。

② 在“选择样式表文件”对话框中找到“D:\caipu\images\gongyong\caipu.CSS”样式表文件，单击“确定”按钮。

③ 回到“链接外部样式表”对话框，选择“添加为：链接”，单击“确定”按钮。

3．编辑 CSS 样式表

（1）添加“cym_c”样式

- 单击“CSS 样式”面板底部的“新建”按钮，打开“新建 CSS 规则”对话框。在该对话框中进行设置：设置选择器类型为“类”、选择器名称为“cym_c”、规则定义的位置为“caipu.css”，单击“确定”按钮，打开“CSS 规则定义”对话框。
- 在“CSS 规则定义”对话框中，定义“cym_c”的属性：
  - ➢ 在“分类”中选择“类型”选项，在右边设置：楷体、20 磅、粗细：加粗。
  - ➢ 在“分类”中选择“背景”选项，在右边单击“背景图像”右边的“浏览”按钮，选择“caiyaoming.jpg”作为背景图片。
  - ➢ 在“分类”中选择“区块”选项，在右边设置“文本对齐：居中”。

（2）添加“cym_x”样式

- 单击“CSS 样式”面板底部的“新建”按钮，打开“新建 CSS 规则”对话框。在该对话框中进行设置：设置选择器类型为“类”、选择器名称为“cym_x”、规则定义的位置为“caipu.css”，单击“确定”按钮，打开“CSS 规则定义”对话框。
- 在“CSS 规则定义”对话框中，定义“cym_x”的属性：
  - ➢ 在“分类”中选择“类型”选项，在右边设置文字格式为宋体、18 磅、粗细：正常。

（3）添加“neirong_bj”样式

- 单击“CSS 样式”面板底部的“新建”按钮，打开“新建 CSS 规则”对话框。在该对话框中进行设置：设置选择器类型为“类”、选择器名称为“neirong_bj”、规则定义的位置为“caipu.css”单击“确定”按钮，打开“CSS 规则定义”对话框。

- 在“CSS 规则定义”对话框中，定义“neirong_bj”的属性：在“分类”中选择“背景”选项，在右边单击“背景图像”右边的“浏览”按钮，选择图片“neirong_bj.jpg”作为背景图片。

（4）添加“nr_c”样式

- 单击“CSS 样式”面板底部的“新建”按钮，打开“新建 CSS 规则”对话框。在该对话框中进行设置：设置选择器类型为“类”、选择器名称为“nr _c”、规则定义的位置为“caipu.css”，单击“确定”按钮，打开“CSS 规则定义”对话框。
- 在 “CSS 规则定义”对话框中，定义“nr _c”的属性：
  - ➢ 在“分类”中选择“类型”选项，在右边设置文字为：宋体、12 磅、黑色、粗细：加粗。

（5）添加“nr_x”样式

- 单击“CSS 样式”面板底部的“新建”按钮，打开“新建 CSS 规则”对话框。在该对话框中进行设置：设置选择器类型为“类”、选择器名称为“nr_x”、规则定义的位置为“caipu.css”，单击“确定”按钮，打开“CSS 规则定义”对话框。
- 在“CSS 规则定义”对话框中，定义“nr_x”的属性：
  - ➢ 在“分类”中选择“类型”选项，在右边设置：宋体、12 磅、绿色#360、行高 20。
  - ➢ 在“分类”中选择“区块”选项，在右边设置：文字缩进 24。
  - ➢ 在“分类”中选择“方框”选项，在右边设置：填充 3、边界 0，如图 18-27 所示。

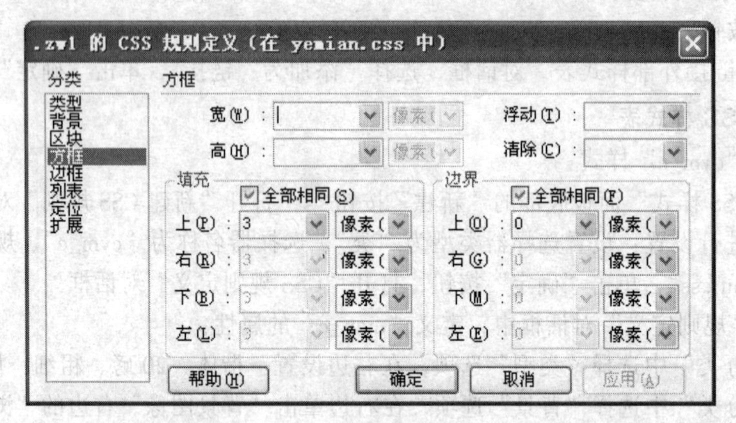

图 18-27　设置“nr_x”样式

18.4.2　编辑“红烧鱼头豆腐”菜谱

内容页与导航页的制作方法基本相同，只是主体部分右边区域的内容不同，下面介绍具体的制作方法。

1. 插入模板

① 输入网页标题，在“标题”文本框中将“无标题文档”改为“水产类食谱---红烧鱼头豆腐”。

② 插入表格，此表格的作用是为网页添加一个绿色边框，操作方法如下：

- 执行“插入”→“表格”命令，打开“表格”对话框，设置为 1 行、1 列，宽度：780 像素，边框粗细：0 像素，单元格边距、间距：0，单击“确定”按钮。
- 在“属性”面板设置对齐方式为居中对齐，类：wangye_bk。

③ 插入主页模板，将插入点放在表格中，执行“插入”→“图像对象”→“Fireworks HTML”命令，打开“插入 Fireworks HTML”对话框，单击“浏览”按钮，打开“选择 Fireworks HTML 文件”对话框，选择“D:\caipu\images\neirong\neirong.htm”，单击“打开”按钮，最后，单击“确定”按钮。

2．插入横幅动画

① 单击放置“横幅动画”位置的图片（neirong_r4_c5.jpg），按【Delete】键将其删除。

② 用鼠标左键从“文件”面板中将 Flash 动画“hengfu.swf”拖入单元格中。

3．编辑版权信息

① 单击“版权背景”图片（neirong_r12_c1.jpg），按【Delete】键将其删除。

② 将插入点放在单元格中，在“属性”面板选择“目标规则：banquan_bj”。

③ 在单元格中输入“家常菜谱有限公司　版权所有 Copyright © 2009-2010 联系方式：jiachangcai@126.com”。

4．添加日期特效

① 单击放置“日期特效”位置的图片（neirong_r2_c6.jpg），按【Delete】键将其删除。

② 将插入点放在单元格中，在“属性”面板选择“目标规则：riqi_gs”。

③ 插入特效代码。

- 打开“D:\菜谱网站素材\公共类”文件夹中“日期特效.txt”文件，按快捷键【Ctrl+A】、【Ctrl+C】复制其中的全部代码。
- 单击“文档”工具栏上的“拆分”按钮，切换到拆分视图，选中单元格中的“空格”代码“ ”，按快捷键【Ctrl+V】将“日期特效”代码粘贴到单元格中。

5．输入菜谱名称

① 单击“文档”工具栏上的“设计”按钮，切换到设计视图。

② 单击放置“栏目名称”位置的图片（neirong_r6_c4.jpg），按【Delete】键将其删除。

③ 将插入点放在单元格中，在“属性”面板选择“目标规则：cym_c”。

④ 在单元格中输入“水产类食谱---红烧鱼头豆腐”，选中“---红烧鱼头豆腐”，在“属性”面板选择“目标规则：cym_x”。

6．为“返回主页”添加超链接

选中“返回主页”按钮，在“属性”面板拖动“链接”右边的“指向文件”按钮，指向“文件”面板中的 index.html，“目标”为空。

7．制作网页主体

① 单击主体背景图片（neirong_r10_c1.jpg），按【Delete】键将其删除。

② 插入表格，操作方法如下：

- 执行“插入”→“表格”命令，打开“表格”对话框，设置为 1 行、2 列，表格宽度：780 像素，边框粗细：0 像素，单元格边距、间距：0，单击“确定”按钮。
- 在“属性”面板设置表格对齐方式为居中对齐，类：neirong_bj 或 menu_bj。

③ 插入导航栏，操作方法如下：

- 将插入点放在表格左边的单元格中，在“属性”面板中输入单元格宽度：180 像素，设置单元格对齐方式为水平：居中对齐、垂直：顶端对齐。

- 执行“插入”→“图像对象”→“Fireworks HTML”命令，打开“插入 Fireworks HTML”对话框，单击“浏览”按钮，打开“选择 Fireworks HTML 文件”对话框，选择“D:\caipu\images\dh\dh.htm”，单击“打开”按钮，再单击“确定”按钮。
- 为导航栏添加超链接：
  - ➢ 在导航栏上选中“水产类食谱”按钮，在“属性”面板的“链接”处输入地址“../sclsp.html”（在“属性”面板拖动“链接”右边的“指向文件”按钮，指向“文件”面板中的 sclsp.html），“目标”为空。
  - ➢ 按照上面的方法，参照表 18-5 的内容设置其他 6 个按钮的超链接。

表 18-5　导航栏链接

导　航　栏	链　接　地　址	导　航　栏	链　接　地　址
水产类食谱	../sclsp.html	凉拌菜类	../../5liangban/lbcl.html
汤煲类食谱	../../2tangbu/tblsp.html	禽类食谱	../../6qinlei/qlspp.html
肉类食谱	../../3roulei/rssp.html	蛋类食谱	../../7danlei/dlsp.html
素食食谱	../../4sucai/sssp.html		

④ 添加菜谱内容，操作方法如下：

- 插入菜肴图片（大图）。
  - ➢ 将插入点放在表格右边的单元格中，在“属性”面板单击 HTML 按钮，设置“垂直：顶端”，单击“文本缩进”按钮，缩进一次。
  - ➢ 从“文件”面板中，将“1shuichan\datu”文件夹中的图片“scd01.jpg”拖入表格右边的单元格中，在拖入过程中会出现“图像标签辅助功能属性”对话框，可以选择“取消”或输入替换文本（浏览时鼠标指向图片时显示输入的替换文本）。
  - ➢ 选中图片，在“属性”面板设置“边框：1”，为图片添加 1 像素的边框，然后按【Enter】键换行。
  - ➢ 再选中图片，执行“格式”→“对齐”→“居中对齐”命令，使图片居中对齐。

注意：因为“网页模板”和“导航栏模板”中都含有“<style type="text/css">td img {display: block;}</style>”（图片显示为块级元素），使得图片在编辑状态不居中，但在浏览器中会显示为居中对齐，可以在“CSS 样式”面板中将其删除，或将“td img”的属性由“block”改为“inline”即可，如图 18-28 所示。

图 18-28　图片在编辑状态不居中的处理

- 添加和格式化文字：
  - ➢ 打开“D:\菜谱网站素材\1.水产类\做法”文件夹中的“01.红烧鱼头豆腐.txt”文件，按快捷键【Ctrl+A】、【Ctrl+C】复制其中的全部文字。
  - ➢ 将插入点放在图片的下面，按快捷键【Ctrl+V】粘贴文字，选中所有文字，在“属性”面板单击 CSS按钮，选择“目标规则：nr_x”。
  - ➢ 然后依次选中每一部分的小标题（冒号之前的内容），在“属性”面选择“目标规则：nr_c”，如图 18-29 所示。

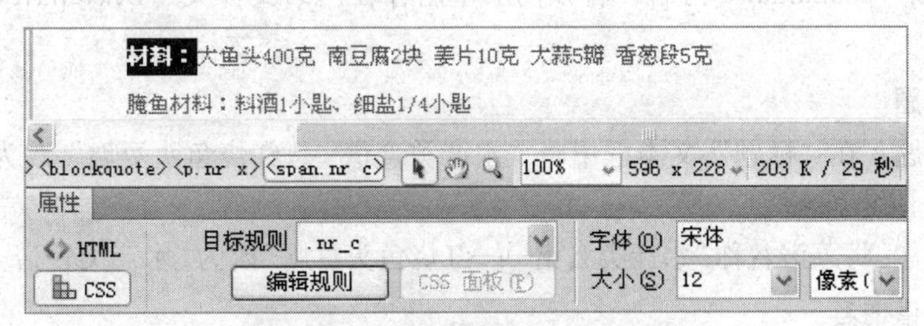

图 18-29　使用样式设置文字格式

⑤ 保存、预览网页：

执行“文件”→“保存全部”命令，将“水产类食谱——红烧鱼头豆腐”（sc01.html）、样式表（caipu.CSS）及其相关文件全部保存；按【F12】键使用默认浏览器预览“水产类食谱---红烧鱼头豆腐”页效果，效果如图 18-30 所示。

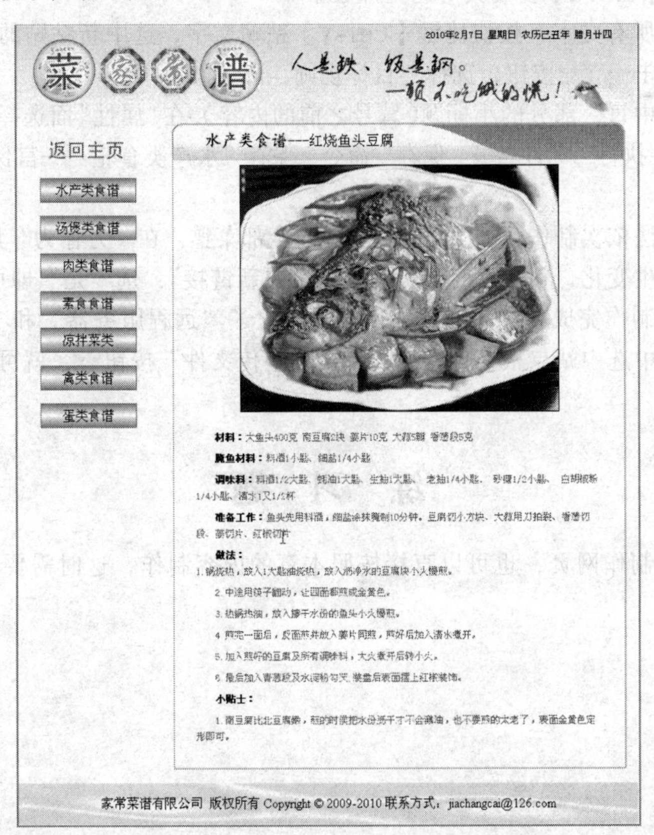

图 18-30　“水产类食谱---红烧鱼头豆腐”网页预览效果

18.4.3 制作其他菜谱

上一节制作了“水产类食谱——红烧鱼头豆腐”菜谱（sc01.html），在此基础上稍加修改就可以制作出菜谱，下面以制作“水产类食谱——宫保虾球”菜谱（sc02.html）为例进行讲解。

1. 另存网页

确保保存好“水产类食谱——红烧鱼头豆腐”菜谱（sc01.html）后，执行“文件”→“另存为”命令，以“sc02.html”为名，将该网页重新存在网站文件夹“D:\caipu\1shuichan\html”中。

2. 修改标题

① 网页标题：在“标题”文本框中将“水产类食谱——红烧鱼头豆腐”改为“水产类食谱——宫保虾球”。

② 栏目名称：将菜谱名称“水产类食谱——红烧鱼头豆腐”改为“水产类食谱——宫保虾球”。

3. 修改菜谱内容

① 修改图片：在“属性”面板将“源文件”处的“scd01.jpg”改为“scd02.jpg”或拖动“源文件”右边的“指向文件”按钮，指向“文件”面板中的图片“scd02.jpg”。

② 更换文字：

- 打开“D:\菜谱网站素材\1.水产类\做法”文件夹中的“02.宫保虾球.txt”文件，按快捷键【Ctrl+A】、【Ctrl+C】复制其中的全部文字。
- 选中现有的所有文字，按快捷键【Ctrl+V】粘贴文字，选中新粘贴的所有文字，在“属性”面板单击 CSS按钮，选择“目标规则：nr_x”。
- 然后依次选中每一部分的小标题（冒号之前的内容），在“属性”面选择“目标规则：nr_c”。

③ 保存网页：执行“文件”→“保存”命令，保存“水产类食谱——宫保虾球”（sc01.html）网页。

使用上面的方法依次制作“水产类食谱”中的全部菜谱。在“另存为”其他栏目的菜谱时，因为存盘的位置发生变化，在保存时会提问“是否更新链接”，选“是”即可，其他没有区别。

至此整个网站制作完成，如果在建立网站时建立了“远程服务器”和“测试服务器”，只需在“文件”面板中选中站点根文件夹，再单击“上传文件”按钮，就可以将整个网站上传到服务器上。

练 习 题

参照本章内容制作网页，也可以直接按照本章的内容制作，这时需要前面三部分实例的结果。